高等职业教育“十四五”规划教材

化工厂虚拟仿真操作

主编 侯侠 于秀丽

中国石化出版社

内 容 提 要

本书结合实际，系统地介绍了化工行业中合成氨生产、甲醇生产、乙烯生产、醋酸生产、聚丙烯生产、丙烯酸甲酯生产的装置仿真实训内容，同时又结合化工生产及高等职业类化工专业学生的就业广泛性要求，介绍了常减压蒸馏装置及催化重整装置的仿真实训内容。同时介绍了设备的使用与维护、化工仪表的相关知识。书后二维码还附录了新工艺新技术及相关行业标准。通过化工安全演练实践，将安全操作和生产观念深入人心。

本书可作为职业本科院校、高职高专院校、本科院校化工技术类专业及相关专业学生用书，也可作为成人教育化工及相关专业学生以及石油化工技术人员等的教材和参考书。

图书在版编目(CIP)数据

化工厂虚拟仿真操作 / 侯侠，于秀丽主编．—北京：中国石化出版社，2023.1
ISBN 978-7-5114-6952-6

Ⅰ．①化… Ⅱ．①侯… ②于… Ⅲ．①化学工业-计算机仿真 Ⅳ．①TQ015.9

中国版本图书馆 CIP 数据核字(2022)第 252390 号

中国石化出版社出版发行

地址：北京市东城区安定门外大街 58 号
邮编：100011　电话：(010)57512500
发行部电话：(010)57512575
http://www.sinopec-press.com
E-mail：press@sinopec.com
北京艾普海德印刷有限公司印刷
全国各地新华书店经销

*

787×1092 毫米 16 开本 19.75 印张 490 千字
2023 年 2 月第 1 版　2023 年 2 月第 1 次印刷
定价：58.00 元

前言

本书是根据高等职业教育教材的编写要求而编写的教材，每一章节自成一个实例环节，可根据各学校的实际教学内容进行选择学习。

《化工厂虚拟仿真操作》作为高等职业教育及其相关专业人才培养的专业必修课程，其任务是通过不同装置仿真软件的学习使学生能够掌握合成氨装置、甲醇装置、乙烯装置、醋酸装置、聚丙烯装置、常减压蒸馏装置及催化重整装置等的基本原理、流程、参数控制、实际操作等内容。另外，每一章节后增加了思政元素，达到专业知识传授与思想政治教育、立德树人同心同行的目的。

本书共分为十一章。其中第一章是绪论；第二章是化工装置仿真基础知识，主要介绍装置仿真软件的基本使用内容；第三章是合成氨装置仿真，主要介绍此装置氨合成的原理、工艺流程、工艺条件的控制、合成冷冻单元及氨合成单元的操作规程等内容；第四章是甲醇装置仿真，主要介绍甲醇的用途、甲醇合成原理和工艺及甲醇合成操作规程等；第五章是乙烯装置仿真，分为三篇，第一篇为乙烯裂解装置仿真，主要介绍了乙烯裂解原理、方法、工艺流程及操作规程；第二篇是丙烯压缩装置仿真，主要介绍裂解气的组成和分离方法以及裂解气的压缩、制冷及压缩制冷的操作规程；第三篇是乙烯分离装置仿真，主要介绍气体净化、裂解气深冷分离及乙烯分离装置的操作规程；第六章是醋酸装置仿真，主要介绍乙醛氧化制醋酸的原理、工艺及操作；第七章是聚丙烯装置仿真，主要介绍聚丙烯的用途、合成原理及方法、操作规程等；第八章是丙烯酸甲酯装置仿真，主要介绍丙烯酸甲酯的用途、合成原理及方法、操作规程等；第九章及第十章是原油常减压装置仿真及催化重整装置仿真，主要从拓展的角度介绍原理、工艺设备及操作等；第十一章是化工安全事故应急救援桌面推演，主要介绍了应急管理部官方网站公布的重特大化工生产安全事故案例；另外，每章节后附二维码电子资料，供读者拓展学习。

本书由兰州石化职业技术大学侯侠、于秀丽为主编，兰州石化公司任立鹏，兰州石化职业技术大学马祥麟、王雪香参编。侯侠老师主要编写第一、三、四、五、六、九、十章；于秀丽老师主要编写化工厂设备使用与维护(二维码补充材料)；马祥麟老师参编第二章，王雪香老师参编第七、八章，任立鹏工程师参编第十一章，全书由侯侠统稿。

由于编者水平及时间有限，书中难免存在疏漏之处，欢迎读者批评指正。

目录

第一章 绪 论

第一节 化工厂虚拟仿真操作概述

一、石油化工与煤化工发展现状

随着国民经济的发展，石油化学工业已经成为推动经济发展的重要支柱产业之一，而石油化工的核心产品——“三苯”“三烯”（苯、甲苯、二甲苯和乙烯、丙烯、丁烯）和醇类含氧化合物等大宗化学品，是生产其他有机化工产品的基础，在国民经济中具有重要的战略地位。烯烃、芳烃整体需求的增速与宏观经济增速相关，以烯烃、芳烃为代表的大宗化学品需求呈逐年增加的趋势，其产能规模标志着一个国家的石油化工发展水平。作为全球经济的发动机，目前，我国烯烃、芳烃仍存在较大的需求缺口，严重制约下游化工业的发展。例如，据亚化咨询数据，2022 年我国乙烯总产能接近 5000×10^4t/a，仅靠油气资源已经不能满足我国石油化工产业对大宗化学品原料的需求。因此，实现煤化工与石油化工协调发展，利用现代煤化工工艺替代部分传统的石油工艺来制取大宗化学品（见图 1-1），对促进石化原料多元化发展，弥补石油资源的不足和石油化工的结构性缺陷，促进石化产业升级，规避能源安全威胁具有重要的战略意义，是实现国家可持续发展的有效途径。

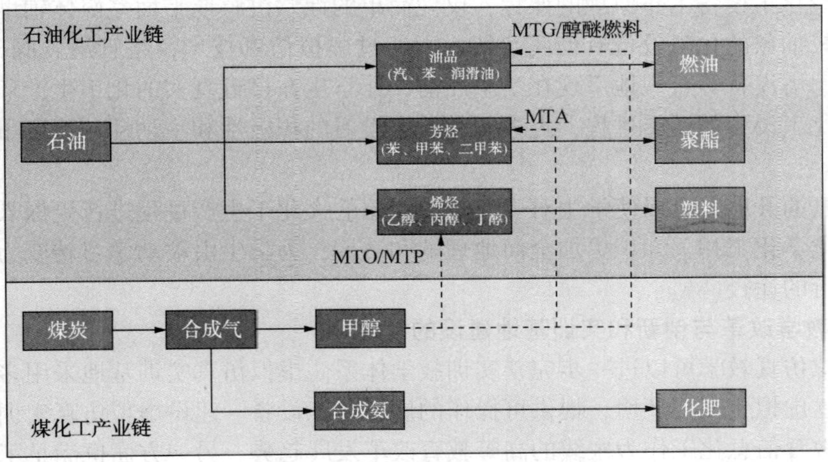

图 1-1 煤化工替代石油化工产业链

经过 70 多年的发展，我国已建立起规模位居世界前列的现代石油化工产业体系。但是，石油资源不足，原油产量无法满足下游石化企业的生产需求，对外依存度不断上升；同时优质的烯烃和芳烃生产原料供应不足。近年来，现代煤化工技术已取得全面突破，以煤制烯烃、煤制乙二醇和煤制油为代表的一批关键技术实现了产业化，使得通过煤经甲醇原料生产多种清洁燃料和基础化工原料成为可能。从战略层面和技术层面来看，采用创新技术大力发展现代煤化工产业，既可以保障石化产业安全，促进石化原料多元化，还可以形成煤化工与石油化工产业互补、协调发展的新格局。

煤化工与石油化工的协调发展可以从两个层次来实现。第一层次，采用新的煤化工工艺，大规模生产以烯烃和芳烃为代表的大宗化学品，通过市场，实现煤化工产品对石油化工产品的补充。这一层次包括开发煤制烯烃、芳烃、乙醇、乙二醇等技术，并进行产业化，需要在国家能源化工发展的大格局下进行布局。第二层次，在具体工艺技术中，直接采用煤化工和石油化工的产品，进行烯烃和芳烃等化学品的耦合生产。煤化工产品，包括甲醇和合成气等都是低碳分子，而石油化工产品，如石脑油等都是多碳分子，两者的耦合可以大幅提高原子利用率以及能量效率，同时弥补石油化工生产路线的结构性缺陷。这一层次包括开发甲醇石脑油耦合制烯烃，甲醇、甲苯耦合制对二甲苯等技术并进行工业示范等。

二、虚拟仿真在化工生产中的重要性

高等职业院校作为职业教育的重要组成部分，担负着培养面向生产、建设、服务、管理第一线需要的高技能、应用型专门人才的使命。近年来，企业在高等职业院校人才培养方案制定过程中的参与度越来越高，提出高职院校学生一定要加强实践技能的培养，理论课程与实践课程的比例不得小于 1∶1，这就要求高职院校应开设大量的实训课程，尤其是贴合化工行业一线生产的各种生产模拟案例。化工厂虚拟仿真实训项目作为一项投资少、产出大、占地小、安全可靠的实训项目，在国内许多高职院校逐渐兴起。

1. 实训教学的需要

虚拟仿真在实际教学中发挥着巨大作用。化工生产具有多样性、复杂性和综合性，化工产品品种繁多，每一种产品的生产不仅需要一种至几种特定的技术，而且原料来源多种多样，工艺流程也各不相同；就算是生产同一种化工产品，也有多种原料来源和多种工艺流程，涉及大量化工设备工作原理的课程，仅凭简单的课堂讲解或平面多媒体辅助教学，很难让学生对比较抽象的化工设备有彻底了解。而通过虚拟仿真技术，将管道、阀门、调节器、泵、换热器、塔设备等直观地呈现在学生面前，让学生在接近真实的化工生产环境的虚拟现场看到各种化工设备的运转过程，大大调动学生学习的积极性和主动性，达到事半功倍的学习效果。

虚拟仿真的开展，可以使学生对真实难以想象的大化工生产过程进行更深入的了解，有助于学生对化学化工相关知识更加全面地理解和掌握，为学生由被动学习转变为主动学习提供了一条可行的途径。

2. 实训教学改革与创新和实训基地建设的需要

化工虚拟仿真教学可以进一步完善实训教学体系。虚拟仿真实训基地采用多媒体技术在计算机上建立虚拟化工厂环境，提供可操作的虚拟化工设备。建设虚拟仿真实训基地，一方面顺应了以教育信息化工作为主线的高等教育改革发展趋势，另一方面也满足了实训基地建设和实训教学改革与创新的需要。

3. 大型化工设备操作培训的需要

虚拟仿真化工实训基地以化工原理、化工设备基础等基础实训仿真以及典型能源化工生产流程仿真为核心，使之成为培养应用化学、化学工程、能源化工等专业技术人才的实践能力的教育平台。在此基础上，如果能建立一套完善的运行管理体制，就可以进一步建设成具有扩展性、兼容性和前瞻性的实训教学管理和共享平台，从而进一步使该平台成为面向创新性人才培养的现代化实践教学基地、教师教学改革与探索的基地、虚拟仿真实训教学示范基地以及教学成果培育基地。

4. 实践教学的需要

化工虚拟仿真教学能够逼真地模拟工厂开车、停车、正常运行和各种事故状态的现象，可以部分或全部替代高危险、高污染、高成本以及高消耗的实践环节，从而有效缓解现实实践教学资源不足的问题。而建设虚拟仿真化工实训基地，可以在去相关企业实习之前，通过仿真教学软件的演示及操作，使学生从宏观上了解大型化工生产的具体流程，知道设备及关键的工艺参数，然后再去现场参观学习就可以达到事半功倍的效果。同时，通过化工工艺仿真实训教学，让学生在高度仿真的场景中安全地开展“教、学、练、考”，不仅可以节省大量时间和费用，避免了操作实际设备可能带来的危险，还能有效提高学生的创新能力及实践能力。

针对煤化工专业的课程体系，结合煤化工生产的特点及工艺，将甲醇装置、合成氨装置、醋酸装置、乙烯裂解装置、丙烯压缩装置、烯烃分离装置进行仿真；同时结合现代煤化工生产的需求，将油品生产的相关单元也纳入实训课程体系中，如常减压装置仿真、催化重整装置仿真等，使煤化工专业的实训课程饱满、充实。

第二节 《化工厂虚拟仿真操作》课程的学习

一、《化工厂虚拟仿真操作》课程的特点

《化工厂虚拟仿真操作》课程包含多个虚拟仿真实训项目，如合成氨装置仿真、甲醇装置仿真、乙烯装置仿真、醋酸装置仿真、聚丙烯装置仿真、丙烯酸甲酯装置仿真、原油常减压装置仿真、催化重整装置仿真、化工安全事故应急救援桌面演练、化工设备使用与维护、自动化仪表基础知识。每个仿真项目主要介绍各个仿真工艺的原理、工艺流程、工艺条件、操作规程等内容。本课程是化工领域的核心课程，是理论与实践的结合，对于化工相关专业的学生而言，可提高动手能力，提前熟悉工作情境，提高分析问题和解决问题的能力。

二、《化工厂虚拟仿真操作》课程的学习方法

根据课程的内容和特点，对于如何学习本门课程，提出以下建议：

1. 充分重视理论联系实践

本门课程是在学生学习了相关专业基础课的基础上开展的，工艺性、工程性都很强，一方面，要求学生对实际的经验、数据等要努力运用基本原理进行分析，从而深入地理解其本质或内在规律；另一方面，要运用自己所学专业知识进行分析解决一些实际问题。

2. 提高综合分析问题的能力

虚拟仿真操作不仅是化工专业课知识的实践体现，更是化工设备、化工仪表等课程的综合应用，课程和课程之间联系紧密，学生在操作时要善于分析各个参数之间的关系，控制好相关指标。

3. 提高动手操作能力

学生在进行仿真操作时，要勤于动手，通过多次尝试，多次实践将自己有疑问的地方逐一破解，提高解决问题的能力。

思政内容　波澜壮阔的中国石油化学工业发展史

中国是世界上最早发现和利用石油的国家之一。“石油”一词最早出现在宋代著名科学家沈括著作的《梦溪笔谈》：“鄜延境内有石油，旧说高奴县出脂水即此边。”沈括又推测“此物必大行于世”。从此，“石油”一词沿用至今。从明朝开始，中国不但用石油蜡制作蜡烛，用清油燃灯，用石油沥青涂敷到皮革制品上以防腐，做黏合剂补缸，而且还初步掌握了对石油进行精加工，进而提炼灯油的技术。

新中国成立后，中国石油工业在短短数年间，连上数个台阶。在1952年开始的第一个五年计划中发现了克拉玛依油田、青海冷湖油田、石油沟油田、玉门油田、延长油田、独山子油田等，开采规模进一步扩大。1956年，石油产量突破100×10^4t大关，达到116×10^4t。1957年原油加工能力达173×10^4t，油品自给率达39%。

1959年，发现大庆油田，经过三年大会战到1963年底，钻井1178口，实现了年产600×10^4t原油的生产能力，一举改变了中国石油工业的面貌。1964年，大庆油田开始大规模采油。1965年全国原油产量突破1000×10^4t大关，同时独立自主地研究开发了催化裂化、重整、延迟焦化、尿素脱蜡、加氢裂化等技术，并建成了相应的生产装置，中国在短短数年中掌握了当时世界上的主要炼油技术。

石油化学工业作为一个新兴工业，在20世纪20年代首先在美国出现。新中国的第一个石油化学工业企业——兰州化学工业公司合成橡胶厂始建于1958年，1962年正式投产。上海高桥化工厂1959年开始对上海炼油厂的炼厂气进行裂解、分离，并安装了乙烯利用生产装置，1964年开始生产乙烯、聚苯乙烯、环氧丙烷、丙二醇、苯酚、丙酮等化工产品，成为中国石化工业发展开始的前奏。

20世纪60年代，中国的燃料化学工业的原料路线转移到以石油为主以后，中国的催化作用和催化动力学的研究集中在石油炼制和石油化工方面。在这一时期，中国在自力更生发展了国外已有的石油炼制催化剂的同时广泛地开展了加氢精制、加氢裂化、分子筛裂化催化剂的研究。1965年，大庆石油总厂建成第一套催化重整装置，同年中国第一套流化催化裂化装置在抚顺石油三厂建成投产，中国石油化工研究在这一时期从跟踪、模仿开始进入创新领域。

20世纪60年代后期，中国开始依靠自己的力量相继建设了胜利油田、长庆油田、吉林油田和河南油田，到1978年，中国原油产量突破1.0×10^8t大关，成为居苏联、美国、沙特阿拉伯、墨西哥之后的世界第五产油大国。鉴于国外石油化工装置的大型化趋势和国内原油产量不断增加的形势，1972年1月，我国决定从国外引进以石油和天然气为原料生产化学肥料、化学纤维的工业技术成套设备。1973年8月，首套年产30×10^4t乙烯工程在北京燕山石化总厂开始兴建，配套工程还有年产18×10^4t丁二烯抽提装置，接着在上海、四川、辽阳、天津等四地兴建了4个大型石油化纤生产基地，年产合成纤维能力30×10^4t，使我国合成纤维产量由原来不足世界总产量的万分之一提高到20世纪80年代初的4%。20世纪70年代，我国又集中力量建设了十多个以油气为原料的大型合成氨厂，到20世纪80年代末期，达到近20家。

1983年，中国组建了中国石油化学公司，对全国主要炼油“石油化工”化纤企业实行集中领导，统筹规划，统一管理，发挥了油、化、纤联合优势，同年，石家庄炼油厂年产120×10^4t高低并列馏分油催化裂化装置改造成为大庆原油常压渣油催化裂化装置。1984年，九江石化总厂将年产 120×10^4t 加工馏分油的装置改造成为加工掺炼管输原油减压渣油的催化裂化装置，接着大连石化和高桥石化公司也建成了两套渣油催化裂化装置，继而中国又从美国引进两段再生渣油催化裂化技术，加速了中国渣油催化裂化的发展。到 20 世纪 90 年代初，石化公司的 50 套催化裂化装置，已有 33 套掺炼总量达到 99×10^4t。1996 年，催化裂化装置加工的渣油量超过 1300×10^4t，标志着中国的炼油技术已经达到一个新的高度。

进入 21 世纪，我国石油化学工业进入快车道。截止到 2022 年底，我国原油一次加工能力为 8.63×10^8t，原油加工量为 7.23×10^8t。目前，我国炼化行业已经形成中国石化、中国石油、中国海洋石油、中化等央企，中沙(天津)石化、中韩(武汉)石化、中海壳牌等合资企业、民营炼化企业等多主体互动的供应格局。

扫一扫查看
本章补充材料

第二章 化工装置仿真基础知识

第一节 概 述

仿真是运用代替真实物体或系统的模型进行实验和研究的一门应用技术科学，根据所用模型不同分为物理仿真和数字仿真两类。物理仿真是以真实物体或系统，以一定比例或规律进行微缩或放大后的物理模型为实验对象，如飞机研制过程中的风洞实验。数字仿真是以真实物体或系统规律为依据，建立数学模型后，在仿真机上进行研究。与物理仿真相比，数字仿真具有更大的灵活性，能对截然不同的动态特性模型进行实验研究，为真实物体或系统的分析和设计提供了十分有效而且经济的手段。

过程系统仿真是指过程系统的数字仿真，它要求描述过程系统动态特性的数学模型能在仿真机上再实现该过程系统的实时特性，以达到在该仿真系统上进行实验研究的目的。过程系统仿真由三个主要部分组成，即过程系统、数学模型和仿真机。

采用过程系统仿真技术辅助培训，就是用仿真机运行以数学模型建造的一个与真实系统相似的操作控制系统(如模拟仪表盘、仿 DCS 操作站等)，模拟真实的生产装置，再现真实生产过程(或装置)的实时动态特性，使学员在得到非常逼真的操作环境下，取得非常好的操作技能训练效果。

近年来，过程系统仿真技术在操作技能培训方面应用在世界许多国家得到普及。这种仿真培训系统能逼真地模拟工厂开车、停车、正常运行和各种事故状态的现象。化工仿真培训系统是过程系统仿真应用的一个重要分支，相对完整的工段级工艺过程仿真，可以帮助学生解决生产现场实习操作难以了解的问题，提高学生的实际操作技能，同时节省了实际操作训练的费用，避免了现场操作不安全的问题，可以使学员在数周内取得现场 2~5 年的经验，大大缩短了培训时间，是符合职业教育现状、解决学生实习实训的有效手段。

第二节 装置仿真培训系统学员站的使用方法

一、仿真培训软件的启动

(一) 单机运行

仿真培训软件单机运行是指学员在学员操作站上自行启动仿真培训软件，学员操作站不受教师站管理系统授权控制。

1. 启动仿真软件

启动计算机，单击“开始”按钮，弹出上拉菜单，将光标移到“程序”，并在随后弹出的菜单中依次指向“东方仿真”“大型化工流程仿真教学软件”“甲醇”，单击“甲醇”，输入姓名和学号，点击自由训练。

2. 培训项目选择

按培训要求双击冷态开车、正常运行、正常停车或其他事故处理项目。

3. DCS 类型选择

选择通用 DCS 风格、TDC3000 风格、IA 系统或 CS3000 风格，单击启动培训单元。

（二）网络运行

与单机运行不同的是：教师指令台在启动的同时指定启动装置、培训工况、训练模式等，或者考试时指定使用的试卷。

1. 启动仿真软件

方法同单机运行，选择在线考核。

2. 培训教室选择

选择培训教室，点击连接；再一次确认本人信息。

二、学员操作站的操作方法

（一）进程切换

进入仿真培训系统后，在 Windows 的任务栏中可以见到工艺仿真系统、操作质量评分系统。

两个软件之间的切换采用 Windows 的标准任务切换方式，用鼠标左键点任务图标即可在两个任务间切换。在培训中不可退出，否则系统无法正常工作。

操作质量评分系统主要功能包括：工艺操作指导和操作诊断评定。操作方法在后面介绍。

（二）学员操作站的退出

在工艺菜单中选择系统退出命令或点击窗口关闭按钮。

（三）装置仿真软件的操作方法

1. 状态恢复

在工艺菜单中选择重做当前任务命令。

2. 切换工艺内容

在工艺菜单中选择切换工艺内容命令，选择需要的其他工艺单元。

3. 培训项目选择

在工艺菜单中选择培训项目选择命令，选择需要的其他培训项目。

4. 进度存盘

在工艺菜单中选择进度存盘命令，打开保存快门窗口，输入文件名，点击保存进行进度存盘。

5. 进度重演

在工艺菜单中选择进度重演命令，打开读取快门窗口，选择保存文件，点击打开进行进度重演。进度存盘和进度重演结合使用，可对难控制的步骤反复操作，避免了从头操作，节省练习时间。

6. 系统冻结(解冻)

在工艺菜单中选择冻结命令，经确认程序冻结，同时菜单项变为解冻；在工艺菜单中选择解冻命令，经确认程序解冻，同时菜单项变为冻结。当暂停仿真操作时，可选择系统冻结命令。

7. 变量监视

在工具菜单中选择变量监视命令，打开变量监视窗口，变量监视的内容包括：变量名、位号、描述、当前值、上限值、下限值等。

8. 仿真时钟

在工具菜单中选择仿真时钟设置命令，选择需要的时标，单击应用按钮。在仿真练习时，可根据实际情况，选择时标，以加快或减慢工艺仿真过程，正常时间时标为100%，最快时标为300%，最慢时标为30%。

9. 学员成绩显示

在智能评价系统的浏览菜单中选择成绩命令，调出学员成绩单窗口，可获得学员成绩的详细信息。

10. 报警

在画面菜单中选择报警命令，可打开报警窗口，可以查看操作过程中的报警信息及各报警点值的上限和下限。

三、操作质量评分系统的操作

操作质量评分系统通过对用户的操作过程进行跟踪，在线为用户提供如下功能：

1. 操作状态指示

对当前操作步骤和操作质量的状态以不同的颜色表示出来。

（1）操作步骤状态及提示

红色小圆点：表示本步骤还没有开始操作，即还未满足此步骤的起始条件。

绿色小圆点：表示本步骤已满足起始条件，但未满足终止条件，即未操作。

红色叉号：表示本步操作已经结束，但操作不正确。

绿色对号：表示本步操作已经结束，且操作完全正确。

震荡曲线：质量操作步骤。

（2）步骤属性

双击普通步骤，可打开普通步骤属性窗口：可查看该步骤的描述以及起始条件和终止条件。

双击质量步骤，可打开质量步骤属性窗口：可查看该步骤的起始条件、终止条件、质量指标、标准值、上偏差、下偏差、最大上偏差、最大下偏差、零限上偏差、零限下偏差。

双击过程步骤，可打开过程属性窗口：可查看该过程的起始条件、终止条件、过程时间等。

2. 操作方法指导

可在线给出操作步骤的指导说明，对于操作质量可给出关于这条质量指标的目标值、上下允许范围、上下评定范围。

3. 操作诊断及诊断结果指示

对操作过程进行实时跟踪检查，并根据组态结果对其进行诊断，将错误的操作过程或操作动作列举出来，以便用户以后对这些错误操作进行重点培训。

4. 操作评定及生成评定结果

对操作过程进行实时评定，并给出整个操作过程的综合评分，还可根据需要生成评分文件。在操作质量评分系统的浏览菜单中选择成绩命令(或 Ctrl+c)，调出学员成绩单窗口。

思政内容　习近平的生态观：绿水青山就是金山银山

习近平总书记一直十分重视生态环境保护，党的十八大以来，多次对生态文明建设作出重要指示，在不同场合反复强调“绿水青山就是金山银山”。

理解“绿水青山就是金山银山”更深层的内涵和境界，关键在“就是”二字。习近平总书记意在揭示，绿水青山可以源源不断地带来金山银山，绿水青山本身就是金山银山。我们种的常青树就是摇钱树，生态优势也是经济发展优势。

“十三五”时期，厚植发展优势、破解发展难题，必须牢固树立“新发展理念”。以绿色发展为引领，“共抓大保护，不搞大开发”，将生态保护和生态修复摆在压倒性位置上，实际上就是培育新结构、形成新格局的过程。

“十四五”时期，我国生态文明建设进入以降碳为重点战略方向，推动减污降碳协同增效、促进经济社会发展全面绿色转型、实现生态环境质量改善由量变到质变的关键时期，污染防治触及的矛盾问题层次更深、领域更广，要求也更高。

生态环境的问题往前追溯都是经济发展模式的问题。环境污染、生态破坏，很大程度上来源于从前过多依赖增加物质资源消耗、规模粗放扩张、高能耗高排放产业的发展模式。而目前经济发展中最为突出的结构性矛盾，又与这些落后的发展模式密不可分。

因此，习近平总书记大力推动发展低碳经济、循环经济的一个重要目的就是把发展的基点放到创新上来，塑造依靠创新驱动、发挥优势的引领型发展模式。唯有如此，才能化解供需之间的结构性矛盾，提供更多有效供给。习近平总书记说，这是供给侧结构性改革的重要任务。如此我们就不难理解，为何习近平格外重视新兴环保产业，为何反复强调“生态就是资源、生态就是生产力”。

“绿水青山就是金山银山”，这是发展理念和方式的深刻转变，引领中国朝着绿色经济转型，也引领着中国发展迈向新境界。

扫一扫查看
本章补充材料

第三章　合成氨装置仿真

合成氨指由氮和氢在高温高压和催化剂存在下直接合成的氨，合成氨的生产是一种基本无机化工流程。在现代化学工业中，氨是化肥工业和基本有机化工生产的主要原料。合成氨工业在20世纪初期形成，开始用氨作为火药、炸药工业的原料，为战争服务，第一次世界大战结束后，转向为农业、工业服务。随着科学技术的发展，对氨的需要量日益增长。

第一节　氨合成的基本原理

氨合成反应是提供液氨产品的工序，是合成氨生产过程中的核心部分。氨合成反应是放热、缩小体积的可逆反应，温度、压力对其化学平衡有影响。当混合气中氢氮摩尔比为3时，氨平衡浓度随着温度降低、压力增加而提高，但在较低温度下，氨合成的反应速度十分缓慢，需采用催化剂来加快反应速率。由于受所用催化剂活性的限制，温度不能过低，因此为提高反应后气体中的氨含量，氨合成宜在高压下进行。当工业上用铁催化剂时，压力大多选用15.2～30.4MPa(150～300atm)，即使在这样压力条件下操作，每次也只有部分氮气和氢气反应为氨，因此氨合成塔出口气体中氨浓度通常为10%～20%(体)。决定反应程度的主要因素是铁催化剂的活性，反应所产生的氨与氮气、氢气的分离以及氮、氢气的循环使用。

一、原料组成

氨合成的主要初始原料可分为固体原料、液体原料和气体原料，如天然气、石脑油、重质油和煤(或焦炭)等。

1. 天然气制氨

天然气先经脱硫，然后通过二次转化，再分别经过一氧化碳变换、二氧化碳脱除等工序，得到的氮氢混合气。其中尚含有一氧化碳和二氧化碳约0.1和0.3体积，经甲烷化作用除去后，制得氢氮摩尔比为3∶1的纯净气，经压缩机压缩后进入氨合成回路，制得产品氨。以石脑油为原料的合成氨生产流程与此流程相似。

2. 重质油制氨

重质油包括各种深度加工所得的渣油，可用部分氧化法制得合成氨原料气，生产过程比天然气蒸气转化法简单，但需要有空气分离装置。空气分离装置制得的氧用于重质油气化，氮除了作为氨合成原料外，液态氮还用作脱除一氧化碳、甲烷及氩的洗涤剂。

3. 煤(焦炭)制氨

随着石油化工和天然气化工的发展，以煤(焦炭)为原料制取氨的方式在国外已很少采用。中国能源结构上存在“多煤缺油少气”的特点，煤炭成为主要的合成氨原料，天然气制氨工艺则受到严格限制。

二、氨合成反应的化学平衡

氨合成反应为：

$$\frac{1}{2}N_2+\frac{3}{2}H_2 \xlongequal{\quad} NH_3(g) \qquad \Delta H^{\ominus}_{298}=-46.22\text{kJ/mol} \tag{3-1}$$

式(3-1)氨合成反应的化学平衡常数 K_p 可表示为：

$$K_p=\frac{P_{NH_3}}{P_{N_2}^{\frac{1}{2}}P_{H_2}^{\frac{3}{2}}}=\frac{1}{p}\times\frac{y_{NH_3}}{y_{N_2}^{\frac{1}{2}}y_{H_2}^{\frac{3}{2}}} \tag{3-2}$$

式中，P 为各组分压，y 表示各组分摩尔分数。

当压力较低时，化学平衡常数可由式(3-3)计算：

$$\lg K_p=\frac{2001.6}{T}-2.6911\lg T-5.513\times10^{-5}T+1.8489\times10^{-7}T^2+3.6842 \tag{3-3}$$

当压力在 1.01~101.33MPa 时，化学平衡常数可由式(3-4)求得：

$$\lg K_p=\frac{2074.8}{T}-2.49431\lg T-\beta T+1.8564\times10^{-7}T^2+I \tag{3-4}$$

氨平衡含量及其影响因素：已知原始氢氮比为 r，总压力为 P，反应平衡时氨、惰性气体的平衡含量分别为 y_{NH_3} 和 y_i，则氨、氢、氮等组分的平衡分压分别为：

$$P_{NH_3}=Py_{NH_3} \tag{3-5}$$

$$P_{H_2}=p\times\frac{r}{1+r}(1-y_{NH_3}-y_i) \tag{3-6}$$

$$P_{N_2}=\frac{1}{1+R}(1-y_{NH_3}-y_i) \tag{3-7}$$

将各平衡分压代入得：

$$\frac{y_{NH_3}}{(1-y_{NH_3}-y_i)^2}=K_pP\times\frac{r^{1.5}}{(1+r)^2} \tag{3-8}$$

由式(3-8)看出，平衡含量是温度、压力、氢氮比和惰性气体含量的函数。

1. 温度和压力的影响

当 $r=3$、$y_i=0$ 时，式(3-8)可简化为：

$$\frac{y_{NH_3}}{(1-y_{NH_3})^2}=0.325K_pP \tag{3-9}$$

由式(3-9)可知，提高压力，降低温度，K_pP 数值增大，y_{NH_3}随之增大。

2. 氢氮比的影响

当 $r=3$ 时，氨平衡含量具有最大值，若考虑组成的影响，其值约在 2.68~2.90 之间。

3. 惰性气体的影响

当氢氮混合气含有惰性气体时，就会使氨平衡含量降低。

综上所述，提高压力，降低温度和惰性气体含量，氨平衡含量随之增加。

三、氨合成反应的热效应

氨合成反应的热效应，不仅取决于温度，而且与压力、气体组成有关。在工业生产中，反应物为氢、氮、氨及惰性气体的混合物。由于在高压下气体为非理想气体，气体混合时吸热，总反应热效应(ΔH_R)应为反应热(ΔH_F)与混合热(ΔH_M)之和。即：

$$\Delta H_R=\Delta H_F+\Delta H_M$$

四、氨合成催化剂

长期以来，人们对氨合成催化剂做了大量的研究工作，发现对氨合成有活性的一系列金属为 Fe、Mo、Mn、Os、U、W 等，其中以铁为主体并添加促进剂的铁系催化剂，价廉易得、活性良好、使用寿命长，从而获得了广泛应用。

1. 氨合成催化剂的化学组成和结构

目前，大多数铁系催化剂都是用精选的天然磁铁矿通过熔融法制备的，称为熔铁催化剂。从磁铁矿制备的催化剂活性，优于共沉淀法制备的催化剂。铁系催化剂活性组分为金属铁，未还原前为 FeO 和 Fe_2O_3，其中 FeO 质量分数占 24%~38%，Fe^{2+}/Fe^{3+} 约为 0.5，一般在 0.47~0.57 之间，成分可视为 Fe_3O_4，具有尖晶石结构。作为促进剂的成分有 K_2O、CaO、MgO、Al_2O_3、SiO_2等。

Al_2O_3能与 FeO 作用形成 $FeAl_2O_4$，同样具有尖晶石结构，所以加入 Al_2O_3能与 Fe_3O_4形成固溶体，在 Fe_3O_4中均匀分布。当铁系催化剂用氢还原时，氧化铁被还原为 α-Fe，而未还原的 Al_2O_3仍保持着尖晶石结构起到骨架作用，从而防止铁细晶长大，增大了催化剂表面积，提高了活性。Al_2O_3的加入使催化剂的表面积增大，氨含量亦随之增加，二者有相似的变化趋势。所以 Al_2O_3 为结构型促进剂，是通过改善还原态铁的结构而呈现出促进作用。MgO 的作用与 Al_2O_3相似，也是结构型促进剂。

K_2O 的作用与 Al_2O_3不同，在 Fe-Al_2O_3催化剂中添加 K_2O 后，催化剂的表面积有所下降，活性反而显著增大。K_2O 为电子型促进剂，它可以使金属电子逸出功降低。氮活性吸附在催化剂表面形成偶极子时，电子偏向于氮，电子逸出功降低有助于氮的活性吸附，从而提高其活性。CaO 也属于电子型促进剂，同时 CaO 能降低熔体的熔点和黏度，有利于 Al_2O_3与 Fe_3O_4固溶体的形成，此外，还可以提高催化剂的热稳定性。SiO_2一般是磁铁矿的杂质，具有“中和”K_2O、CaO 等碱性组分的作用，SiO_2还可以提高催化剂抗水毒害和耐烧结性能。

过高的促进剂含量对活性反而不利。通常制成的催化剂为黑色不规则颗粒，有金属光泽，堆密度约为 2.5~3.0kg/L，空隙率约为 40%~50%。

催化剂还原后，Fe_3O_4晶体被还原成细小的 α-Fe 晶体，还原前后表观体积并无显著改变，因此除去氧后的催化剂便成为多孔的海绵状结构。催化剂的颗粒密度与纯铁的密度（7.86g/cm^3）相比要小得多，这说明其孔隙率是很大的。一般孔呈不规则树枝状，还原态催化剂的总表面积约为 4~16m^2/g。

2. 氨合成催化剂的还原和使用

氨合成催化剂的活性不仅与化学组成有关，在很大程度上还取决于制备方法和还原条件。催化剂还原反应式为：

$$Fe_3O_4+4H_2 \xlongequal{} 3Fe+4H_2O \tag{3-10}$$

确定还原条件的原则一方面是使 Fe_3O_4充分还原为 α-Fe，另一方面是还原生成的铁结晶不因重结晶而长大，以保证有最大的比表面积和更多的活性中心。因此，宜选取合适的还原温度、压力、空速和还原气组成。

还原温度对催化剂活性的影响很大。只有达到一定温度还原反应才开始进行，提高还原温度能加快还原反应的速率，缩短还原时间；但催化剂还原过程也是纯铁结晶体组成的过程，要求 α-Fe 晶粒越细越好，还原温度过高会导致 α-Fe 晶体长大，从而减小催化剂表面积使活性降低。实际还原温度一般不超过正常使用温度。

降低还原气体中的p_{H_2O}/p_{H_2}有利于还原反应进行，因此还原气中氢含量宜高，水汽含量宜低，水汽含量的高低对催化剂活性影响很大。水蒸气的存在可以使已还原的催化剂反复氧化还原，造成晶粒变大使活性降低，因此要及时除去还原生成的水分，同时尽量采用高空速以使还原气体保持低水汽含量状态。至于还原压力应低一些为宜，但仍要维持一定的还原空速(在$10000h^{-1}$以上)。

工业上还原过程多在氨合成塔内进行，还原温度借外热(如电加热器或开工加热炉)维持，并严格按规定的温度与时间关系曲线进行。一般温度升到300℃左右即开始出水，之后升温与维持温度出水先后进行，最后还原温度在500~520℃左右，视催化剂类型而定。

催化剂的还原也可以在塔外进行，即催化剂的预还原。采用预还原催化剂不仅可以缩短合成塔的升温还原时间，而且也避免了合成塔内不适宜的还原条件对催化剂活性的损害，使催化剂得以在最佳条件下进行还原，有利于提高催化剂的活性，为强化生产开辟新的途径。还原后的活性铁，遇到空气后会发生强烈的氧化反应致使催化剂烧结失去活性。因此，预还原后的催化剂必须进行"钝化"操作，即在100~140℃下用含少量氧的气体缓慢加以氧化，使催化剂表面形成氧化铁保护膜。使用预还原催化剂的氨合成塔，只需稍加还原即可投入生产操作。

还原结束后的催化剂初活性高，床层温升快，容易过热，进行一段时间的较低负荷生产可以避免催化剂早期衰老，延长其使用寿命。

催化剂在使用中活性不断下降，其原因是：细结晶长大改变了催化剂的结构，催化剂中毒以及机械杂质遮盖使比表面积下降；尤其是上层催化剂的活性下降最为明显。使用前后，促进剂成分的改变甚微，而上中层表面积显著下降，孔隙率增加，平均孔径增大。这说明在使用中由于催化剂结晶长大，其结构趋向于一种活性很低的稳定状态，结构变化导致的活性下降是不可逆的。因此，生产中要严格控制催化剂床层温度，尽量减少温度波动，特别是避免超越催化剂所允许的使用温度范围。

使用后，硫含量明显增高，尤其是上层催化剂更为严重，说明含硫化合物对催化剂具有毒性作用。能使催化剂中毒的物质有氧及氧化合物(CO、CO_2、H_2O等)、硫及硫化合物(H_2S、SO_2等)、磷及磷化合物(PH_3)、砷及砷化合物(AsH_3)、润滑油以及铜氨液等。硫、磷、砷及其化合物对催化剂造成的中毒作用是不可逆的；氧及氧化合物是可逆毒物，中毒是暂时性的，一旦气体成分得到改善，催化剂的活性可以得到恢复；气体中夹带的油类或高级烃类在催化剂上裂解析炭，起到堵塞微孔、遮盖活性中心的作用，中毒作用介于可逆与不可逆之间。另外，润滑油中的硫组分，同样可引起催化剂的中毒。采用铜洗净化工艺的合成氨系统，若将铜氨液带入氨合成塔中，则催化剂的表面被其覆盖，也会造成催化剂活性降低，在生产中应十分注意。因此，氢氮原料气送往合成系统之前应充分清除各类毒物，以保证原料气的纯度，一般规定($CO+CO_2$)$\leqslant 10cm^3/m^3$。

此外，氨合成塔停车时降温速度不能太快，以免催化剂粉碎，卸出催化剂前一般进行钝化操作。

如果催化剂使用得当，维护保养得好，使用数年仍能保持相当高的催化活性。

五、工艺条件的选择

实际生产中，反应不可能达到平衡，合成工艺参数的选择除了考虑平衡氨含量外，还要综合考虑反应速率，催化剂使用特性，系统的生产能力、原料和能量消耗等，以期达到良好的技术经济指标。氨合成的工艺参数一般包括温度、压力、空速、氢氮比、惰性气体含量和初始氨含量等。

1. 温度

与其他可逆放热反应一样，氨合成反应存在最佳温度 T_m（或称最适宜温度），它取决于反应气体的组成、压力以及所用催化剂的活性。

从理论上看，合成反应按最佳温度曲线进行时，催化剂用量最少、合成效率最高。反应初期由于合成反应速率很高，故实现最佳温度不是主要问题，而实际上受种种条件的限制不可能做到这一点。例如，氨合成塔进气氨含量为 4%（$p=30.4$MPa，$y_{惰}=12\%$），T_m 已超过 600℃，也就是说催化剂床层入口温度应高于 600℃，而后床层轴向温度逐渐下降。此外，温度分布递降的反应器在工艺实施上也不尽合理，它不能利用反应热使反应过程自热进行，需额外用高温热源预热反应气体以保证入口的温度。所以，在床层的前段不可能按最佳温度操作。在床层的后段，氨含量已经比较高，反应温度依最佳温度曲线操作是有可能的。

氨合成反应温度，一般控制在 400~500℃之间（依催化剂类型而定）。催化剂床层的进口温度比较低，大于或等于催化剂使用温度的下限，依靠反应热床层温度迅速提高，而后温度逐渐降低。床层中温度最高点，称为“热点”，其不应超过催化剂的使用温度。到生产后期，催化剂活性已经下降，操作温度应适度提高。

鉴于氨合成反应的最适宜温度随氨含量提高而降低，要求随反应的进行不断移出反应热。生产上按降温方法的不同，氨合成塔内件可分为内部换热式和冷激式。内部换热式内件采用催化剂床层中排列冷管或绝热层间安置中间换热器的方法，降低床层的反应温度，并预热未反应气体。冷激式内件采用反应前尚未预热的低温气体进行层间冷凝，以降低反应气体的温度。

2. 压力

从化学平衡和化学反应速率的角度看，提高操作压力是有利的。合成氨装置的生产能力随压力提高而增加，而且压力高时，氨分离流程可以简化。例如，高压下分离氨，只需水冷却就已足够，设备较为紧凑，占地面积小。但是，压力高对设备材质、加工制造的要求均高。同时，高压下反应温度一般较高，催化剂使用寿命较短。

生产上选择操作压力的主要依据是能量消耗及包括能量消耗、原料费用、设备投资在内的所谓综合费用，也就是说主要取决于技术经济效果。从能量消耗和综合费用分析，可以认为 30MPa 左右仍是氨合成比较适宜的操作压力。

关于操作压力的选择，几十年来变动甚大，第二次世界大战后各国普遍采用 30~50MPa，中国中小型氨厂大多采用 20~32MPa。

3. 空速

当操作压力及进塔气体组成一定时，对于既定结构的氨合成塔，提高空速，出口气体的氨含量下降即氨净值降低；但增加空速，合成塔的生产强度（单位时间、单位体积催化剂生成氨的量）有所提高。

在其他条件一定时，增加空速能提高催化剂生产强度，但加大空速将使系统阻力增大，循环功耗增加，氨分离所需的冷冻负荷也加大，同时，单位循环气量的产氨量减少，所获得的反应热也相应减少。当单位循环气的反应热降低到一定程度时，合成塔就难以维持“自热”。

一般操作压力为 30MPa 的中压法合成氨，空速在 20000~30000h^{-1}之间，氨净值为 10%~15%。大型合成氨厂为充分利用反应热，降低功耗并延长催化剂使用寿命，通常采用较低的空速。如操作压力 15MPa 的轴向冷激式合成塔，空速为 $10000h^{-1}$，氨净值为 10%；而操作压力 26.9MPa 的径向冷激式合成塔，空速为 $16200h^{-1}$，氨净值为 12.4%。

4. 合成塔进口气体组成

合成塔进口气体组成包括氢氮比、惰性气体含量与初始氨含量。

如前所述，当氢氮比为 3 时，氨合成反应可得最大平衡氨含量。但从动力学角度分析，最适宜氢氮比随氨含量的不同而变化。

氢氮比的影响：实际在 2.8~2.9 之间，当使用钴催化剂时适宜的氢氮比是 2.2。因氨合成反应氢与氮总是按 3∶1 的比例消耗，所以新鲜气中的氢氮比应控制在 3∶1，否则，循环气中多余的氢或氮会逐渐积累，造成氢氮比失调使操作条件恶化。

惰性气体的影响：循环气中含 16%~20%(活性好)或 12%~16%(活性低)。

入口氨含量：降低入口氨含量，反应速率加快，氨净值增加，生产能力提高。但进口氨含量的高低，需综合考虑冷冻功及循环机的功耗。通常操作压力为 25~30MPa 时采用一级氨冷，进口氨含量控制在 3%~4%；而压力为 20MPa 时采用二级氨冷，进合成塔氨含量控制在 2%~3%；压力在 15MPa 左右时采用三级氨冷，进塔氨含量控制在 1.5%~2%。

第二节　氨合成的工艺流程

一、氨的分离方法

因受到氨合成反应平衡温度的限制，氨合成时只能有部分氮气和氢气反应合成为氨。所以出氨合成塔气体中有氨、氮气、氢气和惰性气体(甲烷、氩气)，如何将氨从气体混合物中分离呢？工业生产上有两种方法。

1. 水吸收法

氨在水中溶解度很大，与溶液呈平衡的气相氨分压很小。因此，用水吸收法分离氨效果良好。但气相亦为水蒸气饱和状态，为防止催化剂中毒，循环气需严格脱除水分后才能进入合成塔。

水吸收法得到的产品是浓氨水。由浓氨水制取液氨尚需经过氨水蒸馏及气氨冷凝等步骤，消耗一定的热量，故工业上采用此法者很少。

2. 冷凝法

该法是冷却含氨混合气，使其中大部分气氨冷凝以便与不冷凝的氢氮气分开。加压下，气相中饱和氨含量随温度的降低、压力的增高而减少。若不计惰性气体对氨热力学性质的影响，饱和氨含量可依下式计算。

$$\lg y^{\circ}_{NH_3}=4.1856+\frac{1.9060}{\sqrt{P}}-\frac{1099.5}{T} \tag{3-11}$$

式中　$y^{\circ}_{NH_3}$——气相氨平衡含量，%；

P——混合气总压力，MPa；

T——温度，K。

若考虑到其他气体组分对气相氨平衡含量的影响，其值可由手册查取。

含氨混合气的冷却是在水冷却器和氨冷却器中实现的。冷冻用的液氨由冷冻循环系统供给，或为液氨产品的一部分。液氨在氨分离器中与气体分开，减压送入贮槽，贮槽压力一般为 1.6~1.8MPa。液氨冷凝过程中，部分氢氮气及惰性气体溶解其中，溶解气体大部分在液氨贮槽中减压释放出来，称之为“贮槽气”或“弛放气”。

气体在液氨中的溶解度，可依据亨利定律近似计算。

二、氨合成回路流程

氨合成工艺流程包括氨的合成系统、氨的分离系统、氮和氢原料气的压缩与循环系统、反应热回收利用系统、弛放气排放系统(以维持循环气中惰性气体的平衡，从而构成一个回路流程)。

回路流程设计在于合理地配置上述几个步骤。其中主要是合理地确定循环压缩机、新鲜原料气补入及弛放气排放的位置，确定氨分离的冷凝级数(冷凝法)、冷热交换的安排和热能回收的方式。

采用有油的往复式压缩机的氨合成系统，由于压缩后气体中夹带油雾，新鲜气补入及循环压缩机的位置均不宜在氨合成塔之前。同时循环压缩机还应尽可能设置在流程中气量较少、温度较低的部位，以降低功耗。

采用离心式压缩机的氨合成系统，由于气体中无油雾，因此没有上述的限制。而且新鲜气与循环气的压缩往往是在同一压缩机的不同段里进行，有的甚至新鲜气与循环气直接在压缩机的缸内混合。因此，新鲜气的补入与循环压缩机在流程中可以是同一部位。

至于弛放气体的排放，应设在惰性气体含量高、氨含量较低的部位。氨分离冷凝级数以及冷热交换的安排都按照节省能量的原则，同时也应尽量回收合成反应热以降低系统的能量消耗。

由于采用的压缩机型式、氨分离冷凝级数、热能回收形式以及各部分相对位置存在差异，因而形成不同的流程。

凯洛格(kellogg)大型氨厂氨合成工艺流程如图 3-1 所示。

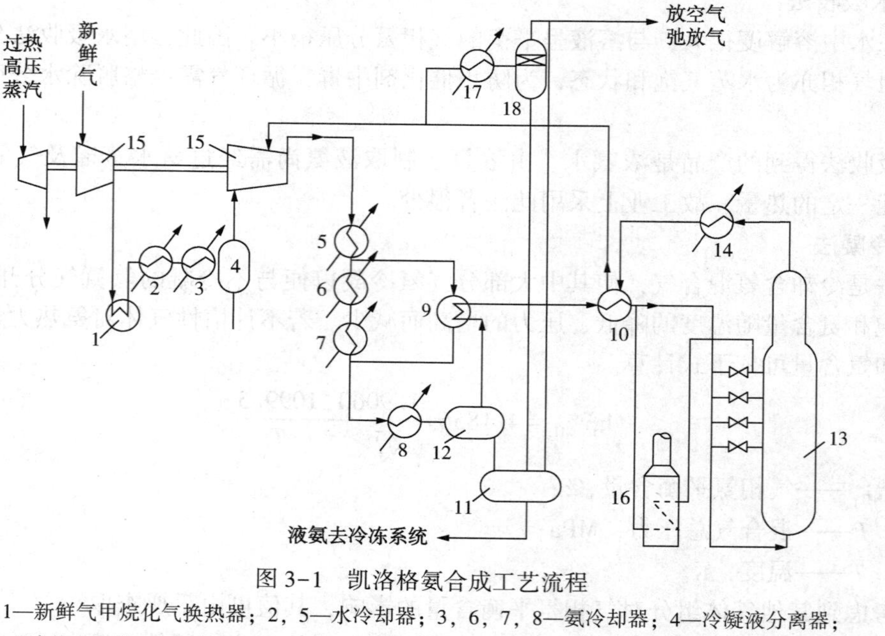

图 3-1　凯洛格氨合成工艺流程

1—新鲜气甲烷化气换热器；2，5—水冷却器；3，6，7，8—氨冷却器；4—冷凝液分离器；9—冷热交换器；10—塔前预热器；11—低压氨分离器；12—高压氨分离器；13—氨合成塔；14—锅炉给水预热器；15—离心压缩机；16—开工加热炉；17—放空气氨冷却器；18—放空气分离器在该类流程中采用蒸汽透平驱动的带循环段的离心式压缩机，气体中不含油污，但新鲜气中含微量二氧化碳和水蒸气，需经氨冷最终净化，可以直接把它配置于氨合成塔之前。氨合成反应热除预热进塔气体外，还用于加热锅炉给水或副产高压蒸汽，热量回收较好。另外，由于合成塔操作压力较低(15MPa)，采用三级氨冷将气体冷却至-23℃，以使氨分离较为完全。

反应热用于加热锅炉给水。新鲜气在离心压缩机的第一缸中压缩，经新鲜气甲烷化气换热器、水冷却器及氨冷却器逐步冷却到8℃。除去水分后进入压缩机第二缸继续压缩并与循环气混合，压力升到15.3MPa，温度为69℃，经过水冷却器，气体温度降至38℃。而后，气体分为两路，一路约50%的气体经过两级串联的氨冷器6和7。一级氨冷器6中液氨在13℃下蒸发，将气体进一步冷却到1℃。另一路气体与高压氨分离器来的-23℃的气体在冷热换热器内换热，降温至-9℃，而来自氨分离器的冷气体则升温到24℃。两路气体汇合后温度为-4℃，再经过第三级氨冷器，利用-33℃下蒸发的液氨进一步冷却到-23℃，然后送往高压氨分离器。分离液氨后的含氨2%的循环气经冷热交换器和热热换热器预热至141℃进轴向冷激式氨合成塔。

高压氨分离器中的液氨经减压后进入冷冻系统，弛放气与回收氨后的放空气一并用作燃料。

该流程除采用离心式压缩机并回收氨合成反应热预热锅炉给水外，还具有如下特点：采用三级氨冷，逐级将气体降温至-23℃，冷冻系统的液氨亦分三级闪蒸，三种不同压力的氨蒸气分别返回离心式氨压缩机相应的压缩级中，这比全部氨气一次压缩至高压，冷凝后一次蒸发到同一压力的冷冻系数大、功耗小。流程中弛放气排放位于压缩机循环段之前，此处惰性气体含量最高，但氨含量也最高，由于回收排放气中的氨，故对氨损失影响不大。此外，氨冷凝在压缩机循环段之后进行，可以进一步清除气体中夹带的密封油、CO_2等杂质，缺点是循环功耗较大。

三、弛放气回收

在原料气的最终净化过程中，除深冷分离法外，还采用甲烷化或铜氨液吸收法，随新鲜氮氢气进入循环系统的甲烷和氩，因其不参与反应，在循环中不断累积。为了保持这些惰性气体的合理浓度，需要排放部分循环气，还有从氨贮槽中排放出一部分溶解在液氨中的氮氢气，通称贮槽气。这些从合成系统中排出的气体，称为弛放气，一般组成体积分数为氢60%~70%，氮20%~25%，甲烷7%~12%，氩3%~8%。

弛放气带出的氢气损失，一般约占合成氨厂氢损失的10%，如采取措施将其回收，即可节能0.5~0.7GJ/t NH_3。

20世纪80年代以来成功开发中空纤维膜分离、变压吸附和深冷分离技术，用来回收氢气。

四、氨合成塔

1. 结构特点及基本要求

氨合成塔是合成氨生产的主要设备之一。氨在高温、高压和催化剂存在的条件下由氢氮气合成。氢、氮对碳钢有明显的腐蚀作用，造成腐蚀的原因如下。

① 氢脆。氢溶解于金属晶格中，使钢材在缓慢变形时发生脆性破坏。

② 氢腐蚀。即氢渗透到钢材内部，使碳化物分解并生成甲烷。$Fe_3C+2H_2 = 3Fe+CH_4$，

反应生成的甲烷聚积于晶界微观孔隙中形成高压，导致应力集中，沿晶界出现破坏裂纹。若甲烷在靠近钢表面的缺陷中聚积还可以出现宏观鼓泡。氢腐蚀与压力、温度有关，温度超过221℃，氢分压大于1.4MPa，氢腐蚀就开始发生。

③ 在高温、高压下，氮与钢中的铁及其他合金元素生成硬而脆的氮化物，导致金属机械性能的降低。

为了适应氨合成反应条件，氨合成塔通常都由内件与外筒两部分组成，内件置于外筒之内。进入合成塔的气体先经过内件与外筒之间的环隙，内件外面设有保温层，以减少向外筒的散热。因此，外筒主要承受高压(操作压力与大气压力之差)，但不承受高温，可用普通低合金钢或优质低碳钢制成。在正常情况下，寿命可达四五十年。内件虽然在500℃左右的高温条件下操作，但只承受环隙气流与内件气流的压差，一般仅为1~2MPa，从而可降低对内件材料的要求。内件一般可用合金钢制作。内件使用寿命一般比外筒短得多。内件由催化剂筐(触媒筐)、热交换器、电加热器三个主要部分构成，大型氨合成塔的内件一般不设电加热器，开工时由塔外加热炉为还原催化剂供热。

合成塔内件的催化剂床层因换热形式的不同，大致分为连续换热式、多端间接换热式和多段冷激式三种塔型。此外，也有绝热式合成塔内件，在催化剂床层不进行热量交换。不论何种塔型，在工艺上对氨合成塔的要求是相同的。主要要求如下：

① 在正常操作条件下，反应能维持自热；塔的结构要有利于升温、还原，保证催化剂有较大的生产强度。

② 催化剂床层温度分布合理，充分利用催化剂的活性。

③ 气流在催化剂床层内分布均匀，塔的压力降小。

④ 换热器传热强度大、体积小，高压容器空间利用率(催化剂体积/合成塔总容积)高。

⑤ 灵活稳定，调节灵活，具有较大的工作弹性。

⑥ 结构简单可靠，各部件的连接和保温合理，内件在塔内有自由伸缩的余地，以减小热应力。

上述要求在实施时有时是矛盾的，合成塔设计在于分清主次，妥善解决这些矛盾。

氨合成塔内件结构繁多，目前主要有冷管式和冷激式两种塔型，前者属于连续换热式，后者属于多段冷激式。近年来，普遍将传统的塔内气流轴向流动改为径向流动以减小压力降、减低循环功耗。

2. 冷管式氨合成塔

在催化剂床层中设置冷管，利用在冷管中流动的未反应的气体移出反应热，使反应比较接近最适宜温度线。中国小型氨厂多采用冷管式内件，早期为双层套管并流冷管，1960年以后开始采用三套管并流冷管和单管并流冷管。

冷管式氨合成塔的内件由催化剂筐、分气盒、换交换器和电加热器组成。

催化剂床层顶部不设置绝热层，反应热在此完全用来加热气体，温度上升快。床层的中、下部为冷管层，并流三套管由并流双套管演变而来。二者的差别仅在于内冷管一个为单层，一个为双层。双层内冷管一端的层间间隙焊死，形成“滞气层”，“滞气层”增大了内外管件的热阻，因而气体在内管温升小，使床层与内外管间环隙气体的温差增大，改善了上部床层的冷却效果。

并流三套管的主要优点是床层温度分布较合理，结构可靠、操作稳定、适应性强，催化剂生产强度高，如当操作压力为30MPa，空速为20000~30000h^{-1}时，催化剂的生产强度可达 40~60t/(m^3·d)。其缺点是结构较复杂，冷管与分气盒占据较多空间，催化剂还原时床层下部受冷管传热的影响升温困难，还原不易彻底。在我国此类内件广泛用于 ϕ800~1000mm 的合成塔。

3. 冷激式氨合成塔

冷激式氨合成塔有轴向冷激和径向冷激之分。图 3-2 为大型氨厂立式轴向四段冷激式氨合成塔(凯洛格型)。

该塔外筒形状为上小下大的瓶式，在缩口部位密封，以便解决大塔径造成的密封困难的问题。内件包括四层催化剂、层间气体混合装置(冷激管和挡板)以及列管式换热器。气体由塔底封头接管进入塔内，向上流经外筒环隙以冷却外筒。气体穿过催化剂筐缩口部分向上流过换热器与上筒体的环形空间，折流向上穿过换热器的管间，被加热到 400℃左右进入第一层催化剂。经反应后温度升至 500℃左右，在第一、二层间反应气与来自冷激气接管的冷激气混合降温，而后进第二层催化剂。依此类推，最后气体由第四层催化剂层底部流出，而后折流向上穿过中心管与换热器管内，换热后经波纹连接管流出塔外。

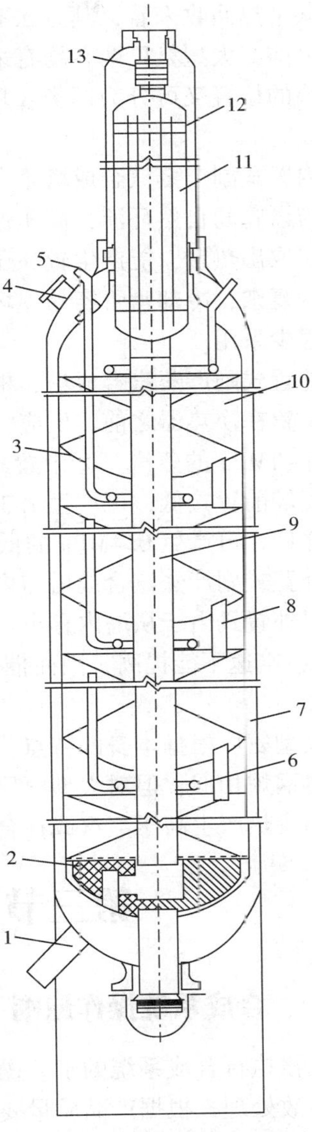

图 3-2　立式轴向四段冷激式氨合成塔

1—塔底封头接管；2—氧化铝球；3—筛板；4—入孔；5—冷激气接管；6—冷激管；7—下筒体；8—卸料管；9—中心管；10—催化剂床；11—换热器；12—上筒体；13—波纹连接管

该塔的优点是：用冷激气调节反应温度，操作方便，而且省去许多冷管，结构简单，内件可靠性好，合成塔筒体与内件上开设入孔，装卸催化剂时，不必将内件吊出，外筒密封在缩口处。

但该塔也有明显缺点：瓶式结构虽便于密封，但在焊接合成塔封头前，必须将内件装妥。日产 1000t 氨的合成塔总重达 300t，运输与安装均较困难，而且内件无法吊出，因此设计时只考虑用一个周期。维修上也带来不便，特别是催化剂筐外的保温层损坏后难以检查修理。

与轴向冷激式合成塔比较，径向合成塔具有如下优点：

① 气体呈径向流动，流速较轴向流动比较低，使用小颗粒催化剂时，其压力仍然较小，因而合成塔的空速较高，催化剂的生产强度较大。

② 对于一定的氨生产能力，催化剂装填量较少，故塔直径较小，采用大盖密封便于运输、安装与检修。

五、反应热的回收利用

1. 提高合成塔进气温度

合成塔进气点的温度高，相应的出塔温度必然也高。出塔温度高，有利于余热的回收利用。随着抗氮氢腐蚀钢的成功研制，允许出口气体温度提高到350℃，而提高合成塔进气的温度，最简便的措施是加设换热器，利用合成塔出口气体的余热预热合成塔进口气体。

2. 热能回收的方法

从余热回收来看，其方法有两种：一是用来加热锅炉给水；二是直接利用余热副产蒸汽。目前，大型氨厂两者均有采用，而一些中型氨厂多用后者。如用于副产蒸汽，按废热锅炉安装的位置又可分为两类：塔内副产蒸汽合成塔(内置式)和塔外副产蒸汽合成塔(外置式)。

内置式副产蒸汽合成塔是在塔内几层催化剂层间设冷却盘管，用高压循环水作热载体在锅炉与盘管间自然环流，高压循环水的压力与塔出口气体压力相等。此类塔型，直接从催化剂床层取出热量，能产生较高压力的蒸汽，热能利用好；催化剂床层调温方便、稳定。但塔的结构复杂，冷却盘管容易损坏，容积利用系数也低。此外，对高压循环水水质要求高，目前已很少采用。

外置式副产蒸汽合成塔，根据反应器抽出位置的不同分为：①前置式副产蒸汽合成塔，抽气位置在换热器之前，反应气出催化剂床层即入废热锅炉换热，然后回换热器，此法可产生2.5~4MPa的蒸汽。②中置式副产蒸汽合成塔，抽气位置在Ⅰ、Ⅱ换热器之间，由于气体温度较前置式低，可产生1.3~1.5MPa的蒸汽。③后置式副产蒸汽合成塔，抽气位置在换热器之后，可产生0.4MPa的低压蒸汽。

外置式副产蒸汽合成塔与内置式比较，具有结构简单、附属设备少、制造检修方便等优点。但外置式由于从塔内移出一部分热量，为了维持自热，塔内换热器传热面积大(后置式除外)，空速不能提高，因而催化剂生产强度较低，而且对材质的耐高温、耐腐蚀性能要求也较高。

大型氨厂根据本身的特点，采用预热锅炉给水或副产蒸汽的方法回收热能。此法与后置式废热锅炉相似，但对大型氨厂更合适，其优点是锅炉给水预热后再由天然气蒸汽转化系统的高温废热产生高压蒸汽或在合成回路直接产生高压蒸汽，高压蒸汽使用价值高。

第三节　合成系统单元操作指南

一、合成系统操作原则

严格执行合成系统的工艺操作指南，保证合成塔的正常生产稳定。负责本岗位的开、停车及事故处理，根据产品质量要求，生产合格成品氨。同时负责合成系统所有换热器、水冷器的正常运转，做好设备和工艺管线的日常维护工作。加强巡回检查力度，并做好本岗位的交接班和原始数据记录，保证整个装置的安全平稳运行。

合成系统的反应与以下方面有关：

① 温度。因为合成反应是放热反应，提高温度，会降低氨的平衡百分数，与此同时，又使反应加快。也就是说，在远离平衡的条件下，提高温度会导致转化率提高；而对转化率接近平衡百分数的合成系统来讲，提高温度则会导致转化率降低。

② 压力。氨的合成反应是体积缩小的反应，氨的平衡百分数会随压力提高而提高；提高压力也使反应速度加快，因此，在较高的压力下，转化率会提高。

③ 空间速度。空间速度与停留时间成反比关系。在产量处于正常值或低于正常值时，

增加送入合成塔的气体流量(其他条件不变)，会使产量增加。改变空间速度的常用方法是改变循环速率，当循环速率提高时，催化剂床内的温度便会降低，因为单程转化率降低了，而压力却会提高，因为氨产量增加了。

④ 氢氮比。进入合成系统的新鲜合成气，其氢氮比通常应该是 3∶1，因为氢和氮是在 3∶1 的条件下合成氨。在正常操作条件下，如果长期氢氮比失调就会造成系统压力偏高或压力降低，从而造成合成塔垮塔事故的发生。

⑤ 惰性气体。合成系统设有惰性气体吹出阀，是为了控制氩和其他惰性气体的浓度，否则，它们就会在合成回路中逐渐积累，导致转化率降低、压力增高、产量减少。

⑥ 合成气流量。单增加合成气进料流量，会使氨的产量增加，还会对前面的几个工艺条件产生以下影响：系统压力将增高；催化剂床的温度将升高；惰性气体含量会提高；氢氮比会发生变化。反之，减少合成气流量，就会有相反的影响。

二、系统加量操作

当系统在一台气化炉生产时，另一台气化炉投气后往系统并气中，要加强各岗位间的联系、配合。合成冷冻岗位要严密监视合成气压缩机的入口压力变化，当压力升高并出现微量放空时，及时联系机组岗位，根据需要对合成气压缩机升速；同时检查阀的开度，缓慢关闭阀(由机组岗位关)，以减少合成气压缩机的循环量，使入口全部吸入氮洗气，减少放空量。合成塔入口阀缓缓增加开度，直到全开；根据三段床层入口温度的升高而逐渐增加开度，一般情况下开度为 50%。并调节冷激气量阀来调节催化剂层温度，使各段床层稳定在工艺指标内操作。随着新鲜气量增加，氨产量逐渐由 20t/h 左右升到 40t/h 以上，去各闪蒸槽的氨量增加，要及时调节好三个闪蒸槽的液位，把冷氨及时送往氨贮罐内贮存。并及时开大液氨切断阀，防止液位高高报警后，使合成气压缩机退气和冰机停车。及时调整冰机系统各段闪蒸槽的压力，防止因系统加量使闪蒸压力升高而影响冷凝温度。要与机组岗位密切配合好，调整负荷在最佳状态。

三、控制项目

1. 合成塔入口温度的调节

控制范围：合成塔入口温度≤230℃。

控制目标：合成塔入口温度≤230℃。

控制方式：合成塔入口温度十分重要，会直接影响合成塔催化剂层温度的波动。在操作中首先要稳定入塔温度，才能稳定催化剂层温度。原始开车时，入塔温度主要由合成废锅旁路来调节。一般情况下，合成废锅旁路是全开的，以降低出塔气进入合成废锅的流量，提高壳程温度，进而使管程温度升高，入塔温度指示升高。操作时可以根据需要来调节合成废锅旁路线的开度，但温度要在<325℃下操作。

正常操作方法见表 3-1。

表 3-1　合成塔的正常操作方法

影响因素	调整方法
合成废锅旁路线开度	联系现场调整合成废锅旁路线开度
合成塔三段床层温度	适当提高或降低三段床温来提高或降低合成塔出口温度

异常处理方法见表 3-2。

表 3-2 合成塔的异常处理方法

现象	原因	处理方法
合成塔入口温度波动大	合成塔床层温度波动	稳定进塔入气量
	系统加量过快	联系相关岗位，减慢加量速度

2. 催化剂层温度的调节

控制范围：催化剂层热点温度为 430. 0~520. 0℃。

控制目标：热点温度为 430. 0~520. 0℃。

控制方式：影响催化剂层温度的因素比较多。如果当气体成分、生产负荷、入塔气温度等条件都在正常范围时，催化剂层的热点温度主要用冷激气量来调节。合成塔在正常生产中，主要控制去催化剂层第二内部换热器的量，从而控制去第三催化剂筐 A 筐、B 筐的入口气体温度。所以第三催化剂筐的热点温度由冷激气量来调节，并间接影响塔出口温度的升降。主要控制去催化剂层第一内部换热器的流量，调节去第二催化剂层的入口气体温度，当第二催化剂层热点温度太高时，可适当增加通过冷激气量的流量，降低二段催化剂的入口温度。一般情况下，当一段床层温度急剧下降，反应不及时，二段床层的气体成分比原来相对好，故易导致二段床层温度急升。此时，应作停车处理，重新升温导气，直到一段床层温度正常。因此，从总体上讲，操作中只要一段床层的热点温度稳定，则整个合成塔催化剂层温度也相对稳定，所以，合成塔催化剂层温度是个整体，调节时不要多种手段同时使用，要力求小调节，勤调节，才能稳定操作。在合成塔催化剂使用的前三年，尽量使床层温度保持在相对较低的温度(480℃±5℃)下生产操作，以防止催化剂因长期高温操作而活性下降，催化剂提前衰老的现象发生。在三年以后，催化剂使用时间增加，活性逐渐下降时，可以逐渐提高床层的热点温度(490℃±5℃)，以便增加活性，使合成率保持在相对稳定状态下生产。在催化剂使用末期，热点温度可以提到 505℃±5℃生产，使床层催化剂在高温区获得较高的氨净值，以弥补因催化剂使用天数增加、活性下降而使氨净值降低的损失。

正常操作方法见表 3-3。

表 3-3 正常操作方法

影响因素	调整方法
冷激气量	通过调整阀的开度来调节一床温度
二段入口气量	通过调整阀的开度来调节二床温度和控制去催化剂层第一内部换热器的流量
三段入口气量	通过调整阀的开度来调节三床温度控制去催化剂层第二内部换热器的量
氢氮比	联系液氮洗岗位及时调整氢氮比

异常处理方法见表 3-4。

表 3-4 异常处理方法

现 象	引起异常的原因	异常处理方法
合成塔催化剂层温度急剧下降	系统减量	降低循环压制机转速，减少循环流量
	冷激量太大	关小阀
	氢氮比严重失调	通知液氮洗岗位调整氢氮比，开吹除阀，改善系统气体成分

续表

现　象	引起异常的原因	异常处理方法
合成塔催化剂层温度急剧下降	惰性气体含量超标	开吹除阀，降低惰性气体含量
	催化剂失效	更换催化剂
	催化剂中毒，失去活性	查清中毒原因，暂时中毒可点燃进行升温还原，永久中毒停车更换催化剂
塔出口温度下降	合成塔催化剂层温度下降	关小阀，减少冷激气量
	阀开度太大，三床温度下降	调整阀开度，提高三段床层温度
合成塔催化剂层温度急剧上升	系统加量，循环流量未及时加上	通知机组对循环压缩机提速
	循环气流量突然减少	关死放空阀，并投自动位置
	冷激气量调节不当	调整阀开度，增加冷激气量

3. 系统气体成分调节

控制范围：氢氮比是3：1。

控制目标：氢氮比是3：1。

控制方式：随着生产时间的延长，系统中会积累部分惰性气体，惰性气含量的升高会影响合成率下降。可用阀控制吹出量，把惰气排往燃料气系统进行燃烧。但吹出时间不能太长，否则会降低系统压力，进而也会使合成率下降。因此，操作中一般采取间断性吹出，使Ar含量保持在1.0%~1.2%(摩尔)。在H_2/N_2比严重失调的情况下，也可打开阀门吹出，以调整系统内的氢氮比，维持正常生产。

影响因素与调节方法见表3-5。

表3-5　影响因素与调节方法

影响因素	调整方法
惰性气体含量	通过放空吹出降低惰性气体含量
氮洗岗位波动	联系氮洗岗位稳定工艺

异常处理方法见表3-6。

表3-6　异常处理方法

现　象	引起异常的原因	异常处理方法
合成塔床层温度波动或不涨	氢氮比失调	联系氮洗岗位调整氢氮比，严重时做系统减量处理
	系统中惰性气体含量高	通过吹出降低惰性气体含量

4. 系统压力的调节

控制范围：合成气压缩机入口压力为4.000~4.450MPa。

控制目标：4.000~4.450MPa。

控制方式：在正常生产中，当合成系统压力缓缓升高时，可以用增加循环量，即关闭旁路阀的开度，增加合成塔的气量，单位时间内通过的气量越多，得到的氨产量也越多。因合成反应是等体积缩小反应，所以压力会下降。若旁路阀已关闭，则可以用增加合成气压缩机转速来提高系统压力，以达到降低压力的目的。一般情况下，通过上述处理，系统压力即会正常。在系统减量时，先降低压缩机的转速，来降低系统压力，然后，逐渐开大阀以维持压力在正常范围内。正常操作中，放空阀不允许有放空量，但也不得使压力低于4.2MPa操作，以维持整个合成氨系统的压力稳定。正常操作方法见表 3-7。

表 3-7 正常操作方法

影响因素	调整方法
合成气压缩机转速	适当提高或降低转速来降低或提高入口压力
合成气压缩机防喘	单负荷生产或开车过程中可通过开大或关小防喘来提高或降低入口压力

异常处理方法见表 3-8。

表 3-8 异常处理方法

现　　象	引起异常的原因	异常处理方法
入口压力突然上升	合成气压缩机跳车	按停车处理步骤来进行停车处理，查明原因后复工开车
	防喘阀突然打开	手动恢复阀位，联系仪表查明原因，紧急情况做停车处理

5. 系统阻力的控制

控制范围：合成系统阻力<1.000MPa。

控制目标：PDIA604<1.000MPa。

控制方式：正常操作中要经常关注合成气压缩机循环段的阻力指示，尤其在系统满负荷生产中，更要注意压力操作。若系统阻力太高，要检查阀的开度是否太小，系统中的 N_2 是否太高，一般情况下，适当开大阀的开度，系统阻力会下降。若系统中 N_2 含量太高，可以调节氢氮比。在紧急状况下，可以降低合成气压缩机的转速，降低压缩机的出口压力，来保持压力正常。另外，在操作中也要关注合成塔阻力的指示。以保护合成塔内的列管和内件不受损坏。尤其在原始开车中系统均压过程中，若阀开度<30%，很容易造成压力升高，严重时会造成爆破，因此开车时，要及时调整阀的开度，使阻力降低到最低限度，以保持稳定操作。

正常操作方法见表 3-9。

表 3-9 正常操作方法

影响因素	调整方法
氢氮比	联系氮洗岗位调整氢氮比在工艺范围内
阀的开度	增加阀的开度来降低系统阻力
合成气压缩机的出口压力	适当降低转速来降低合成气压缩机的出口压力

异常处理方法见表 3-10。

表 3-10 异常处理方法

现　　象	引起异常的原因	异常处理方法
合成系统阻力突然增高	进合成塔的气量突然中断	检查阀的开度，查明原因，调整 H_2 阀开度
	氢氮比严重失调，氮含量太高	联系氮洗岗位尽快调整氢氮比在工艺范围内

6. 氨分离器的液面控制

控制范围：30.0%~70.0%。

控制目标：30.0%~70.0%。

控制方式：正常生产中氨分离器的液位由自动控制，并设有高报警与低报警，当液位升到90%时，液位即高高报警，合成气压缩机的出口阀与循环段入口阀自动关闭，以保护机组高速旋转的叶轮不被氨液滴损坏。因此，在原始开车与正常操作中要调节好氨分离器的液位在正常值，如阀排放不及时，可打开旁路阀。分离器液位太低会造成高压气体串入收集槽内，影响安全生产，同时会造成原料气的浪费。尤其在系统突然停车时，更要及时关闭切断阀，严禁高压气体串入低压容器的现象发生。正常操作方法见表3-11。

表3-11　正常操作方法

影响因素	调整方法
阀位	利用阀来控制液面

异常处理方法见表3-12。

表3-12　异常处理方法

现　象	引起异常的原因	异常处理方法
液面居高不降	阀故障	开大阀，无效时可打开旁路阀，同时联系仪表处理
水冷却器的爆破板突然爆破	冷却器列管泄漏，高压气串入水系统	系统停车处理，迅速放压，并联系分析工对爆破孔进行取样分析 H_2 含量
	循环水系统故障，玉力升高	联系调度、循环水岗位处理故障
	爆破板质量有问题	爆破板切出，进行更换

7. 合成废锅液位

控制范围：液位35.0%~60.0%。

控制目标：35.0%~60.0%。

控制方式：由锅炉给水泵中拄送来的水，通过液位控制阀控制锅炉液面，调节阀失效时，进水量通过调节阀的切断阀进行控制，进水量小可以通过调节阀的旁路增加进水量。废锅连续排污阀要有一定的开度，防止锅炉水质超标。

正常操作方法见表3-13。

表3-13　正常操作方法

影响因素	调整方法
锅炉给水压力波动	联系给水泵岗位稳定压力
上水阀泄漏量大	用前截止阀控制上水量
锅炉排污太大，上水过大	适当较少排污量来控制上水量

异常处理方法见表3-14。

表3-14　异常处理方法

现　象	引起异常的原因	异常处理方法
废锅的锅炉水中断	锅炉水系统故障，	降低转速，减少循环流量
	给水泵停造成汽包液位低报警	停车检修
汽包液位持续下降	调节阀故障	联系仪表进行处理，用调节阀旁路上水
	上水压力低	联系甲醇洗岗位调整锅炉给水泵出口压力

续表

现　象	引起异常的原因	异常处理方法
蒸汽过热器的蒸汽出口管爆破板爆破	锅炉水满，造成废锅超压	调整锅炉水液位到正常值
	开车中，没有及时打开放空阀，造成废锅蒸汽系统超压	开大蒸汽放空阀降低废锅压力
	向管网并汽时，没有排尽内部的积水	排尽 EA605 内的积水，更换爆破板
	蒸汽过热漏	系统作紧急停车处理，工艺处理合格后联系检修，进行检修

第四节　氨合成工段仿真系统

一、合成系统工艺流程简述

如图 3-3 所示，从甲烷化来的新鲜气(40℃、2.6MPa、$H_2/N_2=3:1$)先经压缩前分离罐(104-F)进入合成气压缩机(103-J)低压段，出低压段的新鲜气先经 136-C 用甲烷化进料气冷却至 93.3℃；再经水冷器(116-C)冷却至 38℃，最后经氨冷器(129-C)冷却至 7℃，后与氢回收来的氢气混合进入中间分离罐(105-F)，从 105-F 出来的氢氮气再进合成气压缩机高压段。

合成回路来的循环气与经高压段压缩后的氢氮气混合进压缩机循环段，从循环段出来的合成气进合成系统水冷器(124-C)。经 124-C 冷却后气体分为两股，一股经一、二级氨冷器(117-C 和 118-C)冷却，另一股进并联交换器(120-C)与分氨后的冷气换热，然后两股气流合并进三级氨冷器(119-C)冷却至-23.3℃，进氨分离器(106-F)分离液氨。液氨送往冷冻中间闪蒸槽(107-F)，106-F 分离氨后的气体进 120-C 回收冷量后再进合成气热交换器(121-C)升温至约 141℃进氨合成塔(105-D)进行反应。出 105-D 气体经锅炉给水预热器(123-C)回收热量后再进 121-C 预热入塔合成气，出 121-C 的反应气进 103-J 循环段重复上述循环。

弛放气在进 103-J 前抽出，经过弛放气氨冷器(125-C)冷却及弛放气分离器(108-F)分出冷凝液氨后送往氢回收装置，108-F 分出的液氨送往冷冻的 107-F。

合成系统相关图如图 3-4 及图 3-5 所示。

二、冷冻系统工艺流程简述

如图 3-6 及图 3-7 所示，合成来的液氨进入中间闪蒸槽(107-F)，闪蒸出的不凝性气体作为燃料气送一段炉燃烧。液氨减压后送至三级闪蒸罐(112-F)进一步闪蒸后，作为冷冻用的液氨进入系统中。冷冻的一、二、三级闪蒸罐操作压力分别为：0.4MPa(表)、0.16MPa(表)、0.0028MPa(表)，三台闪蒸罐与合成系统中的第一、二、三氨冷器相对应，它们是按热缸吸原理进行冷冻蒸发循环操作的。液氨由各闪蒸罐流入对应的氨冷器，吸热后的液氨蒸发形成的气液混合物又回到各闪蒸罐进行气液分离，气氨分别进氨压缩机(105-J)各段气缸，液氨分别进各氨冷器。

由液氨接收槽(109-F)来的液氨逐级减压后补入各闪蒸罐。一级闪蒸罐(110-F)出来的液氨除一部分送第一氨冷器(117-C)外，另一部分作为合成气压缩机(103-J)一段出口的氨冷器(129-C)和闪蒸罐氨冷器(126-C)的冷源。129-C 和 126-C 蒸发的气氨进入二级闪蒸罐(111-F)，110-F 多余的液氨送往 111-F。111-F 的液氨除送第二氨冷器(118-C)和弛放气氨冷器(125-C)作为冷冻剂外，其余部分送往三级闪蒸罐(112-F)。112-F 的液氨除送 119-C 外，还可以由冷氨产品泵(109-J)作为冷氨产品送液氨贮槽贮存。

由 112-F 出来的气氨进入氨压缩机(105-J)一段压缩，一段出口与 111-F 来的氯氨汇合进入二段压缩，二段出口气氨先经压缩机中间冷却器(128-C)冷却后，与 110-F 来的气氨汇合进入三段压缩，三段出口的气氨经氨冷凝器(127-CA、CB)，冷凝的液氨进入接收槽(109-F)。109-F 中的闪蒸气去闪蒸罐氨冷器(126-C)，冷凝分离出来的液氨流回 109-F，不凝气作为燃料气送一段炉燃烧。109-F 中的液氨一部分减压后送至一级闪蒸罐(110-F)，另一部分作为热氨产品经热氨产品泵(1-3P-1，2)送往尿素装置。

三、工艺仿真范围

1. 合成氨系统

反应器：105-D。

炉子：102-B。

换热器：124-C、120-C、121-C、117-C(管侧)、118-C(管侧)、119-C(管侧)、123-C、125-C(管侧)。

分离罐：105-F、106-F、108-F。

压缩机：103-J(工艺管线)。

2. 冷冻系统

换热器：127-C、147-C、117-C(壳侧)、129-C(壳侧)、118-C(壳侧)、119-C(壳侧)、125-C(壳侧)。

分离罐：107-F、109-F、110-F、111-F、112-F。

泵：1-3p-1(2)、109-JA/JB。

压缩机：105-J(工艺管线部分)。

四、控制回路一览表

本合成氨装置合成工段仿真培训系统共涉及仪表控制回路如下，这些回路的详细内容见表 3-15 及表 3-16，该表给出了仪表回路的工位号、回路描述、工程单位、正常设定及正常输出。这些内容仅供操作参考。

表 3-15 合成工段仪表回路一览表

回路名称	回路描述	工程单位	设定值	输出
PIC182	104-F 压力控制	MPa	2.6	50
PRC6	103-J 转速控制	MPa	2.6	50
PIC194	107-F 压力控制	MPa	10.5	50
FIC7	104-F 抽出流量控制	kg/h	11700	50
FIC8	105-F 抽出流量控制	kg/h	12000	50
FIC14	压缩机总抽出控制	kg/h	67000	50
LICA14	121-F 罐液位元控制	%	50	50

表 3-16 冷冻系统回路一览表

回路名称	回路描述	工程单位	设定值	输出
PIC7	109-F 压力控制	MPa	1.4	50
PICA8	107-F 压力控制	MPa	1.86	50
PRC9	112-F 压力控制	kPa	2.8	50
FIC9	112-F 抽出氨气体流量控制	kg/h	24000	0

续表

回路名称	回路描述	工程单位	设定值	输出
FIC10	111-F 抽出氨气体流量控制	kg/h	19000	0
FIC11	110-F 抽出氨气体流量控制	kg/h	23000	0
FIC18	109-F 液氨产量控制	kg/h	50	50
LICA15	109-F 罐液位元控制	%	50	50
LICA16	110-F 罐液位元控制	%	50	50
LICA18	111-F 罐液位元控制	%	50	50
LICA19	112-F 罐液位元控制	%	50	50
LICA12	107-F 罐液位元控制	%	50	50

五、装置冷态开工过程

(一) 合成系统开车

投用 LSH109(104-F 液位低联锁), LSH111(105-F 液位低联锁);

打开 SP-71, 把工艺气引入 104-F, PIC-182 设置在 2.6MPa, 投自动;

显示合成塔压力的仪表换为低量程表;

投用 124-C(现场开阀 VX0015 进冷却水), 123-C(现场开阀 VX0016 进锅炉水预热合成塔塔壁), 116-C(现场开阀 VX0014), 打开阀 VV077, VV078 投用 SP35(现场合成塔底右部进口处);

按 103-J 复位, 然后启动 103-J(现场启动按钮), 开泵 117-J 注液氨(冷冻系统图的现场画面);

开 MCV23、HCV11, 把工艺气引入合成塔 105-D, 合成塔充压;

逐渐关小防喘振阀 FIC7、FIC8、FIC14;

开 SP-1 副线阀 VX0036 均压后(一小段时间), 开 SP-1, 开 SP-72(在合成塔图画面上)及 SP-72 前旋塞阀 VX0035;

当合成塔压力达到 1.4MPa 时换高量程压力表;

关 SP-1 副线阀 VX0036, 关 SP-72 及前旋塞阀 VX0035, 关 HCV-11;

开 PIC-194 设定在 10.5MPa, 投自动;

开入 102-B 旋塞阀 VV048, 开 SP-70;

开 SP-70 前旋塞阀 VX0034, 使工艺气循环起来;

打开 108-F 顶 MIC18 阀;

投用 102-B 联锁 FSL85;

打开 MIC17 进燃料气, 102-B 点火, 合成塔开始升温;

开阀 MIC14 调节合成塔中层温度, 开阀 MIC15、MIC16, 控制合成塔下层温度;

停泵 117-J, 停止向合成塔注液氨;

PICA-8 设定在 1.68MPa 投自动;

LIC-14 设定在 50%投自动, LICA-13 设定在 40%投自动;

当合成塔入口温度达到反应温度 380℃时, 关 MIC17, 102-B 熄火, 同时打开阀门 HCV11 进原料气, 靠氨合成反应热继续升高温度;

关入 102-B 旋塞阀 VV048, 现场打开氢气补充阀 VV060;

逐渐开启 MCV11；

开 MIC-13 进冷激器调节合成塔上层温度；

106-F 液位 LICA-13 达 50%时，开阀 LCV13，把液氨引入 107-F。

(二) 冷冻系统开车

投用 LSH116(109-F 液位低联锁)，LSH118(110-F 液位低联锁)，LSH120(111-F 液位低联锁)，PSH840、841 联锁；

投用 127-C(现场开阀 VX0017 进冷却水)；

打开 109-F 充液氨阀门 VV066，建立 80%液位(LICA15 至 80%)后关充液阀；

PIC-7 设定 1.4MPa，投自动；

开三个制冷阀(在现场图开阀 VX0005、VX0006、VX0007)；

按 105-J 复位按钮，然后启动 105-J(在现场图开启动按钮)，开出口总阀 VV084；

开 127-C 壳侧排放阀 VV067；

开阀 LCV15 建立 110-F 液位；

开出 129-C 的截止阀 VV086；

开阀 LCV16 建立 111-F 液位，开阀 LCV18 建立 112-F 液位；

投用 125-C(打开阀门 VV085)；

当 107-F 有液位时开 MIC-24，向 111-F 送氨；

开 LCV-12 向 112-F 送氨；

关制冷阀(在现场图关阀 VX0005、VX0006、VX0007)；

当 112-F 液位达 20%时，启动 109-J 向外输送冷氨；

当 109-F 液位达 50%时，启动 1-3P 向外输送热氨。

六、正常操作规程

正常操作重要参数值见表 3-17~表 3-19。

表 3-17 温度设计值

位号	说　明	设计值/℃	位号	说　明	设计值/℃
TR6_15	出 103-J 二段工艺气温度	120	TI1_38	111-F 罐内温度	-13
TR6_16	入 103-J 一段工艺气温度	40	TI1_39	112-F 罐内温度	-33
TR6_17	工艺气经 124-C 后温度	38	TI1_46	合成塔一段入口温度	401
TR6_18	工艺气经 117-C 后温度	10	TI1_47	合成塔一段出口温度	480.8
TR6_19	工艺气经 118-C 后温度	-9	TI1_48	合成塔二段中温度	430
TR6_20	工艺气经 119-C 后温度	-23.3	TI1_49	合成塔三段入口温度	380
TR6_21	入 103-J 二段工艺气温度	38	TI1_50	合成塔三段中温度	400
TI1_28	工艺气经 123-C 后温度	166	TI1_84	开工加热炉 102-B 炉膛温度	800
TI1_29	工艺气进 119-C 温度	-9	TI1_85	合成塔二段中温度	430
TI1_30	工艺气进 120-C 温度	-23.3	TI1_86	合成塔二段入口温度	419.9
TI1_31	工艺气出 121-C 温度	140	TI1_87	合成塔二段出口温度	465.5
TI1_32	工艺气进 121-C 温度	23.2	TI1_88	合成塔二段出口温度	465.5
TI1_35	107-F 罐内温度	-23.3	TI1_89	合成塔三段出口温度	434.5
TI1_36	109-F 罐内温度	40	TI1_90	合成塔三段出口温度	434.5
TI1_37	110-F 罐内温度	4	TR1_113	工艺气经 102-B 后进塔温度	380

续表

位号	说明	设计值/℃	位号	说明	设计值/℃
TR1_114	合成塔一段入口温度	401	TR1_118	合成塔三段中温度	400
TR1_115	合成塔一段出口温度	480	TR1_119	合成塔塔顶气体出口温度	301
TR1_116	合成塔二段中温度	430	TRA1_120	循环气温度	144
TR1_117	合成塔三段入口温度	380	TR5_(13-24)	合成塔 105-D 塔壁温度	140.0

表 3-18　重要压力设计值

序号	位号	说明	设计值/MPa	序号	位号	说明	设计值/MPa
1	PI59	108-F 罐顶压力	10.5	4	PI58	109-J/JA 后压	2.5
2	PI65	103-J 二段入口流量	6.0	5	PR62	1_3P-1/2 后压	4.0
3	PI80	103-J 二段出口流量	12.5	6	PDIA62	103-J 二段压差	5.0

表 3-19　重要流量设计值

序号	位号	说明	设计值/(kg/h)	序号	位号	说明	设计值/(kg/h)
1	FR19	104-F 的抽出量	11000	4	FI35	冷氨抽出量	20000
2	FI62	经过开工加热炉的工艺气流量	60000	5	FI36	107-F 到 111-F 的液氨流量	3600
3	FI63	弛放氢气量	7500				

七、装置正常停工过程

(一) 合成系统停车

关阀 MIC18 弛放气；

停泵 1-3P-1/2(现场)；

工艺气由 MIC-25 放空，103-J 降转速；

依次打开 FCV14、FCV8、FCV7，注意防喘振；

逐渐关 MIC14、MIC15、MIC16、MIC11、MIC12 合成塔降温；

106-F 液位 LICA-13 降至 5%时，关 LCV-13；

108-F 液位 LICA-14 降至 5%时，关 LCV-14；

关 SP-1、SP-70；

停 125-C、129-C(现场关阀 VV085、VV086)，停 103-J。

(二) 冷冻系统停车

逐渐关阀 FV11，105-J 降转速；

关 MIC-24；

107-F 液位 LICA-12 降至 5%时关 LCV-12；

图 3 现场开三个制冷阀 VX0005、VX0006、VX0007，提高温度，蒸发剩余液氨；

待 112-F 液位 LICA-19 降至 5%时，停泵 109-JA/B；停 105-J。

八、事故列表

1. 105-J 跳车

事故原因：105-J 跳车。

现象：FIC-9、FIC-10、FIC-11 全开；LICA-15、LICA-16、LICA-18、LICA-19 逐渐下降。

处理方法：

停 1-3P-1/2，关出口阀。

全开 FCV14、FCV7、FCV8，开 MIC25 放空，103-J 降转速。

按 SP-1A、SP-70A；关 MIC-18、MIC-24，氢回收去 105-F 截止阀。

LCV13、LCV14、LCV12 手动关掉。

关 MIC13、MIC14、MIC15、MIC16、HCV1、MIC23。

停 109-J，关出口阀。

LCV15、LCV16A/B、LCV18A/B、LCV19 置手动关。

2. 1-3P-1(2)跳车

事故原因：1-3P-1(2)跳车。

现象：109-F 液位 LICA15 上升。

处理方法：①打开 LCV15，调整 109-F 液位；②启动备用泵。

3. 109-J 跳车

事故原因：109-J 跳车。

事故现象：112-F 液位 LICA19 上升。

事故处理：①关小 LCV18A/B、LCV12；②启动备用泵。

4. 103-J 跳车

事故原因：103-J 跳车。

现象：①SP-1、SP-70 全关；②FIC-7、FIC-8、FIC-14 全开；③PCV-182 开大。

处理方法：

① 打开 MIC25，调整系统压力。

② 关闭 MIC18、MIC24，氢回收去 105-F 截止阀。

③ 105-J 降转速，冷冻调整液位。

④ 停 1-3P，关出口阀。

⑤ LCV13、LCV14、LCV12 手动关掉。

⑥ 关 MIC13、MIC14、MIC15、MIC16，HCV1，MIC23。

⑦ 切除 129-C、125-C。

⑧ 停 109-J，关出口阀。

九、自动保护系统

在装置发生紧急事故，无法维持正常生产时，为控制事故的发展，避免事故蔓延发生恶性事故，确保装置安全，并能在事故排除后及时恢复生产。

① 在装置正常生产过程中，自保切换开关应在“ON”位置，表示自保投用。

② 开车过程中，自保切换开关在“OFF”位置，表示自保摘除。自保值见表 3-20。

表 3-20　自保值

自保名称	自保值	自保名称	自保值
LSH109	90	PSH840	25.9
LSH111	90	PSH841	25.9
LSH116	80	FSL85	25000
LSH120	60		

十、装置 DCS 图和现场图

装置 DCS 图和现场图如图 3-3~图 3-7 所示。

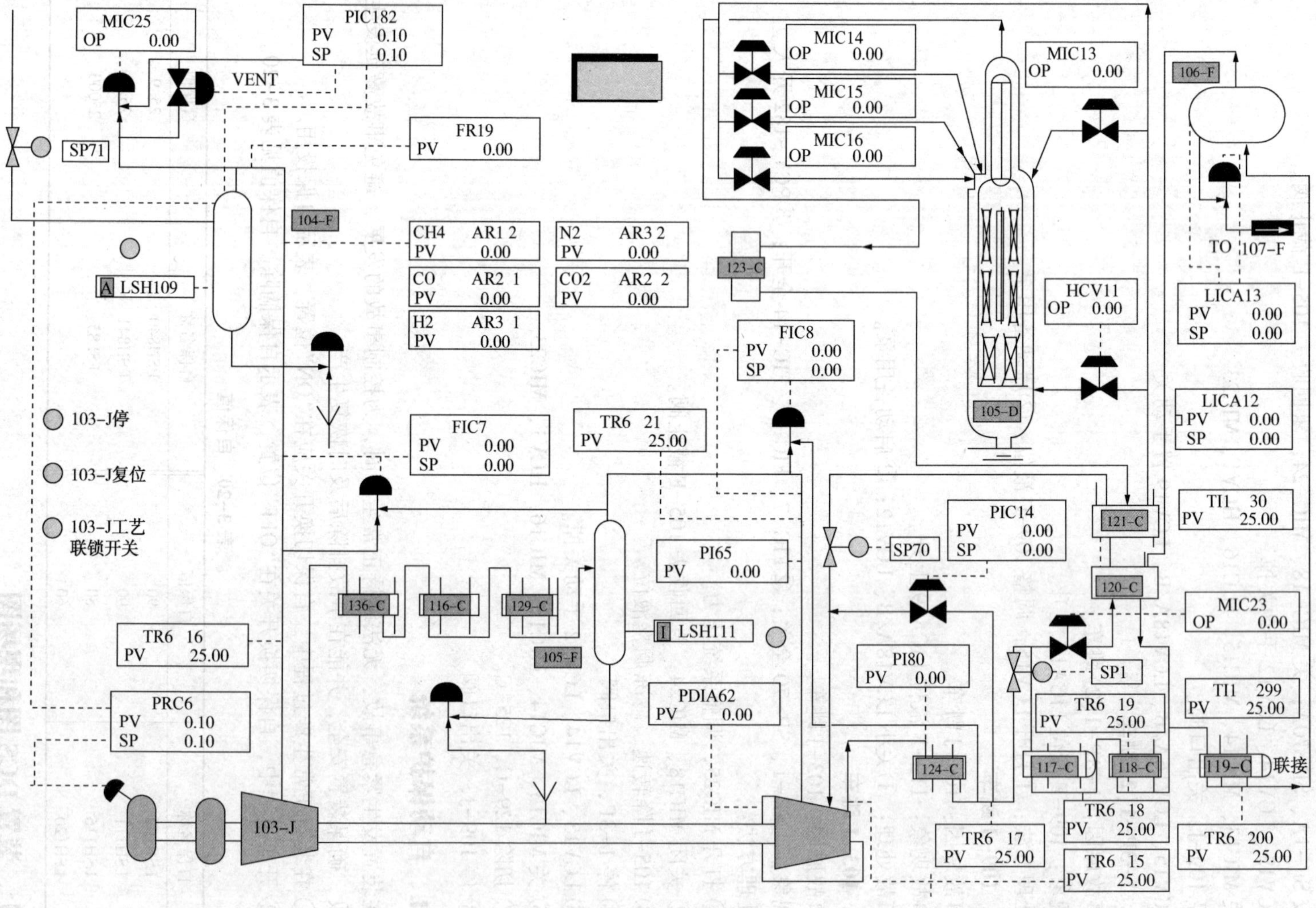

图3-3 合成系统DCS图

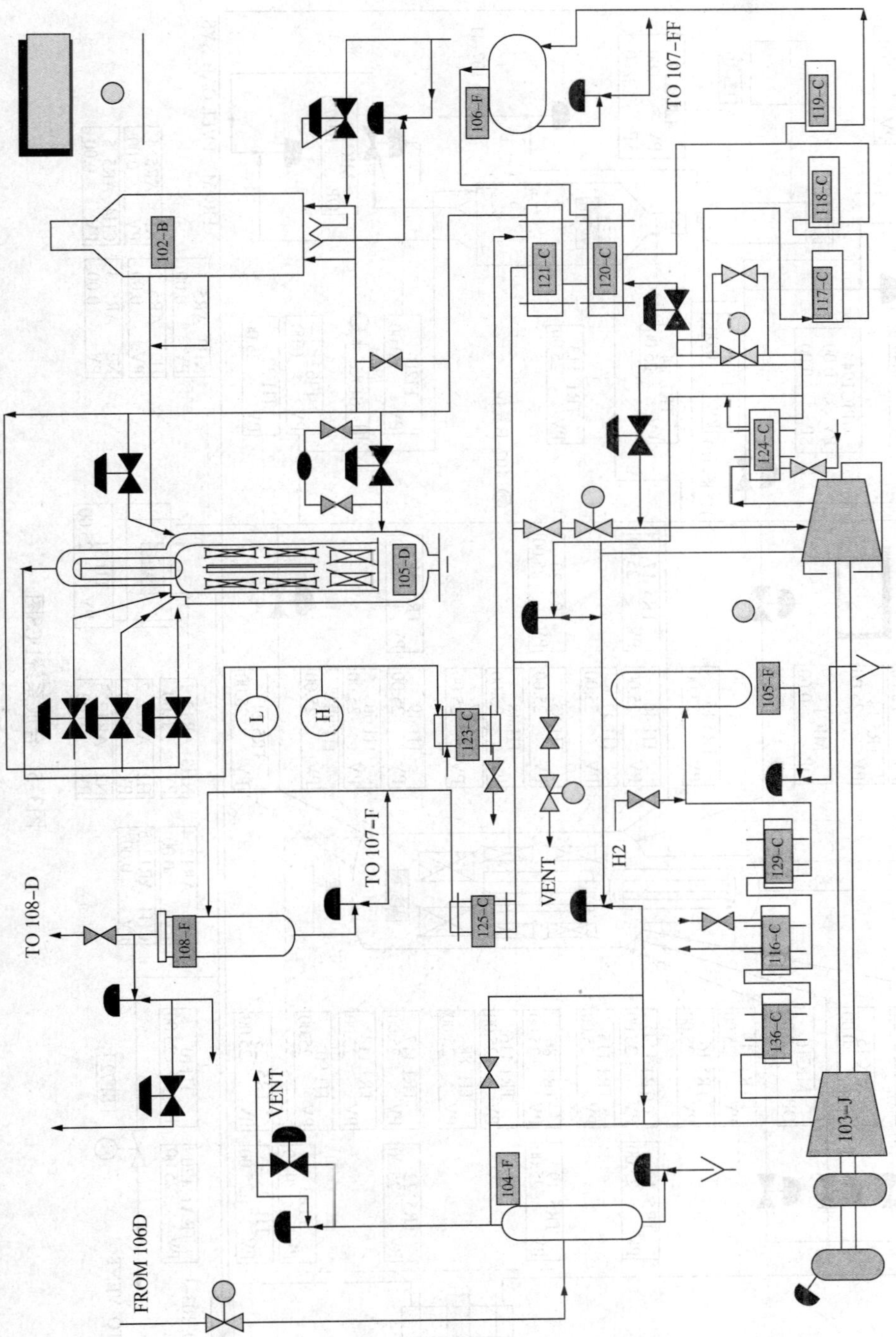
102-B
105-D
TO 108-D
108-F
FROM 106D
VENT
104-F
TO 107-F
125-C
123-C
L
H
VENT
H2
121-C
120-C
106-F
TO 107-FF
124-C
105-F
129-C
116-C
136-C
103-J
117-C
118-C
119-C

图3-4　合成系统现场图

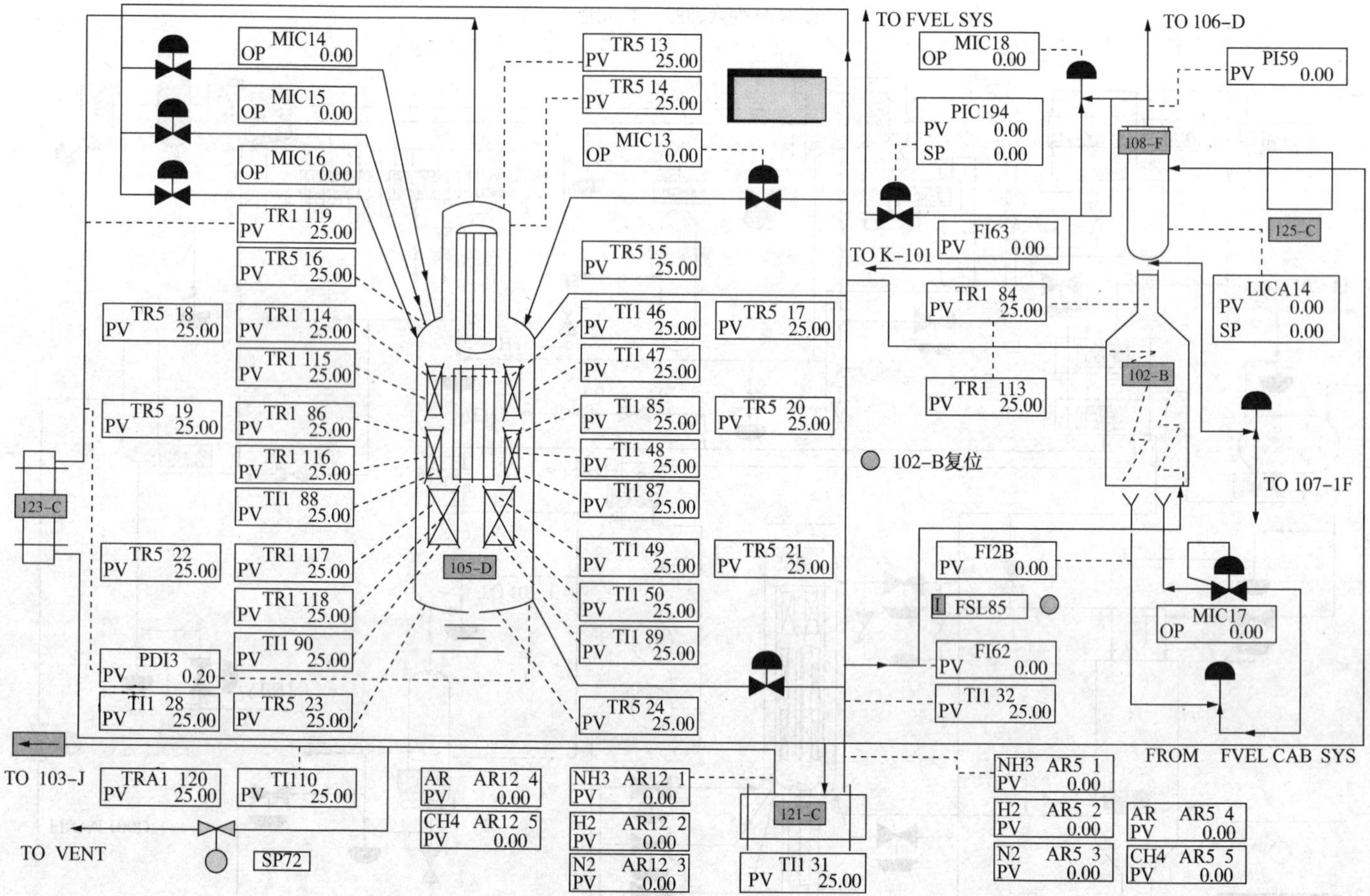

图3-5 合成系统DCS图

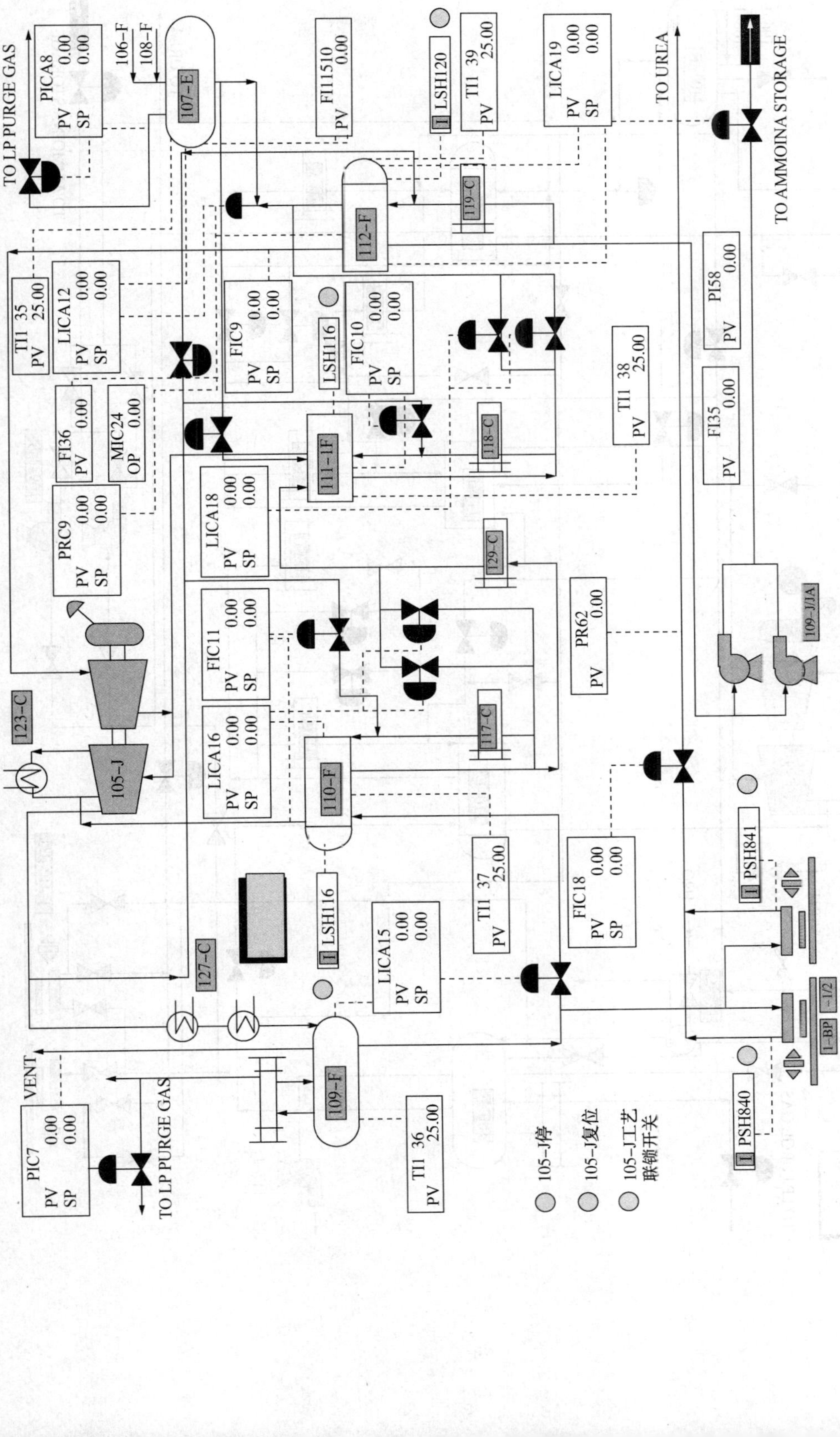

图3-6　冷冻系统DCS图

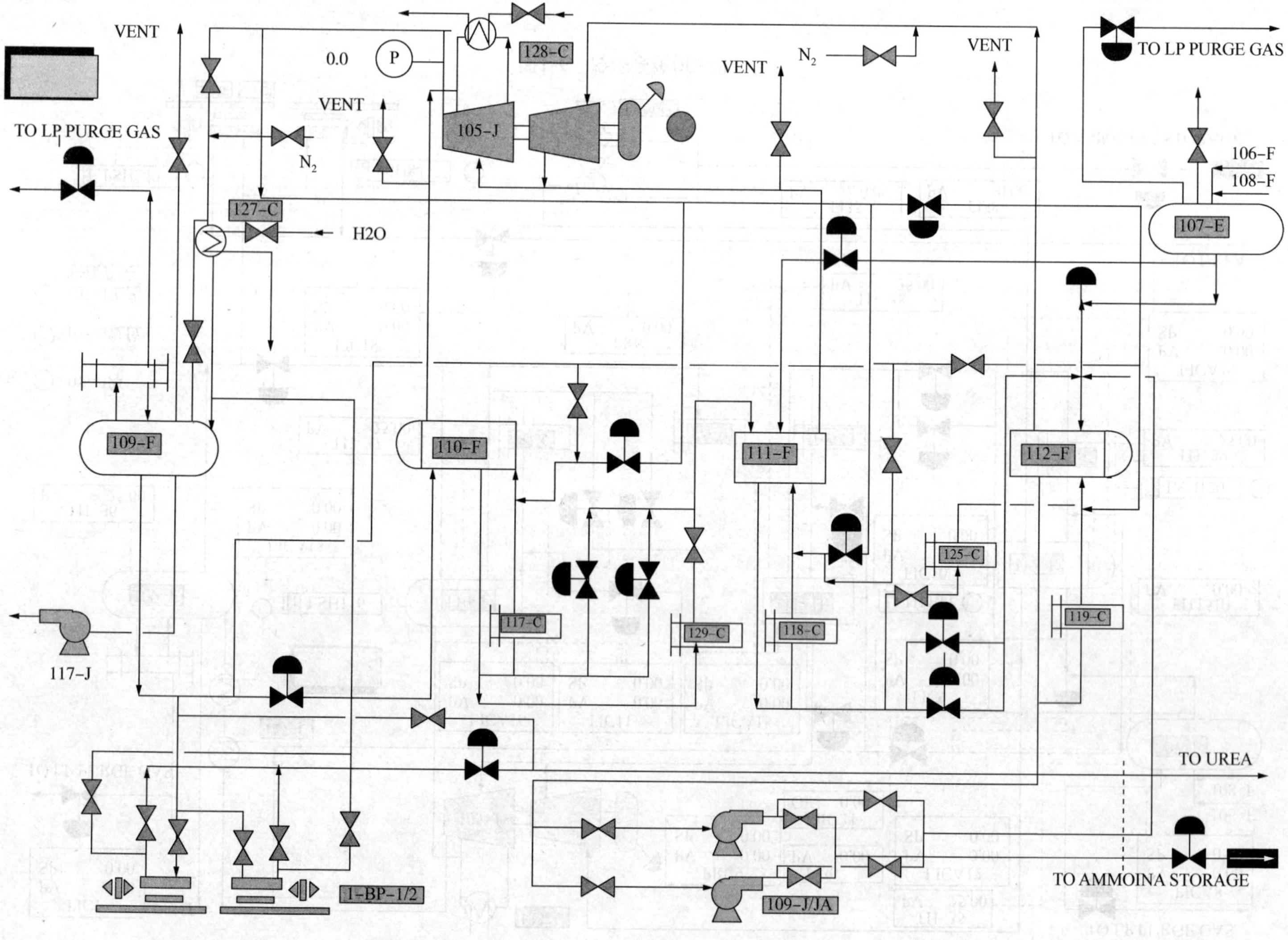
VENT
0.0
P
128-C
VENT
N$_2$
VENT
TO LP PURGE GAS
105-J
TO LP PURGE GAS
N$_2$
106-F
108-F
127-C
H2O
107-E
109-F
110-F
111-F
112-F
125-C
117-C
129-C
118-C
119-C
117-J
TO UREA
TO AMMOINA STORAGE
1-BP-1/2
109-J/JA

图3-7　冷冻系统现场

习题

1. 氨合成工段的任务是什么？
2. 氨合成反应有何特点？
3. 氨合成系统各种工艺流程间有哪些共同特点？
4. 循环机的作用是什么？有几种结构形式？
5. 透平循环机的操作特性如何？
6. 为什么在升温还原前要向系统充氨？
7. 何谓催化剂的钝化？
8. 如何进行氨合成催化剂的维护保养？
9. 试述调节合成塔温度和压力的原理和方法。
10. 系统阻力增大的原因是什么？如何处理？
11. 影响氨冷器出口气体温度的因素有哪些？如何提高氨冷器的冷却效率？
12. 什么是冰机？
13. 气氨是如何液化的？
14. 氨压缩制冷系统是怎样产生冷量的？
15. 液氨进入气缸有何危害？
16. 氨压缩机出口压力升高有哪些原因？如何处理？

课外阅读 氨的主要用途

氨是重要的无机化工产品之一，在国民经济中占有重要地位，其中约有80%的氨用来生产化学肥料，20%为其他化工产品的原料。氨主要用于制造氮肥和复合肥料，尿素、硝酸铵、磷酸铵、氯化铵以及各种含氮复合肥，都是以氨为原料的。氨作为工业原料和氨化饲料，用量约占世界产量的1/2。硝酸、各种含氮的无机盐及有机中间体、磺胺药、聚氨酯、聚酰胺纤维和丁腈橡胶等都需直接以氨为原料。

液氨常用作制冷剂，贮运商品氨中有一部分是以液态形式由制造厂运往外地。此外，为保证制造厂内合成氨和氨加工车间之间的供需平衡，防止因短期事故而停产，需设置液氨库。液氨库根据冷冻形式不同，有不冷冻、半冷冻和全冷冻三种类型。液氨的运输方式有海运、驳船运、管道运、槽车运、卡车运。

思政内容 大国工匠精神

宝剑锋从磨砺出。在收看“大国工匠精神”系列节目时，发现他们文化不同，年龄有别，但都拥有一个共同的闪光点——热爱本职工作、敬业奉献。他们技艺精湛，有的人能在牛皮纸一样薄的钢板上焊接而不出现一丝漏点，有的人能把密封精度控制在头发丝的五十分之一，还有的人手感检测堪比X光般精准，令人叹服。他们之所以能够匠心筑梦，凭的是传承和钻研，靠的是专注与磨砺。

“问渠那得清如许，为有源头活水来。”人的心灵深处一旦有了涓涓流淌的“活水”，便有了创业创造、建功建树的不竭“源泉”，我把它称为“成功之源”。这个“成功之源”就是——

爱岗精神、敬业自觉。有那么一些人，他们也希望能功成名就，却缺少必备的“成功之源”，具体表现在，既不爱岗，更不敬业。有的人挑肥拣瘦，这山望着那山高；有的人不务正业，把主要精力放在“第二职业”上；有的人粗枝大叶，不求“过得硬”但求“过得去”；有的人滥竽充数，长年累月“占着茅坑不拉屎”。

爱岗敬业，是社会主义核心价值观中的内容之一。铸就人生美丽梦想也好，践行社会主义核心价值观也罢，既不是虚无缥缈的，也不是高不可攀的，“成功之源”就根植在你我他的职业道德里、情感良心中。表面上，爱岗敬业是利他的；实质上，爱岗敬业也是利己的。换言之，它是满足社会需求与实现个人价值的有机统一。

“大国工匠”的感人故事、生动实践表明，只有那些热爱本职工作、脚踏实地，勤勤恳恳、兢兢业业，尽职尽责、精益求精的人，才可能成就一番事业，才可拓展人生价值。

扫一扫查看
本章补充材料

第四章　甲醇装置仿真

第一节　概　述

甲醇(分子式：CH_3OH)又名木醇或木酒精，是一种透明、无色、易燃、有毒的液体，略带酒精味。其熔点为-97.8℃，沸点为64.8℃，闪点为12.22℃，自燃点为47℃，相对密度为0.7915，爆炸极限下限6%，上限36.5%，能与水、乙醇、乙醚、苯、丙酮和大多数有机溶剂相混溶。它是重要有机化工原料和优质燃料，主要用于制造甲醛、醋酸、氯甲烷、甲氨、硫酸二甲酯等多种有机产品，也是农药、医药的重要原料之一。甲醇亦可代替汽油作燃料使用。

生产甲醇的方法有多种，早期用木材或木质素干馏法制甲醇，现在在工业上已经被淘汰了。氯甲烷水解法也可以生产甲醇，但因水解法价格昂贵，没有得到工业应用。甲烷部分氧化法可以生产甲醇，这种制甲醇的方法工艺流程简单，建设投资节省，但是，这种方法氧化过程不易控制，常因深度氧化生成碳的氧化物和水，而使原料和产品受到很大损失，因此甲烷部分氧化法制甲醇仍未实现工业化。

目前，工业上几乎都是采用一氧化碳、二氧化碳加压催化氢化法合成甲醇，典型的流程包括原料气制造、原料气净化、甲醇合成、粗甲醇精馏等工序。

天然气、石脑油、重油、煤及其加工产品(焦炭、焦炉煤气)、乙炔尾气等均可作为生产甲醇合成气的原料。天然气是制造甲醇的主要原料，其主要组分是甲烷，还含有少量的其他烷烃、烯烃与氮气。以天然气生产甲醇原料气有蒸气转化、催化部分氧化、非催化部分氧化等方法，其中蒸气转化法应用最广泛，它是在管式炉中常压或加压下进行。由于反应吸热必须从外部供热以保持所要求的转化温度，一般通过在管间燃烧某种燃料气来实现，转化用的蒸气直接在装置上靠烟道气和转化气的热量制取。由于天然气蒸气转化法制的合成气中，氢过量而一氧化碳与二氧化碳量不足，工业上解决这个问题的方法一是采用添加二氧化碳的蒸气转化，以达到合适的配比，二氧化碳可以外部供应，也可以由转化炉烟道气中回收。另一种方法是以天然气为原料的二段转化法，即在第一段转化中进行天然气的蒸气转化，只有约1/4的甲烷进行反应；第二段进行天然气的部分氧化，不仅所得合成气配比合适而且由于第二段反应温度提高到800℃以上，残留的甲烷量可以减少，增加了合成甲醇的有效气体组分。天然气进入蒸气转化炉前需进行净化处理清除有害杂质，要求净化后气体含硫量小于0.1mL/m^3。转化后的气体经压缩去合成工段合成甲醇。

煤与焦炭是制造甲醇粗原料气的主要固体燃料，用煤和焦炭制甲醇的工艺路线包括燃料的气化、气体的脱硫、变换、脱碳及甲醇合成与精制。用蒸汽与氧气(或空气、富氧空气)对煤、焦炭进行热加工称为固体燃料气化，气化所得可燃性气体通称煤气，是制造甲醇的初始原料气。气化的主要设备是煤气发生炉，按煤在炉中的运动方式，气化方法可分为固定床气化法、流化床气化法和气流床气化法。国内用煤与焦炭制甲醇的煤气化一般都沿用固定床间歇气化法，煤气炉沿用煤炭地下气化技术(Underground Coal Gasification，UCG)炉。在国外，目前已工业化的煤气化炉有柯柏斯-托切克（Koppers-Totzek）、鲁奇（Lurge）及温克勒（Winkler）三种炉型。第二、第三代煤气化炉的炉型主要有德士古（Texaco）及谢尔-柯柏斯（Shell-Koppers）等。用煤和焦炭制得的粗原料气组分中氢碳比太低，故在气体脱硫后要经过变换工序，使过量的一氧化碳变换为氢气和二氧化碳，再经脱碳工序将过量的二氧化碳除去。原料气经过压缩、甲醇合成与精馏精制后制得甲醇。

工业上用来制取甲醇的油品主要有两类：一类是石脑油，另一类是重油。原油精馏所得的220℃以下的馏分称为轻油，又称石脑油。目前用石脑油生产甲醇原料气的主要方法是加压蒸气转化法。石脑油的加压蒸气转化需在结构复杂的转化炉中进行。转化炉设有辐射室与对流室，在高温、催化剂存在下进行烃类蒸气转化反应。重油是石油炼制过程中的一种产品，以重油为原料制取甲醇原料气有部分氧化法与高温裂解法两种途径。裂解法需在1400℃以上的高温下进行，在蓄热炉中将重油裂解，虽然可以不用氧气，但设备复杂，操作麻烦，生成炭黑量多。重油部分氧化是指重质烃类和氧气进行燃烧反应，反应放热，使部分碳氢化合物发生热裂解，裂解产物进一步发生氧化、重整反应，最终得到以 H_2、CO 为主，含有少量 CO_2、CH_4 的合成气供甲醇合成使用。

与合成氨联合生产甲醇简称联醇，这是一种合成气的净化工艺，是为了替代我国不少合成氨生产中用铜氨液脱除微量碳氧化物而开发的一种新工艺。联醇生产工艺是在压缩机五段出口与铜洗工序进口之间增设一套甲醇合成装置，包括甲醇合成塔、循环机、水冷器、分离器和粗甲醇贮槽等设备。工艺流程是压缩机五段出口气体先进入甲醇合成塔，大部分原本要在铜洗工序除去的 CO 和 CO_2，在甲醇合成塔内与 H_2 反应生成甲醇，联产甲醇后进入铜洗工序气体中的 CO 含量明显降低，减轻了铜洗负荷；同时变换工序的一氧化碳指标可适量放宽，降低了变换蒸汽消耗，而且压缩机前几段气缸输送的一氧化碳成为有效气体，压缩机电耗降低。联产甲醇后能耗降低较明显，可使每吨氨节电 50kW/h，节省蒸汽 0.4t，折合能耗为 200×10^4kJ。联醇工艺流程必须重视原料气的精脱硫和精馏等工序，以保证甲醇催化剂使用寿命和甲醇产品质量。

甲醇生产中所使用的多种催化剂，如天然气与石脑油蒸气转化催化剂、甲醇合成催化剂都易受硫化物毒害而失去活性，必须将硫化物除净。气体脱硫方法可分为两类，一类是干法脱硫，一类是湿法脱硫。干法脱硫设备简单，反应速率较慢，设备庞大。湿法脱硫分为物理吸收法、化学吸收法与直接氧化法三类。

粗甲醇中存在水分、高级醇、醚、酮等杂质，需要精制。精制过程包括精馏与化学处理。化学处理主要用碱破坏在精馏过程中难以分离的杂质，并调节 pH 值。精馏主要是除去易挥发组分，如二甲醚，以及难以挥发的组分，如乙醇高级醇、水等。

第二节　合成工段介绍

一、概述

甲醇生产的总流程长，工艺复杂。甲醇的合成是在高温、高压、催化剂存在下进行的，是典型的复合气-固相催化反应过程。随着甲醇合成催化剂技术的不断发展，目前总的趋势是由高压向低、中压发展。

高压工艺流程一般指的是使用锌铬催化剂，在300~400℃，30MPa 高温高压下合成甲醇的过程。自从1923年第一次使用这种方法合成甲醇成功后，差不多50年的时间内，世界上合成甲醇生产都沿用这种方法，仅在设计上有某些细节不同，例如甲醇合成塔内移热的方法有冷管型连续换热式和冷激型多段换热式两大类；反应气体流动的方式有轴向和径向或者二者兼有的混合形式；有副产蒸汽和不副产蒸汽的流程等。近年来，我国开发了在25~27MPa压力下在铜基催化剂上合成甲醇的技术，出口气体中甲醇含量在4%左右，反应温度为230~290℃。

ICI低压甲醇法为英国ICI公司在1966年研究成功的甲醇生产方法，结束了高压法合成甲醇的时代，这是甲醇生产工艺史上的一次重大变革。ICI法采用51-1型铜基催化剂，合成压力为5MPa，所用的合成塔为热壁多段冷激式，结构简单，每段催化剂层上部装有菱形冷激气分配器，使冷激气均匀地进入催化剂层，以调节塔内温度。低压法合成塔的型式还有德国Lurgi公司的管束型副产蒸汽合成塔及美国电动研究所的三相甲醇合成系统。20世纪70年代，我国轻工部四川维尼纶厂从法国Speichim公司引进了一套以乙炔尾气为原料日产300t低压甲醇装置(英国ICI专利技术)。20世纪80年代，齐鲁石化公司第二化肥厂引进了德国Lurgi公司的低压甲醇合成装置。

中压法是在低压法研究基础上进一步发展起来的，由于低压法操作压力低，导致设备体积庞大，不利于甲醇生产的大型化，因此发展了压力为10MPa左右的中压法。它能更有效地降低建厂费用和甲醇生产成本。例如ICI公司研究成功了51-2型铜基催化剂，其化学组成和活性与51-1型低压合成催化剂差不多，只是催化剂的晶体结构不同。虽然其制造成本比51-1型贵，但这种催化剂在较高压力下也能维持较长的寿命，从而使ICI公司有可能将原有的5MPa的合成压力提高到10MPa，所用合成塔与低压法相同也是四段冷激式，其流程和设备与低压法类似。

本仿真系统是对低压甲醇合成装置中管束型副产蒸汽合成系统的甲醇合成工段进行模拟的。

二、工艺路线及合成机理

1. 工艺仿真范围

由于本仿真系统主要以仿真DCS操作为主，因而，在不影响操作的前提下，对一些不很重要的现场操作进行简化，简化的主要内容有：不重要的间歇操作、部分现场手阀、现场盲板拆装、现场分析及现场临时管线拆装等。另外，根据实际操作需要，对一些重要的现场操作也进行了模拟，并根据DCS画面设计了一些现场图，在此操作画面上进行部分重要现场阀的开关和泵的启动停止操作。对DCS的模拟，以化工厂提供的DCS画面和操作规程为依据，重要回路和关键设备在现场图上进行补充。

2. 合成机理

采用一氧化碳、二氧化碳加压催化氢化法合成甲醇，在合成塔内主要发生的反应是：

$$CO_2+3H_2 \xlongequal{} CH_3OH+H_2O+49kJ/mol$$

$$CO+H_2O \xlongequal{} CO_2+H_2+41kJ/mol$$

两式合并后即可得出CO生成CH_3OH的反应式：

$$CO+2H_2 \xlongequal{} CH_3OH+90kJ/mol$$

3. 工艺路线

甲醇合成装置仿真系统的设备包括蒸汽透平(T-601)、循环气压缩机(C-601)、甲醇分离器(F-602)、精制水预热器(E-602)、中间换热器(E-601)、最终冷却器(E-603)、甲醇合成塔(R-601)、蒸汽包(F-601)以及开工喷射器(X-601)等。甲醇合成是强放热反应，进入催化剂层的合成原料气需先加热到反应温度(>210℃)才能反应，而低压甲醇合成催化剂(铜基催化剂)又易过热失活(>280℃)，就必须将甲醇合成反应热及时移走，本反应系统将原料气加热和反应过程中移热结合，反应器和换热器结合连续移热，同时达到缩小设备体积和减少催化剂层温差的作用。低压合成甲醇的理想合成压力为4.8~5.5MPa，在本仿真中，假定压力低于3.5MPa时反应即停止。

蒸汽驱动透平带动压缩机运转，提供循环气连续运转的动力，并同时往循环系统中补充H_2和混合气($CO+H_2$)，使合成反应能够连续进行。反应放出的大量热通过蒸汽包(F-601)移走，合成塔入口气在中间换热器(E-601)中被合成塔出口气预热至46℃后进入合成塔(R-601)，合成塔出口气由255℃依次经中间换热器(E-601)、精制水预热器(E-602)、最终冷却器(E-603)换热至40℃，与补加的H_2混合后进入甲醇分离器(F-602)。分离出的粗甲醇送往精馏系统进行精制，气相的一小部分送往火炬，气相的大部分作为循环气被送往压缩机(C-601)，被压缩的循环气与补加的混合气混合后经(E-601)进入反应器(R-601)。

甲醇合成流程控制的重点是反应器的温度、系统压力以及合成原料气在反应器入口处各组分的含量。反应器的温度主要是通过汽包来调节，如果反应器的温度较高并且升温速度较快，这时应将汽包蒸汽出口开大，增加蒸汽采出量，同时降低汽包压力，使反应器温度降低或温升速度变小；如果反应器的温度较低并且升温速度较慢，这时应将汽包蒸汽出口关小，减少蒸汽采出量，慢慢升高汽包压力，使反应器温度升高或温降速度变小；如果反应器温度仍然偏低或温降速度较大，可通过开启开工喷射器(X601)来调节。系统压力主要靠混合气入口量FRCA6001、H_2入口量FRCA6002、放空量FRCA6004以及甲醇在分离罐中的冷凝量来控制；在原料气进入反应塔前有一安全阀，当系统压力高于5.7MPa时，安全阀会自动打开，当系统压力降回5.7MPa以下时，安全阀自动关闭，从而保证系统压力不至于过高。合成原料气在反应器入口处各组分的含量是通过混和气入口量FRCA6001、H_2入口量FRCA6002以及循环量来控制的，冷态开车时，由于循环气的组成没有达到稳态时的循环气组成，需要慢慢调节才能达到稳态时的循环气的组成。调节组成的方法是：①如果增加循环气中H_2的含量，应开大FRCA6002，增大循环量并关小FRCA6001，经过一段时间后，循环气中H_2含量会明显增大。②如果减小循环气中H_2的含量，应关小FRCA6002，减小循环量并增大FRCA6001，经过一段时间后，循环气中H_2含量会明显减小，③如果增加反应塔入口气中H_2的含量，应关小FRCA6002并增加循环量，经过一段时间后，入口气中H_2含量会明显增大；④如果降低反应塔入口气中H_2的含量，应开大FRCA6002并减小循环量，经过一段时间后，入口气中H_2含量会明显增大。循环量主要是通过透平来调节，由于循环气组分多，所以调节起来难度较大，不可能一蹴而就，需要一个缓慢的调节过程。调平衡的方法是：通过调节循环气量和混合气入口量使反应入口气中H_2/CO(体积比)在7~8之间，同时通过调节FRCA6002，使循环气中H_2的含量尽量保持在79%左右，同时逐渐增加入口气的量直至正常(FRCA6001的正常量为14877Nm^3/h，FRCA6002的正常量为13804Nm^3/h)，达到正常后，新鲜气中H_2与CO之比(FFR6002)在2.05~2.15之间。

4. 设备简介

透平T-601：功率655kW，最大蒸汽量10.8t/h，最大压力3.9MPa，正常工作转速为13700r/min，最大转速14385r/min。

循环压缩机C-601：压差约为0.5MPa，最大压力为5.8MPa。

汽包 F-601：直径为 1.4m，长度为 5m，最大允许压力为 5.0MPa，正常工作压力为 4.3MPa，正常温度为 250℃，最高温度为 270℃。

合成塔 R-601：列管式冷激塔，直径为 2m，长度为 10m，最大允许压力为 5.8MPa，正常工作压力为 5.2MPa，正常温度为 255℃，最高温度为 280℃；塔内布满装有催化剂的钢管，原料气在钢管内进行合成反应。

分离罐 F-602：直径为 1.5m，高为 5m，最大允许压力为 5.8MPa，正常温度为 40℃，最高温度为 100℃。

输水阀 V6013：当系统中产生冷凝水并进入疏水阀时，内置倒吊桶因自身重量处于疏水阀的下部，这时位于疏水阀顶部的阀座开孔是打开的，允许冷凝水进入阀体并通过顶部的孔排出阀体。当蒸汽进入疏水阀时，倒吊桶向上浮起，关闭出口阀，不允许蒸汽外泄，当全部蒸汽通过倒吊桶顶部的小孔泄出时，倒吊桶沉入水中，循环得以重复。

三、主要工艺控制指标

1. 控制指标

控制指标见表 4-1。

表 4-1　控制指标

序号	位号	正常值	单位	说明
1	FIC6101		Nm^3/h	压缩机 C-601 防喘振流量控制
2	FRCA6001	14877	Nm^3/h	H_2、CO 混合气进料控制
3	FRCA6002	13804	Nm^3/h	H_2进料控制
4	PRCA6004	4.9	MPa	循环气压力控制
5	PRCA6005	4.3	MPa	汽包 F-601 压力控制
6	LICA6001	40	%	分离罐 F-602 液位控制
7	LICA6003	50	%	汽包 F-6012 液位控制
8	SIC6202	50	%	透平 T-601 蒸汽进量控制

2. 仪表

仪表数据见表 4-2。

表 4-2　仪表参数

序号	位号	正常值	单位	说明
1	PI6201	3.9	MPa	蒸汽透平 T-601 蒸汽压力
2	PI6202	0.5	MPa	蒸汽透平 T-601 进口压力
3	PI6205	3.8	MPa	蒸汽透平 T-601 出口压力
4	TI6201	270	℃	蒸汽透平 T-601 进口温度
5	TI6202	170	℃	蒸汽透平 T-601 出口温度
6	SI6201	3.8	R/M	蒸汽透平转速
7	PI6101	4.9	MPa	循环压缩机 C-601 入口压力
8	PI6102	5.7	MPa	循环压缩机 C-601 出口压力
9	TIA6101	40	℃	循环压缩机 C-601 进口温度
10	TIA6102	44	℃	循环压缩机 C-601 出口温度
11	PI6001	5.2	MPa	合成塔 R-601 入口压力

续表

序号	位号	正常值	单位	说明
12	PI6003	5.05	MPa	合成塔 R-601 出口压力
13	TR6001	46	℃	合成塔 R-601 进口温度
14	TR6003	255	℃	合成塔 R-601 出口温度
15	TR6006	255	℃	合成塔 R-601 温度
16	TI6001	91	℃	中间换热器 E-601 热物流出口温度
17	TR6004	40	℃	分离罐 F-602 进口温度
18	FR6006	13904	kg/h	粗甲醇采出量
19	FR6005	5.5	t/h	汽包 F-601 蒸汽采出量
20	TIA6005	250	℃	汽包 F-601 温度
21	PDI6002	0.15	MPa	合成塔 R-601 进出口压差
22	AD6011	3.5	%	循环气中 CO_2 的含量
23	AD6012	6.29	%	循环气中 CO 的含量
24	AD6013	79.31	%	循环气中 H_2 的含量
25	FFR6001	1.07		混合气与 H_2 体积流量之比
26	TI6002	270	℃	喷射器 X-601 入口温度
27	TI6003	104	℃	汽包 F-601 入口锅炉水温度
28	LI6001	40	%	分离罐 F-602 现场液位显示
29	LI6003	50	%	分离罐 F-602 现场液位显示
30	FFR6001	1.07		H_2 与混合气流量比
31	FFR6002	2.05~2.15		新鲜气中 H_2 与 CO 比

3. 现场阀说明

现场阀说明见表 4-3。

表 4-3　现场阀说明

序号	位号	说明	序号	位号	说明
1	VD6001	FRCA6001 前阀	16	V6002	PRCA6004 副线阀
2	VD6002	FRCA6001 后阀	17	V6003	LICA6001 副线阀
3	VD6003	PRCA6004 前阀	18	V6004	PRCA6005 副线阀
4	VD6004	PRCA6004 后阀	19	V6005	LICA6003 副线阀
5	VD6005	LICA6001 前阀	20	V6006	开工喷射器蒸汽入口阀
6	VD6006	LICA6001 后阀	21	V6007	FRCA6002 副线阀
7	VD6007	PRCA6005 前阀	22	V6008	低压 N_2 入口阀
8	VD6008	PRCA6005 后阀	23	V6010	E602 冷物流入口阀
9	VD6009	LICA6003 前阀	24	V6011	E603 冷物流入口阀
10	VD6010	LICA6003 后阀	25	V6012	R601 排污阀
11	VD6011	压缩机前阀	26	V6014	F601 排污阀
12	VD6012	压缩机后阀	27	V6015	C601 开关阀
13	VD6013	透平蒸汽入口前阀	28	SP6001	T601 入口蒸汽电磁阀
14	VD6014	透平蒸汽入口后阀	29	SV6001	R601 入口气安全阀
15	V6001	FRCA6001 副线阀	30	SV6002	F601 安全阀

第三节 岗位操作

一、开车准备

(一) 开工具备的条件

① 与开工有关的修建项目全部完成并验收合格。

② 设备、仪表及流程符合要求。

③ 水、电、汽、风及化验能满足装置要求。

④ 安全设施完善，排污管道具备投用条件，操作环境及设备要清洁整齐卫生。

(二) 开工前的准备

① 仪表、空气、中压蒸汽、锅炉给水、冷却水及脱盐水均已引入界区内备用。

② 盛装开工废甲醇的废油桶已准备好。

③ 仪表校正完毕。

④ 催化剂还原彻底。

⑤ 粗甲醇贮槽皆处于备用状态，全系统在催化剂升温还原过程中出现的问题都已解决。

⑥ 净化运行正常，新鲜气质量符合要求，总负荷≥30%。

⑦ 压缩机运行正常，新鲜气可随时导入系统。

⑧ 本系统所有仪表再次校验，调试运行正常。

⑨ 精馏工段已具备接收粗甲醇的条件。

⑩ 总控、现场照明良好，操作工具、安全工具、交接班记录、生产报表、操作规程、工艺指标齐备，防毒面具，消防器材按规定配好。

⑪ 计算机运行良好，各参数已调试完毕。

二、冷态开车

(一) 引锅炉水

① 依次开启汽包 F601 锅炉水、控制阀 LICA6003、入口前阀 VD6009，将锅炉水引进汽包。

② 当汽包液位 LICA6003 接近 50%时，投自动，如果液位难以控制，可手动调节。

③ 汽包设有安全阀 SV6001，当汽包压力 PRCA6005 超过 5.0MPa 时，安全阀会自动打开，从而保证汽包的压力不会过高，进而保证反应器的温度不至于过高。

(二) N_2置换

① 现场开启低压 N_2入口阀 V6008(微开)，向系统充 N_2。

② 依次开启 PRCA6004 前阀 VD6003、控制阀 PRCA6004、后阀 VD6004，如果压力升高过快或降压过程降压速度过慢，可开副线阀 V6002。

③ 将系统中含氧量稀释至 0.25%以下，在吹扫时，系统压力 PI6001 维持在 0.5MPa 附近，但不要高于 1MPa。

④ 当系统压力 PI6001 接近 0.5MPa 时，关闭 V6008 和 PRCA6004，进行保压。

⑤ 保压一段时间，如果系统压力 PI6001 不降低，说明系统气密性较好，可以继续进行生产操作；如果系统压力 PI6001 明显下降，则要检查各设备及其管道，确保无问题后再进行生产操作。仿真中为了节省操作时间，保压 30s 以上即可。

（三）建立循环

① 手动开启 FIC6101，防止压缩机喘振，在压缩机出口压力 PI6101 大于系统压力 PI6001 且压缩机运转正常后关闭。

② 开启压缩机 C601 入口前阀 VD6011。

③ 开透平 T601 前阀 VD6013、控制阀 SIS6202、后阀 VD6014，为循环压缩机 C601 提供运转动力。调节控制阀 SIS6202 使转速不致过大。

④ 开启 VD6015，投用压缩机。

⑤ 待压缩机出口压力 PI6102 大于系统压力 PI6001 后，开启压缩机 C601 后阀 VD6012，打通循环回路。

（四）H_2置换充压

① 通 H_2前，先检查含 O_2量，若高于 0.25%（体），应先用 N_2稀释至 0.25%以下再通 H_2。

② 现场开启 H_2副线阀 V6007，进行 H_2置换，使 N_2的体积含量在 1%左右。

③ 开启控制阀 PRCA6004，充压至 PI6001 为 2.0MPa，但不要高于 3.5MPa。

④ 注意调节进气和出气的速度，使 N_2的体积含量降至 1%以下，而系统压力 PI6001 升至 2.0MPa 左右。此时关闭 H_2副线阀 V6007 和压力控制阀 PRCA6004。

（五）投原料气

① 依次开启混合气入口前阀 VD6001、控制阀 FRCA6001、后阀 VD6002。

② 开启 H_2入口阀 FRCA6002。

③ 同时，注意调节 SIC6202，保证循环压缩机的正常运行。

④ 按照体积比约为 1∶1 的比例，将系统压力缓慢升至 5.0MPa 左右（但不要高于 5.5MPa），将 PRCA6004 投自动，设为 4.90MPa。此时关闭 H_2入口阀 FRCA6002 和混合气控制阀 FRCA6001，进行反应器升温。

（六）反应器升温

① 开启开工喷射器 X601 的蒸汽入口阀 V6006，注意调节 V6006 的开度，使反应器温度 TR6006 缓慢升至 210℃。

② 开 V6010，投用换热器 E-602。

③ 开 V6011，投用换热器 E-603，使 TR6004 不超过 100℃。

④ 当 TR6004 接近 200℃，依次开启汽包蒸汽出口前阀 VD6007、控制阀 PRCA6005、后阀 VD6008，并将 PRCA6005 投自动，设为 4.3MPa，如果压力变化较快，可手动调节。

（七）调至正常

① 调至正常过程较长，并且不易控制，需要慢慢调节。

② 反应开始后，关闭开工喷射器 X601 的蒸汽入口阀 V6006。

③ 缓慢开启 FRCA6001 和 FRCA6002，向系统补加原料气。注意调节 SIC6202 和 FRCA6001，使入口原料气中 H_2与 CO 的体积比约为（7～8）∶1，随着反应的进行，逐步投料至正常（FRCA6001 约为 14877Nm^3/h），FRCA6001 约为 FRCA6002 的 1～1.1 倍。将 PRCA6004 投自动，设为 4.90MPa。

④ 有甲醇产出后，依次开启粗甲醇采出现场前阀 VD6003、控制阀 LICA6001、后阀 VD6004，并将 LICA6001 投自动，设为 40%，若液位变化较快，可手动控制。

⑤ 如果系统压力 PI6001 超过 5. 8MPa，系统安全阀 SV6001 会自动打开，若压力变化较快，可通过减小原料气进气量并开大放空阀 PRCA6004 来调节。

⑥ 投料至正常后，循环气中 H_2的含量能保持在 79. 3%左右，CO 含量达到 6. 29%左右，CO_2含量达到 3. 5%左右，说明体系已基本达到稳态。

⑦ 体系达到稳态后，投用联锁，在 DCS 图上按“F602 液位高或 R601 温度高联锁”按钮和“F601 液位低联锁”按钮。

循环气的正常组成见表 4-4。

表 4-4 循环气正常组成

组分	CO_2	CO	H_2	CH_4	N_2	Ar	CH_3OH	H_2O	O_2	高沸点物
指标/%(体)	3. 5	6. 29	79. 31	4. 79	3. 19	2. 3	0. 61	0. 01	0	0

三、正常停车

(一) 停原料气

① 将 FRCA6001 改为手动，关闭，现场关闭 FRCA6001 前阀 VD6001、后阀 VD6002。

② 将 FRCA6002 改为手动，关闭。

③ 将 PRCA6004 改为手动，关闭。

(二) 开蒸汽

开蒸汽阀 V6006，投用 X601，使 TR6006 维持在 210℃以上，使残余气体继续反应。

(三) 汽包降压

① 残余气体反应一段时间后，关蒸汽阀 V6006。

② 将 PRCA6005 改为手动调节，逐渐降压。

③ 关闭 LICA6003 及其前后阀 VD6010、VD6009，停锅炉水。

(四) R601 降温

① 手动调节 PRCA6004，使系统泄压。

② 开启现场阀 V6008，进行 N_2 置换，使 $H_2+CO_2+CO<1\%$(体)。

③ 保持 PI6001 在 0. 5MPa 时，关闭 V6008。

④ 关闭 PRCA6004。

⑤ 关闭 PRCA6004 的前阀 VD6003、后阀 VD6004。

(五) 停 C/T601

① 关 VD6015，停用压缩机。

② 逐渐关闭 SIC6202。

③ 关闭现场阀 VD6013。

④ 关闭现场阀 VD6014。

⑤ 关闭现场阀 VD6011。

⑥ 关闭现场阀 VD6012。

(六) 停冷却水

① 关闭现场阀 V6010，停冷却水。

② 关闭现场阀 V6011，停冷却水。

四、紧急停车

（一）停原料气

① 将 FRCA6001 改为手动，关闭，现场关闭 FRCA6001 前阀 VD6001、后阀 VD6002。

② 将 FRCA6002 改为手动，关闭。

③ 将 PRCA6004 改为手动，关闭。

（二）停压缩机

① 关 VD6015，停用压缩机。

② 逐渐关闭 SIC6202。

③ 关闭现场阀 VD6013。

④ 关闭现场阀 VD6014。

⑤ 关闭现场阀 VD6011。

⑥ 关闭现场阀 VD6012。

（三）泄压

① 将 PRCA6004 改为手动，全开。

② 当 PI6001 降至 0.3MPa 以下时，将 PRCA6004 关小。

（四）N_2置换

① 开 V6008，进行 N_2置换。

② 当 $CO+H_2<5\%$后，用 0.5MPa 的 N_2保压。

五、事故列表

（一）分离罐液位高或反应器温度高联锁

事故原因：F602 液位高或 R601 温度高联锁。

事故现象：分离罐 F602 的液位 LICA6001 高于 70%，或反应器 R601 的温度 TR6006 高于 270℃。原料气进气阀 FRCA6001 和 FRCA6002 关闭，透平电磁阀 SP6001 关闭。

处理方法：等联锁条件消除后，按“SP6001 复位”按钮，透平电磁阀 SP6001 复位；手动开启进料控制阀 FRCA6001 和 FRCA6002。

（二）汽包液位低联锁

事故原因：F601 液位低联锁。

事故现象：汽包 F601 的液位 LICA6003 低于 5%，温度高于 100℃；锅炉水入口阀 LICA6003 全开。

处理方法：等联锁条件消除后，手动调节锅炉水入口控制阀 LICA6003 至正常。

（三）混合气入口阀 FRCA6001 阀卡

事故原因：控制阀 FRCA6001 阀卡。

事故现象：混合气进料量变小，造成系统不稳定。

处理方法：开启混合气入口副线阀 V6001，将流量调至正常。

（四）透平坏

事故原因：透平坏。

事故现象：透平运转不正常，循环压缩机 C601 停。

处理方法：正常停车，修理透平。

（五）催化剂老化

事故原因：催化剂失效。

事故现象：反应速度降低，各成分的含量不正常，反应器温度降低，系统压力升高。

处理方法：正常停车，更换催化剂后重新开车。

（六）循环压缩机坏

事故原因：循环压缩机坏。

事故现象：压缩机停止工作，出口压力等于入口，循环不能继续，导致反应不正常。

处理方法：正常停车，修好压缩机后重新开车。

（七）反应塔温度高报警

事故原因：反应塔温度高报警。

事故现象：反应塔温度 TR6006 高于 265℃但低于 270℃。

处理方法：

① 全开汽包上部 PRCA6005 控制阀，释放蒸汽热量。

② 打开现场锅炉水进料旁路阀 V6005，增大汽包的冷水进量。

③ 将程控阀门 LICA6003 手动，全开，增大冷水进量。

④ 手动打开现场汽包底部排污阀 V6014。

⑤ 手动打开现场反应塔底部排污阀 V6012。

⑥ 待温度稳定下降之后，观察下降趋势，当 TR6006 在 260℃时，关闭排污阀 V6012。

⑦ 将 LICA6003 调至自动，设定液位为 50%。

⑧ 关闭现场锅炉水进料旁路阀门 V6005。

⑨ 关闭现场汽包底部排污阀 V6014。

⑩ 将 PRCA6005 投自动，设定为 4.3MPa。

（八）反应塔温度低报警

事故原因：反应塔温度低报警。

事故现象：反应塔温度 TR6006 高于 210℃但低于 220℃。

处理方法：

① 将锅炉水调节阀 LICA6003 调为手动，关闭。

② 缓慢打开喷射器入口阀 V6006。

③ 当 TR6006 温度为 255℃时，逐渐关闭 V6006。

（九）分离罐液位高报警

事故原因：分离罐液位高报警。

事故现象：分离罐液位 LICA6001 高于 65%，但低于 70%。

处理方法：

① 打开现场旁路阀 V6003。

② 全开 LICA6001。

③ 当液位低于 50%之后，关闭 V6003。

④ 调节 LICA6001，稳定在 40%时投自动。

（十）系统压力 PI6001 高报警

事故原因：系统压力 PI6001 高报警。

事故现象：系统压力 PI6001 高于 5.5MPa，但低于 5.7MPa。

处理方法：

① 关小 FRCA6001 的开度至 30%，压力正常后调回。

② 关小 FRCA6002 的开度至 30%，压力正常后调回。

（十一）汽包液位低报警

事故原因：汽包液位低报警。

事故现象：汽包液位 LICA6003 低于 10%，但高于 5%。

处理方法：

① 开现场旁路阀 V6005。

② 全开 LICA6003，增大入水量。

③ 当汽包液位上升至 50%，关现场 V6005。

④ LICA6003 稳定在 50%时，投自动。

六、甲醇装置仿真现场及 DCS 画面

甲醇合成工段总图如图 4-1 所示。

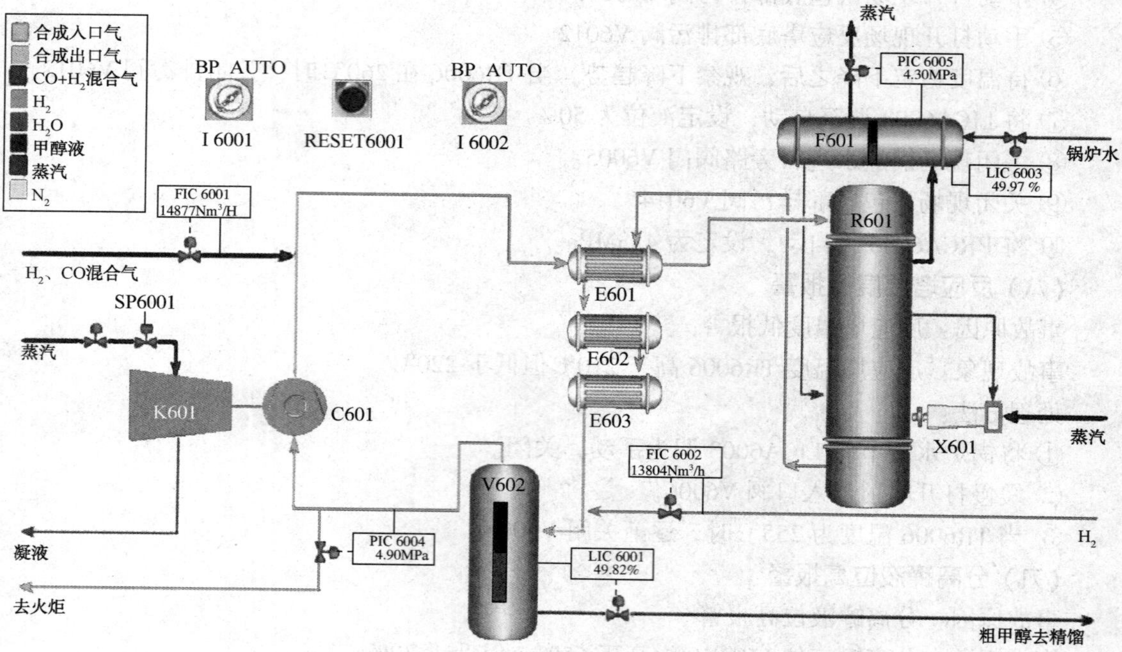

图 4-1　甲醇合成工段总图

压缩系统 DCS 图如图 4-2 所示。

压缩系统现场图如图 4-3 所示。

合成系统 DCS 图如图 4-4 所示。

合成系统现场图如图 4-5 所示。

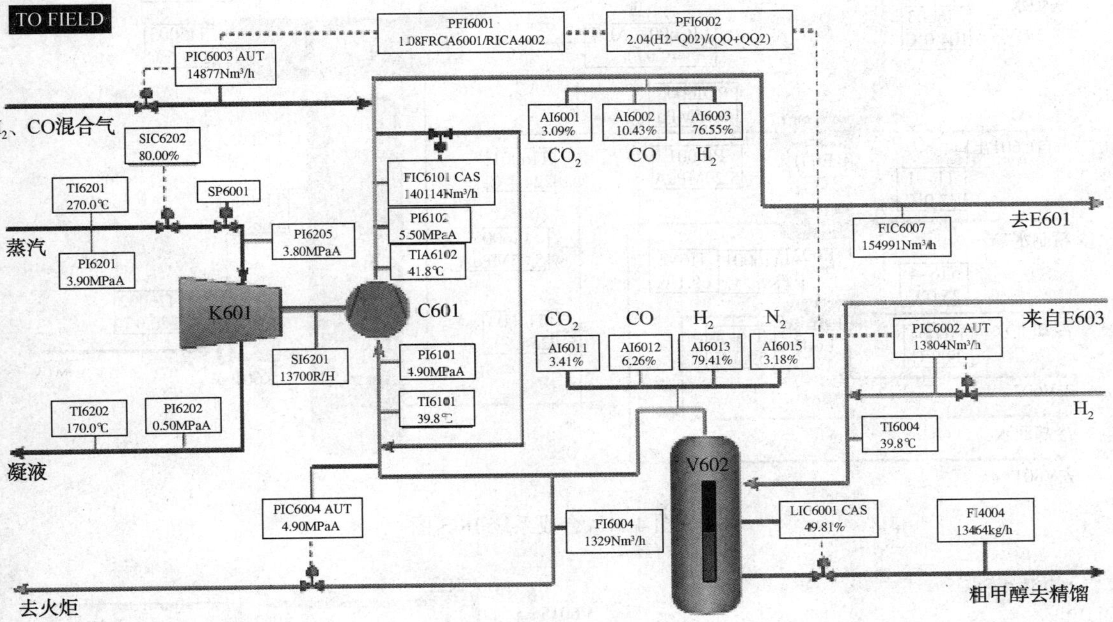

图 4-2　压缩系统 DCS 图

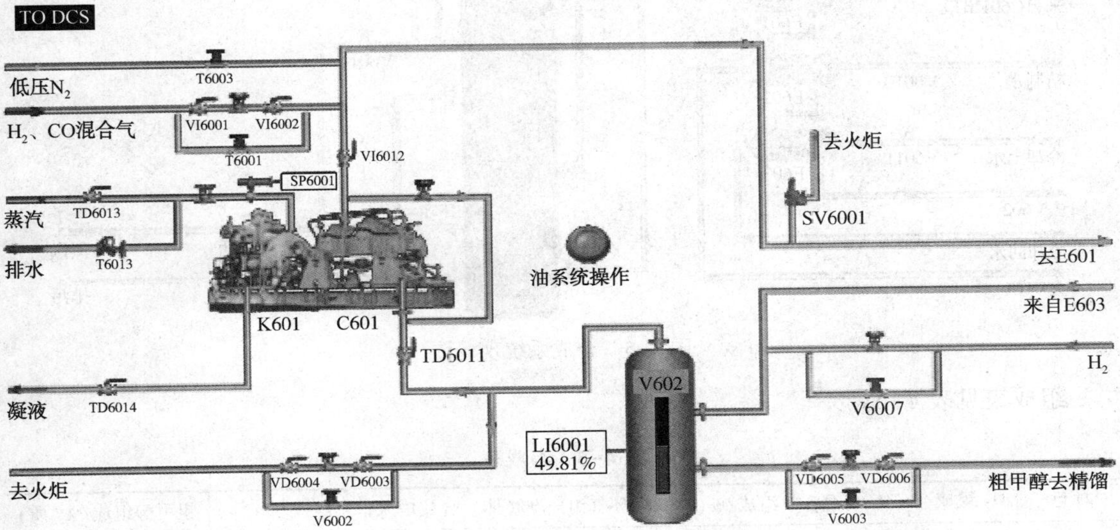

图 4-3　压缩系统现场图

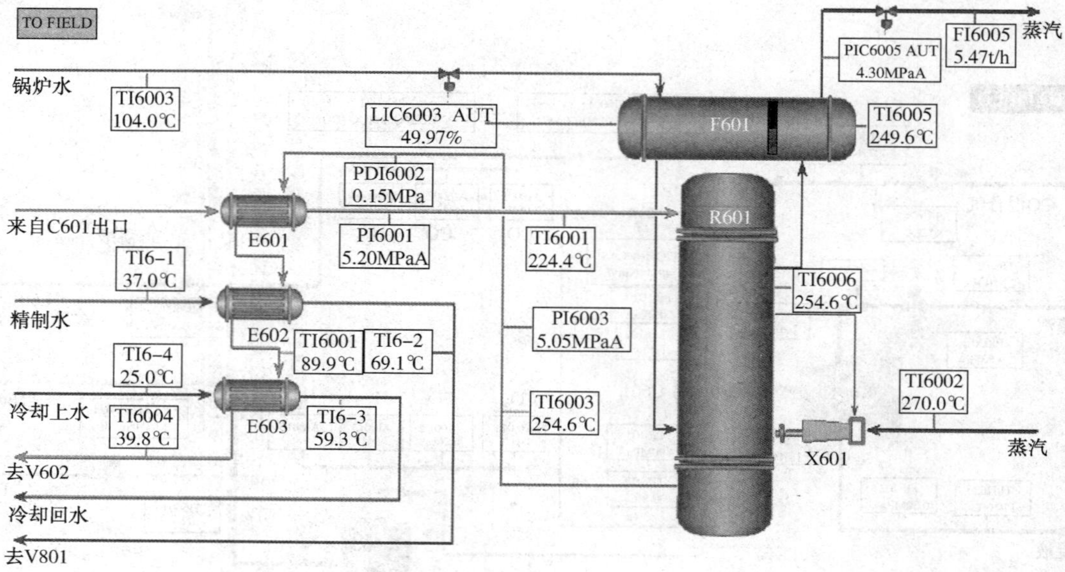

S 图 4-4　合成系统 DCS 图

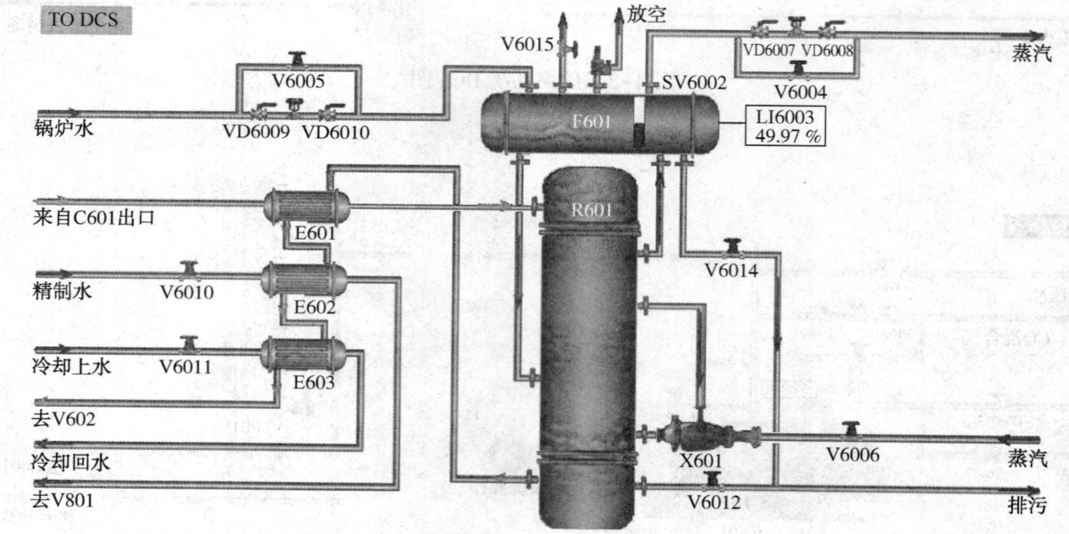

图 4-5　合成系统现场图

组成表见表 4-5。

表 4-5　组成表

项目	H_2 组成/%(体)	混合气组成/%(体)	循环气组成/%(体)	合成塔入口气组成/%(体)	粗甲醇组成/%(质)
CO_2	6.69	0.00	3.41	3.08	0.60
CO	4.69	50.1	6.26	10.43	0.08
H_2	88.13	49.31	79.41	76.55	0.00
CH_4	0.23	0.30	4.81	4.38	0.08
N_2	0.15	0.16	3.18	2.90	0.04

续表

项目	H_2 组成/%(体)	混合气组成/%(体)	循环气组成/%(体)	合成塔入口气组成/%(体)	粗甲醇组成/%(质)
Ar	0.11	0.13	2.31	2.11	0.55
CH_3OH	0.00	0.00	0.61	0.56	92.71
H_2O	0.00	0.00	0.00	0.00	4.90
O_2	0.00	0.00	0.00	0.00	0.00
高沸点物	0.00	0.00	0.00	0.00	0.05

第四节　精制工段介绍

一、概述

甲醇精制工段采用四塔(3+1)精馏工艺，包括预塔、加压塔、常压塔及甲醇回收塔。预塔的主要目的是除去粗甲醇中溶解的气体(如 CO_2、CO、H_2 等)及低沸点组分(如二甲醚、甲酸甲酯等)，加压塔及常压塔的目的是除去水及高沸点杂质(如异丁基油)，同时获得高纯度的优质甲醇产品。另外，为了减少废水排放，增设甲醇回收塔，进一步回收甲醇，减少废水中甲醇的含量。

三塔精馏加回收塔工艺流程的主要特点是热能的合理利用，采用双效精馏方法，将加压塔塔顶气相的冷凝潜热用作常压塔塔釜再沸器热源。另外，实现了废热回收：一是将转化工段的转化气作为加压塔再沸器热源；二是加压塔辅助再沸器、预塔再沸器冷凝水用来预热进料粗甲醇；三是加压塔塔釜出料与加压塔进料充分换热。

二、工艺路线

1. 工艺路线

从甲醇合成工段来的粗甲醇进入粗甲醇预热器(E701)与预塔再沸器(E702)、加压塔再沸器(E706B)和回收塔再沸器(E714)来的冷凝水进行换热后进入预塔(T701)，经 T701 分离后，塔顶气相为二甲醚、甲酸甲酯、二氧化碳、甲醇等蒸气，经二级冷凝后，不凝气通过火炬排放，冷凝液中补充脱盐水返回 T701 作为回流液。塔釜为甲醇水溶液，经 P703 增压后用加压塔(T702)塔釜出料液在 E705 中进行预热，然后进入 T702。

经 T702 分离后，塔顶气相为甲醇蒸气，与常压塔(T703)塔釜液换热后一部分返回 T702 回流，另一部分采出作为精甲醇产品，经 E707 冷却后送中间罐区产品罐，塔釜出料液在 E705 中与进料换热后作为 E703 塔的进料。

在 T703 中甲醇与轻重组分以及水得以彻底分离，塔顶气相为含微量不凝气的甲醇蒸气，经冷凝后，不凝气通过火炬排放，冷凝液部分返回 T703 回流，部分采出作为精甲醇产品，经 E710 冷却后送中间罐区产品罐，塔下部侧线采出杂醇油作为回收塔(T704)的进料。塔釜出料液为含微量甲醇的水，经 P709 增压后送污水处理厂。

经 T704 分离后，塔顶产品为精甲醇，经 E715 冷却后一部分返回 T704 回流，另一部分送精甲醇罐，塔中部侧线采出异丁基油送中间罐区副产品罐，底部的少量废水与 T703 塔底废水合并。

2. 复杂控制方案说明

本工段复杂控制回路主要是串级回路的使用，使用了液位与流量串级回路和温度与流量串级回路。

串级回路：是在简单调节系统基础上发展起来的。在结构上，串级回路调节系统有两个闭合回路。主、副调节器串联，主调节器的输出为副调节器的给定值，系统通过副调节器的输出操纵调节阀动作，实现对主参数的定值调节。所以在串级回路调节系统中，主回路是定值调节系统，副回路是随动系统。

具体实例：预塔 T701 的塔釜温度控制 TIC7005 和再沸器热物流进料 FIC7005 构成一串级回路。温度调节器的输出值同时是流量调节器的给定值，即流量调节器 FIC7005 的 SP 值由温度调节器 TIC7005 的输出 OP 值控制，TIC7005. OP 的变化使 FIC7005. SP 产生相应的变化。

3. 主要设备

精制工段主要设备见表 4-6。

表 4-6　主要设备一览表

序号	设备名称	设备位号	序号	设备名称	设备位号
1	碱液储罐	V702	18	常压塔	T703
2	注碱泵	P701	19	加压塔回流罐	V705
3	粗甲醇预热器	E701	20	加压塔回流泵	P704
4	预塔再沸器	E702	21	加压塔二级冷凝器	E713
5	预塔	T701	22	常压塔顶冷凝器	E709
6	预塔一级冷凝器	E703	23	常压塔顶回流罐	V706
7	预塔回流泵	P702	24	常压塔顶回流泵	P705
8	预塔回流罐	V703	25	废液泵	P709
9	预塔二级冷凝器	E704	26	废水冷却器	E716
10	预塔塔底泵	P703	27	回收塔底再沸器	E714
11	转化气分离器	V709	28	回收塔进料泵	P706
12	加压塔	T702	29	回收塔	T704
13	加压塔预热器	E705	30	回收塔冷凝器	E715
14	加压塔蒸汽再沸器	E706A	31	回收塔回流罐	V707
15	加压塔转化气再沸器	E706B	32	回收塔回流泵	P711
16	精甲醇冷凝器	E707	33	回收塔产品分液罐	V708
17	冷凝再沸器	E708			

三、主要工艺控制指标

预塔仪表见表 4-7。

表 4-7　预塔仪表

位号	说明	正常值	工程单位
FI7001	T701 进料量	33201	kg/h
FI7003	T701 脱盐水流量	2300	kg/h
FIC7002	T701 塔釜采出量控制	35176	kg/h
FIC7004	T701 塔顶回流量控制	16690	kg/h

续表

位号	说明	正常值	工程单位
FIC7005	T701 加热蒸汽量控制	11200	kg/h
TIC7001	T701 进料温度控制	72	℃
TI7075	E701 热侧出口温度	95	℃
TI7002	T701 塔顶温度	73.9	℃
TI7003	T701 Ⅰ与Ⅱ填料间温度	75.5	℃
TI7004	T701 Ⅱ与Ⅲ填料间温度	76	℃
TI7005	T701 塔釜温度控制	77.4	℃
TI7007	E703 出料温度	70	℃
TI7010	T701 回流液温度	68.2	℃
PI7001	T701 塔顶压力	0.03	MPa
PIC7003	T701 塔顶气相压力控制	0.03	MPa
PI7002	T701 塔釜压力	0.038	MPa
PI7004	P703A/B 出口压力	1.27	MPa
PI7010	P702A/B 出口压力	0.49	MPa
LIC7005	V703 液位控制	50	%
LIC7001	T701 塔釜液位控制	50	%

加压塔仪表控制指标见表 4-8。

表 4-8　加压塔仪表

位号	说明	正常值	工程单位
FIC7007	T702 塔釜采出量控制	22747	kg/h
FIC7013	T702 塔顶回流量控制	37413	kg/h
FIC7014	E706B 蒸汽流量控制	15000	kg/h
FI7011	T702 塔顶采出量	12430	kg/h
TI7021	T702 进料温度	116.2	℃
TI7022	T702 塔顶温度	128.1	℃
TI7023	T702 Ⅰ与Ⅱ填料间温度	128.2	℃
TI7024	T702 Ⅱ与Ⅲ填料间温度	128.4	℃
TI7025	T702 Ⅱ与Ⅲ填料间温度	128.6	℃
TI7026	T702 Ⅱ与Ⅲ填料间温度	132	℃
TIC7027	T702 塔釜温度控制	134.8	℃
TI7051	E713 热侧出口温度	127	℃
TI7032	T702 回流液温度	125	℃
TI7029	E707 热侧出口温度	40	℃
PI7005	T702 塔顶压力	0.70	MPa
PIC7007	T702 塔顶气相压力控制	0.65	MPa
PI7011	P704A/B 出口压力	1.18	MPa
PI7006	T702 塔釜压力	0.71	MPa
LIC7014	V705 液位控制	50	%
LIC7011	T702 塔釜液位控制	50	%

常压塔仪表见表 4-9。

表 4-9　常压塔仪表

位号	说明	正常值	工程单位
FIC7022	T703 塔顶回流量控制	27621	kg/h
FI7021	T703 塔顶采出量	13950	kg/h
FIC7023	T703 侧线采出异丁基油量控制	658	kg/h
TI7041	T703 塔顶温度	66.6	℃
TI7042	T703 Ⅰ与Ⅱ填料间温度	67	℃
TI7043	T703 Ⅱ与Ⅲ填料间温度	67.7	℃
TI7044	T703 Ⅲ与Ⅳ填料间温度	68.3	℃
TI7045	T703 Ⅳ与Ⅴ填料间温度	69.1	℃
TI7046	T703 Ⅴ填料与塔盘间温度	73.3	℃
TI7047	T703 塔釜温度控制	107	℃
TI7048	T703 回流液温度	50	℃
TI7049	E709 热侧出口温度	52	℃
TI7052	E710 热侧出口温度	40	℃
TI7053	E709 入口温度	66.6	℃
PI7008	T703 塔顶压力	0.01	MPa
PI7024	V706 平衡管线压力	0.01	MPa
PI7012	P705A/B 出口压力	0.64	MPa
PI7013	P706A/B 出口压力	0.54	MPa
PI7020	P709A/B 出口压力	0.32	MPa
PI7009	T703 塔釜压力	0.03	MPa
LIC7024	V706 液位控制	50	%
LIC7021	T703 塔釜液位控制	50	%

回收塔仪表见表 4-10。

表 4-10　回收塔仪表

位号	说明	正常值	工程单位
FIC7032	T704 塔顶回流量控制	1188	kg/h
FIC7036	T704 塔顶采出量	135	kg/h
FIC7034	T704 侧线采出异丁基油量控制	175	kg/h
FIC7031	E714 蒸汽流量控制	700	kg/h
FIC7035	T704 塔釜采出量控制	347	kg/h
TI7061	T704 进料温度	87.6	℃
TI7062	T704 塔顶温度	66.6	℃
TI7063	T704 第Ⅰ与Ⅱ填料间温度	67.4	℃
TI7064	T704 第Ⅱ填料与塔盘间温度	68.8	℃
TI7056	T704 第 14 与 15 间温度	89	℃

续表

位号	说明	正常值	工程单位
TI7055	T704 第 10 与 11 间温度	95	℃
TI7054	T704 塔盘 6、7 间温度	106	℃
TI7065	T704 塔釜温度控制	107	℃
TI7066	T704 回流液温度	45	℃
TI7072	E715 壳程出口温度	47	℃
PI7021	T704 塔顶压力	0.01	MPa
PI7033	P711A/B 出口压力	0.44	MPa
PI7022	T704 塔釜压力	0.03	MPa
LIC7016	V707 液位控制	50	%
LIC7031	T704 塔釜液位控制	50	%

第五节 岗位操作

一、开车准备

(一) 开工具备的条件

① 与开工有关的修建项目全部完成并验收合格。

② 设备、仪表及流程符合要求。

③ 水、电、汽、风及化验能满足装置要求。

④ 安全设施完善，排污管道具备投用条件，操作环境及设备要清洁整齐卫生。

(二) 开工前的准备

① 打开预塔一级冷凝器 E703 和二级冷凝器的冷却水阀。

② 打开加压塔冷凝器 E713 和 E707 的冷却水阀。

③ 打开常压塔冷凝器 E709、E710 和 E716 的冷却水阀。

④ 打开回收塔冷凝器 E715 的冷动水阀。

⑤ 打开加压塔的 N_2 进料阀，充压至 0.65atm，关闭 N_2 进口阀。

二、冷态开车

(一)预塔、加压塔和常压塔开车

① 开粗甲醇预热器 E701 的进口阀 VA7001(>50%)，向预塔 T701 进料。

② 待塔顶压力大于 0.02MPa 时，调节预塔排气阀 FV7003，使塔顶压力维持在 0.03M 左右。

③ 预塔 T701 塔底液位超过 80%后，打开泵 P703A 的入口阀，启动泵。

④ 再打开泵出口阀，启动预后泵。

⑤ 手动打开调节阀 FV7002(>50%)，向加压塔 T702 进料。

⑥ 当加压塔 T702 塔底液位超过 60%后，手动打开塔釜液位调节阀 FV7007 开度(>50%)，向常压塔 T703 进料。

⑦ 通过调节蒸汽阀 FV7005 开度，给预塔再沸器 E702 加热；通过调节阀门 PV7007 的

开度，使加压塔回流罐压力维持在0.65MPa；通过调节FV7014的开度，给加压塔再沸器E706B加热；通过调节TV7027的开度，给加压塔再沸器E706A加热。

⑧ 通过调节阀门HV7001的开度，使常压塔回流罐压力维持在0.01MPa。

⑨ 当预塔回流罐有液体产生时，开脱盐水阀VA7005，冷凝液中补充脱盐水，开预塔回流泵P702A入口阀，启动泵，开泵出口阀，启动回流泵。

⑩ 通过调节阀FV7004开度(>40%)控制回流量，维持回流罐V703液位在40%以上。

⑪ 当加压塔回流罐有液体产生时，开加压塔回流泵P704A入口阀，启动泵，开泵出口阀，启动回流泵。调节阀FV7013开度(>40%)控制回流量，维持回流罐V705液位在40%以上。

⑫ 当回流罐V705液位无法维持时，逐渐打开LV7014，打开VA7052，采出塔顶产品。

⑬ 当常压塔回流罐有液体产生时，开常压塔回流泵P705A入口阀，启动泵，开泵出口阀。调节阀FV7022开度(>40%)，维持回流罐V706液位在40%以上。

⑭ 当回流罐V706液位无法维持时，逐渐打开FV7024，采出塔顶产品。

⑮ 维持常压塔塔釜液位在80%左右。

（二）回收塔开车

① 常压塔侧线采出杂醇油作为回收塔T704进料，打开侧线采出阀VD7029～VD7032，开回收塔进料泵P706A入口阀，启动泵，开泵出口阀。调节阀FV7023开度(>40%)控制采出量，打开回收塔进料阀VD7033～VD7037。

② 待塔T704塔底液位超过50%后，手动打开流量调节阀FV7035，与T703塔底污水合并。

③ 通过调节蒸汽阀FV7031开度，给再沸器E714加热。

④ 通过调节阀VA7046的开度，使回收塔压力维持在0.01MPa。

⑤ 当回流罐有液体产生时，开回流泵P711A入口阀，启动泵，开泵出口阀，调节阀FV7032开度(>40%)，维持回流罐V707液位在40%以上。

⑥ 回流罐V707液位无法维持时，逐渐打开FV7036，采出塔顶产品。

（三）调节至正常

① 进料温度TIC7001投自动，设定值为72℃。

② 预塔塔顶压力PIC7003投自动，设定值为0.03MPa。

③ 预塔塔顶回流量FIC7004设为串级，设定值为16690kg/h，LIC7005设自动，设定值为50%。

④ 预塔塔釜采出量FIC7002设为串级，设定值为35176kg/h，LIC7001设自动，设定值为50%。

⑤ 预塔加热蒸气量FIC7005设为串级，设定值为11200kg/h，TIC7005投自动，设定值为77.4℃。

⑥ 加压塔加热蒸气量FIC7014设为串级，设定值为15000kg/h，TIC7027投自动，设定值为134.8℃。

⑦ 加压塔顶压力PIC7007投自动，设定值为0.65MPa。

⑧ 加压塔塔顶回流量FIC7013投自动，设定值为37413kg/h。

⑨ 加压塔回流罐液位LIC7014投自动，设定值为50%。

⑩ 加压塔塔釜采出量FIC7007设为串级，设定值为22747kg/h，LIC7011投自动，设定

值为 50%。

⑪ 常压塔塔顶回流量 FIC7022 投自动，设定值为 27621kg/h。

⑫ 常压塔回流罐液位 LIC7024 投自动，设定值为 50%。

⑬ 常压塔塔釜液位 LIC7021 投自动，设定值为 50%。

⑭ 常压塔侧线采出量 FIC7023 投自动，设定值为 658kg/h。

⑮ 回收塔加热蒸气量 FIC7031 设为串级，设定值为 700kg/h，TIC7065 投自动，设定值为 107℃。

⑯ 回收塔塔顶回流量 FIC7032 投自动，设定值为 1188kg/h。

⑰ 回收塔塔顶采出量 FIC7036 投串级，设定值为 135kg/h，LIC7016 投自动，设定值为 50%。

⑱ 回收塔塔釜采出量 FIC7035 设为串级，设定值为 346kg/h，LIC7031 投自动，设定值为 50%。

⑲ 回收塔侧线采出量 FIC7034 投自动，设定值为 175kg/h。

三、正常停车

（一）预塔停车

① 将手动逐步关小进料阀 VA7001，使进料降至正常进料量的 70%。

② 在降负荷过程中，尽量通过 FV7002 排出塔釜产品，使 LIC7001 降至 30%左右。

③ 关闭调节阀 VA7001，停预塔进料。

④ 关闭阀门 FV7005，停预塔再沸器的加热蒸汽。

⑤ 手动关闭 FV7002，停止产品采出。

⑥ 打开塔釜泄液阀 VA7012，排出不合格产品，并控制塔釜降低液位。

⑦ 关闭脱盐水阀门 VA7005。

⑧ 停进料和再沸器后，回流罐中的液体全部通过回流泵打入塔，以降低塔内温度。

⑨ 当回流罐液位降至 5%，停回流，关闭调节阀 FV7004。

⑩ 当塔釜液位降至 5%，关闭泄液阀 VA7012。

⑪ 当塔压降至常压后，关闭 FV7003。

⑫ 预塔温度降至 30℃左右时，关冷凝器冷凝水。

（二）加压塔停车

① 加压塔采出精甲醇 VA7052 改去粗甲醇贮槽 VA7053。

② 尽量通过 LV7014 排出回流罐中的液体产品，至回流罐液位 LIC7014 在 20%左右。

③ 尽量通过 FV7007 排出塔釜产品，使 LIC7011 降至 30%左右。

④ 关闭阀门 FV7014 和 TV7027，停加压塔再沸器的加热蒸汽。

⑤ 手动关闭 LV7014 和 FV7007，停止产品采出。

⑥ 打开塔釜泄液阀 VA7023，排出不合格产品，并控制塔釜降低液位。

⑦ 停进料和再沸器后，回流罐中的液体全部通过回流泵打入塔，以降低塔内温度。

⑧ 当回流罐液位降至 5%，停回流，关闭调节阀 FV7013。

⑨ 当塔釜液位降至 5%，关闭泄液阀 VA7023。

⑩ 当塔压降至常压后，关闭 PV7007。

⑪ 加压塔温度降至 30℃左右时，关冷凝器冷凝水。

（三）常压塔停车

① 常压塔采出精甲醇 VA7054 改去粗甲醇贮槽 VA7055。

② 尽量通过 FV7024 排出回流罐中的液体产品，至回流罐液位 LIC7024 在 20%左右。

③ 尽量通过 FV7021 排出塔釜产品，使 LIC7021 降至 30%左右。

④ 手动关闭 FV7024，停止产品采出。

⑤ 打开塔釜泄液阀 VA7035，排出不合格产品，并控制塔釜降低液位。

⑥ 停进料和再沸器后，回流罐中的液体全部通过回流泵打入塔，以降低塔内温度。

⑦ 当回流罐液位降至 5%，停回流，关闭调节阀 FV7022。

⑧ 当塔釜液位降至 5%，关闭泄液阀 VA7035。

⑨ 当塔压降至常压后，关闭 HV7001。

⑩ 关闭侧线采出阀 FV7023。

⑪ 常压塔温度降至 30℃左右时，关冷凝器冷凝水。

（四）回收塔停车

① 回收塔采出精甲醇 VA7056 改去粗甲醇贮槽 VA7057。

② 尽量通过 FV7036 排出回流罐中的液体产品，至回流罐液位 LIC7016 在 20%左右。

③ 尽量通过 FV7035 排出塔釜产品，使 LIC7031 降至 30%左右。

④ 手动关闭 FV7036 和 FV7035，停止产品采出。

⑤ 停进料和再沸器后，回流罐中的液体全部通过回流泵打入塔，以降低塔内温度。

⑥ 当回流罐液位降至 5%，停回流，关闭调节阀 FV7032。

⑦ 当塔釜液位降至 5%，关闭泄液阀 FV7035。

⑧ 当塔压降至常压后，关闭 VA7046。

⑨ 关闭侧线采出阀 FV7034。

⑩ 回收塔温度降至 30℃左右时，关冷凝器冷凝水。

⑪ 关闭 FV7021。

四、事故列表

（一）回流控制阀 FV7004 阀卡

事故原因：回流控制阀 FV7004 阀卡。

事故现象：回流量减小，塔顶温度上升，压力增大。

处理方法：打开旁路阀 VA7009，保持回流。

（二）回流泵 P702A 故障

事故原因：回流泵 P702A 泵坏。

事故现象：P702A 断电，回流中断，塔顶压力、温度上升。

处理方法：启动备用泵 P702B。

（三）回流罐 V703 液位超高

事故原因：回流罐 V703 液位超高。

事故现象：V703 液位超高，塔温度下降。

处理方法：启动备用泵 P702B。

（四）精制工段 DCS 画面

预塔 DCS 图如图 4-6 所示。

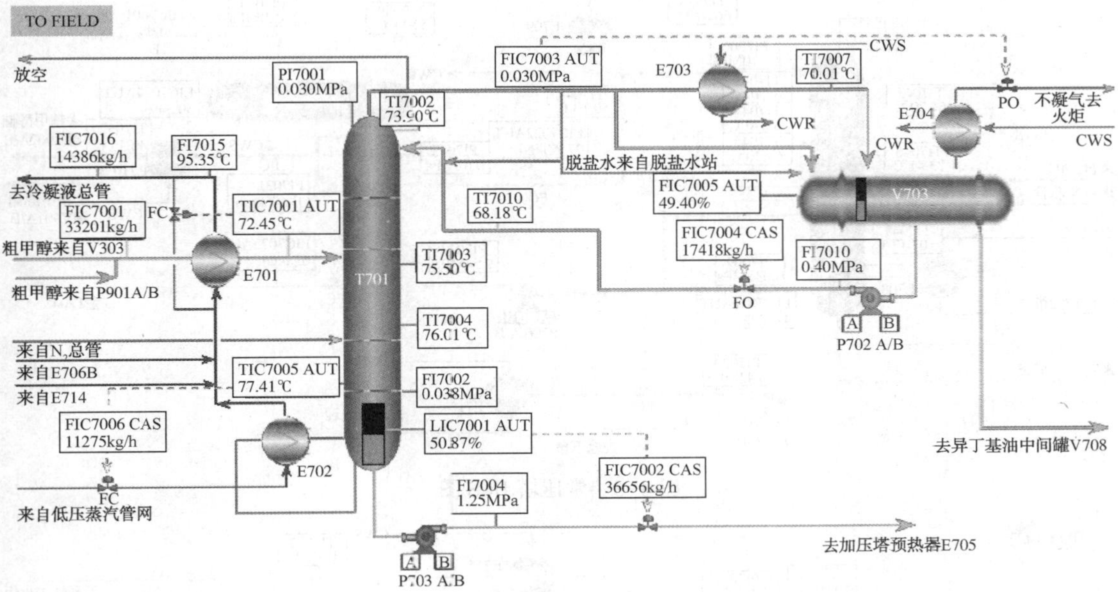

图 4-6　预塔 DCS 图

加压塔 DCS 图如图 4-7 所示。

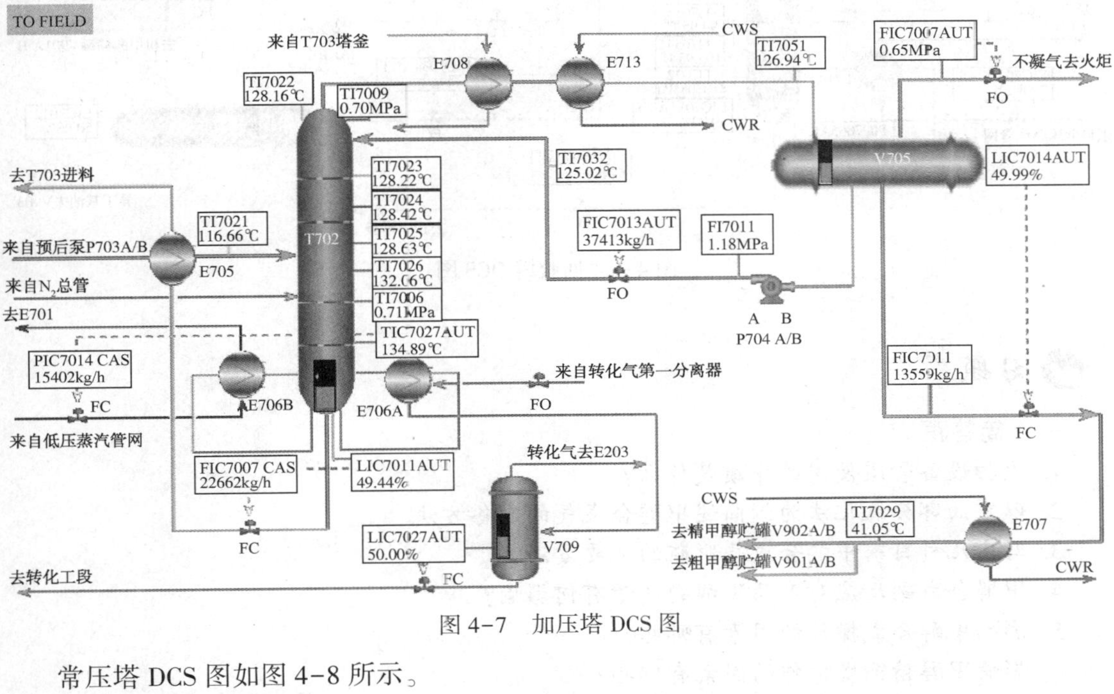

图 4-7　加压塔 DCS 图

常压塔 DCS 图如图 4-8 所示。

回收塔 DCS 图如图 4-9 所示。

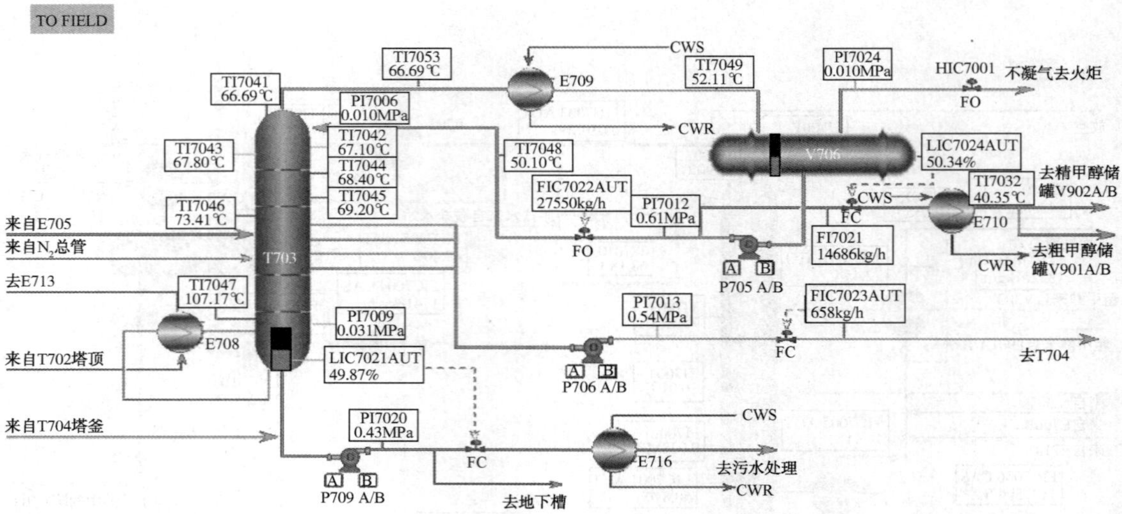

图 4-8 常压塔 DCS 图

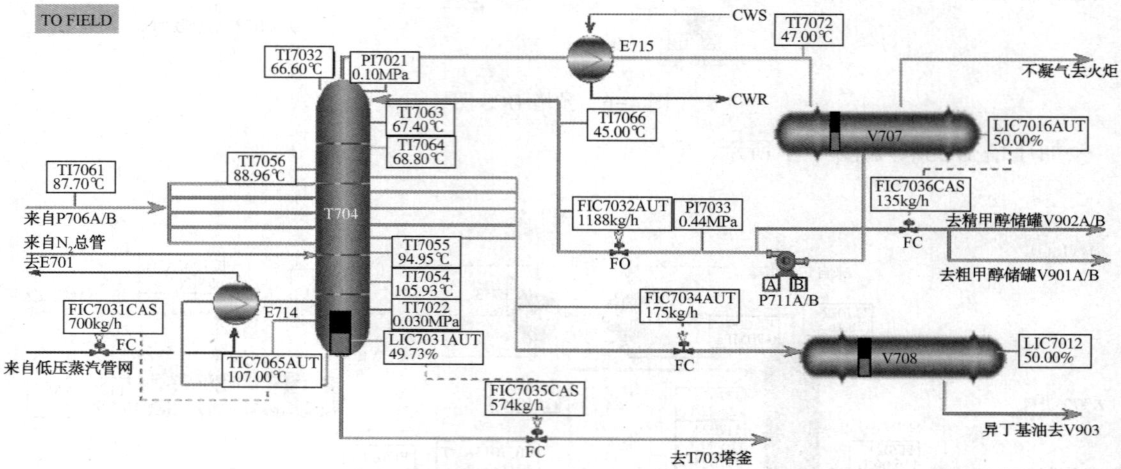

图 4-9 回收塔 DCS 图

习题

一、简答题

1. 吹扫设备管道使用的介质是什么？
2. 以重油部分氧化法为例简述甲醇合成气的制备方法。
3. 写出几种目前甲醇合成气脱硫的主要方法？
4. 甲醇合成副反应对产品甲醇的质量有何影响？
5. 影响甲醇合成操作的因素有哪些？
6. 影响甲醇精馏塔操作的因素有哪些？
7. 延长甲醇合成催化剂使用寿命的措施有哪些？
8. 当前甲醇生产工艺的发展呈现哪些特点？
9. 甲醇合成催化剂卸出具备的条件是什么？

二、判断题

1. 设备管道吹扫必须在装置安装竣工，经水压试验合格后进行。 ( )
2. 设备管道的气体试压不得超过试验温度下材料屈服点的90%。 ( )
3. 天然气制备甲醇合成原料气的方法中蒸汽转化法应用得最广泛。 ( )
4. 甲醇合成原料气低温甲醇洗脱硫是物理-化学吸收法。 ( )
5. 氧化锌脱硫为干法脱硫，氧化锌可以再生。 ( )
6. 甲醇合成催化剂没有吸水性，故可以在潮湿的环境中进行装填。 ( )
7. 精馏塔热平衡微调整，通常采用调整回流量来实现。 ( )
8. 精馏塔气液相平衡微调整，通常采用调整塔顶压力来实现。 ( )
9. 甲醇循环气H/C过高，会造成每吨甲醇耗合成气量增加。 ( )
10. 甲醇合成低循环量，可以延长甲醇合成催化剂使用寿命。 ( )
11. 甲醇合成低循环量，可以充分将甲醇合成催化剂活性中心的反应热带走。 ( )
12. 合成甲醇催化剂从合成塔卸出时，不需要进行钝化处理。 ( )

思政内容 碳中和目标下石油与化学工业绿色低碳发展路径

2020年9月22日，国家主席习近平在第七十五届联合国大会一般性辩论上首次宣布“中国将提高国家自主贡献力度，采取更加有力的政策和措施，二氧化碳排放力争于2030年前达到峰值，努力争取2060年前实现碳中和”。该目标的提出在充分展现大国责任担当的同时，也为中国石油与化学工业转型升级、低碳发展带来了挑战与机遇。据BP《2021年世界能源统计》数据显示，2020年，中国二氧化碳排放总量位居世界第一，减排压力巨大。2020年，中国石油与化学工业CO_2总排放量约为14.81×10^8t，约占全国CO_2排放总量的16%，要实现“双碳”目标任务紧迫。石油与化工行业规模大、能耗高，碳排放强度大，有可能在“十四五”期间被纳入全国碳市场。石油与化工行业必须以碳达峰碳中和的目标倒逼自身碳减排意识的增强，积极参与碳排放权交易市场的建设，区域能源结合开发低碳节能工艺，促使行业朝着产品高端、工艺低碳的路径前行。石油与化学工业低碳发展的路径包括以下几个方面：

一、探索产业高端和工艺降碳的新技术

① 采用原子经济性更好的工艺技术。工艺技术的更新换代，带来了具有更高原子经济性的新工艺。采用更加原子经济性的工艺技术是碳资源高效利用、精细化学品清洁合成的重要基础，是石油与化工行业可持续发展的重要保证。石油与化学工业可以通过缩短工艺流程、降低能源消耗提高资源的清洁高效转化水平来杜绝或者减少副产物和污染物的排放。

② 区域能源结合优化原料配比。在石油与化工领域，加强技术创新，突破高端材料技术瓶颈是实现石油与化工行业低碳发展的有效途径。目前，多个国家正在探索和研究开发一步法制取乙烯的技术。

③ 石油与化学工业与绿氢能源耦合发展降碳。随着世界向低碳能源体系转型，氢扮演着越来越重要的角色，氢能成为全世界经济低碳发展的重要方向，以“绿色、零碳”为特征的氢能正在成为引发全球能源结构和产业结构调整的重要方式。

二、建立绿色集成化工园区

打造绿色集成化工园区是避免石油与化工行业粗放式发展，实现产业转型升级的必经之路。绿色集成化工园区作为石油与化工行业发展的重要载体，是指在园区建设的源头就贯彻绿色、环保、安全、智能的理念，应用循环经济技术，以园区为平台打造生态循环、集约高效、系统智能的产业链条和产业体系，以便最大限度地降低产品生产的单位能耗、减少污染物排放。绿色集成化工园区并非石油与化工企业简单的组织聚集，而是一个复杂的、相互联系、相辅相成的有机系统。化工园区的建设要遵循产业可持续发展、资源可持续利用、生态环境可持续平衡、人员自身可持续发展、社区可持续发展五项建构原则，综合部署化工园区原料产品项目、公用工程物流、安全消防应急、环境保护生态、智能智慧数据、管理服务科创“六位一体”的发展体系，促进化工园区的可持续发展。

三、加大可再生能源的综合利用

不可否认，石油与化工行业节能减排的推进不能脱离我国的基本国情，低碳社会的发展也不能以牺牲经济发展为代价，实现这一目标的重要方式是加大可再生能源的综合利用。大力开发利用可再生能源，减少化石能源消费，优化能源结构，部署清洁高效、绿色低碳的能源体系，是中国减少二氧化碳排放，实施碳中和行动的重要途径，也是中国应对气候变化威胁的主要手段。可再生能源包括风能、太阳能、地热能和生物能源等，是能源发展的主力军，可以助力石油与化工行业实现低碳减排。其中，风能和太阳能正是研究人员关注的焦点。

四、发展碳捕集、利用与封存技术

碳捕集、利用与封存(carbon capture utilization and storage，简称 CCUS)技术是当前多个国家重点研发的温室气体减排技术，也是中国减少碳排放、保障能源安全和实现碳中和的重要手段。石油与化工行业可以充分利用生产过程副产高浓度二氧化碳的特点，加大二氧化碳利用与封存技术的前沿性研发，建设 CCUS 技术的完整工业链条。在二氧化碳捕集环节，要把提高二氧化碳捕集效率及规模，降低捕集成本作为研究的重点，通过吸收法、吸附法、膜分离法等手段，将各类混合气体中的二氧化碳进行富集，为二氧化碳的利用和封存做好准备。在二氧化碳利用阶段，可以把捕集的高浓度 CO_2 作为基础原料，进一步加工应用于日常生活及石油与化工产品的生产活动中。

五、加强甲烷等非二氧化碳温室气体的管控

甲烷是仅次于二氧化碳的全球第二大温室气体，其二十年水平的全球增温潜势(GWP)是二氧化碳的 84 倍，一百年水平的 GWP 是二氧化碳的 28 倍，减少甲烷等非二氧化碳温室气体的排放是应对气候变化的重要手段，也是实现碳中和的有效途径。

扫一扫查看
本章补充材料

第五章　乙烯装置仿真

我国乙烯工业已有60多年的发展历史，自20世纪60年代初我国第一套乙烯装置在兰州化工厂建成投产以来，我国乙烯工业发展很快，乙烯产量逐年上升，2005年乙烯生产能力达到$773\times10^4t/a$，居世界第三位。随着国家新建和改扩建乙烯装置的投产，2010年我国乙烯生产能力已超过1600×10^4t。

2021年全年国内乙烯产品达到2825.7×10^4t，同比增长约30.8%。2021年中国表观需求量为3013.3×10^4t，同比增长28.3%。

从表5-1可以看出，我国乙烯自给率还不高，一方面需要进口乙烯产品，另一方面需要加大国内乙烯的生产，因此，无论从乙烯在有机化工生产中的地位，还是从乙烯的需求量方面预测，以生产乙烯为主要目的的石油烃热裂解装置在有机化工中具有举足轻重的地位。

表5-1　中国乙烯需求及产量

项　目	2005年	2010年	2021年
生产能力/($10^4t/a$)	888.5	1400	2825.7
当量需求/($10^4t/a$)	1850	2500~2600	3013.3
自给率/%	48	56~53.8	93

第一篇　乙烯裂解装置仿真

第一节　乙烯的生产方法

由于烯烃的化学性质很活泼，因此乙烯在自然界中独立存在的可能性很小。制取乙烯的方法很多，其中以管式炉裂解技术最为成熟，其他技术包括催化裂解、合成气制乙烯等。

一、管式炉裂解技术

反应器与加热炉融为一体的设备，称为裂解炉。原料在辐射炉管内流过，管外通过燃料燃烧的高温火焰、产生的烟道气、炉墙辐射加热将热量经辐射管壁传给管内物料，裂解反应在管内高温下进行，管内无催化剂，也称为石油烃热裂解。同时为降低原料烃分压，目前大多加入稀释蒸汽，故也称为蒸汽裂解技术。

二、催化裂解技术

催化裂解即烃类裂解反应在催化剂存在下进行，可以降低反应温度，提高选择性和产品收率。

据俄罗斯有机合成研究院对催化裂解和蒸汽裂解技术的经济性比较，认为催化裂解单位乙烯和丙烯生产成本比蒸汽裂解低10%左右，单位建设费用低13%~15%，原料消耗降低

10%~20%，能耗降低30%。

催化裂解技术因其具有的优点，成为改进裂解过程最有前途的工艺技术之一。

三、合成气制乙烯(MTO)

MTO合成路线，是以天然气或煤为主要原料，先生产合成气，合成气再转化为甲醇，然后由甲醇生产烯烃的路线，完全不依赖于石油。在石油资源日益短缺的21世纪有望成为生产烯烃的重要路线。

采用MTO工艺可对现有的石脑油裂解制乙烯装置进行扩能改造。由于MTO工艺对低级烯烃具有极高的选择性，烷烃的生成量极低，可以非常容易地分离出化学级乙烯和丙烯，因此可在现有乙烯工厂的基础上提高乙烯生产能力30%左右。

到目前为止，世界乙烯95%都是由石油烃热裂解技术生产的，其他工艺路线由于经济性或者存在技术“瓶颈”等问题，仍处于技术开发或工业化实验的水平，没有或很少有常年运行的工业化生产装置。

第二节　石油烃热裂解的原料

一、裂解原料来源和种类

裂解原料的来源主要有两个方面，一是天然气加工厂的轻烃，如乙烷、丙烷、丁烷等，二是炼油厂的加工产品，如炼厂气、石脑油、柴油、重油等，以及炼油厂二次加工油，如加氢焦化汽油、加氢裂化尾油等。

二、合理选择裂解原料

乙烯生产原料的选择是一个重大的技术经济问题，原料在乙烯生产成本中占60%~80%。因此，原料选择的正确与否对于降低成本有着决定性意义。原料的选择主要考虑以下几方面：

1. 石油和天然气的供应状况和价格

世界各地乙烯的生产原料配置各不相同，大洋洲、北美、中东等地区由于天然气资源丰富且价格较为低廉，主要采用天然气凝析液(主要是乙烷)作为生产乙烯的原料，所占比例分别高达82%、73%和73%，剩余部分主要以粗柴油和石脑油为原料。亚洲、拉丁美洲和欧洲的乙烯生产商则主要以石脑油作为裂解的原料，分别占86%、70%和64%。

以美国为例，20世纪70年代初，大部分裂解原料是以轻质烃(乙烷或丙烷)为原料，主要是由于美国有丰富的湿性天然气资源，富含轻质烷烃。20世纪70年代后期，由于天然气资源日益减少，几乎新增加的乙烯装置都是采用石脑油和柴油为原料。但当石油输出国大幅度提高油价后，原油价格的增长高于天然气平均价格的增长，绝大多数乙烯装置又改为以天然气为原料。20世纪90年代，提高了汽油质量要求，使原来用于催化重整的石脑油成为乙烯裂解的原料。

由此可见，石油和天然气的供应状况和价格对乙烯装置原料的选择影响很大。

2. 原料对能耗的影响

使用重质原料的乙烯装置能耗远远大于轻质原料，以乙烷为原料的乙烯装置生产成本最低，若乙烷原料的能耗为1，则丙烷、石脑油和柴油的能耗分别是1.23、1.52、1.84。美国对其乙烯装置的生产成本进行了比较，乙烷生产乙烯的成本为 270 美元/t，而轻柴油为 671 美元/t。

3. 原料对装置投资的影响

在乙烯生产中，采用不同的原料建厂，投资差别很大。采用乙烷、丙烷原料，由于烯烃收率高，副产品很少，工艺较简单，相应地投资较少。重质原料的乙烯收率低，原料消耗定额大幅度提高，用减压柴油作原料是用乙烷的 3. 9 倍，装置炉区较大，副产品数量大，分离较复杂，则投资也较大。

随着国际原料供求结构的变化，原料的价格也经常波动。因此，近年来设计的乙烯装置，或对旧装置进行改造，均提高了装置的灵活性，即一套装置可以裂解多种原料。例如某厂共有 7 台裂解炉，其中 A~E 炉为毫秒炉(MSF 炉，Milli Second Furnace)，G、H 炉为 SW 炉(Stone & Wehster)，经改造后，现 SW 炉可投用石脑油，五台 MSF 炉可投用乙烷或丙烷、石脑油、轻柴油。但裂解炉可裂解原料的范围越宽，相应炉子的投资也会越大。

4. 副产物的综合利用

裂解副产物约占整个产品组成的 60%~80%，对其进行有效利用，可使乙烯成本降低 1/3 甚至更多。

裂解副产物的综合利用，必须对副产品市场、价格对乙烯成本的影响和综合利用程度进行综合考虑，因为这些也是原料选择特别重要的因素。

目前，乙烯生产原料的发展趋势有两个，一是原料趋于多样化，二是原料中的轻烃比例增加如图 5-1 所示。

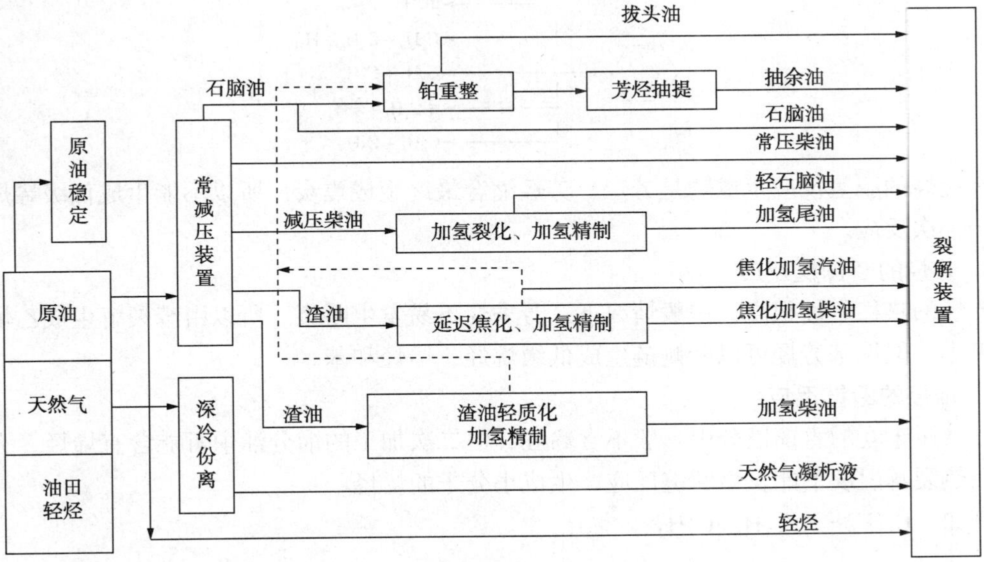

图 5-1　裂解生产乙烯各种原料示意图

第三节　石油烃热裂解的生产原理

在裂解原料中，主要烃类有烷烃、环烷烃和芳烃，二次加工的馏分油中还含有烯烃。尽管原料的来源和种类不同，但其主要成分是一致的，只是各种烃的比例有差异。烃类在高温下裂解，不仅原料发生多种反应，生成物也能继续反应，其中既有平行反应又有连串反应，包括脱氢、断链、异构化、脱氢环化、脱烷基、聚合、缩合、结焦等反应过程。因此，烃类裂解过程的化学变化是十分错综复杂的，生成的产物也多达数十种甚至上百种。

要全面描述这样一个十分复杂的反应过程是很困难的，所以人们根据反应的前后顺序，将它们简化归类分为一次反应和二次反应。

一、烃类裂解的一次反应

所谓一次反应是指以生成目的产物乙烯、丙烯等低级烯烃为主的反应。

1. 烷烃裂解的一次反应

（1）断链反应

断链反应是 C—C 链断裂反应，反应后产物有两个，一个是烷烃，一个是烯烃，其碳原子数都比原料烷烃减少，其通式为：$C_{m+n}H_{2(m+n)+2} \longrightarrow C_nH_{2n}+C_mH_{2m+2}$

（2）脱氢反应

脱氢反应是 C—H 链断裂的反应，生成的产物是碳原子数与原料烷烃相同的烯烃和氢气。其通式为：$C_nH_{2n+2} \longrightarrow C_nH_{2n}+H_2$

2. 环烷烃的断链(开环)反应

环烷烃的热稳定性比相应的烷烃好。环烷烃热裂解时，可以发生 C—C 链的断裂(开环)与脱氢反应，生成乙烯、丁烯和丁二烯等烃类。

以环己烷为例，断链反应：

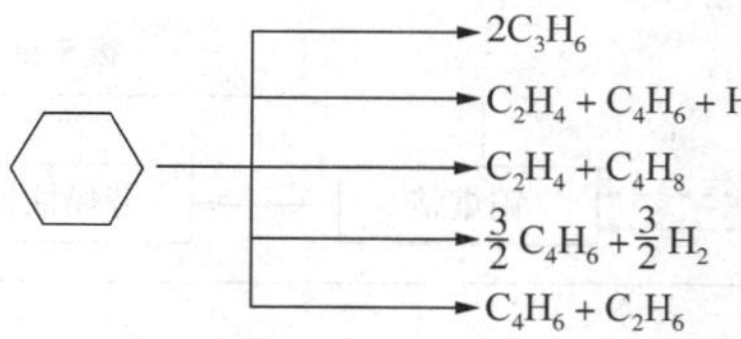

环烷烃的脱氢反应生成物是芳烃，芳烃缩合最终生成焦炭，所以不能生成低级烯烃，即不属于一次反应。

3. 芳烃的断侧链反应

芳烃的热稳定性很高，一般情况下，芳香烃不易发生断裂。所以由苯裂解生成乙烯的可能性极小。但烷基芳烃可以断侧链生成低级烷烃、烯烃和苯。

4. 烯烃的断链反应

常减压车间的直馏馏分中一般不含烯烃，但二次加工的馏分油中可能含有烯烃。大分子烯烃在热裂解温度下能发生断链反应，生成小分子的烯烃。

例如：$C_5H_{10} \longrightarrow C_3H_6+C_2H_4$

二、烃类裂解的二次反应

二次反应就是一次反应生成的乙烯、丙烯继续反应并转化为炔烃、二烯烃、芳烃，直至生炭或结焦的反应。

烃类热裂解的二次反应比一次反应复杂。原料经过一次反应后，生成氢、甲烷和一些低相对分子质量的烯烃如乙烯、丙烯、丁二烯、异丁烯、戊烯等，氢和甲烷在裂解温度下很稳定，而烯烃则可以继续反应。主要的二次反应有以下几类。

1. 低分子烯烃脱氢反应

$$C_2H_4 \longrightarrow C_2H_2+H_2$$

$$C_3H_6 \longrightarrow C_3H_4+H_2$$

$$C_4H_8 \longrightarrow C_4H_6+H_2$$

2. 二烯烃叠合芳构化反应

$$2C_2H_4 \longrightarrow C_4H_6+H_2$$

$$C_2H_4+C_4H_6 \longrightarrow C_6H_6+2H_2$$

3. 结焦反应

烃的生焦反应，要经过生成芳烃的中间阶段，芳烃在高温下发生脱氢缩合反应而形成多环芳烃，它们继续发生多阶段的脱氢缩合反应生成稠环芳烃，最后生成焦炭。

$$\text{烯烃}\xrightarrow{-H_2}\text{芳烃}\xrightarrow{-H_2}\text{多环芳烃}\xrightarrow{-H_2}\text{稠环芳烃}\xrightarrow{-H_2}\text{焦炭}$$

除烯烃外，环烷烃脱氢生成的芳烃和原料中含有的芳烃均可脱氢发生结焦反应。

4. 生碳反应

在较高温度下，低分子烷烃、烯烃都有可能分解为碳和氢，这一过程是随着温度升高而分步进行的。如乙烯脱氢先生成乙炔，再由乙炔脱氢生成炭。

$$CH_2=CH_2 \longrightarrow CH\equiv CH+H_2 \longrightarrow 2C+2H_2$$

因此，生炭反应只有在高温条件下才可能发生，并且乙炔的生炭不是断链成单个碳原子，而是脱氢稠合成几百个碳原子。

结焦和生炭二者机理不同，结焦是在较低温度下（<927℃）通过芳烃缩合而成；生炭是在较高温度下（>927℃），通过生成乙炔的中间阶段，脱氢成稠合的碳原子。

由此可以看出，一次反应是生产目的；二次反应造成烯烃的损失，并且生炭或结焦，又致使设备或管道堵塞，影响正常生产，所以是不希望发生的。因此，无论在选取工艺条件或进行设计时，都要尽力加速一次反应，抑制二次反应。

通过以上讨论，各烃类的热裂解反应的大致规律可归纳如下：

烷烃：正构烷烃最有利于生成乙烯、丙烯，是生产乙烯的最理想原料。相对分子质量越小则烯烃的总收率越高。异构烷烃的烯烃总收率低于同碳原子数的正构烷烃。随着相对分子质量的增大，这种差别减小。

环烷烃：在通常裂解条件下，环烷烃脱氢生成芳烃的反应优于断链（开环）生成单烯烃的反应。含环烷烃多的原料，其丁二烯、芳烃的收率较高，乙烯的收率较低。

芳烃：无侧链的芳烃基本上不易裂解为烯烃；有侧链的芳烃，主要是侧链逐步断链及脱氢。芳烃倾向于脱氢缩合生成稠环芳烃，直至结焦。所以芳烃不是裂解的合适原料。

烯烃：大分子的烯烃能裂解为乙烯和丙烯等低级烯烃，但烯烃会发生二次反应，最后生成焦和炭。所以含烯烃的原料如二次加工产品作为裂解原料不好。

所以，高含量的烷烃，低含量的芳烃和烯烃是理想的裂解原料。

第四节　石油烃热裂解的操作条件

石油烃裂解所得产品收率与裂解原料的性质密切相关。而对于相同裂解原料而言，则裂解所得产品收率取决于裂解过程的工艺条件。只有选择合适的工艺条件，并在生产中平稳操作，才能获得理想的裂解产品收率分布，并保证合理的清焦周期。

一、裂解温度

从热力学角度分析，裂解是吸热反应，需要在高温下才能进行。温度越高对生成乙烯、丙烯越有利，但对烃类分解成碳和氢的副反应也越有利，即二次反应在热力学上占优势。从动力学角度分析，升高温度，石油烃裂解生成乙烯的反应速度的提高大于烃分解为碳和氢的反应速度，即提高反应温度，有利于提高一次反应对二次反应的相对速率，有利于乙烯收率的提高，所以一次反应在动力学上占优势。因此应选择一个最适宜的裂解温度，发挥一次反应在动力学上的优势，而克服二次反应在热力学上的优势，既可提高转化率也可得到较高的乙烯收率。

一般当温度低于750℃时，生成乙烯的可能性较小，或者说乙烯收率较低；在750℃以上生成乙烯可能性增大，温度越高，反应的可能性越大，乙烯的收率越高。但当反应温度太高，特别是超过900℃时，甚至达到1100℃时，对结焦和生炭反应极为有利，同时生成的乙烯又会经历乙炔中间阶段而生成炭，这样原料的转化率虽有增加，产品的收率却大大降低。所以理论上烃类裂解制乙烯的最适宜温度一般在750~900℃之间。而实际裂解温度的选择还与裂解原料、产品分布、裂解技术、停留时间等因素有关。

不同的裂解原料具有不同的适宜裂解温度，较轻的裂解原料，裂解温度较高，较重的裂解原料，裂解温度较低。如某厂乙烷裂解炉的裂解温度是850~870℃，石脑油裂解炉的裂解温度是840~865℃，轻柴油裂解炉的裂解温度是830~860℃；若改变反应温度，裂解反应进行的程度就不同，一次产物的分布也会改变，所以可以选择不同的裂解温度，达到调整一次产物分布的目的。如裂解目的产物是乙烯，则裂解温度可适当地提高，如果要多产丙烯，裂解温度可适当降低。裂解温度还受炉管合金的最高耐热温度的限制，也正是管材合金和加热炉设计方面的进展，使裂解温度可从最初的750℃提高到900℃以上。目前某些裂解炉管允许壁温已达到1115~1150℃，但这不意味着裂解温度可选择1100℃以上，它还受到停留时间的限制。

二、停留时间

停留时间是指裂解原料由进入裂解辐射管到离开所经历的时间，即反应原料在反应管中停留的时间。停留时间一般用τ来表示，单位为s。

实际上，裂解温度和停留时间存在着既相互依存又相互制约的关系，没有适当的高温，停留时间无论如何延长也得不到高乙烯收率，反过来，停留时间不合适，即使在高温下也不能得到高乙烯收率。因此裂解温度与停留时间是一组相互关联的参数，在控制一定裂解深度的条件下，可以有各种不同的裂解温度-停留时间组合。高温短停留时间是改善裂解反应目的产品收率的关键。一般，提高裂解温度、缩短停留时间对裂解产物分布有如下影响：①有利于正构烷烃生成更多的乙烯，而丙烯以上的单烯烃的收率有所下降。②有利于异构烷烃生成低相对分子质量的直链烯烃，而支链烯烃的收率下降。③不利于芳烃的生成，裂解汽油的收率也减少。

三、裂解压力

1. 压力对平衡转化率的影响

烃类裂解的一次反应是分子数增加的反应，降低压力对反应平衡向正反应方向移动是有利的，但是高温条件下，断链反应的平衡常数很大，几乎接近全部转化，反应是不可逆的，因此改变压力对断链反应的平衡转化率影响不大。对于脱氢反应，它是可逆过程，降低压力有利于提高转化率。二次反应中的聚合、脱氢缩合、结焦等二次反应，都是分子数减少的反应，因此降低压力不利于平衡向产物方向移动，可抑制此类反应的发生。所以从热力学角度分析可知，降低压力对一次反应有利，而对二次反应不利。

2. 压力对反应速度的影响

烃类裂解的一次反应，是单分子反应，其反应速度可表示为：$r_{裂}=k_{裂}C$

烃类聚合或缩合反应为多分子反应，其反应速度为：$r_{聚}=k_{聚}C^n$；$r_{缩}=k_{缩}C_AC_B$

压力不能改变速度常数的大小，但能通过改变浓度的大小来改变反应速度的快慢，降低压力会使气相的反应分子的浓度减少，也就减少了反应速度。由以上三式可见，浓度的改变虽对三个反应速度都有影响，但降低的程度不一样，浓度降低，双分子和多分子反应速度的降低程度比单分子反应速度要大得多。

所以从动力学角度分析得出：降低压力可增大一次反应对于二次反应的相对速度。

故无论从热力学还是动力学分析，降低裂解压力对一次反应有利，可抑制二次反应，从而减轻结焦的程度。表 5-2 反映了压力对裂解反应的影响。

表 5-2　裂解压力对一次反应和二次反应的影响

反应	影响因素	一次反应	二次反应
热力学因素	反应后体积的变化	增大	减少
	降低压力对平衡的影响	有利提高平衡转化率	不利提高平衡转化率
动力学因素	反应分子数	单分子反应	双分子或多分子反应
	降低压力对反应速度的影响	不利	更不利
	降低压力对反应速度的相对变化的影响	有利	不利

3. 稀释剂的降压作用

如果在生产中直接采用减压操作，因为裂解是在高温下进行的，当某些管件连接不严密时，有可能漏入空气，不仅会使裂解原料和产物部分氧化而造成损失，更严重的是因空气与裂解气能形成爆炸性混合物而导致爆炸。另外如果在此处采用减压操作，就会增加后继分离部分的裂解气压缩操作负荷，即增加了能耗。工业上常用的办法是在裂解原料气中添加稀释剂以降低烃分压，而不是降低系统总压。

稀释剂可以是惰性气体(例如氮)或水蒸气。工业上都是用水蒸气作为稀释剂，其优点是：

① 易于从裂解气中分离。水蒸气在急冷时可以冷凝，很容易就实现了稀释剂与裂解气的分离。

② 可以抑制原料中的硫对合金钢管的腐蚀。

③ 可脱除炉管的部分结焦。水蒸气在高温下能与裂解管中沉淀的焦炭发生如下反应：$C+H_2O=H_2+CO$，使固体焦炭生成气体随裂解气离开，延长了炉管运转周期。

④ 减轻了炉管中铁和镍对烃类气体分解生炭的催化作用。水蒸气对金属表面起一定的氧化作用，使金属表面的铁、镍形成氧化物薄膜，可抑制这些金属对烃类气体分解生炭反应的催化作用。

⑤ 稳定炉管裂解温度。水蒸气的热容大，水蒸气升温时耗热较多，稀释水蒸气的加入，可以起到稳定炉管裂解温度，防止过热，保护炉管的作用。

⑥ 降低烃分压的作用明显。稀释蒸汽可降低炉管内的烃分压，水的摩尔质量小，同样质量的水蒸气其分压较大，在总压相同时，烃分压可降低较多。

加入水蒸气的量，不是越多越好，增加稀释水蒸气量，将增大裂解炉的热负荷，增加燃料的消耗量，增加水蒸气的冷凝量，从而增加能量消耗，同时会降低裂解炉和后部系统设备的生产能力。水蒸气的加入量随裂解原料而异，一般来说，当轻质原料裂解时，所需稀释蒸汽量可以降低，随着裂解原料变重，为减少结焦，所需稀释水蒸气量将增大。

综上所述，石油烃热裂解的操作条件宜采用高温、短停留时间、低烃分压，产生的裂解气要迅速离开反应区。因为高温裂解气在裂解炉出口温度条件下将继续进行裂解反应，使二次反应增加，乙烯损失随之增加，故需将裂解炉出口的高温裂解气加以急冷，当温度降到650℃以下时，裂解反应基本终止。

第五节　石油烃热裂解的工艺简介

一、管式炉的基本结构和炉型

裂解需要高温、短停留时间、低烃分压条件，所以裂解反应的设备，必须能够承受相当高的裂解温度，裂解原料在设备内能够迅速升温并进行裂解，产生裂解气。管式炉裂解工艺是目前较成熟的生产乙烯的工艺，我国近年来引进的裂解装置都是管式裂解炉。管式炉炉型结构简单，操作容易，便于控制和能连续生产，乙烯、丙烯收率较高，动力消耗少，热效率高，裂解气和烟道气的余热大部分可以回收。

管式炉裂解技术的反应设备是裂解炉，它既是乙烯装置的核心，又是挖掘节能潜力的关键设备。

为了提高乙烯收率和降低原料和能量消耗，多年来管式炉技术取得了较大进展，并不断开发出各种新炉型。尽管管式炉有不同型式，但从结构上看，主要包括对流段（或称对流室）和辐射段（或称辐射室）组成的炉体，炉体内适当布置的由耐高温合金钢制成的炉管，燃料燃烧器等三个主要部分。管式炉的基本结构，如图5-2所示。

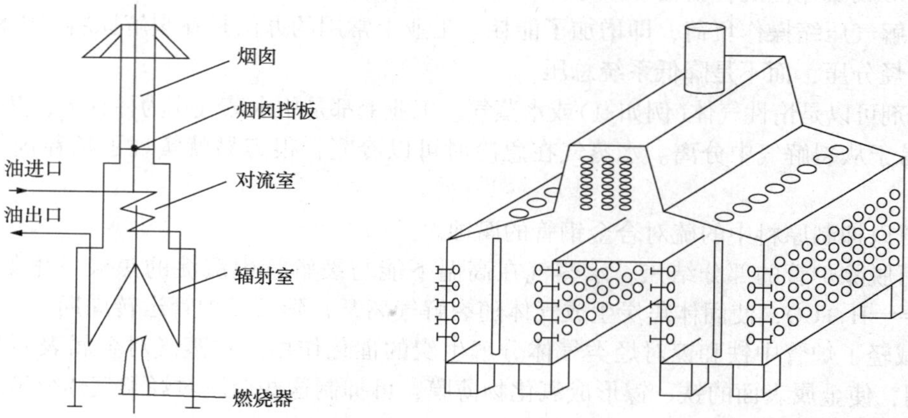

图5-2　裂解炉基本结构

1—辐射段；2—垂直辐射管；3—侧壁燃烧器；4—底部燃烧器；5—对流段；6—对流管

(1) 炉体

由两部分组成，即对流段和辐射段。对流段内设有数组水平放置的换热管，用来预热原料、工艺稀释水蒸汽、急冷锅炉进水和过热的高压蒸汽等。辐射段由耐火砖(里层)和隔热砖(外层)砌成，在辐射段炉墙或底部的一定部位安装一定数量的燃烧器，所以辐射段又称为燃烧室或炉膛，裂解炉管垂直放置在辐射室中央。为放置炉管，还有一些附件如管架、吊钩等。

(2) 炉管

安置在对流段的炉管称为对流管，对流管内物料被管外的高温烟道气以对流方式进行加热并汽化，达到裂解反应温度后进入辐射管，故对流管又称为预热管。安置在辐射段的炉管称为辐射管，燃料燃烧的高温火焰、产生的烟道气、炉墙辐射加热将热量经辐射管管壁传给物料，裂解反应在该管内进行，故辐射管又称为反应管。

在管式炉运行时，裂解原料的流向是先进入对流管，后进入辐射管，反应后的裂解气离开裂解炉经急冷段实现急冷。燃料在燃烧器燃烧后，先在辐射段生成高温烟道气，并为辐射管提供反应所需的大部分热量。然后，烟道气进入对流段，把余热提供给刚进入对流管内的物料，最后经烟道从烟囱排放。烟道气和物料是逆向流动的，这样使热量利用更为合理。

(3) 燃烧器

燃烧器又称为烧嘴，它是管式炉的重要部件之一。管式炉中反应所需的热量是通过燃料在燃烧器中燃烧得到的。性能优良的烧嘴不仅对炉子的热效率、炉管热强度和加热均匀性起着十分重要的作用，而且使炉体外形尺寸缩小，结构紧凑、燃料消耗低，烟气中 NO_x 等有害气体含量低。烧嘴因其所安装的位置不同分为底部烧嘴和侧壁烧嘴。管式裂解炉的烧嘴设置方式可分为三种：一是全部由底部烧嘴供热；二是全部由侧壁烧嘴供热；三是由底部和侧壁烧嘴联合供热。按所用燃料不同，又分为气体燃烧器、液体(油)燃烧器和气油联合燃烧器。

二、裂解气急冷

1. 裂解气的急冷

从裂解炉出来的裂解气是富含烯烃的气体和大量的水蒸气，温度为727~927℃，烯烃反应性很强，高温下长时间停留，会发生二次反应，引起结焦、烯烃收率下降及生成经济价值不高的副产物，因此需要将裂解炉出口高温裂解气尽快冷却，以终止其裂解反应。

急冷的方法有两种，一种是直接急冷，另一种是间接急冷。直接急冷即急冷剂与裂解气直接接触，急冷剂用油或水，急冷下来的油水密度相差不大，分离困难，污水量大，不能回收高品位的热量。采用间接急冷的目的是回收高品位的热量，产生高压水蒸气作动力能源以驱动裂解气、乙烯、丙烯的压缩机、汽轮机发电及高压水泵等机械。

生产中一般都先采用间接急冷，即裂解产物先进急冷换热器，取走热量，然后采用直接急冷，即油洗和水洗来降温。

裂解原料的不同采用的急冷方式有所不同，如裂解原料为气体，则适合的急冷方式为“水急冷”，而裂解原料为液体时，适合的急冷方式为“先油后水”。

2. 急冷设备

间接急冷的关键设备是急冷换热器(常以 TLE 或 TLX 表示)。急冷换热器与汽包所构成的水蒸气发生系统称为急冷废热锅炉。一般急冷换热器管内走高温裂解气，裂解气的压力约低于0.1MPa，温度高达800~900℃，进入急冷换热器后要在极短的时间(一般在0.1s以下)下降到350~600℃，传热强度约达418.7×10^{6}J/(m^2·h)。管外走高压热水，压力约为11~12MPa，在此产生高压水蒸气，出口温度为320~326℃。因此急冷换热器具有热强度高，操作条件极为苛刻、管内外必须同时承受较高的温度差和压力差的特点；同时在运行过程中还有结焦问题，所以生产中使用的不同类型的急冷锅炉都是在考虑这些特点的基础上来研究和开发的，而与普通的换热器不同。

裂解气经过急冷换热器后，进入油洗和水洗。油洗的作用：一是将裂解气继续冷却，并回收其热量，二是使裂解气中的重质油和轻质油冷凝洗涤下来回收，然后送去水洗。水洗的作用一是将裂解气继续降温到40℃左右，二是将裂解气中所含的稀释蒸汽冷凝下来，并将油洗时没有冷凝下来的一部分轻质油也冷凝下来，同时也可回收部分热量。

三、裂解炉和急冷锅炉的结焦与清焦

1. 裂解炉和急冷锅炉的结焦

在裂解和急冷过程中不可避免地会发生二次反应，最终会结焦，积附在裂解炉管的内壁上和急冷锅炉换热管的内壁上。

随着裂解炉运行时间的延长，焦的积累量不断地增加，有时结成坚硬的环状焦层，使炉管内径变小，阻力增大，使进料压力增加。另外由于焦层导热系数比合金钢低，有焦层的地方局部热阻大，导致反应管外壁温度升高，一是增加了燃料消耗，二是影响反应管的寿命，同时破坏了裂解的最佳工况，故在炉管结焦到一定程度时即应及时清焦。

当急冷锅炉出现结焦时，除阻力较大外，还会引起急冷锅炉出口裂解气温度上升、副产高压蒸汽减少，并加大了急冷油系统的负荷。

2. 裂解炉和急冷锅炉的清焦

当出现下列任一情况时，应进行清焦：

① 裂解炉管管壁温度超过设计规定值。

② 裂解炉辐射段入口压力增加值超过设计值。

③ 废热锅炉出口温度超过设计允许值，或废热锅炉进出口压差超过设计允许值。

清焦方法有停炉清焦和不停炉清焦法(也称在线清焦)。停炉清焦法是将进料及出口裂解气切断(离线)后，将裂解炉和急冷锅炉停车拆开，分别进行除焦，用惰性气体和水蒸气清扫管线，逐渐降低炉温，然后通入空气和水蒸气烧焦。

由于氧化(燃烧)反应是强放热反应，故需加入水蒸气以稀释空气中的氧的浓度，以减慢燃烧速度。烧焦期间，不断检查出口尾气的二氧化碳含量，当二氧化碳浓度降至0.2%以下时，可以认为在此温度下烧焦结束。在烧焦过程中裂解管出口温度必须严格控制，不能超过750℃，以防烧坏炉管。

停炉清焦需3~4天时间，这样会减少全年的运转天数，使设备生产能力不能充分发挥。不停炉清焦是一种改进方法，有交替裂解法、水蒸气法、氢气清焦法等。交替裂解法是使用重质原料(如轻柴油等)裂解一段时间后有较多的焦生成，需要清焦时切换轻质原料(如乙烷)去裂解，并加入大量的水蒸气，这样可以起到裂解和清焦的作用。当压降减少后(焦已大部分被清除)，再切换为原来的裂解原料。水蒸气、氢气清焦是定期将原料切换成水蒸气、氢气，方法同上，也能达到不停炉清焦的目的。对整个裂解炉系统，可以将炉管组轮流进行清焦操作。不停炉清焦时间一般在24h之内，这样裂解炉运转周期大为增加。

在裂解炉进行清焦操作时，废热锅炉在一定程度上均可以清理部分焦垢，管内焦炭不能完全用燃烧方法清除，所以一般需要在裂解炉1~2次清焦周期内对废热锅炉进行水力清焦或机械清焦。

第六节 乙烯裂解装置仿真操作

一、工艺流程简介

1. 装置的生产过程

乙烯车间裂解单元是乙烯装置的主要组成部分之一。裂解是指烃类在高温下，发生碳链断裂或脱氢反应，生成烯烃和其他产物的过程。

裂解炉进料预热系统利用急冷水热源，将石脑油预热到60℃，送入裂解炉裂解。裂解炉系统在高温、短停留时间、低烃分压的操作条件下，裂解石脑油等原料，生产富含乙烯、丙烯和丁二烯的裂解气，送至急冷系统冷却。急冷系统接收裂解炉来的裂解气，经过油冷和水冷两步工序，经过冷却和洗涤后的裂解气去压缩工段。裂解炉废热锅炉系统回收裂解气的热量，产生超高压蒸汽作为裂解气压缩机等机泵的动力。

燃料油汽提塔利用中压蒸汽直接汽提，降低急冷油黏度。稀释蒸汽发生系统接收工艺水，产生稀释蒸汽送往裂解炉管，作为裂解炉进料的稀释蒸汽，降低原料裂解中烃分压。来自罐区、分离工段的燃料气，送入裂解炉，作为裂解炉的燃料气，为裂解炉高温裂解提供热量。

2. 装置流程说明

来自罐区的石脑油原料在送到裂解炉之前由急冷水预热至60℃。被裂解炉烟道气进一步预热后，液体进料在180℃条件下进入炉子裂解。在注入稀释蒸汽之前，将上述烃进料按一定的流量送到各个炉管。烃类/蒸汽混合物返回对流段，在进入裂解炉辐射管之前预热至横跨温度，在裂解炉辐射管中原料被裂解。辐射管出口与裂解炉TLE相连，TLE利用裂解炉流出物的热量生产超高压蒸汽。

TLE通过同每一台裂解炉的汽包相连的热虹吸系统，在12.4MPa的压力条件下生产蒸汽(SS)。锅炉给水(BFW)由烟道气预热后进入锅炉蒸汽汽包。蒸汽包排出的饱和蒸汽在裂解炉对流段中由烟道气过热至400℃。通过在过热蒸汽中注入锅炉给水来控制过热器的出口温度。温度调节以后的蒸汽返回对流投并最终过热至所需的温度(520℃)。

来自裂解炉TLE的流出物由装在出口处的急冷器用急冷油进行急冷，混合以后送至油冷塔。

在油冷塔，裂解气进一步被冷却，裂解燃料油(PFO)和裂解柴油(PGO)从油冷塔中抽出，汽油和较轻的组分作为塔顶气体。裂解气体中热量的去除与回收是通过将急冷油从塔底循环至稀释蒸汽发生器和稀释蒸汽罐进料预热器进行的。低压蒸汽也在急冷油回路中产生。水冷塔中冷凝的汽油作为油冷塔的回流液。

裂解燃料油被泵送到裂解燃料油汽提塔(T102)。裂解柴油(来自油冷塔的侧线抽出物)被送至裂解燃料油汽提塔的下部汽提段，以控制闪点。用汽提蒸汽将裂解燃料油汽提，提高急冷油中馏程在260~340℃馏分的浓度，有助于降低急冷油黏度。塔底的燃料油通过燃料油泵送入燃料油罐。

油冷塔顶的裂解气，通过和水冷塔中的循环急冷水进行直接接触进行冷却和部分冷凝，温度冷却至28℃，水冷塔的塔顶裂解气被送到下一工段。

来自水冷塔的急冷水给乙烯装置工艺系统提供低等级热量，即提供给装置中一些用户热量。换热后的急冷水由循环水和过冷水进一步冷却，作为水冷塔的回流，冷却裂解气。

在水冷塔冷凝的汽油，与循环急冷水和塔底冷凝的稀释蒸汽分离，冷凝后的汽油一部分作为回流进入油冷塔，另一部分送往其他工段。

在水冷塔冷凝的稀释蒸汽（工艺水）进入工艺水汽提塔，在工艺水汽提塔，利用低压蒸汽汽提，将酸性气体和易挥发烃类汽提后返回水冷塔。安装顶部物流/进料换热器以预热去工艺水汽提塔的进料。汽提后的工艺水在进入稀释蒸汽发生器前用急冷油预热。然后被中压蒸汽和稀释蒸汽发生器中的急冷油汽化。产生的蒸汽被中压蒸汽过热，然后用作裂解炉中的稀释蒸汽。

来自罐区、分离工段的燃料气，送入裂解炉，作为裂解炉的燃料气。

二、设备列表

操作设备列表见表5-3。

表5-3　设备列表

序　号	位　号	名　称	序　号	位　号	名　称
	D101	蒸汽汽包		F101	裂解炉
	D102	稀释蒸汽发生器		L101	油急冷器
	E101	TLE换热器		L102	油急冷器
	E102	TLE换热器		ME101	蒸汽减温器
	E103	原料油进料预热器		ME102	蒸汽减温器
	E104	稀释蒸汽发生器底再沸器		P101	急冷油泵
	E105	稀释蒸汽发生器进料预热器		P102	裂解燃料油泵
	E106	低压蒸汽发生器		P103	急冷水循环泵
	E107	裂解燃料油冷却器		P104	油冷塔回流泵
	E108	急冷水冷却器	20	P105	工艺水汽提塔进料泵
21	E109	急冷水调温冷却器	22	P106	稀释蒸汽发生器进料泵
23	E110	工艺水汽提塔进料预热器	24	S101	急冷油过滤器
25	E111	工艺水汽提塔再沸器	26	T101	油冷塔
27	E112	稀释蒸汽过热器	28	T102	裂解燃料油汽提塔
29	E113	中压/稀释蒸汽换热器	30	T103	水冷塔
31	E114	排污冷却器	32	T104	工艺水汽提塔
33	E120	急冷水循环换热器群	34	Y101	裂解炉引风机

三、仪表列表

仪表列表见表5-4。

表 5-4　仪表列表

点名	单位	正常值	描　述	点名	单位	正常值	描　述
AI1101	%	4	F101 烟气氧含量	LI1402	%	60	T103 界位
FIC1101	t/h	9.0	原料油一路进料	LIC1501	%	60	T104 液位
FIC1102	t/h	9.0	原料油二路进料	LIC1502	%	60	D102 液位
FIC1103	t/h	9.0	原料油三路进料	PIC1101	Pa	-30	F101 炉膛负压
FIC1104	t/h	9.0	原料油四路进料	PI1103	MPa(表)	12.4	D101 压力
FIC1105	t/h	4.5	稀释蒸汽一路进料	PIC1104	kPa(表)	85	F101 侧壁燃料气压力
FIC1106	t/h	4.5	稀释蒸汽二路进料	PIC1105	kPa(表)	165	F101 底部燃料气压力
FIC1107	t/h	4.5	稀释蒸汽三路进料	PI1201	kPa(表)	37	T101 压力
FIC1108	t/h	4.5	稀释蒸汽四路进料	PI1202	kPa(表)	350	E106 压力
FF1109	%		原料/稀释蒸汽(DS)的比值	PI1301	kPa(表)	44	T102 压力
FIC1110	t/h	36.0	原料油进料总量	PIC1401	kPa(表)	20	T103 压力
FI1111	t/h	20.0	锅炉给水流量	PIC1402	kPa(表)	20	T103 压力
FI1112	t/h	28.0	过热蒸汽流量	PDC1402	MPa(表)	0.7	水冷塔急冷水压差控制
FI1201	t/h	925.7	裂解气进油冷塔	TIC1101	℃	180	原料油经烟道气预热后温度
FIC1202	t/h	3.28	急冷油(QO)去裂解燃料油汽提塔	TIC1102	℃	213	L101 出口温度
FIC1203	t/h	147.0	QO 循环流量	TIC1103	℃	213	L102 出口温度
FIC1204	t/h	0.0	P101 出口返回量	TIC1104	℃	932	F101 裂解气出口温度
FIC1205	t/h	34.0	汽油自 P104 进 T101	TIC1105	℃	400	ME101 出口温度
FI1207	t/h	5.4	汽油出 T101	TIC1106	℃	520	ME102 出口温度
FI1209	t/h	125.0	气体出 T101	TI1107	℃	60	原料预热后温度
FIC1301	t/h	5.4	汽油进 T102	TI1108	℃	660	对流室进辐射室一路温度
FIC1302	t/h	4.5	中压蒸汽(MS)进 T102	TI1109	℃	660	对流室进辐射室二路温度
FI1303	t/h	6.7	T102 气体出料	TI1110	℃	660	对流室进辐射室三路温度
FI1304	t/h	3.48	T102 底部出料	TI1111	℃	660	对流室进辐射室四路温度
FIC1401	t/h	1400.0	急冷水返回流量	TI1112	℃	832	裂解炉出口一路温度
FIC1402	t/h	350.0	急冷水返回流量	TI1113	℃	832	裂解炉出口二路温度
FI1404	t/h	56.2	T103 顶部出料	TI1114	℃	832	裂解炉出口三路温度
FI1405	t/h	37.4	汽油出 T103	TI1115	℃	832	裂解炉出口四路温度
FIC1501	kg/h	500	低压蒸汽(LS)进 T104	TI1116	℃	450	E101 出口温度
FIC1502	t/h	100.0	LS 进 E111	TI1117	℃	450	E102 出口温度
FI1503	t/h	95.0	P105 出口	TI1118	℃	320	蒸汽汽包温度
FI1504	t/h	3.6	T104 顶部出料	TI1119	℃	200	稀释蒸汽入口温度
FI1505	t/h	18.0	D102 顶部排污	TI1120	℃	1150	F101 炉膛温度
FIC1506	t/h	73.9	D102 底部出料	TI1121	℃	130	烟气出口温度
FI1507	t/h	50.0	MS 进 E112	TI1201	℃	198	T101 塔底温度
LIC1101	%	60	蒸汽汽包液位	TIC1202	℃	104	T101 塔顶温度
LIC1201	%	60	T101 液位	TI1203	℃	130	T101 上部温度
LIC1202	%	60	E106 液位	TI1204	℃	155	T101 下部温度
LIC1203	%	50	T101 侧采段液位	TI1205	℃	213	裂解气进 T101 温度
LIC1301	%	50	T102 液位	TI1206	℃	155	E106 热物流出口温度
LIC1401	%	70	T103 油相液位	TI1207	℃	158	E105 热物流出口温度

续表

点名	单位	正常值	描　述	点名	单位	正常值	描　述
TI1208	℃	175	E104 热物流出口温度	TI1504	℃	123	T104 再沸器出口温度
TIC1301	℃	80	E107 热物流出口温度控制	TI1505	℃	115	E110 去 T103 管线温度
TI1302	℃	190	T102 顶部温度	TI1506	℃	160	D102 进料温度
TI1303	℃	181	T102 底部温度	TI1507	℃	169	D102 底部温度
TI1304	℃	80	E107 热物流出口温度	TI1508	℃	169	D102 顶部温度
TIC1401	℃	85	水冷塔塔底温度控制	TI1509	℃	171	E104 冷物流出口温度
TIC1402	℃	58	循环水回流温度控制	TI1510	℃	170	E113 冷物流出口温度
TI1403	℃	28	T103 塔顶温度	TI1511	℃	220	E112 热物流出口温度
TI1404	℃	85	T103 底部温度	TI1512	℃	43	E114 热物流出口温度
TI1405	℃	25	E109 管程出口温度	TI1513	℃	200	E112 出口 DS 温度
TIC1501	℃	118	T104 顶部温度控制	PIC1501	MPa(表)	0.66	D102 压力
TI1502	℃	112	T104 进料温度	PI1502	kPa(表)	100	T104 压力
TI1503	℃	122	T104 底部温度				

四、操作参数

1. 裂解炉 F101

裂解炉 F101 操作参数见表 5-5 所示。

表 5-5　裂解炉操作参数

名　称	温度/℃	压力/Pa(表)	流量/(t/h)
石脑油进料	60		36
横跨段	1160		
横跨段炉管	660		
炉膛负压		-30	
裂解炉出口	832		
裂解炉烟气	130		
TLE 出口温度	450		
急冷器出口温度	213		
底部燃料气			0.9~1.0
侧壁燃料气			2.8~3.2

2. 蒸汽系统 D101

蒸汽系统操作参数见表 5-6。

表 5-6　蒸汽系统操作参数

名　称	温度/℃	压力/MPa(表)	流量/(t/h)
锅炉给水	147	14.0	20.0
D101	320	12.4	
一段过热	400	12.4	5.0
二段过热	520	12.4	3.0

3. 急冷系统

急冷系统操作参数见表 5-7。

表 5-7 急冷系统操作参数

名　　称	温度/℃	压力/kPa(表)	流量/(t/h)
T101	底部 193		
	顶部 104	37	
T102		50	
T103	底部 85		
	顶部 28	44	
T104	底部 122		
	顶部 118	100	
D102	169	0.66MPa	

五、联锁逻辑图

1. 联锁系统的起因及结果

联锁系统的起因及结果见表 5-8。

表 5-8 联锁系统起因及结果表

序号	联锁号	联锁原因	设定值	旁路	动作结果
1	PB1101	裂解炉停车		无	详见联锁逻辑图
2	LSLL1102	蒸汽发生器液位	10.0%	有	详见联锁逻辑图
3	FSLL1103	锅炉给水流量	0.5t/h	有	详见联锁逻辑图
4	PB1104	引风机跳闸		有	详见联锁逻辑图
5	TSHH1105	蒸汽温度过热	600℃	有	详见联锁逻辑图
6	TSHH1106A、B	急冷气体温度	500℃	无	详见联锁逻辑图
7	PSLL1107	石脑油进料压力低	10kPa(表)	有	详见联锁逻辑图
8	PSLL1108	底部燃料气压力低	8kPa(表)	有	详见联锁逻辑图
9	PSLL1109	侧壁燃料气压力低	8kPa(表)	有	详见联锁逻辑图
10	PSLL1111	底部点火气压力低	8kPa(表)	有	详见联锁逻辑图

2. 联锁逻辑图

联锁逻辑图如图 5-3 所示。

六、复杂控制说明

1. 比例控制

本装置进料流量 FIC1101 ~ FIC1104 和 DS 流量 FIC1101 ~ FIC1104 采用比例控制，FIC1101 ~ FIC1104 采用自动控制，FIC1101 ~ FIC1104 参照 FC9101 进行一定比值 FF1109 调节。

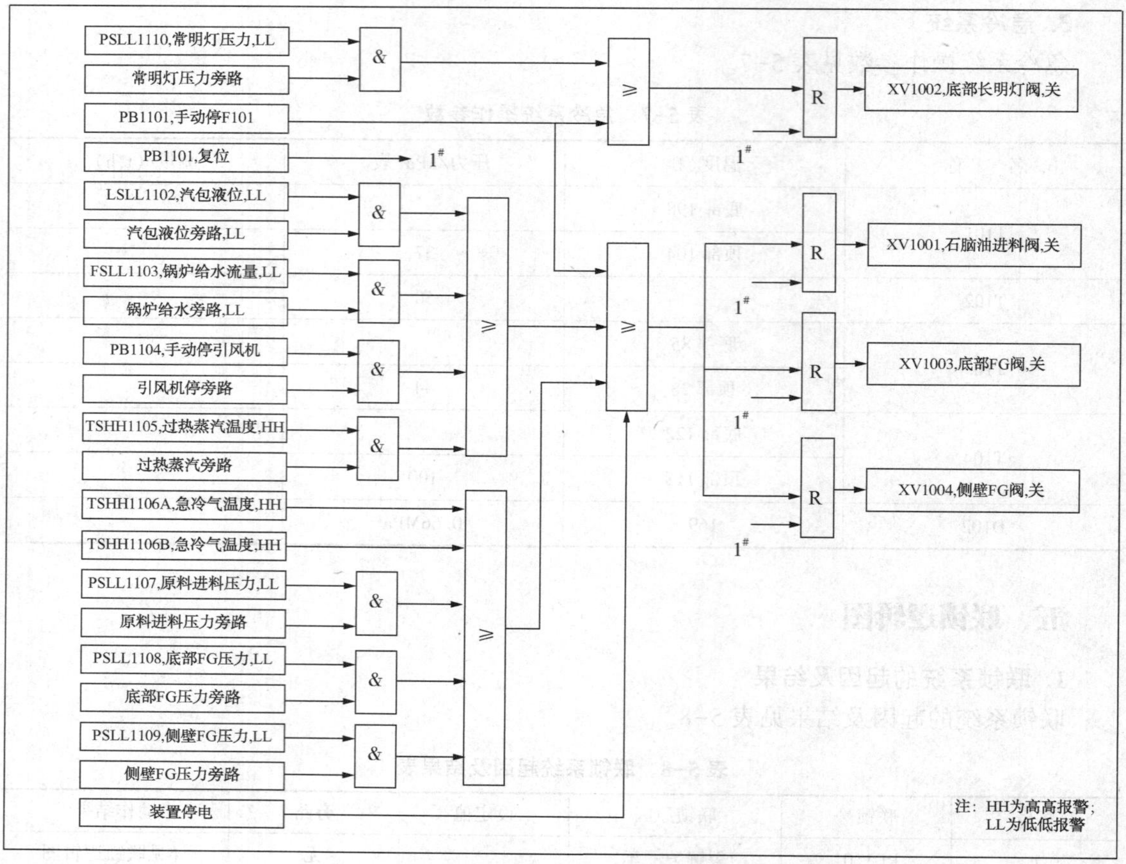

图 5-3　裂解工段联锁逻辑图

2. 分程控制

本装置的 D102 采用分程控制手段来控制其压力。当调节器控制在 50%开度时，A 阀全开，B 阀全关；当调节器控制在 100%开度时，A、B 阀都是全开。

3. 串级控制

FIC1110 和 FIC1101～FIC1104，出 D102 原料油总流量与裂解炉单个炉管的进料量串级控制，保持 F101 进料总量。

① TIC1104 和 PIC1104 利用侧壁燃料气压力来控制 F101 裂解气出口温度。

② LIC1201 和 FIC1202 调节 T101 底部出料量来维持液位的稳定。

③ TIC1401 和 FIC1401 通过对回流量的调节来控制 T103 塔底的温度。

④ TIC1202 和 FIC1205 通过对回流量的调节来控制 T101 塔顶温度。

⑤ TIC1501 和 FIC1502 通过对回流量的调节来控制 T104 塔顶温度。

七、重点设备的操作

裂解炉的点火操作：裂解炉的点火总体顺序是先点燃长明线烧嘴，再点燃底部烧嘴，最后点燃侧壁烧嘴。

为了保证四路裂解炉管的出口温度尽量接近，裂解炉的点火操作要求对称进行，具体操作按点火顺序图进行。

八、操作规程

（一）正常开工

1. 裂解单元的开车

（1）开车前的准备工作

1）向汽包内注水

① 打开汽包通往大气的排放阀 VX3D101。

② 打开锅炉给水根部阀 VI1D101，慢开 LIC1101 的旁路阀 LV1101B 向汽包注 BFW。

③ 汽包液位达到 40%时，打开汽包间歇排污阀 VX1D101。

④ 将汽包液位控制在 60%。

2）将稀释蒸汽(DS)引至炉前

打开 DS 总阀 VI2F101 将 DS 引到炉前，打开导淋阀 VI3E103，排出管内凝水后(10s 后)，关闭导淋阀。

3）燃料系统

① 建立炉膛负压。

ⅰ. 打开底部烧嘴风门 VX3F101；打开左侧壁烧嘴风门 VX4F101；打开右侧壁烧嘴风门 VX5F101。

ⅱ. 启动引风机 Y101。

ⅲ. 用 PIC1101 将炉膛压力调节到-30Pa。

② 打开侧壁燃料气总管手阀 VI5F101 和电磁阀 XV1004，打开底部燃料气总管手阀 VI6F101 和电磁阀 XV1003。

（2）裂解炉的点火、升温

1）点火前的准备

① 确认汽包液位控制在 60%。

② 打开去清焦线阀 VI4F101，打通 DS 流程。

2）点火，升温

① 打开点火燃料气各阀门 VI7F101 和 XV1002，将燃料气引至点火烧嘴(长明灯)。

② 点燃底部长明灯点火烧嘴(用鼠标左键单击火嘴分布图中间长明灯火嘴)。

③ 将底部燃料气引至火嘴前，稍开 PIC1105，压力控制在 50kPa 以下。

④ 点燃底部火嘴。按照升温速度曲线来增加点火数目。(详见火嘴分布图)

⑤ 当乙烯裂解炉管出口温度(COT)达到 200℃时，通过 FIC1105~FIC1108 向炉管内通入 DS 蒸汽，控制四路炉管 DS 流量均匀防止偏流对炉管造成损坏。

⑥ 将侧壁燃料气引至火嘴前，稍开 PIC1104，压力控制在 30kPa 以下。

⑦ 根据炉膛温度点燃侧壁火嘴。(详见火嘴分布图)

⑧ 当汽包压力超过 0.15MPa 时，关闭汽包放空阀，并控制压力上升。

⑨ 当 COT 达到 200℃时，稍开消音器阀 VX1F101，使汽包产生的蒸汽由消音器放空。

⑩ 整个过程中，注意控制汽包液位 LIC1101、炉膛负压 PIC1101 和烟气氧含量。

⑪ 继续增加点燃的火嘴按照升温速度曲线升温。(详见升温曲线图 5-4)

⑫ 根据 COT 的变化增加 DS 量。

COT：200~550℃　　　　　　正常 DS 流量的 100%

COT：550~760℃　　　　　　　　正常 DS 流量的 120%

COT：760℃~投油温度　　　　　　正常 DS 流量的 100%

当蒸汽(SS)过热温度 TIC1106 达到 450℃时，应通过控制阀注入少量无磷水，将蒸汽温度控制在 520℃左右。当 SS 过热温度 TIC1105 达到 400℃，应通过控制阀注入少量无磷水，将蒸汽温度控制在 400℃左右。

⑬ 当烟气温度超过 220℃，打开 DS 原料跨线阀门。打开 FIC1101~FIC1104 阀门，引适量的 DS 进入石脑油进料管线，防止炉管损坏。

(3) 过热蒸汽备用状态

① 将 COT 维持在 760℃，DS 通入量为正常量的 120%。

② 当 COT 大于 760℃手动逐渐关闭消音器放空阀 VX1F101，使 SS 压力升至 12.4MPa(表)后，打开 SS 管线阀 VX2F101，将其并入高压蒸汽管网。

③ 打开 LIC1101，关闭旁路阀 LV1101B。

④ 将汽包液位 LIC1101 控制在 60%投自动。

⑤ 根据工艺条件投用相应的联锁。

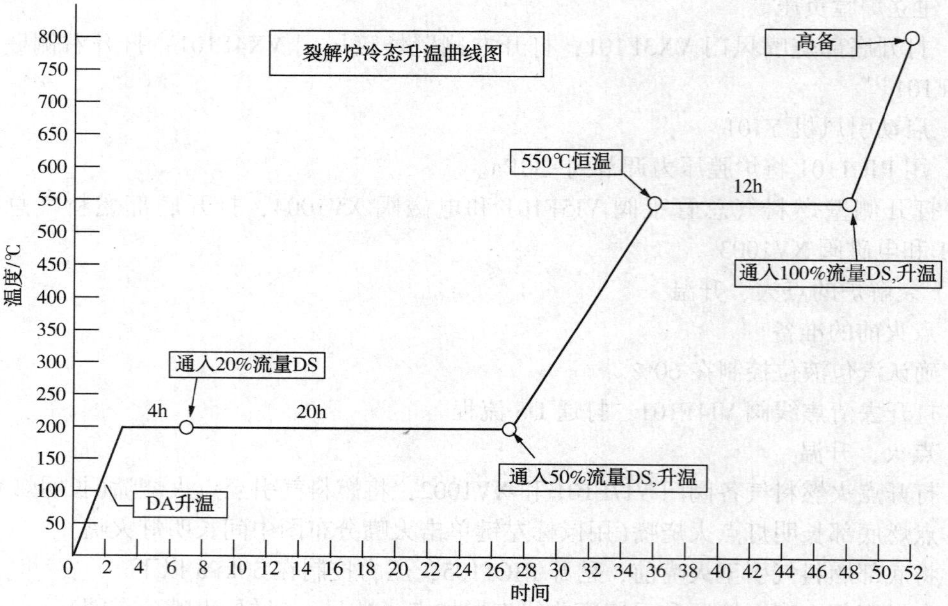

图 5-4　裂解炉升温曲线图

注：加热过程中实际的时间对应仿真时钟比为 1h：15s。

(4) 连接急冷部分(当急冷系统具备接收裂解气状态时)

① 在 COT 温度 TIC1104 稳定在 760℃后，关闭清焦线手阀 VI4F101，打开裂解气输送线手阀 VI3F101，将流出物从清焦线切换至输送线。

② 迅速打开急冷油总管阀门 TV1102 和 TV1103。

③ 投用急冷油，投用急冷器出口温度控制 TIC1102 和 TIC1103，将急冷器出口温度 TIC1102 和 TIC1103 控制在 213℃。

(5)投油操作

① 打开石脑油进料阀 VI1F101 及电磁阀 XV1001。

② 经过 FIC1101~FIC1104 阀门投石脑油，通过 PIC1104 和 PIC1105 增加燃料气压力，保持 COT 不低于 760℃，并迅速升温至 832℃。

③ 在尽可能短的时间内将进料量增加到正常值 FIC1110 控制在 36.0t/h。

④ 迅速关闭 DS 原料跨线阀门 VI2E103。

⑤ 将石脑油裂解的 COT 增加至正常操作温度，TIC1104 控制 832℃。并迅速将 DS 减至正常值 FIC1105~FIC1106 控制 4.5t/h。同时将 COT 稳定在 832℃，并将 TIC1104 和 PIC1104 投串级控制。

2. 急冷系统的开车

(1) 引急冷水(QW)和 QW 的加热

① 打开 T103 脱盐水阀 VX1T103 向塔里补入精制水，当塔液位达 80%时，启动 QW 水泵，建立 QW 循环。打开 PDC1402，投用压差控制阀。

② QW 循环流程为：泵出口→各用户→FIC1401，FIC1402 回塔里。

③ 当急冷水泵外送时，可以适当补脱盐水入塔里，直到塔液位不下降，保证塔内水液位 80%或更高，然后停脱盐水补入。

④ QW 水的加热：将 T104 的 LS 跨塔顶蒸汽线阀 VX1E110 打开，稍开 FIC1501 阀，对 T104 暖塔；塔暖好后，开大跨线阀，LS 至 T103，与 FIC1401、FIC1402 返回水混合后加热急冷水；急冷水到 80℃左右，LS 线去 T104 顶跨线关闭，FIC1501 阀稍开一些，T103 急冷水温度可以通过冷却器来控制。

⑤ T103 的压力设定至 20kPa 左右。

⑥ T103 汽油槽接汽油至 90%液位石脑油(NAP)。

(2) 引开工 QO 和 QO 的加热

① 打开现场的开工油补入阀门 VX1T101，将开工油装入 T101 塔里，塔液位达到 60%时，启动 P101，流程设定如下：P101→E104→E105→E106→T101。控制 T101 的液位在 80%。

② 当急冷油泵外送时，可以视情况向塔里补入开工油，直到塔液位稳定在 80%左右，停止开工油的注入。

③ 急冷油(QO)的加热：通过开 PIC1501，将 E104E 输水线阀 VI1E104 打开，使 DS 逆向进入 E104 壳层(注意 E104 升汽线阀 VI3E104 关)。缓慢加热 QO 直到 130℃左右，并控制温度在 130℃左右，具备接收裂解气的条件；T101 塔顶温达到 90℃时，可启用汽油回流，控制塔顶温度，防止轻组分挥发。

(3) 调节准备接收裂解气

① QO 循环正常，温度加热至 130℃左右。

② QW 循环正常，QW 加热至 80℃左右。

③ 汽油槽接汽油至 90%液位(NAP)。

④ 调整 T102 底部汽提蒸汽量，温度升至 130℃以上。

⑤ 控制压差控制阀 PDC1402 压差为 0.7MPa，保证换热器换热稳定。

⑥ T104 投用，P105 正常备用，FV1501 稍开一些。

⑦ 启动 P105，将工艺水引至 T104。

⑧ 投用 T104 再沸器，控制温度 TIC1501 至 118℃左右。

⑨ 通过 QW 循环水的水量，控制 T103 温度在 85℃左右。

⑩ D102 发生器系统正常。

（4）急冷接收裂解气的调整

① 当裂解气进入 T101 塔后，调整汽油回流，控制顶温在 104℃左右，调整 T101 中部回流，控制油冷塔塔釜液位、塔釜温度、塔中点温度，及时采出柴油。

② 打开各用户返回 T103 手操阀。控制 T103 顶温在 28℃左右，釜温在 85℃左右，QW 冷却器投用，控制液位在 60%，汽油槽液位为 70%，不够时补 NAP。

③ 汽油外采流程打通，T103 塔压力控制在 20kPa。

④ T104 系统，调整塔的汽提蒸汽和再沸器，控制塔釜液位、温度。

⑤ 当 QO 温度至 160℃时，投用稀释蒸汽发生系统。E104 进水阀打开，启动 P106 缓慢进水至 D102，注意调整 DS 压力和液位。

⑥ 当 T101 液位>80%时，投用 T102 塔，调节 FIC1301 和 FIC1302 控制好 FO 塔温度，投用 E107，控制 FO 外送温度为 80℃。

（二）热态开车

开车前的状态：装置处于蒸汽热备用状态。

1. 裂解炉热态开车

（1）连接急冷部分(当急冷系统具备接收裂解气状态时)

① 在 COT 温度 TIC1104 稳定在 760℃后，关闭清焦线手阀 VI4F101，打开裂解气输送线手阀 VI3F101，将流出物从清焦线切换至输送线。

② 迅速打开急冷油总管阀门 TV1102 和 TV1103。

③ 投用急冷油，投用急冷器出口温度控制 TIC1102 和 TIC1103，将急冷器出口温度 TIC1102 和 TIC1103 控制在 213℃。

（2）投油操作

① 打开石脑油进料阀 VI1F101 及电磁阀 XV1001。

② 经过 FIC1101～FIC1104 阀门投石脑油，通过 PIC1104、PIC1105 增加燃料气压力，保持 COT 不低于 760℃，并升温至 832℃。

③ 在尽可能短的时间内将进料量增加到正常值 FIC1110 控制在 36. 0t/h。

④ 迅速关闭 DS 原料跨线阀门 VI2E103。

⑤ 将石脑油裂解的 COT 增加至正常操作温度 TIC1104 控制 832℃，并将 DS 减至正常值 FIC1105～FIC1106 控制 4. 5t/h。将 COT 稳定在 832℃，并将 TIC1104，PIC1104 投串级控制。

2. 急冷系统热态开车

（1）调节准备接收裂解气

① QO 循环正常，温度加热至 130℃左右。

② QW 循环正常，QW 加热至 80℃左右。

③ 汽油槽接汽油至 90%液位(NAP)。

④ 调整 T102 底部汽提蒸汽量，温度升至 130℃以上。

⑤ 控制压差控制阀 PDC1402 压差为 0. 7MPa，保证换热器换热稳定。

⑥ T104 投用，P105 正常备用，FV1501 稍开一些。

⑦ 启动 P105，将工艺水引至 T104。

⑧ 投用 T104 再沸器，控制温度 TIC1501 至 118℃左右。

⑨ 通过 QW 循环水的水量，控制 T103 温度在 85℃左右。

⑩ D102 发生器系统正常。

(2) 急冷接收裂解气的调整

① 当裂解气进入 T101 塔后，调整汽油回流，控制顶温在(104±3)℃，调整 T101 中部回流，控制油冷塔塔釜液位、塔釜温度、塔中点温度，及时采出柴油。

② 打开各用户返回 T103 手操阀。T103 控制顶温在 28℃左右，釜温在 85℃左右，QW 冷却器投用，控制液位在 60%，汽油槽液位为 70%，不够时补入 NAP。

③ 汽油外采流程打通，T103 塔顶压力控制在 20kPa。

④ T104 系统，调整塔的汽提蒸汽和再沸器，控制塔釜液位在 60%和温度正常。

⑤ 当 QO 温度 TI1208 至 160℃时，投用稀释蒸汽发生系统。E104 进水阀打开，启动 P106 缓慢进水至 D102，注意调整 DS 压力和液位。

⑥ 当 T101 液位>60%时，投用 T102 塔，调节 FIC1301、FIC1302，控制好 FO 塔温度，投用 E107，控制 FO 外送温度为 80℃。

(三) 正常运行

开始时的状态：装置处于正常操作状态。

维持各参数在正常操作条件下(参看操作参数列表)。

(四) 正常停车

1. 裂解炉停车

(1) 降负荷、停烃进料

① 逐步将烃进料降低至 70%，同时适当加大 DS 流量至 120%，适当降低 COT 温度至 800℃。

② 停烃进料：在 5~10min 内减少至零，同时提高 DS 流量，以控制炉出口温度稳定在 760~800℃之间，同时按点火相反的顺序熄灭部分火嘴。

③ 停进料后，关烃进料隔离阀 VI1F101，打开 VI2E103，用蒸汽吹扫隔离阀下游的烃进料管线。

④ 将 DS 增至设计量的 180%维持炉出口温度在 760~800℃，同时调节风门以控制炉膛负压在-30Pa 左右，控制烟气氧含量。

⑤ 停急冷油，打开清焦管线阀 VI4F101，同时关闭裂解气总管阀 VI3F101。

(2) 停炉

① 保持设计值的 100%的 DS 量。冷却速度为 50~100℃/min，直至 COT 达 760℃。

② 逐个熄灭火嘴。按 50~100℃/min 的速率，当 COT 温度低于 400℃时，将 TLE 的蒸汽包排放至常压，SS 改由消音器 VX1F101 放空，注意汽包液位。

③ 继续熄灭火嘴，且减小 DS 量，当炉管出口温度低于 200℃时，中断 DS，全关烧嘴，关燃料气截止阀 VI5F101、VI6F101、DS 截止阀 VI1F101，关汽包消音器阀 VX1F101。关汽包进水阀 VI1D101。

2. 急冷系统停车

(1) 降负荷，降进料

① 随着裂解炉系统降低负荷(至 70%)，逐步减少 T101 柴油的采出量和 T102 的汽提蒸汽量。

② 在降负荷期间，控制 T101、T102、T103、T104 和 D102 液位，并维持正常的温度和压力。

③ 当 DS 不足时，直接从管网补入。

④ 裂解炉停进料后，停 T101 柴油采出。

(2)急冷系统停车

① 当裂解炉停进料后，T101 继续回流降温。在 T101 釜温降至 150℃之前，尽量将 T101 釜液排至 T102，并从 T102 排出。当 T101 液位降至 5%左右，再补充开工油至 T101，使其液位升至 60%左右。

② 关闭 T103 顶部裂解气至压缩工段阀门，改由排放控制压力，当压力不足时，可以补入氮气控制压力。

③ 当 T101 温度低于 90℃后，将 T101 釜液向 T102 排放，当 T101 液位降至 30%时，停止向 T102 进料，同时停 T102 汽提蒸汽。

④ 当 F101 停进 DS 后，注意 T103、T104 和 D102 的液位过低时停塔底泵。

关闭各用户返回 T103 手操阀

停 T104 再沸器及汽提蒸汽。

当 T103 界位低于 30%时，停 P105。

当 T103 液位低于 30%时，停 P104。

当 T104 液位低于 30%时，停 P106

⑤ 当 T101 釜温降至 90℃以下时，停止汽油回流。

⑥ 逐步减小 T101 的 QO 循环，T101 釜温降至 130℃后，停 P101。

⑦ 逐步降低 T103 的 QW 循环量，当 T103 温度降至 40℃后，停 P103，停止循环。

⑧ 泄液：

将 T101 塔釜残液排尽后，关闭排泄阀门。

将 T102 塔釜残液排尽后，关闭排泄阀门。

将 T103 塔釜油和水排尽后，关闭排泄阀门。

将 T104 塔釜残液排尽后，关闭排泄阀门。

将 D102 底部水排尽后，关闭排泄阀门。

将 E106 底部水排尽后，关闭排泄阀门。

⑨ 泄压：

通过 T103 塔顶放空，将 T101、T102、T103 和 T104 压力泄至常压。

通过 D102 顶部排放，将 D102 压力泄至常压。

（五）全装置停电

事故原因：电源故障。

事故现象：装置停电，乙烯装置联锁停车。

1. 裂解炉系统处理

① 关烃进料隔离阀 VI1F101，将所有燃料(长明线除外)全部关闭，将 DS 流量设定到正常的 100%，炉底和侧壁烧嘴全部关闭。

② 调节引风机挡板将炉膛负压控制在工艺范围之内。

③ 打开进料蒸汽跨线阀 VI2E103 用蒸汽吹扫隔离阀下游的烃进料管线。

④ 打开清焦管线阀 VI4F101，同时关裂解气总管阀 VI3F101。

⑤ 当 COT 温度低于 400℃时，将 TLE 的蒸汽包排放至常压。SS 改由消音器 VX1F101 放空，注意汽包液位。

⑥ 当炉管出口温度低于 200℃时，中断 DS，关燃料气截止阀，DS 截止阀，关汽包消音器阀 VX1F101。关汽包进水阀 VI1D101。

2. 急冷系统处理

① 停 T101 柴油采出，维持 T101 液位。

② 停止 T102 底部汽提蒸汽，维持 T102 液位。

③ 现场关闭 T103 中部各用户返回物料手操阀。T103 压力改为放空控制，保压。维持 T103 液位和界位。

④ 停止 T104 塔釜的汽提蒸汽，停用 T104 再沸器 E111，保持 T104 液位。

⑤ 维持 D102 压力，供给裂解炉 DS 不足时由管网中补入。待裂解炉停 DS 后，D102 保液、保压。

（六）冷却水中断

事故原因：冷却水中断。

事故现象：冷却水中断，水冷器后温度上升。

事故处理方法：

1. 裂解炉系统处理

① 关烃进料隔离阀 VI1F101，将所有燃料（长明线除外）全部关闭，将 DS 流量设定到正常的 100%，炉底和侧壁烧嘴全部关闭。

② 调节引风机挡板，将炉膛负压控制在工艺范围之内。

③ 打开进料蒸汽跨线阀 VI2E103，用蒸汽吹扫隔离阀下游的烃进料管线。

④ 停急冷油，打开清焦管线阀 VI4F101，同时关裂解气总管阀 VI3F101。

⑤ 当 COT 温度低于 400℃时将 TLE 的蒸汽包排放至常压。SS 改由消音器 VX1F101 放空，注意汽包液位。

⑥ 当炉管出口温度低于 200℃时，中断 DS，关燃料气截止阀，DS 截止阀，关汽包消音器阀 VX1F101。关汽包进水阀 VI1D101。

2. 急冷系统处理

① 停 T101 柴油采出。

② 在 T101 釜温下降至 150℃之前，尽快将釜液排至 T102，并从 T102 底部排出。液位降至低于 5%时，补入开工油至液位的 60%。

③ T101 釜温通过 QO 的循环来降温，当塔顶温度降到 90℃左右，停汽油回流；当塔釜温度降到 130℃左右，停 P101，停 QO 循环。

④ 停止 T102 底部汽提蒸汽，维持 T102 液位。

⑤ 现场关闭 T103 中部各用户返回物料手操阀。T103 压力改为放空控制，保压。保持 T103 的油相和水相液位不低于 40%。必要时停 P104 和 P105，停 P103，停止 QW 循环。

⑥ 停止 T104 塔釜的汽提蒸汽，停用 T104 再沸器 E111，保持 T104 液位在 40%左右，停 P106。

⑦ 维持 D102 压力，供给裂解炉 DS 不足时由管网中补入。待裂解炉停 DS 后，D102 保液、保压。

（七）锅炉给水故障

事故原因：锅炉给水中断。

事故现象：锅炉给水中断。

事故处理方法：

1. 裂解炉系统处理

① 关烃进料隔离阀 VI1F101，将所有燃料(长明线除外)全部关闭，将 DS 流量设定到正常的 100%，炉底和侧壁烧嘴全部关闭。

② 调节引风机挡板将炉膛负压控制在工艺范围之内。

③ 打开进料蒸汽跨线阀 VI2E103，用蒸汽吹扫隔离阀下游的烃进料管线。

④ 停急冷油，打开清焦管线阀 VI4F101，同时关裂解气总管阀 VI3F101。

⑤ 当 COT 温度低于 400℃时，将 TLE 的蒸汽包排放至常压。SS 改由消音器 VX1F101 放空，注意汽包液位。

⑥ 当炉管出口温度低于 200℃时，中断 DS，关燃料气截止阀，DS 截止阀，关汽包消音器阀 VX1F101。关汽包进水阀 VI1D101。

2. 急冷系统处理

① 在 T101 釜温下降至 150℃之前，尽快将釜液排至 T102，并从 T102 底部排出。液位降至低于 5%时，补入开工油至液位的 60%。

② T101 釜温通过 QO 的循环来降温，当塔釜温度降到 130℃后，停 P101，停 QO 循环。

③ 停止 T102 底部汽提蒸汽，维持 T102 液位。

④ 维持 T103 的液位。

⑤ 现场关闭 T103 中部各用户返回物料手操阀。T103 压力改为放空控制，保压。保持 T103 的油相和水相液位不低于 40%。必要时停 P104 和 P105，停 P103，停止 QW 循环。

⑥ 停止 T104 塔釜的汽提蒸汽，停用 T104 再沸器 E111，保持 T104 液位在 40%左右，停 P106。

⑦ 维持 D102 压力，供给裂解炉 DS 不足时由管网中补入。待裂解炉停 DS 后，D102 保液、保压。

（八）压缩工段故障

事故原因：压缩工段出现故障，压缩机停。

事故现象：水冷塔压力升高。

事故处理方法：

① 压缩机停车后，裂解气由 PIC1401 放火炬控制，降低裂解炉的负荷到 70%，同时降裂解炉出口温度，提高 DS 流量。

② 维持燃料气的供应。

③ QO、QW 系统维持循环运行，QO、QW 循环操作，根据裂解炉减量情况，控制 T101、T102、T103、T104 和 D102 在 70%负荷运行。调整维持 T101、T102、T103、T104 塔釜、塔顶温度、压力。

④ 如果压缩工段无法恢复正常，裂解炉停烃进料，系统停车至处于高备状态。维持急冷系统油、水循环，系统处于高备状态。

（九）脱盐水中断

事故原因：裂解炉脱盐水中断。

事故现象：SS 高压蒸汽温度升高。

事故处理：

1. 裂解炉系统处理

① 关烃进料隔离阀 VI1F101，所有燃料(长明线除外)全部关闭，将 DS 流量设定到正常

的 100%，炉底和侧壁烧嘴全部关闭。

② 调节引风机挡板将炉膛负压控制在工艺范围之内。

③ 打开进料蒸汽跨线阀 VI2E103 用蒸汽吹扫隔离阀下游的烃进料管线。

④ 停急冷油，打开清焦管线阀 VI4F101，同时关裂解气总管阀 VI3F101。

⑤ 当 COT 温度低于 400℃时，将 TLE 的蒸汽包排放至常压。SS 改由消音器 VX1F101 放空，注意汽包液位。

⑥ 当炉管出口温度低于 200℃时，中断 DS，关燃料气截止阀，DS 截止阀，关汽包消音器阀 VX1F101。关汽包进水阀 VI1D101。

2. 急冷系统处理

① 停 T101 柴油采出。

② 在 T101 釜温下降至 150℃之前，尽快将釜液排至 T102，并从 T102 底部排出。液位降至低于 5%时，补入开工油至液位 60%。

③ T101 釜温通过 QO 的循环来降温，当塔顶温度降到 90℃左右时，停汽油回流；当塔釜温度降到 130℃左右，停 P101，停 QO 循环。

④ 停止 T102 底部汽提蒸汽，维持 T102 液位。

⑤ 现场关闭 T103 中部各用户返回物料手操阀。T103 压力改为放空控制，保压。保持 T103 的油相和水相液位不低于 40%。必要时停 P104 和 P105，停 P103，停止 QW 循环。

⑥ 停止 T104 塔釜的汽提蒸汽，停用 T104 再沸器 E111，保持 T104 液位在 40%左右，停 P106。

⑦ 维持 D102 压力，供给裂解炉 DS 不足时由管网中补入。待裂解炉停 DS 后，D102 保液、保压。

（十）急冷油中断（泵 A 坏掉）

原因：急冷油泵故障。

现象：急冷器出口裂解气温度升高。

处理：

① 启动备泵。

② 维持急冷系统各塔及蒸汽发生器的温度和压力。

（十一）蒸汽中断

事故原因：公用工程事故，蒸汽中断。

事故现象：稀释蒸汽中断，中压蒸汽和低压蒸汽中断。

事故处理方法：

1. 裂解炉系统处理

① 手动将裂解炉联锁停车。

② 关烃进料隔离阀 VI1F101，将所有燃料（长明线除外）全部关闭，炉底和侧壁烧嘴全部关闭。

③ 调节引风机挡板将炉膛负压控制在工艺范围之内。

④ 停急冷油，打开清焦管线阀 VI4F101，同时关裂解气总管阀 VI3F101。

⑤ 当 COT 温度低于 400℃时，将 TLE 的蒸汽包排放至常压。SS 改由消音器 VX1F101 放空，注意汽包液位。

⑥ 当炉管出口温度低于 200℃时，关燃料气截止阀，关汽包消音器阀 VX1F101，关汽包

进水阀 VI1D101。

2. 急冷系统处理

① 停 T101 柴油采出。

② 在 T101 釜温下降至 150℃之前，尽快将釜液排至 T102，并从 T102 底部排出。液位降至低于 5%时，补入开工油至液位的 60%。

③ T101 釜温通过 QO 的循环来降温，当塔顶温度降到 90℃左右，停汽油回流；当塔釜温度降到 130℃左右，停 P101，停 QO 循环。

④ 停止 T102 底部汽提蒸汽，维持 T102 液位。

⑤ 现场关闭 T103 中部各用户返回物料手操阀。T103 压力改为放空控制，保压。保持 T103 的油相和水相液位不低于 40%。必要时停 P104 和 P105，停 P103，停止 QW 循环。

⑥ 保持 T104 液位在 40%左右，停 P106。

⑦ D102 保液、保压。

（十二）石脑油进料中断

事故原因：石脑油进料中断。

事故现象：石脑油进料中断，进料压力下降。

事故处理方法：

1. 裂解炉系统处理

① 关烃进料隔离阀 VI1F101，将所有燃料(长明线除外)全部关闭，将 DS 流量设定到正常的 100%，炉底和侧壁烧嘴全部关闭。

② 调节引风机挡板将炉膛负压控制在工艺范围之内。

③ 打开进料蒸汽跨线阀 VI2E103 用蒸汽吹扫隔离阀下游的烃进料管线。

④ 停急冷油，打开清焦管线阀 VI4F101，同时关裂解气总管阀 VI3F101。

⑤ 当 COT 温度低于 400℃时，将 TLE 的蒸汽包排放至常压。SS 改由消音器 VX1F101 放空，注意汽包液位。

⑥ 当炉管出口温度低于 200℃时，中断 DS，关燃料气截止阀，DS 截止阀，关汽包消音器阀 VX1F101。关汽包进水阀 VI1D101。

2. 急冷系统处理

① 停 T101 柴油采出。

② 在 T101 釜温下降至 150℃之前，尽快将釜液排至 T102，并从 T102 底部排出。液位降至低于 5%时，补入开工油至液位 60%。

③ T101 釜温通过 QO 的循环来降温，当塔顶温度降到 90℃左右时，停汽油回流；当塔釜温度降到 130℃左右，停 P101，停 QO 循环。

④ 停止 T102 底部汽提蒸汽，维持 T102 液位。

⑤ 现场关闭 T103 中部各用户返回物料手操阀。T103 压力改为放空控制，保压。保持 T103 的油相和水相液位不低于 40%。必要时停 P104 和 P105，停 P103，停止 QW 循环。

⑥ 停止 T104 塔釜的汽提蒸汽，停用 T104 再沸器 E111，保持 T104 液位在 40%左右，停 P106。

⑦ 维持 D102 压力，供给裂解炉 DS 不足时由管网中补入。待裂解炉停 DS 后，D102 保液、保压。

(十三) 燃料气中断

事故原因：燃料气中断。

事故现象：燃料气中断。

事故处理方法：

1. 裂解炉系统处理

① 因燃料气中断而联锁跳闸，关烃进料隔离阀 VI1F101，将所有燃料(长明线除外)全部关闭，将 DS 流量设定到正常的 100%，炉底和侧壁烧嘴全部关闭。

② 调节引风机挡板将炉膛负压控制在工艺范围之内。

③ 打开进料蒸汽跨线阀 VI2E103 用蒸汽吹扫隔离阀下游的烃进料管线。

④ 停急冷油，打开清焦管线阀 VI4F101，同时关裂解气总管阀 VI3F101。

⑤ 当 COT 温度低于 400℃时，将 TLE 的蒸汽包排放至常压。SS 改由消音器 VX1F101 放空，注意汽包液位。

⑥ 当炉管出口温度低于 200℃时，中断 DS，关燃料气截止阀，DS 截止阀，关汽包消音器阀 VX1F101，关汽包进水阀 VI1D101。

2. 急冷系统处理

① 停 T101 柴油采出。

② 在 T101 釜温下降至 150℃之前，尽快将釜液排至 T102，并从 T102 底部排出。液位降至低于 5%时，补入开工油至液位 60%。

③ T101 釜温通过 QO 的循环来降温，当塔顶温度降到 90℃左右，停汽油回流；当塔釜温度降到 130℃左右，停 P101，停 QO 循环。

④ 停止 T102 底部汽提蒸汽，维持 T102 液位。

⑤ 现场关闭 T103 中部各用户返回物料手操阀。T103 压力改为放空控制，保压。保持 T103 的油相和水相液位不低于 40%。必要时停 P104 和 P105，停 P103，停止 QW 循环。

⑥ 停止 T104 塔釜的汽提蒸汽，停用 T104 再沸器 E111，保持 T104 液位在 40%左右，停 P106。

⑦ 维持 D102 压力，供给裂解炉 DS 不足时由管网中补入，待裂解炉停 DS 后，D102 保液、保压。

(十四) 裂解炉辐射段炉管烧穿

原因：1. 裂解炉材质问题。

2. 裂解炉严重结焦，急剧降温。

现象：裂解炉炉管破裂时，炉膛温度迅速上升，炉出口 COT 迅速上升。

事故处理方法：

1. 裂解炉系统处理

① 手动进行联锁停车。

② 关烃进料隔离阀 VI1F101，将所有燃料(长明线除外)全部关闭，将 DS 流量设定到正常的 100%，炉底和侧壁烧嘴全部关闭。

③ 调节引风机挡板，将炉膛负压控制在工艺范围之内。

④ 打开进料蒸汽跨线阀 VI2E103，用蒸汽吹扫隔离阀下游的烃进料管线。

⑤ 停急冷油，打开清焦管线阀 VI4F101，同时关裂解气总管阀 VI3F101。

⑥ 当 COT 温度低于 400℃时，将 TLE 的蒸汽包排放至常压，SS 改由消音器 VX1F101 放

空，注意汽包液位。

⑦ 当炉管出口温度低于200℃时，中断DS，关燃料气截止阀、DS截止阀，关汽包消音器阀VX1F101，关汽包进水阀VI1D101。

2. 急冷系统处理

① 停T101柴油采出。

② 在T101釜温下降至150℃之前，尽快将釜液排至T102，并从T102底部排出，当液位降至低于5%时，补入开工油至液位60%。

③ T101釜温通过QO的循环来降温，当塔顶温度降到90℃左右，停汽油回流；当塔釜温度降到130℃左右，停P101，停QO循环。

④ 停止T102底部汽提蒸汽，维持T102液位。

⑤ 现场关闭T103中部各用户返回物料手操阀。T103压力改为放空控制，保压。保持T103的油相和水相液位不低于40%。必要时停P104和P105，停P103，停止QW循环。

⑥ 停止T104塔釜的汽提蒸汽，停用T104再沸器E111，保持T104液位在40%左右，停P106。

⑦ 维持D102压力，供给裂解炉DS不足时由管网中补入，待裂解炉停DS后，D102保液、保压。

(十五) 引风机故障

事故原因：停电，引风机跳闸。

事故现象：引风机停。

事故处理方法：

1. 裂解炉系统处理

① 关烃进料隔离阀VI1F101，将所有燃料(长明线除外)全部关闭，将DS流量设定到正常的100%，炉底和侧壁烧嘴全部关闭。

② 调节引风机挡板，将炉膛负压控制在工艺范围之内。

③ 打开进料蒸汽跨线阀VI2E103，用蒸汽吹扫隔离阀下游的烃进料管线。

④ 停急冷油，打开清焦管线阀VI4F101，同时关裂解气总管阀VI3F101。

⑤ 当COT温度低于400℃时，将TLE的蒸汽包排放至常压。SS改由消音器VX1F101放空，注意汽包液位。

⑥ 当炉管出口温度低于200℃时，中断DS，关燃料气截止阀，DS截止阀，关汽包消音器阀VX1F101。关汽包进水阀VI1D101。

2. 急冷系统处理

① 停T101柴油采出。

② 在T101釜温下降至150℃之前，尽快将釜液排至T102，并从T102底部排出。当液位降至低于5%时，补入开工油至液位60%。

③ T101釜温通过QO的循环来降温，当塔顶温度降到90℃左右，停汽油回流；当塔釜温度降到130℃左右，停P101，停QO循环。

④ 停止T102底部汽提蒸汽，维持T102液位。

⑤ 现场关闭T103中部各用户返回物料手操阀。T103压力改为放空控制，保压。保持T103的油相和水相液位不低于40%。必要时停P104和P105，停P103，停止QW循环。

⑥ 停止T104塔釜的汽提蒸汽，停用T104再沸器E111，保持T104液位在40%左右，

停 P106。

⑦ 维持 D102 压力，当供给裂解炉 DS 不足时由管网中补入。待裂解炉停 DS 后，D102 保液、保压。

备注：（处理方法）

① 阀失灵——处理（用组合键（Ctrl+M）调出处理画面，选中所需处理的阀之后，点击处理，即可修复。下同）。

② 阀漂移——处理。

③ 仪表失灵——处理。

④ 仪表漂移——处理。

⑤ 泵坏——处理或启动备用泵。

⑥ 换热器结垢——启动备用或提高冷却水量。

⑦ 特定事故：详见操作手册中事故的处理方法。

九、仿 DCS 操作组画面

1. 操作组画面

操作组画面表见表 5-9。

表 5-9　操作组画面表

名　字	仪表 1	仪表 2	仪表 3	仪表 4
GROUP001	FIC1101	FIC1102	FIC1103	FIC1104
GROUP002	FIC1202	FIC1203	FIC1204	FIC1205
GROUP003	FIC1501	FIC1506	FI1111	FI1201
GROUP004	LIC1101	LIC1201	LIC1202	LIC1203
GROUP005	PIC1101	PIC1102	PIC1104	PIC1105
GROUP006	TIC1101	TIC1102	TIC1103	TIC1104
GROUP007	TIC1401	TIC1402	TIC1501	TI1121
GROUP001	FIC1105	FIC1106	FIC1107	FIC1110
GROUP002	FIC1301	FIC1302	FIC1401	FIC1402
GROUP003	FI1303	FI1404		
GROUP004	LIC1301	LIC1401	LIC1501	LIC1502
GROUP005	PIC1106	PDC1107	PIC1401	PIC1501
GROUP006	TIC1105	TIC1106	TIC1202	TIC1301
GROUP007	TI1118	TI1303	TI1403	TI1508

2. 流程图画面

流程图画面说明见表 5-10。

表 5-10　流程图画面说明

图　名	说　明	备　注
OVERVIEW	裂解单元总貌图	Ctrl+1
GR1001	裂解炉进料系统	Ctrl+2
GR1002	蒸汽发生控制系统	Ctrl+3

续表

图　名	说　明	备　注
GR1003	急冷油控制系统	Ctrl+4
GR1004	裂解炉燃料系统	Ctrl+5
GR1006	油冷塔	Ctrl+6
GR1007	燃料油汽提塔	Ctrl+7
GR1008	水冷塔	Ctrl+8
GR1009	工艺水汽提塔	Ctrl+9
LS001	联锁逻辑辅操台	Ctrl+0
GF1001	裂解炉进料系统现场图	
GF1002	蒸汽发生控制系统现场图	
GF1003	急冷油控制系统现场图	
GF1004	裂解炉燃料系统现场图	
GF1005	裂解炉火嘴分布图	
GF1006	油冷塔现场图	
GF1007	燃料油汽提塔现场图	
GF1008	水冷塔现场图	
GF1009	工艺水汽提塔现场图	

十、乙烯装置裂解单元仿真 PI&D 图

裂解炉部分仿真 PI&D 图见图 5-5。

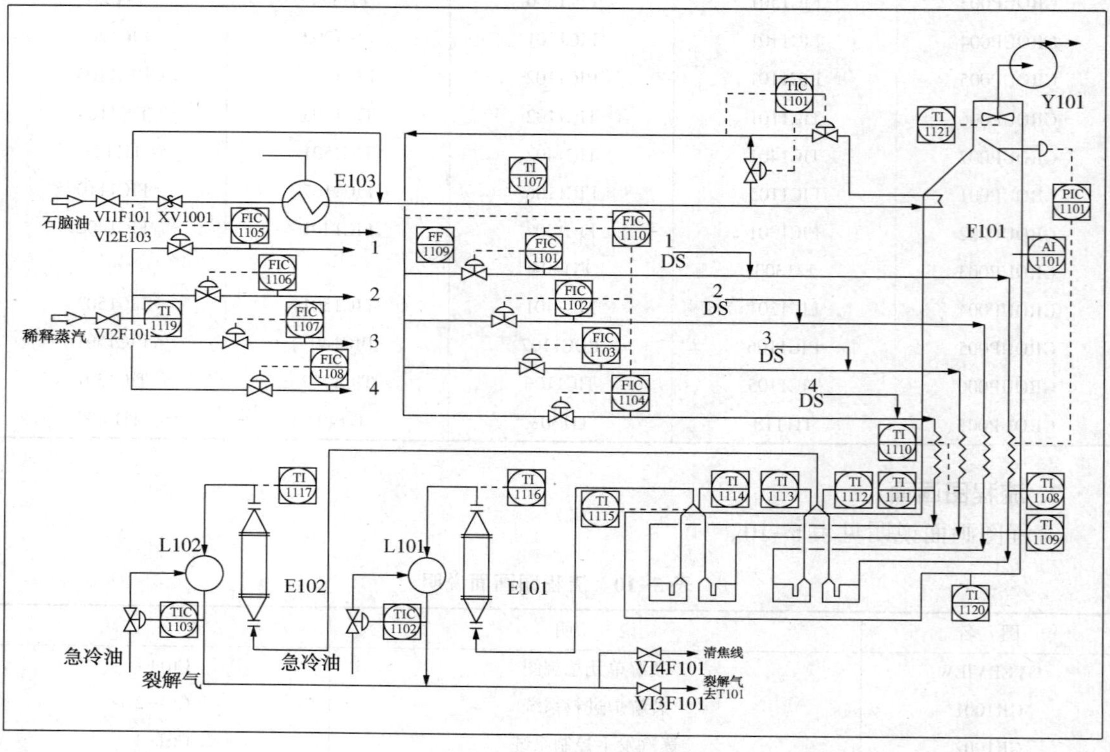

图 5-5　裂解炉部分

蒸汽发生部分仿真 PI&D 图见图 5-6。

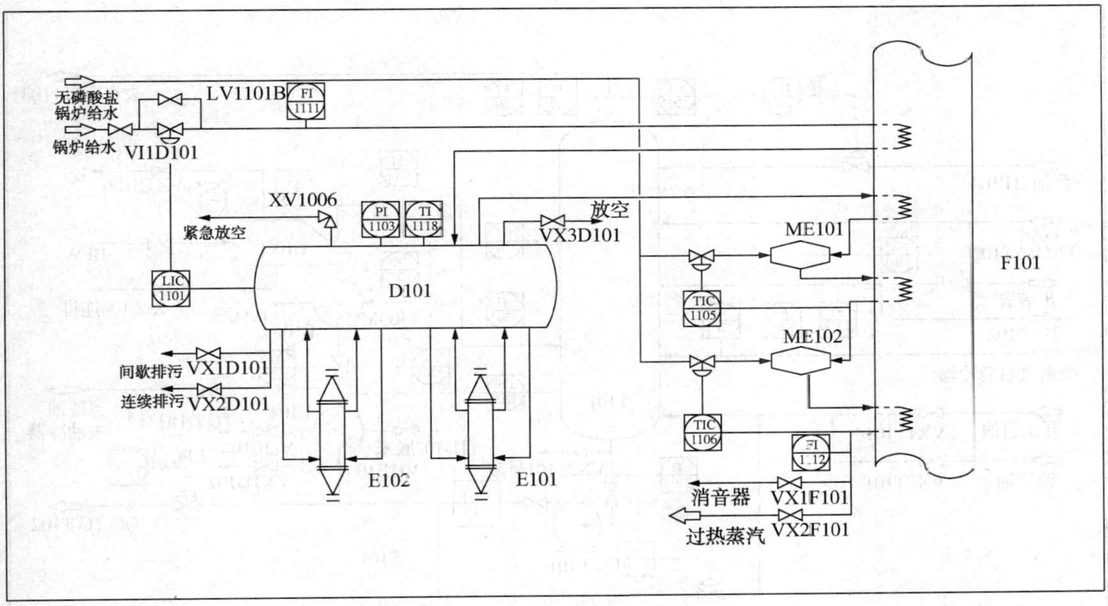

图 5-6　蒸汽发生部分

裂解炉火嘴分布图见图 5-7。

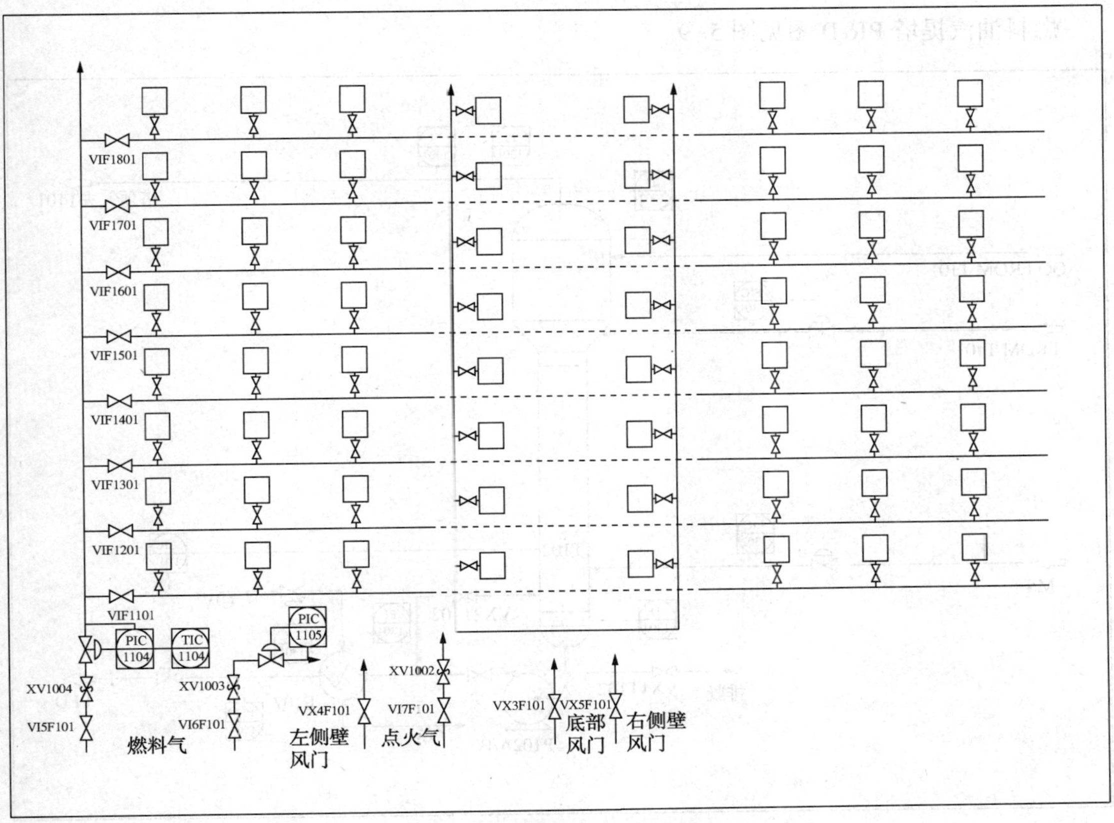

图 5-7　裂解炉火嘴分布图

油冷塔仿真 PI&D 图见图 5-8。

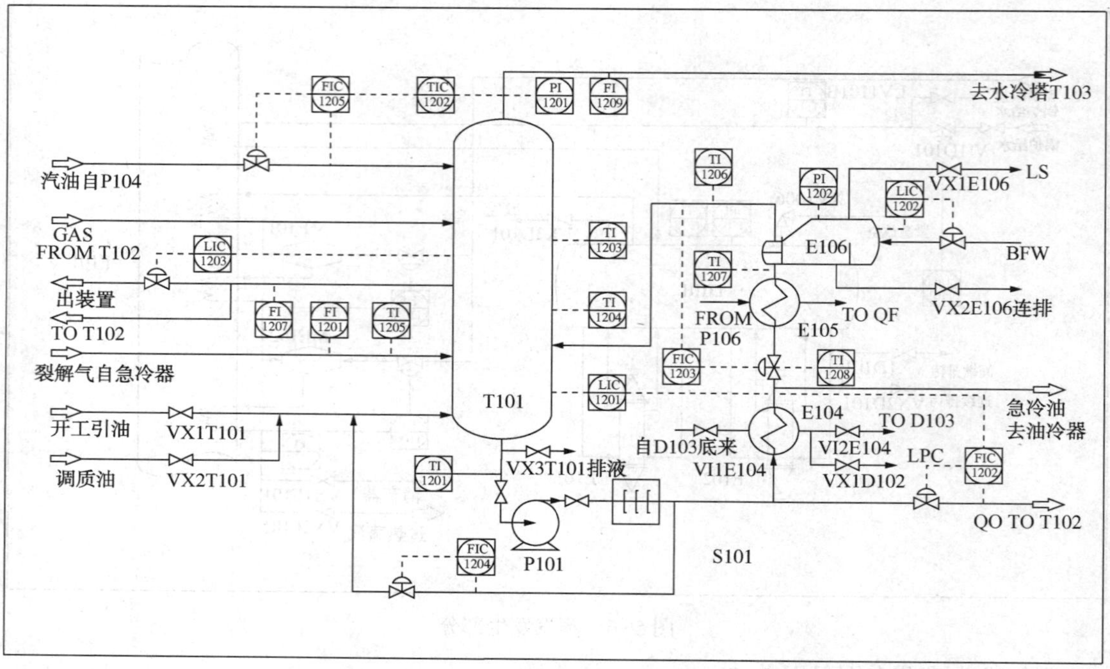

图 5-8 油冷塔

燃料油汽提塔 PI&D 图见图 5-9。

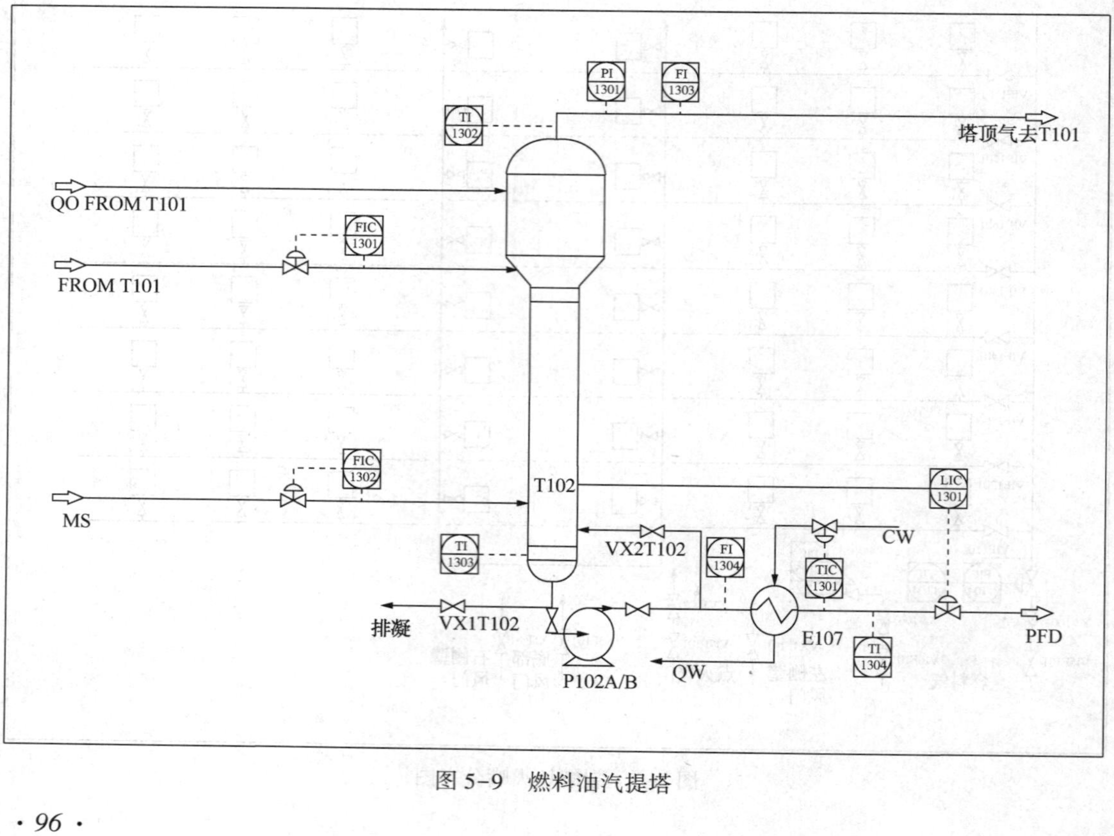

图 5-9 燃料油汽提塔

水冷塔仿真 PI&D 图见图 5-10。

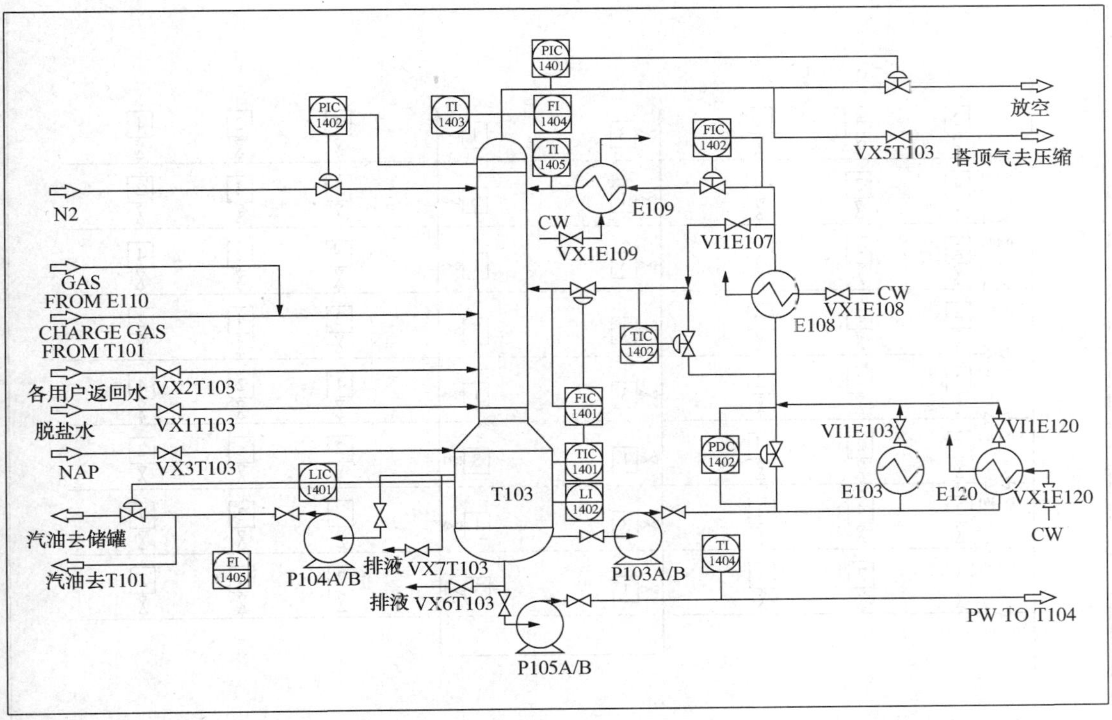

图 5-10　水冷塔

工艺水汽提塔仿真 PI&D 图见图 5-11。

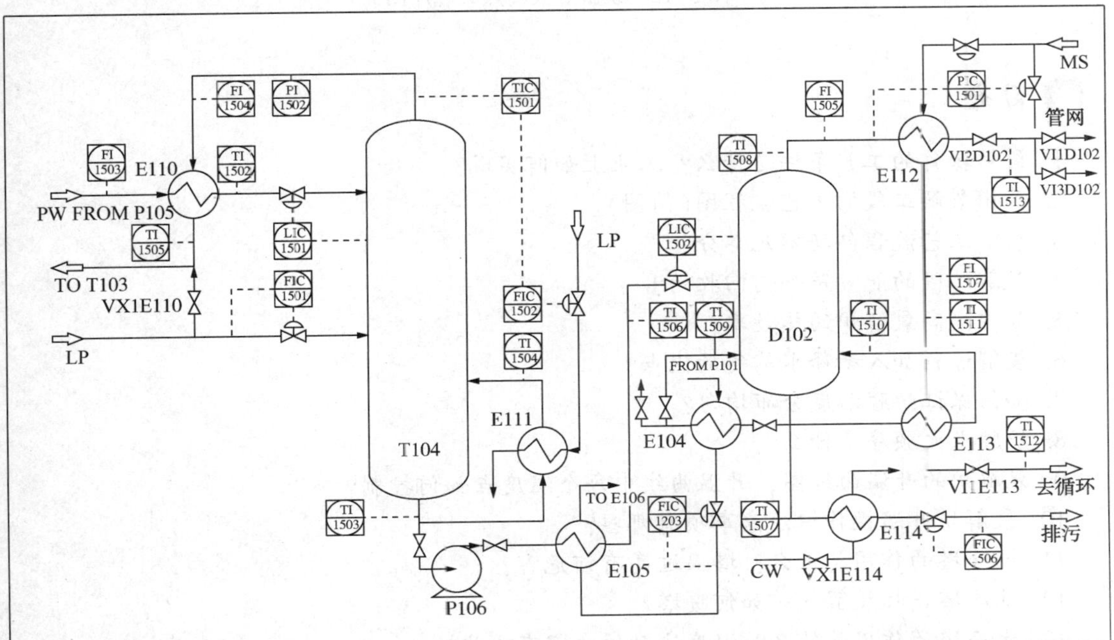

图 5-11　工艺水汽提塔

裂解炉火嘴点火顺序图见图 5-12。

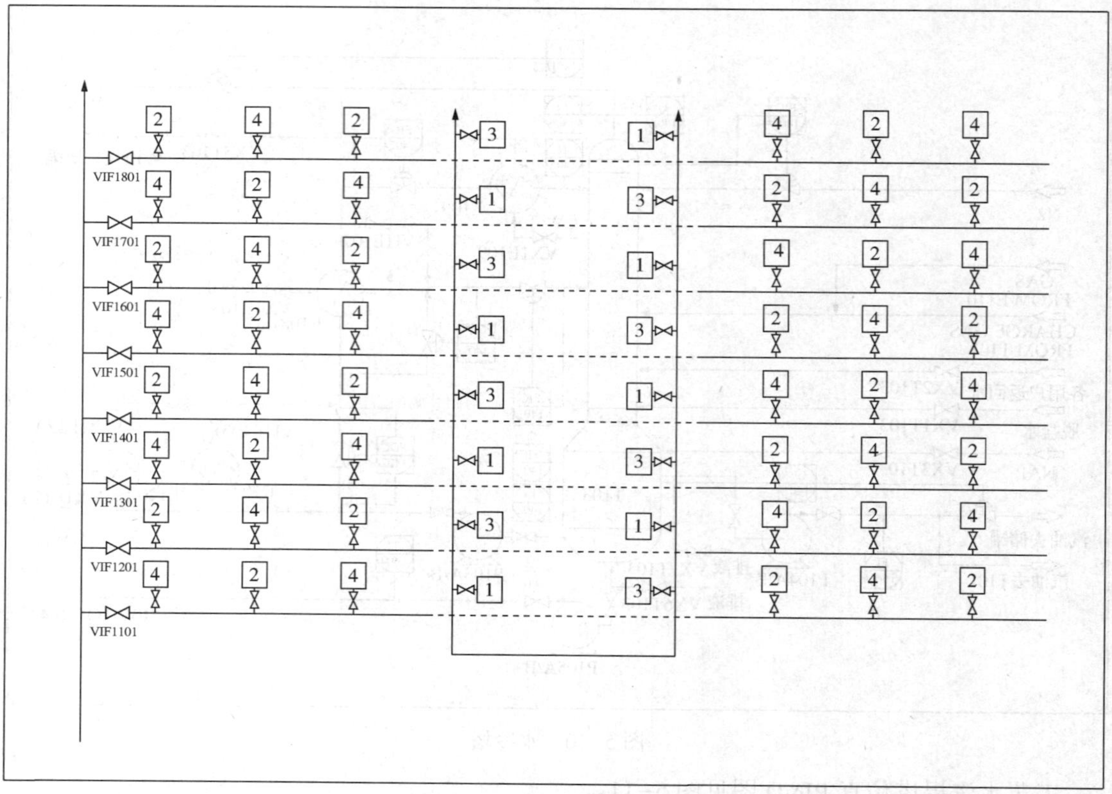

图 5-12　裂解炉火嘴点火顺序图

习题

1. 裂解操作的工艺条件是什么？工业上如何实现？
2. 画出裂解工段的工艺流程图(简图)。
3. 裂解工艺流程包括哪几部分？
4. 裂解工段的能量是如何回收的？
5. 如何提高裂解炉的热效率？
6. 裂解过程加入稀释水蒸气的优点？
7. 如何保证炉膛温度分布均匀？
8. 炉膛点火顺序是什么？
9. 裂解炉的升温曲线图，升温曲线中每个温度点如何控制？
10. 裂解炉升温操作中注意事项有哪些？
11. 油冷塔的作用是什么？塔温过高有何危害？
12. 油冷塔接收裂解气前如何暖塔？
13. 水冷塔的作用是什么？温度波动的危害有哪些？
14. 为什么裂解炉点火升温到 200℃时才可以通入稀释蒸汽？
15. 水冷塔接收裂解气前如何暖塔？

16. 急冷系统的作用及主要参数有哪些？
17. 暖塔后应如何维持温度不变？
18. 如何进行投油操作？
19. 整个工艺流程中各换热器的作用是什么？
20. 裂解工艺为什么需要急冷系统？
21. 急冷温度如何控制？
22. 油冷塔温度如何影响操作？
23. 急冷水塔顶釜温度如何影响操作？

第二篇 丙烯压缩装置仿真

第一节 裂解气的组成及分离方法

一、裂解气的组成及分离要求

石油烃裂解的气态产品裂解气是一个多组分的气体混合物，其中含有许多低级烃类，主要是甲烷、乙烯、乙烷、丙烯与 C_4、C_5、C_6 等烃类，此外还有氢气和少量杂质如硫化氢和二氧化碳、水分、炔烃、一氧化碳等，其具体组成随裂解原料、裂解方法和裂解条件而异。表 5-11 列出了用不同裂解原料所得裂解气的组成。

表 5-11 不同裂解原料得到的几种裂解气组成 %(体)

组分	原料来源		
	乙烷裂解	石脑油裂解	轻柴油裂解
H_2	34.0	14.09	13.18
$CO+CO_2+H_2S$	0.19	0.32	0.27
CH_4	4.39	26.78	21.24
C_2H_2	0.19	0.41	0.37
C_2H_4	31.51	26.10	29.34
C_2H_6	24.35	5.78	7.58
C_3H_4		0.48	0.54
C_3H_6	0.76	10.30	11.42
C_3H_8		0.34	0.36
C_4	0.18	4.85	5.21
C_5	0.09	1.04	0.51
$\geqslant C_6$		4.53	4.58
H_2O	4.36	4.98	5.40

要得到高纯度的单一烃，如重要的基本有机原料乙烯、丙烯等，就需要将它们与其他烃类和杂质等分离开，并根据工业上的需要，使之达到一定的纯度，这一操作过程，称为裂解气的分离。裂解、分离、合成是有机化工生产中的三大加工过程。分离是裂解气提纯的必然过程，为有机合成提供原料，所以起到举足轻重的作用。

各种有机产品的合成，对于原料纯度的要求是不同的。有的产品对原料纯度要求不高，例如用乙烯与苯烷基化生产乙苯时，对乙烯纯度要求不太高。对于聚合用的乙烯和丙烯的质量要求则很严，生产聚乙烯、聚丙烯要求乙烯、丙烯纯度在 99.9%或 99.5%以上，其中有机杂质不允许超过$(5\sim10)\times10^{-8}$。这就要求对裂解气进行精细的分离和提纯，所以分离的程度可根据后续产品合成的要求来确定。

二、裂解气分离方法简介

裂解气的分离和提纯工艺是以精馏分离的方法完成的。精馏方法要求将组分冷凝为液态，甲烷和氢气不容易液化，C_2 以上的馏分相对比较容易液化。因此，裂解气在除去甲烷、氢气以后，其他组分的分离就比较容易。所以分离过程的主要矛盾是如何将裂解气中的甲烷和氢气先行分离。解决这一矛盾的不同措施，构成了不同的分离方法。

工业生产上采用的裂解气分离方法，主要有深冷分离和油吸收精馏分离两种。

油吸收法是利用裂解气中各组分在某种吸收剂中的溶解度不同，用吸收剂吸收除甲烷和氢气以外的其他组分，然后用精馏的方法，把各组分从吸收剂中逐一分离。此方法流程简单，动力设备少，投资少，但技术经济指标和产品纯度差，现已被淘汰。

工业上一般把冷冻温度高于-50℃的冷冻称为浅度冷冻(简称浅冷)；而在-50～-100℃之间的称为中度冷冻；把等于或低于-100℃的称为深度冷冻(简称深冷)。

深冷分离是在-100℃左右的低温下，将裂解气中除了氢和甲烷以外的其他烃类全部冷凝下来。然后利用裂解气中各种烃类的相对挥发度不同，在合适的温度和压力下，用精馏的方法将各组分分离开来，达到分离的目的。因为这种分离方法采用了-100℃以下的冷冻系统，故称为深度冷冻分离，简称深冷分离。

深冷分离法是目前工业生产中广泛采用的分离方法。它的经济技术指标先进，产品纯度高，分离效果好，但投资较大，流程复杂，动力设备较多，需要大量的耐低温合金钢。因此，适宜加工精度高的大工业生产。本章重点介绍裂解气精馏分离的深冷分离方法。

在深冷分离过程中，为把复杂的低沸点混合物分离开来需要一系列操作过程组合。但无论各操作顺序如何，总体可概括为以下三大部分。

1. 压缩和冷冻系统

该系统的任务是加压、降温，以保证分离过程顺利进行。

2. 气体净化系统

为了排除对后续操作的干扰，提高产品的纯度，通常设置脱酸性气体、脱水、脱炔和脱一氧化碳等操作过程。

3. 低温精馏分离系统

这是深冷分离的核心，其任务是将各组分进行分离并将乙烯、丙烯产品精制提纯。它由一系列塔器构成，如脱甲烷塔、乙烯精馏塔和丙烯精馏塔等。

第二节　压缩与制冷

裂解气分离过程中需加压、降温，所以必须进行压缩与制冷来保证生产的要求。

一、裂解气的压缩

在深冷分离装置中用低温精馏方法分离裂解气时，要求温度最低的部位是在甲烷和氢气的分离，而且所需的温度随操作压力的降低而降低。例如：脱甲烷塔操作压力为 3.0MPa 时，为分离甲烷所需塔顶温度约-90～-100℃；当脱甲烷塔压力为 0.5MPa 时，为分离甲烷所需塔顶温度则需下降到-1300～-1400℃。而为获得一定纯度的氢气，则所需温度更低。这不仅需要大量的冷量，而且要用很多耐低温钢材制造的设备，这无疑增大了投资和能耗，在经济上不够合理。所以生产中根据物质的冷凝温度随压力增加而升高的规律，可对裂解气加压，从而使各组分的冷凝点升高，即提高深冷分离的操作温度，这既有利于分离，又可节约冷冻量和低温材料。在不同压力下某些组分的沸点见表 5-12。从表中可以看出，乙烯在常压下沸点是-104℃，即乙烯气体需冷却到-104℃才能冷凝为液体，但当加压到 10.13×10^5Pa 时，只需冷却到-55℃即可。

对裂解气压缩冷却，能除掉相当量的水分和重质烃，以减少后续干燥及低温分离的负担。提高裂解气压力还有利于裂解气的干燥，提高干燥过程的操作压力，可以提高干燥剂的吸湿量，减少干燥器直径和干燥剂用量，提高干燥度。所以裂解气的分离首先需进行压缩。

表 5-12　不同压力下某些组分的沸点　　℃

压力组分	1.103×10^5Pa	10.13×10^5Pa	15.19×10^5Pa	20.26×10^5Pa	25.23×10^5Pa	30.39×10^5Pa
H_2	-263	-244	-239	-238	-237	-235
CH_4	-162	-129	-114	-107	-101	-95
C_2H_4	-104	-55	-39	-29	-20	-13
C_2H_6	-86	-33	-18	-7	3	11
C_3H_6	-47.7	9	29	37	44	47

裂解气经压缩后，不仅会使压力升高，而且气体温度也会升高。为避免压缩过程温升过大造成裂解气中双烯烃，尤其是丁二烯之类的二烯烃在较高的温度下发生大量的聚合，以至形成聚合物堵塞叶轮流道和密封件。裂解气压缩后的气体温度必须要限制，压缩机出口温度一般不能超过 100℃，在生产上主要是通过裂解气的多段压缩和段间冷却相结合的方法来实现。

裂解气段间冷却通常采用水冷，相应各段入口温度一般为 38～40℃左右。采用多段压缩可以节省压缩做功的能量，效率也可提高，根据深冷分离法对裂解气的压力要求及裂解气压缩过程中的特点，目前工业上裂解气大多采用三段至五段压缩。

同时，压缩机采用多段压缩可减少压缩比，也便于在压缩段之间进行净化与分离，例如脱酸性气体、干燥和脱重组分可以安排在段间进行。

二、制冷

深冷分离裂解气需要把温度降到-100℃以下。因此，需向裂解气提供低于环境温度的冷剂。获得冷量的过程称为制冷。深冷分离中常用的制冷方法有两种：冷冻循环制冷和节流膨胀制冷。

(一) 冷冻循环制冷

冷冻循环制冷的原理是利用制冷剂汽化时，要从物料或中间物料吸收热量因而使物料温度降低。所吸收的热量，在热值上等于它的汽化潜热。液体的汽化温度(即沸点)是随压力的变化而改变的，压力越低，相应的汽化温度也越低。

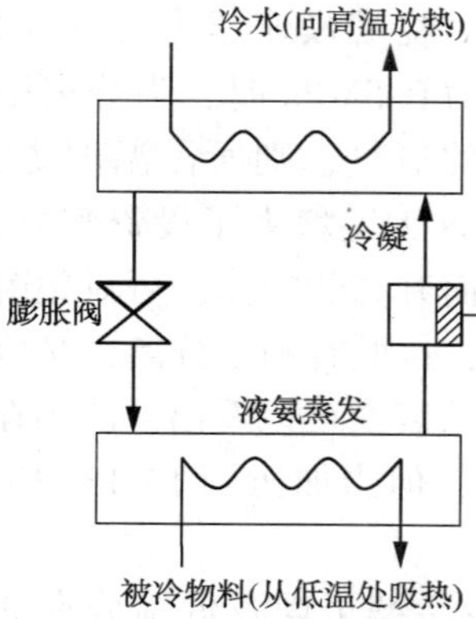

图 5-13 氨蒸气压缩制冷系统示意

1. 氨蒸气压缩制冷

氨蒸气压缩制冷系统由四个基本过程组成，如图 5-13 所示。

（1）蒸发

在低压下液氨的沸点很低，如压力为 0.12MPa 时沸点为-30℃，液氨在此条件下，在蒸发器中蒸发变成氨蒸气，则必须从通入液氨蒸发器的被冷物料中吸取热量，产生制冷效果，使被冷物料冷却到接近-30℃。

（2）压缩

蒸发器中所得的是低温、低压的氨蒸气。为了使其液化，首先通过氨压缩机压缩，使氨蒸气压力升高。

（3）冷凝

高压下的氨蒸气的冷凝点比较高，例如把氨蒸气加压到 1.55MPa 时，其冷凝点是 40℃，此时，可由普通冷水做冷却剂，使氨蒸气在冷凝器中变为液氨。

（4）膨胀

若液氨在 1.55MPa 压力下汽化，由于沸点为 40℃，不能得到低温，为此，必须把高压下的液氨，通过节流阀降压到 0.12MPa，若在此压力下汽化，温度可降到-30℃。节流膨胀后形成低压，低温的气液混合物进入蒸发器。液氨又重新开始下一次低温蒸发，形成一个闭合循环操作过程。

氨通过上述四个过程，构成了一个循环，称之为冷冻循环。这一循环，必须由外界向循环系统输入压缩功才能进行，因此，这一循环过程是消耗了机械功，换得了冷量。

氨是上述冷冻循环中完成热量转移的一种介质，工业上称为制冷剂或冷冻剂。冷冻剂本身物理化学性质决定了制冷温度的范围。如液氨降压到 0.098MPa 时进行蒸发，其蒸发温度为-33.4℃，如果降压到 0.011MPa，其蒸发温度为-40℃，但是在负压下操作是不安全的。因此，用氨作制冷剂，不能获得-100℃的低温。所以要获得-100℃的低温，必须用沸点更低的气体作为制冷剂。

原则上，沸点低的物质都可以用作制冷剂，而实际选用时，则需选用可以降低制冷装置投资、运转效率高，来源容易、毒性小的制冷剂。对乙烯装置而言，乙烯和丙烯为本装置产品，已有贮存设施，且乙烯和丙烯已具有良好的热力学特性，因而均选用乙烯和丙烯作为制冷剂。在装置开工初期尚无乙烯产品时，可用混合 C_2 馏分代替乙烯作为制冷剂，待生产出合格乙烯后再逐步置换为乙烯。

2. 丙烯制冷系统

在裂解气分离装置中，丙烯制冷系统为装置提供-40℃以上温度级的冷量。其主要冷量用户为裂解气的预冷、乙烯制冷剂冷凝、乙烯精馏塔、脱乙烷塔、脱丙烷塔塔顶冷凝等。最大用户是乙烯精馏塔塔顶冷凝器，约占丙烯制冷系统总功率的 60%～70%；其次是乙烯制冷剂的冷凝和冷却占 17%～20%。在需要提供几个温度级冷量时，可采用多级节流、多级压缩、多级蒸发，以一个压缩机组同时提供几种不同温度级冷量，如丙烯冷剂从冷凝压力逐级节流到 0.9MPa、0.5MPa、0.26MPa、0.14MPa，并相应制取 16℃、-5℃、-24℃、-40℃四个不同温度级的冷量。

3. 乙烯制冷系统

乙烯制冷系统用于提供裂解气低温分离装置所需的-40～-102℃各温度级的冷量。其主要冷量用户为裂解气在冷箱中的预冷以及脱甲烷塔塔顶冷凝。如对高压脱甲烷的顺序分离流程，乙烯制冷系统冷量的30%~40%用于脱甲烷塔塔顶冷凝，其余60%~70%用于裂解气脱甲烷塔进料的预冷。大多数乙烯制冷系统均采用三级节流的制冷循环，通常提供-50℃、-70℃、100℃左右三个温度级的冷量。

4. 乙烯-丙烯复迭制冷

用丙烯作制冷剂构成的冷冻循环制冷过程，把丙烯压缩到1.864MPa的条件下，丙烯的冷凝点为45℃，很容易用冷水冷却使之液化。但是在维持压力不低于常压的条件下，其蒸发温度受丙烯沸点的限制，只能达到-45℃左右的低温条件，即在正压操作下，用丙烯作制冷剂，不能获得-100℃的低温条件。

用乙烯作制冷剂构成冷冻循环制冷中，维持压力不低于常压的条件下，其蒸发温度可降到-103℃左右，即乙烯作制冷剂可以获得-100℃的低温条件。但是乙烯的临界温度为9.9℃，临界压力为5.15MPa，在此温度之上，不论压力多大，也不能使其液化，即乙烯冷凝温度必须低于其临界温度9.9℃，所以不能用普通冷却水使之液化。为此，乙烯冷冻循环制冷中的冷凝器需要使用制冷剂冷却。工业生产中常采用丙烯作制冷剂来冷却乙烯，这样丙烯的冷冻循环和乙烯冷冻循环制冷组合在一起，构成乙烯-丙烯复迭制冷，如图5-14所示。

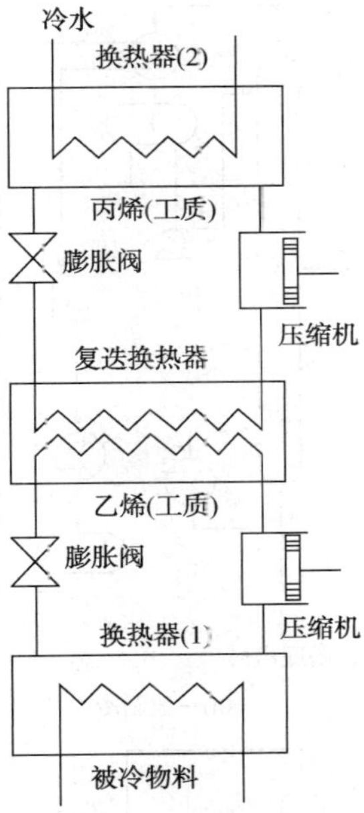

图5-14　乙烯-丙烯复迭制冷示意图

在乙烯-丙烯复迭制冷循环中，冷水在换热器(2)中向丙烯供冷，带走丙烯冷凝时放出的热量，丙烯被冷凝为液体，然后经节流膨胀降温，在复迭换热器中汽化，此时向乙烯气供冷，带走乙烯冷凝时放出的热量，乙烯气变为液态乙烯。液态乙烯经膨胀阀降压到换热器(1)中汽化，向被冷物料供冷，可使被冷物料冷却到-100℃左右。从图5-2可以看出，复迭换热器既是丙烯的蒸发器(向乙烯供冷)，又是乙烯的冷凝器(向丙烯供热)。当然，在复迭换热器中一定要有温差存在，即丙烯的蒸发温度一定要比乙烯的冷凝温度低，才能组成复迭制冷循环。

用乙烯作制冷剂在正压下操作，不能获得-103℃以下的制冷温度。生产中需要-103℃以下的低温时，可采用沸点更低的制冷剂，如甲烷在常压下沸点是-161.5℃，因而可制取-160℃温度级的冷量。但是由于甲烷的临界温度是-82.5℃，若要构成冷冻循环制冷，需用乙烯作制冷剂为其冷凝器提供冷量，这样就构成了甲烷-乙烯-丙烯三元复迭制冷。在这个系统中，冷水向丙烯供冷，丙烯向乙烯供冷，乙烯向甲烷供冷，甲烷向低于-100℃冷量用户供冷。

(二) 节流膨胀制冷

所谓节流膨胀制冷，就是气体由较高的压力通过一个节流阀迅速膨胀到较低的压力，由于过程进行得非常快，来不及与外界发生热交换，膨胀所需的热量，必须由自身供给，从而引起温度降低。

工业生产脱甲烷分离流程中，利用脱甲烷塔顶尾气的自身节流膨胀可降温到-130~-160℃的低温。

（三）热泵

常规的精馏塔都是从塔顶冷凝器取走热量，由塔釜再沸器供给热量，通常塔顶冷凝器取走的热量是塔釜再沸器加入热量的 90%左右，能量利用得很不合理。如果能将塔顶冷凝器取走的热量传递给塔釜再沸器，就可以大幅度地降低能耗。但同一塔的塔顶温度总是低于塔釜温度，根据热力学第二定律，“热量不能自动地从低温流向高温”，所以需从外界输入功。这种通过做功将热量从低温热源传递给高温热源的供热系统称为热泵系统。该热泵系统是既向塔顶供冷又向塔釜供热的制冷循环系统。

常用的热泵系统有闭式热泵系统、开式 A 型热泵系统和开式 B 型热泵系统等几种，如图 5-15 所示。

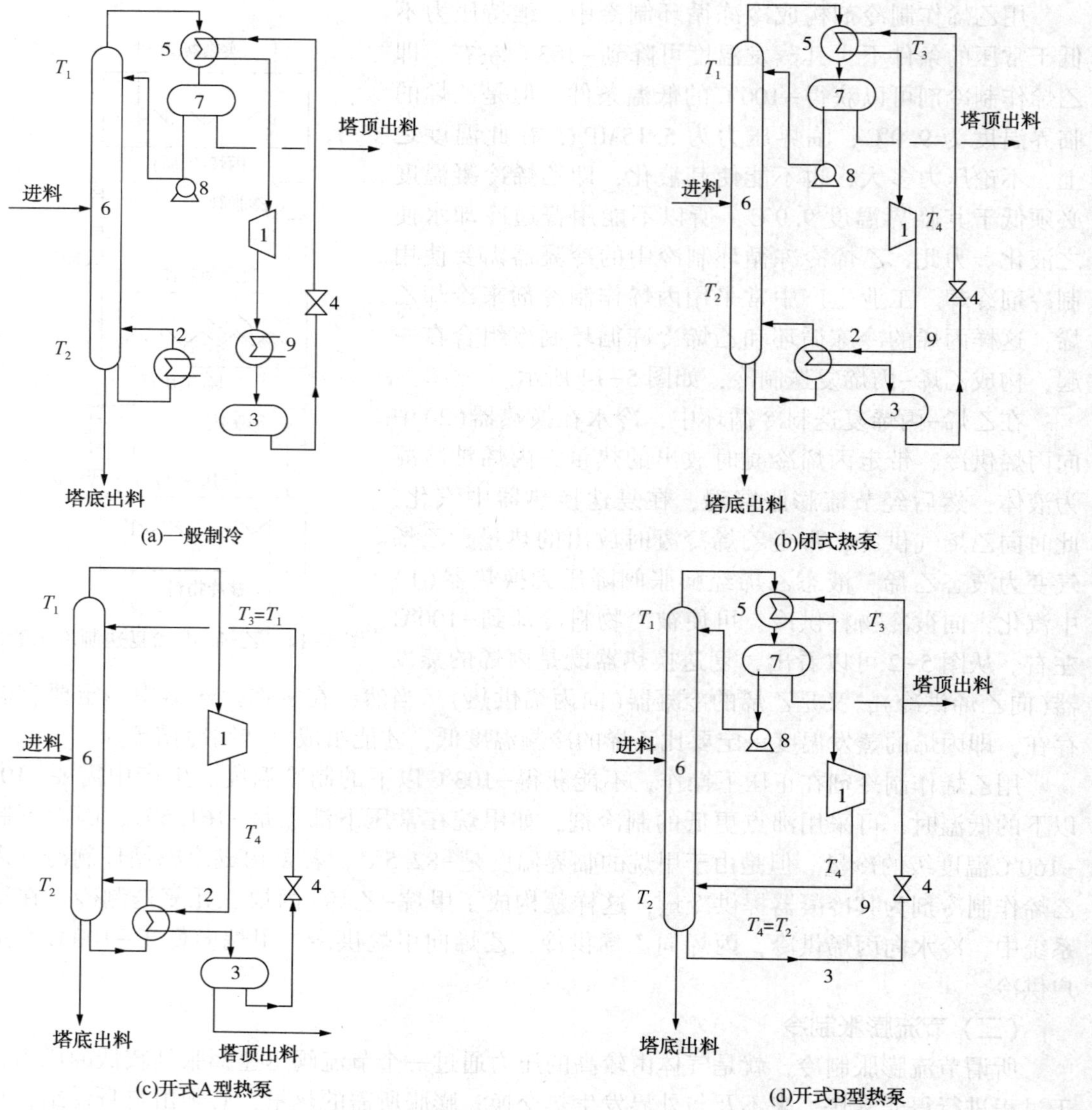

图 5-15　热泵的几种形式

1—压缩机；2—再沸器；3—制冷剂储罐；4—节流阀；5—塔顶冷凝器；6—精馏塔；7—回流罐；8—回流泵；9—冷剂冷凝器

闭式热泵：塔内物料与制冷系统介质之间是封闭的，而用外界的工作介质为制冷剂。液态制冷剂在塔顶冷凝器(5)中蒸发，使塔顶物料冷凝，蒸发的制冷剂气体再进入压缩机(1)升高压力，然后在塔釜再沸器(2)中冷凝为液体，放出的热量传递给塔釜物料，液体制冷剂通过节流阀(4)降低压力后再去塔顶换热，完成一个循环，这样塔顶低温处的热量，通过制冷剂传到塔釜高温处。在此流程中，制冷循环中的制冷剂冷凝器与塔釜再沸器合成一个设备，在此设备中，制冷剂冷凝放热，而釜液吸热蒸发。闭式热泵特点是操作简便、稳定，物料不会污染，出料质量容易保证，但流程复杂，设备费用较高。

开式 A 型热泵流程，不用外来制冷剂，直接以塔顶蒸出低温烃蒸气作为制冷剂，经压缩提高压力和温度后，送去塔釜换热，放出热量而冷凝成液体。凝液一部分出料，另一部分经节流降温后流入塔内。此流程省去了塔顶换热器。

开式 B 型热泵流程，直接以塔釜出料为制冷剂，经节流后送至塔顶换热，吸收热量蒸发为气体，再经压缩升压升温后，返回塔釜。塔顶烃蒸气则在换热过程中放出热量冷凝成液体。此流程省去了塔釜再沸器。

开式热泵特点是流程简单，设备费用较闭式热泵少，但制冷剂与物料合并，在塔操作不稳定时，物料容易被污染，因此自动化程度要求较高。

在裂解气分离中，可将乙烯制冷系统与乙烯精馏塔组成乙烯热泵，也可将丙烯制冷系统与丙烯精馏塔组成丙烯热泵，两者均可提高精馏的热效率，但必须相应增加乙烯制冷压缩机或丙烯制冷压缩机的功耗。对于丙烯精馏来说，丙烯塔采用低压操作时，多用热泵系统。当采用高压操作时，由于操作温度提高，冷凝器可以用冷却水作制冷剂，故不需用热泵。对于乙烯精馏来说，乙烯精馏塔塔顶冷凝器是丙烯制冷系统最大的用户，其用量约占丙烯制冷总功率的 60%~70%，采用乙烯热泵不仅可以节约大量的冷量，而且可以节省在低温下操作的换热器、回流罐和回流泵等设备，因此乙烯热泵得到了更多的利用。

第三节　丙烯压缩制冷单元

一、工艺流程简介

(一) 装置的生产过程

本部分包括一个多段离心式压缩机 C501 以及相连的罐和换热器。段间没有使用中间冷却器，因为每段吸入的丙烯气提供了所需的冷量。

所用冷剂为装置内所生产的聚合级纯度的丙烯。制冷过程提供四个标准温度级 -40℃、-27℃、-6℃和 13℃，制冷过程是在与这些温度相应的压力下通过丙烯的蒸发来实现的。蒸发后的丙烯压缩到 1.528MPa(表)，在 79.5℃条件下，其在丙烯冷剂冷凝器内用冷却水冷凝。

(二) 生产装置流程说明

1. 压缩机制冷循环系统

从压缩机出口来的经 E505 冷凝后的 36.9℃的丙烯进入丙烯冷剂收集罐 D505，从 D505 出来的丙烯在换热器 E511 内通过加热流出的某工艺材料而过冷。然后冷剂分成两股，第一股为用于四段冷剂用户 E404 的丙烯液；第二股通过液位 LIC5009 控制进入丙烯制冷压缩机四段吸入罐 D504。

从四段冷剂用户 E504 来的蒸汽进入四段吸入罐 D504，进行气液分离，一部分蒸汽从吸入罐出来进入换热器 E512，加热冷物流而被冷凝，然后进入收集罐 D507，通过液位 LIC5011 送往三段吸入罐 D503。剩下的部分蒸汽进入压缩机的四段吸入口。从四段吸入罐出来的液体在通过冷却器 E509 被冷却后分两股：一股在液位 LIC5007 控制下被送到三段丙烯冷剂用户 E503，剩下的液体通过液位 LIC5006 控制送到三段吸入罐 D503。

从三段冷剂用户 E503 出来的蒸汽进入三段吸入罐 D503，进行气液相分离，从三段吸入罐出来的蒸汽在 0.387MPa(表)，-5.9℃的条件下分为两股，一股在换热器 E510 内加热冷物流而被冷凝，进入收集罐 D506 后进入二段吸入罐 D502；另一股蒸汽送往压缩机三段吸入口。从三段吸入罐来的丙烯液体分两股：一股被换热器 E507 冷却后由液位 LIC5005 控制送到二段冷剂用户 E502；另一部分物流同样也通过换热器 E508 后由液位 LIC5004 控制送往二段吸入罐 D502。

从二段冷剂用户 E502 出来的蒸汽流向二段吸入罐，进行气液相分离，从二段吸入罐出来的蒸汽进入压缩机的二段吸入口。从二段吸入罐出来的液体经过换热器 E506 被冷却后由液位 LIC5003 控制送往一段冷剂用户 E501。

从一段用户口排出的气相送往一段吸入罐 D501，气相间断蒸发，四段排出的气相经一分布器进入罐内或送往液体排放总管，气相送往压缩机一段吸入口。

2. 油路系统

46#透平油自油箱 D508 出来后由泵 P503A/B 输出，输出油一部分由压控 PIC5030 控制回流到油箱，另一部分经过油温冷却器 E514A/B 后进入过滤器 S501A/B。过滤器 S501A/B 出口油分为三部分：第一部分为透平以及压缩机的润滑油，直接送往透平及压缩机，然后回到油箱，在这一段管路上设有一个高位槽 D510，其上有溢流管直接将溢流部分送回油箱。第二部分为压缩机的密封油，通过一个中间设有脱气及连通装置的高位槽的管路送往压缩机，经过压缩机后再经抽气器 S502A/B 后回到油箱。第三部分为透平机的控制油，进入透平机，然后回到油箱，整个过程为循环系统。

3. 复水系统

透平机动力蒸汽自透平机出来后，进入表面冷凝器 E515，冷却后由冷凝水泵 P502A/B 送往换热器 E516A/B，一部分换热后回到 E515，另一部分送出以控制液位。E515 中的不凝气由真空泵 L503A/B 抽出后进入换热器 E516A/B 与自 E515 来的冷凝水进行换热，冷凝后回到 E515。整个过程为循环系统，不凝气排放大气。

二、设备列表

各设备列表见表 5-13。

表 5-13 设备列表

序号	压缩制冷部分		油及复水系统部分	
	位号	名称	位号	名称
1	D501	压缩机一段吸入罐	D508	油系统油箱
2	D502	压缩机二段吸入罐	D509	缓冲油罐
3	D503	压缩机三段吸入罐	D510	高位油罐
4	D504	压缩机四段吸入罐	D511	高位油罐
5	D505	丙烯冷剂收集器	E513	油箱加热器

续表

	压缩制冷部分		油及复水系统部分	
序号	位号	名　称	位号	名　称
6	D506	三段蒸汽冷凝罐	E514A/B	油箱出口冷却器(泵后)
7	D507	四段蒸汽冷凝罐	E515	蒸汽表面冷凝器
8	E501	一段吸入罐入口换热器	E516	抽气器
9	E502	二段吸入罐入口换热器	P502	冷凝水泵
10	E503	三段吸入罐入口换热器	P503A/B	油泵
11	E504	四段吸入罐入口换热器	P504	开工真空喷射泵
12	E511	四段出口冷箱	P505A/B	一级真空喷射泵
13	E505	四段出口产品换热器	P506A/B	二级真空喷射泵
14	E510	三段蒸汽冷凝器	S501A	油过滤器
15	E512	四段蒸汽冷凝器	S501B	油抽汽器
16	E506	三段液相出口换热器		
17	E507	三段液相出口换热器		
18	E508	四段液相出口换热器		
19	E509	二段液相出口换热器		
20	P501	一段吸入罐积液抽出泵		
21	C501	丙烯制冷压缩机		

三、仪表列表

仪表列表见表 5-14。

表 5-14　仪表列表

序号	仪表号	说　明	单位	正常值	量程	振警值
1	PI5001	四段出口压力	kPa(表)	1528.0	0~4000.0	1734.0
2	PIC5002	系统压力控制	kPa(表)	31.0	0~1500.0	L：10.0；H：50.0
3	PIC5003	D501 压控	kPa(表)	31.0	0~1500.0	L：10.0；H：60.0
4	PIC5004	D502 压控	kPa(表)	127.0	0~1500.0	
5	PIC5005	D503 压控	kPa(表)	387.0	0~1500.0	
6	PIC5006	D504 压控	kPa(表)	745.0	0~1500.0	
7	PIC5030	油泵出口压控	kPa(表)	3450.0	0~5000.0	L：0；H：5000.0
8	PIC5031	透平油压控	kPa(表)	1450.0		
9	PIC5032	润滑油压控	kPa(表)	320.0		
10	PDI5001	过滤器压差	kPa(表)	40~60.0		
11	PDI5002	压缩机 C501 前后密封油压差	kPa(表)	50.0	0.0~100.0	
12	TI5001	四段出口温度	℃	79.5	-50.0~100.0	L：70；H80；HH：120
13	TI5002	四段 E505 出口温度	℃	36.9	-50.0~100.0	
14	TIC5003	D501 温控	℃	-40.0	-50.0~100.0	H：-30.0
15	TIC5004	D502 温控	℃	-27.0	-50.0~100.0	H：-20.0
16	TIC5005	D503 温控	℃	-6.0	-50.0~100.0	H：0.0
17	TI5006	D504 温度	℃	13.0	-50.0~100.0	
18	TI5007	四段出口冷箱后温度	℃	17.3	-50.0~100.0	

续表

序号	仪表号	说　　明	单位	正常值	量程	报警值
19	TI5030	油箱 D508 温度	℃	65.6	0.0~100.0	
20	TI5031	润滑油回流温度	℃	75.0	0.0~100.0	
21	TI5032	冷却器 E514 出口油温	℃	45.0	0.0~100.0	
22	TI5050	E515 水温	℃	50.0	0.0~100.0	
23	PI5050	边界蒸汽压力	kPa(表)	4200.0	0.0~5000.0	
24	PIC5002	透平动力蒸汽压控	kPa(表)	31.0	0~1000.0	L：10.0；H：50.0
25	PI5052	E515 压力	kPa(表)	-88.0		
26	PI5053	冷凝水泵出口压控	kPa(表)	700.0		
27	HIC5001	四段出口放空	%	0		
28	HIC5002	D501 汽提手阀	%	0		
29	SI5001	压缩机转速	r/min	6500.0	0~9000.0	HH：8440.0
30	FIC5002	压缩机一段-吸入量	t/h	87.806	0~500.0	
31	FIC5003	压缩机二段-吸入量	t/h	23.137	0~500.0	
32	FIC5004	压缩机三段-吸入量	t/h	10.037	0~500.0	
33	FIC5001	压缩机四段排出量	t/h	125.937	0~500.0	
34	FI5005	压缩机四段吸入量	%	13.957	0~500.0	
35	LI5001	D505 液位	%	50.0		L：10.0
36	LI5002	D501 液位	%	0.0	0.0~100.0	HH：95.0
37	LIC5003	E501 液控	%	50.0	0.0~100.0	H：70.0
38	LIC5004	D502 液控	%	50.0	0.0~100.0	LL：2.0；H：95.0
39	LIC5005	E502 液控	%	50.0	0.0~100.0	H：80.0
40	LIC5006	D503 液控	%	50.0	0.0~100.0	LL：2.0；H：95.0
41	LIC5007	E503 液控	%	50.0	0.0~100.0	HH：88.0
42	LIC5008	D506 液控	%	50.0	0.0~100.0	LL：5.0
43	LIC5009	D504 液控	%	50.0	0.0~100.0	LL：0.8；HH：97.0
44	LIC5010	E504 液控	%	50.0	0.0~100.0	H：60.0
45	LIC5011	D507 液控	%	50.0	0.0~100.0	LL：7.1
46	LI5030	D508 液位	%	50.0	0.0~100.0	L：15.0；H：85.0
47	LI5031	D510 液位	%	100.0	0.0~100.0	
48	LIC5032	D511 液控	%	50.0	0.0~100.0	L：15.0；H：85.0
49	LIC5050	E515 液控	%	50.0	0.0~100.0	L：15.0；H：85.0

四、操作参数

1. 透平压缩机

透平压缩机参数见表 5-15。

表 5-15　透平压缩机操作参数

名称	参数正常值	名称	参数正常值
总抽气量	125.937　t/h	出口温度	79.5　℃
转速	6500.0　r/min	出口压力	1.528　MPa(表)

2. 各段用户冷级

各段用户冷级操作参数见表 5-16。

表 5-16　各段用户冷级

名称	温度/℃	压力/kPa	流量/(t/h)
一段吸入罐 D101	-40.0	31.0	78.806
二段吸入罐 D102	-27.0	127.0	23.137
三段吸入罐 D103	-6.0	387.0	10.037
四段吸入罐 D104	13.0	745.0	13.957

五、联锁系统

1. 联锁系统的起因及结果

联锁系统的起因及结果见表 5-17。

表 5-17　联锁系统起因及结果

起因	联锁号	设定点	旁路	结果
手动停压缩机 C501	HS-5001	1	HS5002	停车报警 透平蒸汽阀关 一段最小流量阀 FV5002 开 二段最小流量阀 FV5003 开 三段最小流量阀 FV5004 开 四段最小流量阀 FV5001 开 一段激冷液阀 TV5003 关 二段激冷液阀 TV5004 关 三段激冷液阀 TV5005 关 一段吸入电磁阀关 VI1C501 关 二段吸入电磁阀关 VI2C501 关 三段吸入电磁阀关 VI3C501 关 匹段吸入电磁阀关 VI4C501 关 压缩机出口电磁阀 VI5C501 关 透平蒸汽阀 VI6C501 关
一段吸入罐液位高高	LSXH5001	95.0%		
二段吸入罐液位高高	LSXH5002	95.0%		
三段吸入罐液位高高	LSXH5003	95.0%		
四段吸入罐液位高高	LSXH5004	97.0%		
四段出口温度高高	TSXH5001	110.0℃		
四段出口压力高高	PSHH5001	1900.0kPa(表)		
油系统总管油压低	PSXL5001	1900.0kPa(表)		
油温高	TSXH5002	90.0℃		
停电	I5001	1		
停蒸汽	I5002	1		
停冷却水	I5003	1		

2. 联锁逻辑图 I —501

联锁逻辑图 I —501，如图 5-16 所示。

六、操作规程

(一) 冷态开车过程

公用工程准备就绪，丙烯冷剂及电都具备使用条件，丙烯置换已经完成。

1. 接气相丙烯充压

① 打通流程

手动全开 4 段、3 段、2 段、1 段最小回流阀，使 D504、D505、D503、D502、D501 连通，确认排火炬线全关并投自动设定合理值、排 LD 线上的阀关闭。

② 现场打开 D504 气相丙烯充气阀，向系统充压。

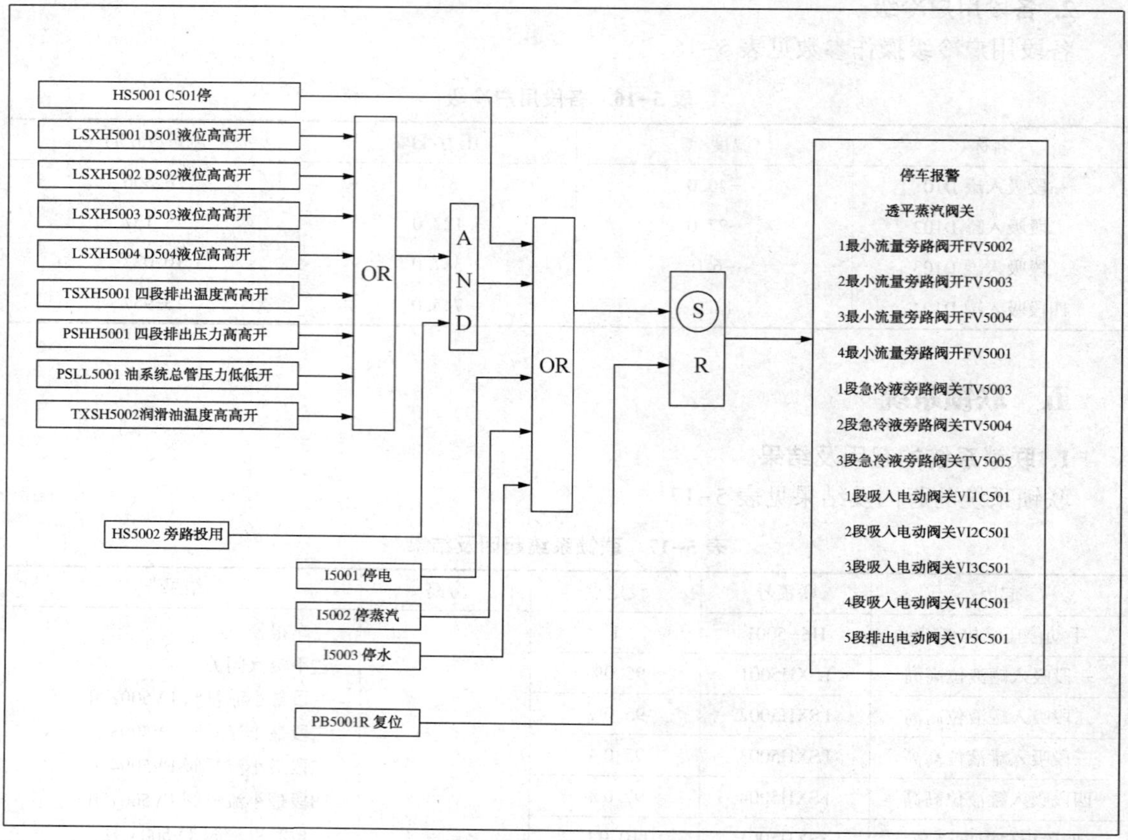

图 5-16 丙烯压缩之联锁逻辑图

③ 待系统中各段压力升至 550~750kPa(表)左右，关闭 D504 气相丙烯充气阀，充压完成。

④ 稍后，系统均压，各段压力在 700kPa(表)左右。

2. 接液态丙烯

待系统充气均压基本完成后，可以接液相丙烯。

① 现场打开 D504 液态丙烯开工线，向 D504 充液。

② 待 D504 液位升至 40%以上，通过 LIC5006 将液相丙烯引至 D503 充液。

③ D503 液位 40%左右时，则打开 LIC5004 使 D502 开始接收液相丙烯。

④ 最终控制充液量至 D502、D503 液位达 50%左右、D504 液位达 80%左右后，关闭液态丙烯开工线。

⑤ 确认防喘振阀 FIC5001、FIC5002、FIC5003、FIC5004 全开。

⑥ 检查确认油压、油温、蒸汽压力、温度、真空度、复水器液位、仪表系统正常，联锁系统投用，系统无跳闸、报警信号存在。

⑦ 打开 E505 的冷却水入口阀。

3. 油系统开车

① 向油箱 D508 注 46[#]透平油，使其液位在 85%~90%左右。

② 检查油箱温度 TI5030，若低于 30℃则投用 E513 使油箱加热至 30℃左右。

③ 按泵的启动程序启动 P503A，设定 PIC5030 为 3450kPa(表)，P503B 投入备用状态(打开泵出入口阀)。

④ 油冷却器 E514A 投冷却水，E514B 投备用状态(入口阀开，冷却水阀 50%)。

⑤ 确认油泵正常后，打开润滑油到高位槽管路上的所有阀门，给润滑油高位槽 D510 充油，当有油回流(D501 液位 100%)则关闭充油阀。

⑥ LIC5032 液位控制投自动设定正常值，调节 D511 液位至 50%。

⑦ 分别将控制油压力 PIC5031、润滑油压力 PIC5032 投自动控制设定值分别为 1450kPa、320kPa 左右。

⑧ 检查 E513 的加热情况及油冷却器的冷却水量情况，使油冷却器出口温度 TI5032 保持正常值。

4. 复水系统开车

① 向复水器 E515 供冷却水。

② 打开旁通给 E515 供 DM 水，当液位达到 65%时关闭。

③ 按泵的启动程序启动 P502A，P502B 投备用状态(打开泵出入口阀)。

④ 投复水器冷却水。

⑤ 开 PIC5050 分程控制表面冷凝器液位(全关为排液外送)。

⑥ 真空系统投用：

确认蒸汽密封投用(已经投用，无需操作)。

先打开开工喷射泵 P504 的蒸汽阀，再开不凝气阀。

待真空度达到-30kPa(表)时，切换至二、一级喷射泵 P505A，停开工喷射泵(顺序为依次关闭空气阀、蒸汽阀)注意真空度。

注：压缩机启动后，若系统内液相丙烯不足，可再次充液补充。

5. 暖机，启动准备

① 启动盘车(盘车按钮)。

② 约 15~20s 后，停盘车。

③ 压缩机复位(PB5001R)。

④ 将压缩机出入口电磁阀打开(VI1C501、VI2C501、VI3C501、VI4C501、VI5C501)。

⑤ 打开蒸汽隔离阀及消音器，进行暖管，使温度达到 254℃以上。

⑥ 当温度达到 254℃后，开透平主汽阀 VI6C501。

⑦ 投用联锁系统(HS5002)。

⑧ 检查确认油压、油温、蒸汽压力、温度、真空度、复水器液位、仪表系统正常，联锁系统投用，系统无跳闸、报警信号存在。

⑨ 打开 E505 的冷却水入口阀。

⑩ 现场打开 E505 冷却水阀至正常。

⑪ 缓慢开大手轮开度，使转速达到 1000r/min 左右。

⑫ 在 1000r/min 左右转速下，按停车按钮 HS5001，进行联锁试验。

6. 启动压缩机

(1) 重新启动压缩机

① 将压缩机调速手轮开度归零。

② 将压缩机联锁复位(PB5001R)。

③ 重新将电磁阀 VI1C501、VI2C501、VI3C501、VI4C501、VI5C501 复位。

④ 重新复位透平主汽阀。

⑤ 用手轮将压缩机转速升到 1000r/min 左右。

(2)压缩机升速

① 按升速曲线：1000r/min—2000r/min—3000r/min—4560r/min，通过手轮将压缩机转速连续升到最小可调转速。

② 通过临界转速附近时快速通过。

③ 在升速过程中要随时观察各段出、入口温度压力的变化，并通过 TIC5003、TIC5004 和 TIC5005，注意各罐液位的控制。

④ 控制好 D501 的温度，并随压力变化而变化，但不能使 D501 积液过多(不超过 5%)。

注：在压缩机升速及正常运行过程中，注意控制一段吸入罐的温度不大于 20℃；四段吸入罐液位不低于 10%，压缩机各段吸入量不能低于最小流量(正常运行最小流量值见表 5-18)。

表 5-18 正常运行各段吸入量最小流量值

一段	二段	三段	四段
63.0t/h	18.5t/h	8.0t/h	11.0t/h

7. 无负荷下调整

① 转速至 4560r/min 处于最小可调转速，将其调节由手轮切换到主控 PIC5002 控制升速(“调速切换”至“PIC”)。

② 通过逐步关小各段的最小回流阀开度，建立各段压力，不可过快过猛。

③ D505 内开始出现液位，则启用 LIC5009，向 D504 转液。

④ 在以上过程中，随时调节保持各段相应的温度。

⑤ 最终将各段压力调至正常，同时温度接近正常冷级。

⑥ E501 建立液位(50%)，为一段投负荷做准备。

⑦ E502 建立液位(50%)，为二段投负荷做准备。

⑧ E503 建立液位(50%)，为三段投负荷做准备。

⑨ E504 建立液位(50%)，为四段投负荷做准备。

⑩ 根据需要投用冷剂用户，注意随时监视液位，若需则接丙烯系统补充丙烯。

注：在此阶段，随时注意一段吸入罐液位不高于 5%。

8. 投用户负荷，调整至正常

① 待各级用户换热器控制好液位。将各冷级的热用户负荷投用。各用户负荷自动逐步升到 100%，随着热用户负荷的上升，匹配投用相应的冷负荷。

② 在各冷级用户负荷上升过程中，随时注意各段的温度、压力变化。

③ 通过 PIC5002 提升转速和调节各段最小回流量，在各用户不同的负荷阶段下，控制好各段温度、压力。

④ 注意观察控制各段吸收罐液位和各负荷用户换热器及 D506、D507 的液位。

⑤ 在控制各冷级温度的情况下，最终将各用户负荷全部投用，转速升至正常(6500)，各段最小回流全关。

⑥ 选择合适条件，将各调节回路设定好，并投入自动控制。

注：在投用户负荷期间，注意控制段温度，压力，液位。

（二）热态开车过程

热态开车的起始状态是：压缩机处于最小可调转速，各段温度压力达到正常冷级，系统处于无负荷下的循环状态。

1. 建液位，投负荷，调整至正常

① 压缩机处于最小可调转速，将其调节由手轮切换到 PIC5002 控制。

② D505 液位升至 50%左右，向 D504 排液，排液前先打开 E511 上的冷却水至正常(50%)。

③ 建立液位，调整至正常。

E501 建立液位(50%)，为一段投负荷做准备。

E502 建立液位(50%)，为二段投负荷做准备。

E503 建立液位(50%)，为三段投负荷做准备。

E504 建立液位(50%)，为四段投负荷做准备。

④ 分批分步进行，将各冷级热用户投用(各用户负荷自动逐步升到 100%，随着热用户负荷的上升，匹配投用相应的冷负荷)。

⑤ 在上述过程中，随时注意各段温度压力的变化。

⑥ 通过 PIC5002 提升压缩机的转速和调节各段最小流量，在各用户不同的情况下，控制好各段温度压力。

⑦ 注意观察各段吸入罐的液位和各段用户的换热器及 D506、D507 的液位控制。

⑧ 在控制各冷级温度的情况下，最终将各用户负荷调整正常(100%)，转速升至正常，各段最小回流全关，调节油系统及水系统循环。

⑨ 选择合适的条件，将各调节回路设定好，并投入自动控制。

2. 油系统及复水系统调整

在上述过程中及时调整油路系统及复水系统，使其与压缩机系统同步提升负荷。

（三）正常停车过程

1. 停负荷(用户负荷逐步下降)，降转速

① 取消各级用户负荷(热)的设定。

② 在降负荷过程中，调整各段最小回流开度，保持各段温度、压力在正常指标。

③ 随热负荷的下降，逐渐取消各冷负荷(冷剂)，并尽量将 D506、D507 中的液体排至上一级吸入罐。

④ 逐步将转速降至最小可调转速。

⑤ 将转速由 PIC5002 切换至手轮控制(“PIC”→“手轮”)。

注：在停负荷降转速过程中，随时调节最小回流，注意维持各段的温度、压力、液位的稳定。

2. 停压缩机、复水系统及油系统

① 按下停车按钮 HS5001，使压缩机联锁停车。

② 确认各段最小回流阀全开，各段喷淋阀全关。

③ 停机后，将主汽阀手轮转至全关位置。

④ 关闭二级、一级真空喷射泵，破坏真空，待真空度为零后，停复水泵，关泵出口阀，将复水器中的凝液排空。

⑤ 确认油系统运行正常，待油温降到正常温度(30℃)后，停油系统。

3. 排液、泄压

① 待各吸入罐压力、温度基本均衡后，排液。

② 由各罐底部排液阀，将各罐液体排空。

③ 各罐压力由顶部压力调节放空，泄压至常压。

④ 将各冷却水关闭。

⑤ 各用户换热器排液。

⑥ 将油系统中(包括罐、高位槽)全部油排到 D508 中，进行排液。

(四) 停电事故过程

事故原因：装置停电。

事故现象：压缩机自动联锁停车。

处理方法：按紧急停车处理。

① 压缩机自动联锁停车，确认各段最小回流全开。

② 手动将 PIC5002 关闭，并将转速切换成手轮控制，再将手轮调至 0%。

③ 联锁复位。

④ 关闭各级用户负荷，并关闭各级用户的冷剂供给阀门。

⑤ 盘车。

(五) 停蒸汽事故过程

事故原因：公用工程系统中透平机用蒸汽中断。

事故现象：压缩机自动联锁停车。

处理方法：按紧急停车处理。

① 压缩机自动联锁停车，确认各段最小回流全开。

② 手动将 PIC5002 关闭，并将转速切换成手轮控制，再将手轮调至 0%。

③ 联锁复位。

④ 关闭各级用户负荷，并关闭各级用户的冷剂供给阀门。

⑤ 盘车。

(六) 停冷却水事故过程

事故原因：公用工程系统中冷却水中断。

事故现象：压缩机自动联锁停车。

处理方法：按紧急停车处理。

① 压缩机自动联锁停车，确认各段最小回流全开。

② 手动将 PIC5002 关闭，并将转速切换成手轮控制，再将手轮调至 0%。

③ 联锁复位。

④ 关闭各级用户负荷，并关闭各级用户的冷剂供给阀门。

⑤ 盘车。

(七) 各级用户负荷下降(20%)至 80%事故过程

事故原因：各冷级用户负荷，逐渐下降。

事故现象：各段压力下降，温度下降，压缩机转速有波动。

处理方法：

① 通过 PIC5002(手动)下调转速。

② 调整至适当转速，保证各段压力、温度正常稳定。

③ 在调整转速无法保证的情况下，可以调整各段最小回流量。

（八）D502压力高事故过程

事故原因：E502用户负荷突然增大10%。

事故现象：

① D502压力上升，温度随之上升。

② 压缩转速有波动。

处理方法：

① 可暂时略开PIC5004放空降压，但必须尽快采取其他办法处理，最终压力下降，无需放空。

② 若无法控制，应通过PIC5002提升压缩机转速，同时调整各段最小回流阀和喷淋，保持各段温度、压力正常稳定。

③ 适当开大D502喷淋阀。

（九）润滑油温度高事故过程

事故原因：油冷却器效率严重下降。

事故现象：油温高。

处理方法：启动备用冷却器。

现场打开备用换热器E514B的冷却水入口阀，以及出入口阀门，过几秒钟后关闭坏换热器的出入口阀门及冷却水阀门。

（十）D501液位高事故过程

事故原因：E501液位过高，带液。

事故现象：D501液面过高，并上升很快。

处理方法：

① 尽快启动泵P501，将积液排至D504。

② 尽快调节LIC5003，使液位回到正常。

③ 待D501液位下降至1%以下，关泵P501。

④ 整个过程保持各段温度压力正常稳定。

（十一）油路过滤器堵塞事故过程

事故原因：换热器E501液位过高，带液。

事故现象：D501液位过高，并且上升很快。

处理方法：

① 尽快启动P501，将D501积液排至D504。

② 尽快调节LIC5003，使其回到正常。

③ 手动关闭TIC5003，待平衡后投自动。

④ 待D501液位降至1%以下，关P501。

⑤ 整个过程中，注意保持各段温度，压力的正常稳定。

备注(处理方法)：在操作画面上按“Ctrl+M”进入处理画面，选择相应设备后再选择“处理”进行处理。

阀失灵——处理。

仪表失灵——处理。

仪表漂移——处理。

泵坏——启动备用泵或处理。
换热器结垢——启动备用或提高冷却水量。
特定事故：详见操作手册中事故的处理方法。

七、仿 DCS 系统操作画面

1. 操作组画面

操作组画面表见表 5-19。

表 5-19 操作组画面表

名字	仪表 1	仪表 2	仪表 3	仪表 4	仪表 5	仪表 6	仪表 7	仪表 8
GROUP001	FIC5001	FIC5002	FIC5003	FIC5004	FI5005			
GROUP002	TI5001	TI5002	TIC5003	TIC5004	TIC5005	TI5006	TI5007	
GROUP003	TI5030	TI5031	TI5032	TI5050				
GROUP004	PI5001	PIC5002	PIC5003	PIC5004	PIC5005	PIC5006	HIC5001	HIC5002
GROUP005	PIC5030	PIC5031	PIC5032	PI5050	PI5052	PI5053		
GROUP006	LI5001	LI5002	LIC5003	LIC5004	LIC5005	LIC5006	LIC5007	LIC5008
GROUP007	LIC5009	LIC5010	LIC5011	LI5030	LI5031	LIC5032	LIC5050	

2. 流程图

流程图说明见表 5-20。

表 5-20 流程图说明表

图名	说明	调图方式
OVERVIEW	总貌	Ctrl+1
GR3001	压缩机	Ctrl+2
GR3002	一段压缩罐	Ctrl+3
GR3003	二段压缩罐	Ctrl+4
GR3004	三段压缩罐	Ctrl+5
GR3005	四段压缩罐	Ctrl+6
GR3006	油系统	Ctrl+7
GR3007	蒸汽复水系统	Ctrl+8
GR3008	辅操台	Ctrl+9
GF3001	压缩机现场	Ctrl+0
GF3002	一段压缩罐现场	
GF3003	二段压缩罐现场	
GF3004	三段压缩罐现场	
GF3005	四段压缩罐现场	
GF3006	油系统现场	
GF3007	蒸汽复水系统现场	

八、压缩机升速曲线

压缩机升速曲线如图 5-17 所示。

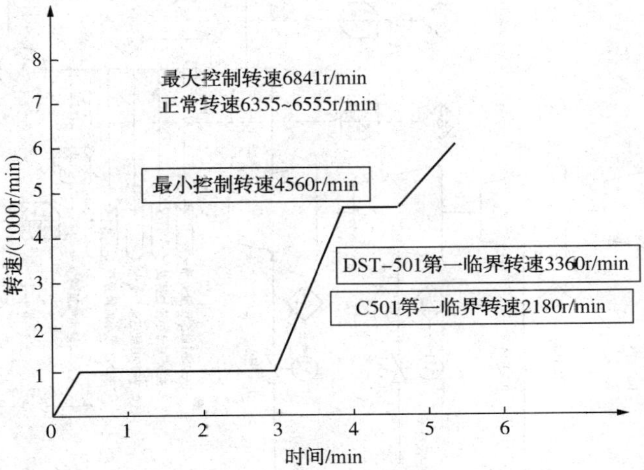

图 5-17 压缩机升速曲线

九、乙烯装置压缩单元仿真 PI&D 图

乙烯装置压缩单元仿真 PI&D 图，如图 5-18~图 5-25 所示。

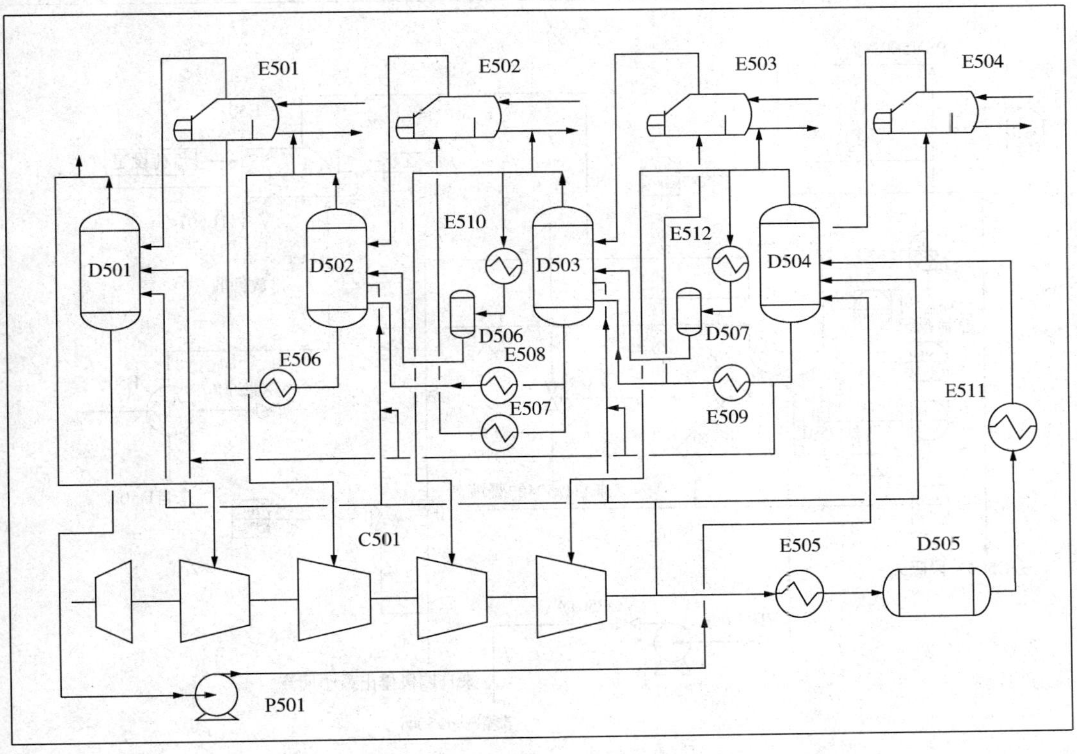

图 5-18 总貌图

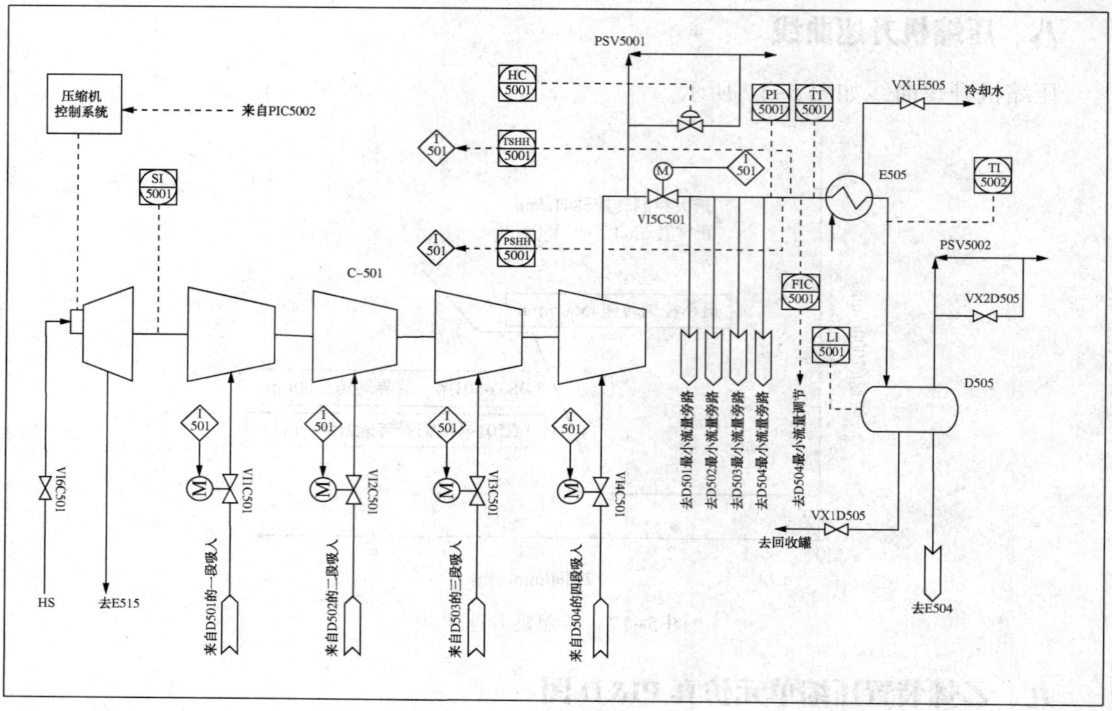

图 5-19　压缩机

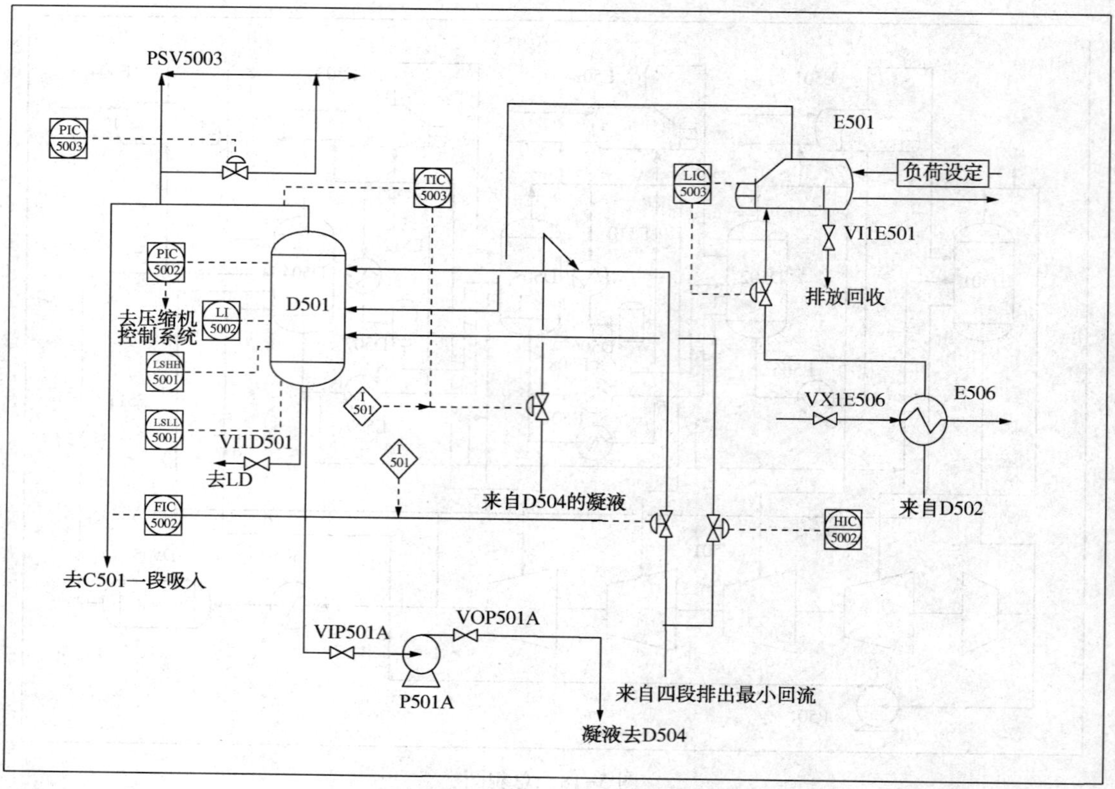

图 5-20　一段吸入罐

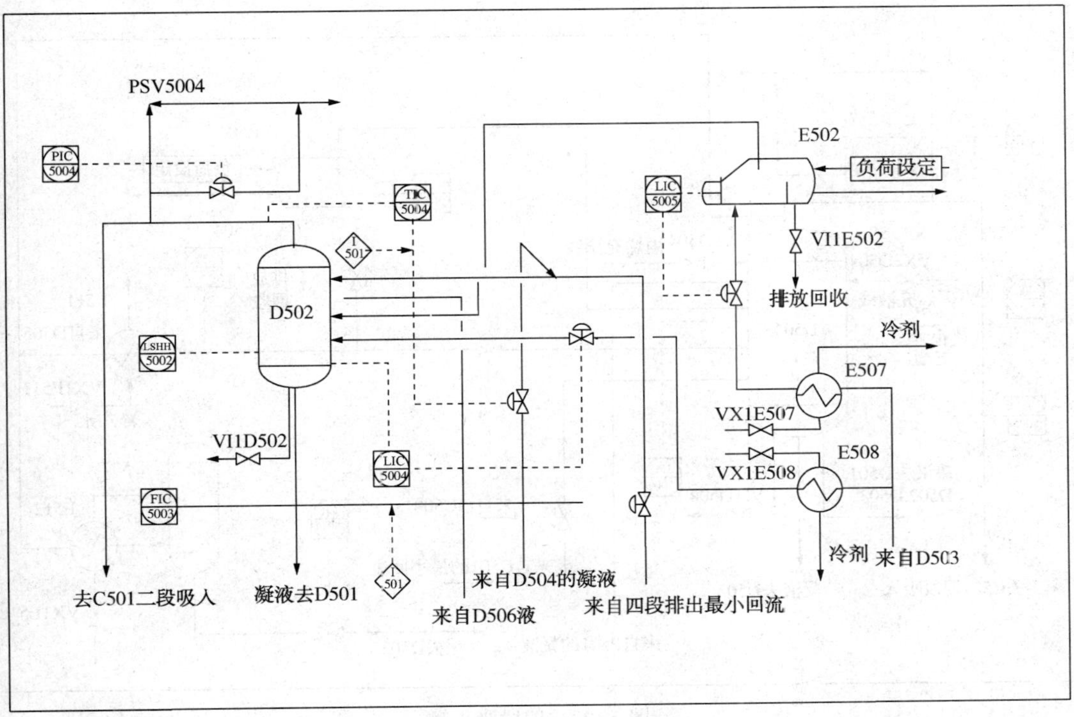

图 5-21　二段吸入罐

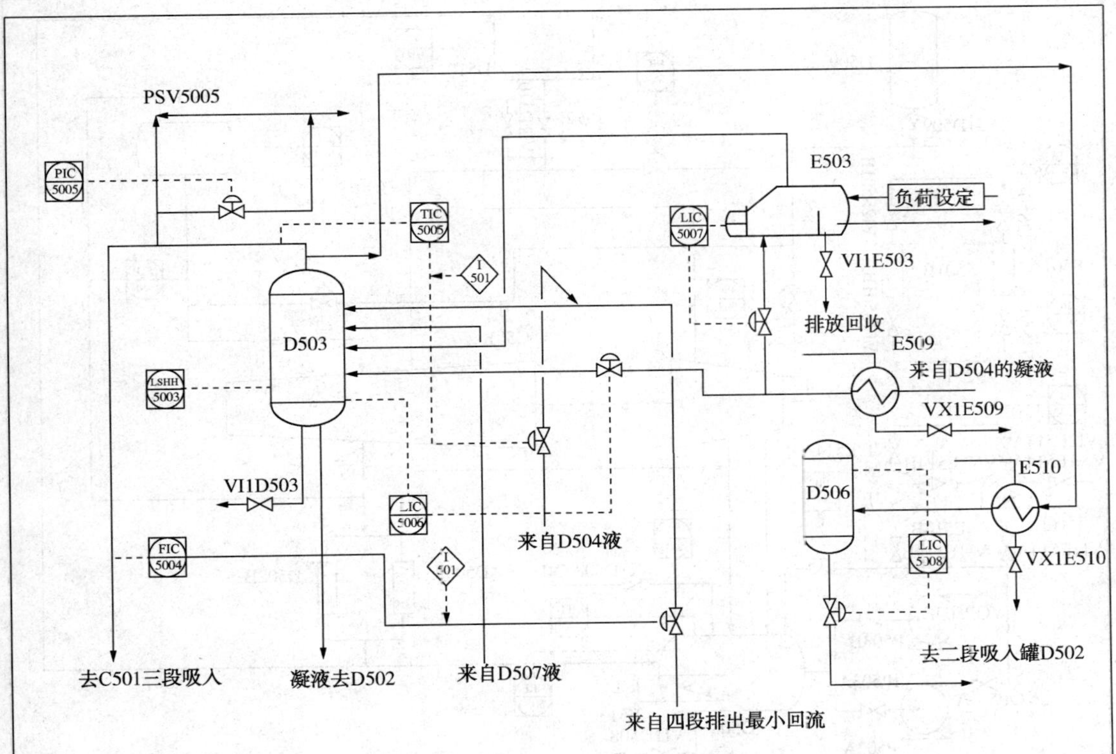

图 5-22　三段吸入罐

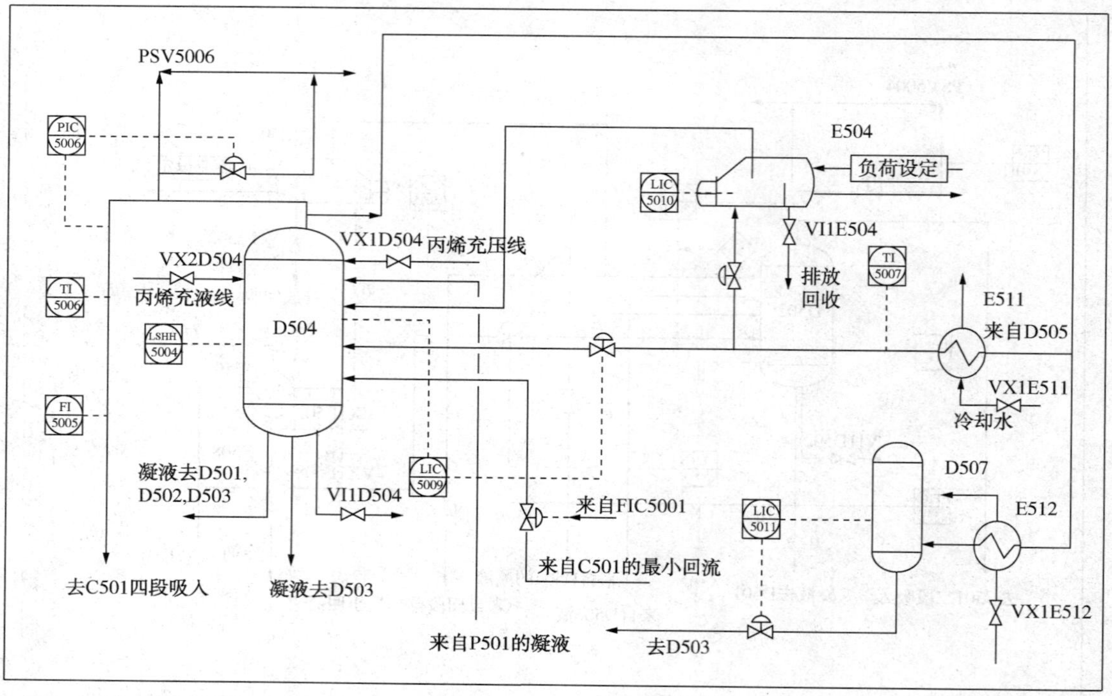

图 5-23　四段吸入罐

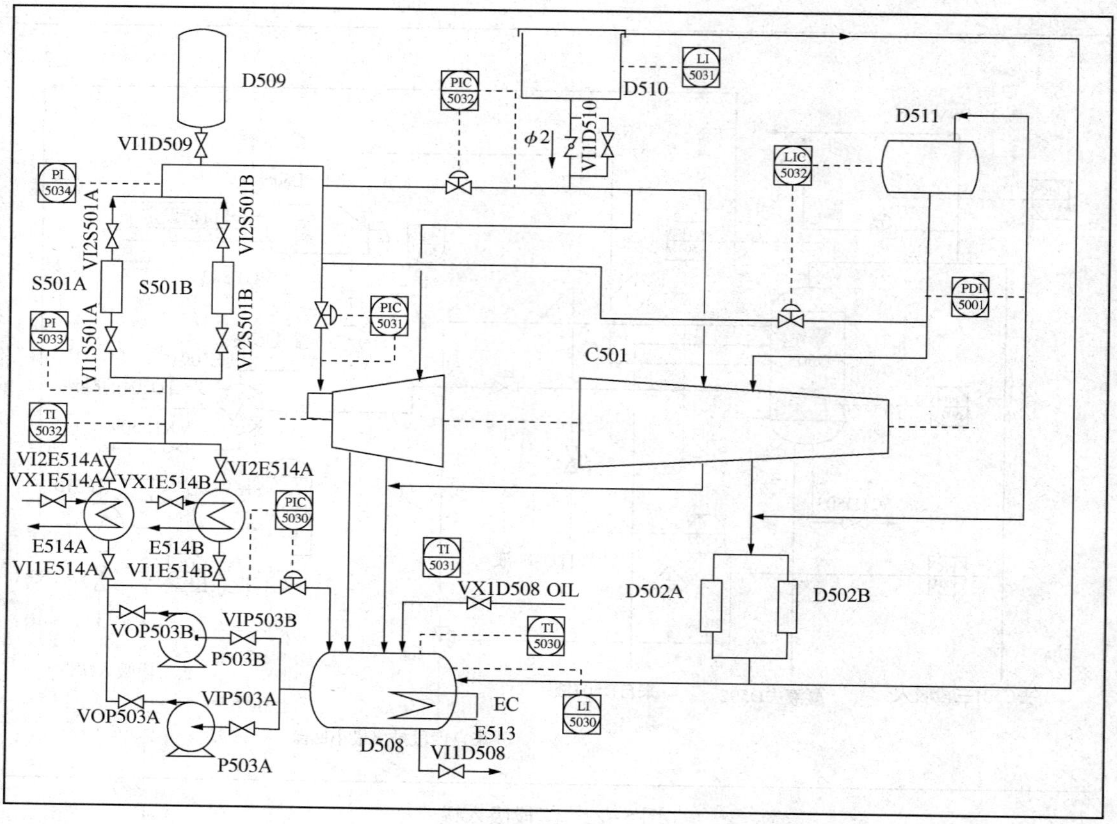

图 5-24　油系统

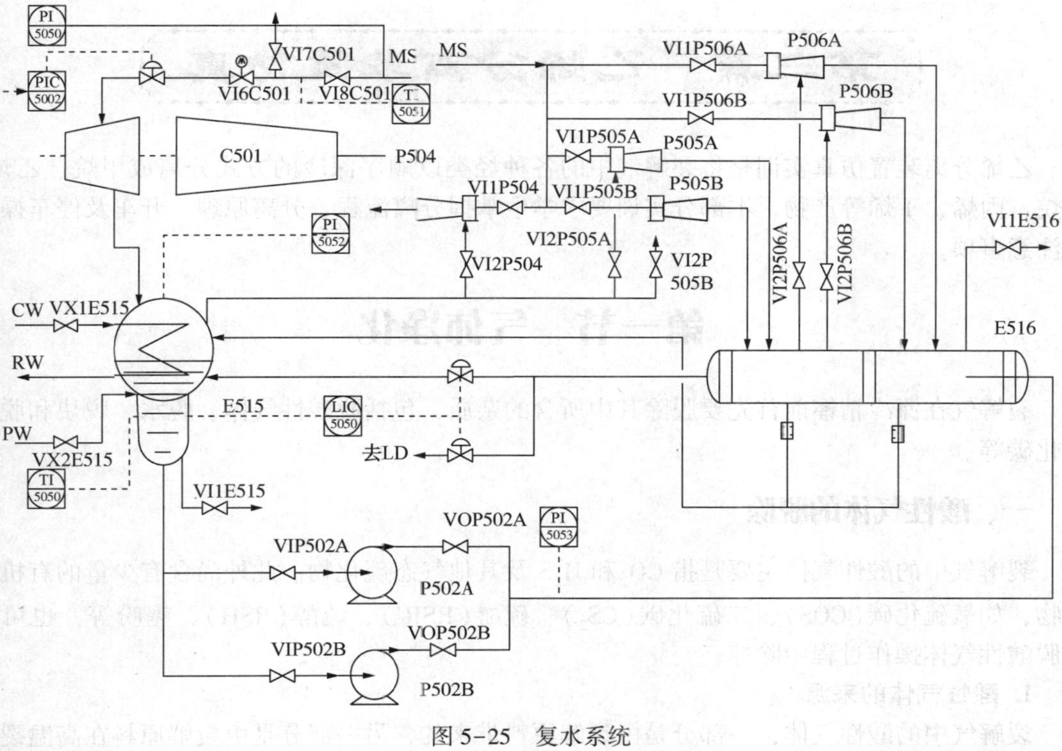

图5-25　复水系统

习题

1. 裂解气是由哪些主要物质组成的？
2. 试述什么是深冷分离法，它包括哪些主要工艺操作过程？
3. 裂解气为什么首先要进行压缩，确定压力的依据是什么？为何要采取分段压缩？
4. 工业上常采用的制冷剂有哪些？
5. 叙述乙烯-丙烯复迭制冷的基本原理，它与一般制冷过程有什么区别？
6. 什么是节流膨胀制冷，其基本过程如何？
7. 何谓热泵系统？
8. 透平声速暖机时要注意什么问题？
9. 压缩机开车前透平真空度如何建立？
10. 为什么蒸汽透平复水控制系统要设计成分程控制？
11. 为什么经常调整裂解气压缩段间的吸入温度？
12. 试简述裂解气压缩机某段吸入温度高的原因？
13. 简述裂解气进气温度对碱洗塔的影响？
14. 为什么压缩机透平机组冲动时，复水器真空度要保持在300mmHg左右？
15. 制冷压缩机一段吸入罐压力高的原因是什么？
16. 甲烷化反应器发生故障的原因是什么？
17. 为什么要控制裂解炉汽包液位？
18. 甲烷化反应器故障后对装置有什么影响？

第三篇　乙烯分离装置仿真

乙烯分离装置仿真实训是将裂解气中的各种烃类以顺序深冷的方式分离成甲烷、乙烯、乙烷、丙烯、丁烯等产物，本部分实训要求学生掌握分离流程、分离原理、开车及停车操作等注意事项。

第一节　气体净化

裂解气在深冷精馏前首先要脱除其中所含的杂质，包括脱酸性气体、脱水、脱炔和脱一氧化碳等。

一、酸性气体的脱除

裂解气中的酸性气体主要是指 CO_2 和 H_2S 及其他气态硫化物。此外尚含有少量的有机硫化物，如氧硫化碳（COS）、二硫化碳（CS_2）、硫醚（RSR′）、硫醇（RSH）、噻吩等，也可以在脱酸性气体操作过程中除掉。

1. 酸性气体的来源

裂解气中的酸性气体，一部分是由裂解原料带来的，另一部分是由裂解原料在高温裂解过程中发生反应而生成的。

例如：$RSH+H_2 \longrightarrow RH+H_2S$　　$CS_2+2H_2O \longrightarrow CO_2+2H_2S$

$COS+H_2O \longrightarrow CO_2+H_2S$　　$C+2H_2O \longrightarrow CO_2+2H_2$

$CH_4+2H_2O \longrightarrow CO_2+4H_2$

2. 酸性气体的危害

酸性气体含量过多时，会对分离过程带来危害：H_2S 能腐蚀设备管道，使干燥用的分子筛寿命缩短，还能使加氢脱炔用的催化剂中毒；CO_2 则在深冷操作中会结成干冰，堵塞设备和管道，影响正常生产。酸性气体杂质对于乙烯或丙烯的进一步利用也有危害，例如生产低压聚乙烯时，二氧化碳和硫化物会破坏聚合催化剂的活性。生产高压聚乙烯时，二氧化碳在循环乙烯中积累，降低乙烯的有效压力，从而影响聚合速度和聚乙烯的分子量。所以必须将这些酸性气体脱除。

3. 脱除的方法

工业生产中，一般采用吸收法脱除酸性气体，即在吸收塔内让吸收剂和裂解气进行逆流接触，裂解气中的酸性气体则有选择性地进入吸收剂中或与吸收剂发生化学反应，常采用的吸收剂有 NaOH 或乙醇胺。用 NaOH 脱酸性气体的方法称碱洗法，用乙醇胺脱酸性气体的方法称乙醇胺法。

二、脱水

在乙烯生产过程中，为避免水分在低温分离系统中结冰或形成水合物，堵塞管道和设备，需要对裂解气、氢气、乙烯和丙烯进行脱水处理，以保证乙烯生产装置的稳定运行，并保证产品乙烯和丙烯中水分达到规定值。

1. 裂解气脱水

裂解气脱水的相关问题的总结见表 5-21。

表 5-21　裂解气脱水问题总结

水的来源	水的危害	脱水的方法
由于裂解原料在裂解时加入一定量的稀释蒸汽，所得裂解气经急冷水洗和脱酸性气体的碱洗等处理，裂解气中不可避免地带一定量的水（约 400~700mL/m^3）	在低温分离时，水会凝结成冰；另外在一定压力和温度下，水还能与烃类生成白色的晶体水合物，水合物在高压低温下是稳定的。 冰和水合物结在管壁上，轻则增大动力消耗，重则使管道堵塞，影响正常生产	工业上对裂解气进行深度干燥的方法有很多，主要采用固体吸附方法。吸附剂有硅胶活性氧化铝、分子筛等。目前广泛采用的效果较好的是分子筛吸附剂

2. 氢气脱水

裂解气中分离出的氢气作为 C_2 馏分和 C_3 馏分加氢的氢源时，也必须经干燥脱水处理，否则会影响加氢效果，同时水分带入低温系统也会造成冻堵。氢气中多数水分是甲烷化法脱 CO 时产生的。

3. C_2 馏分脱水

实际生产中，C_2 馏分加氢后物料中大约有 3mL/m^3 的含水量，因此通常在乙烯精馏塔进料前设置 C_2 馏分干燥器。

4. C_3 馏分脱水

当部分未经干燥脱水的物料进入脱丙烷塔时，脱丙烷塔塔顶采出的 C_3 馏分含相当多水分，必须进行干燥脱水处理。在 C_3 馏分气相加氢时，C_3 馏分的干燥脱水设置在加氢之后，进入丙烯精馏塔之前；在 C_3 馏分液相加氢时，C_3 馏分的干燥脱水一般安排在加氢之前。

三、脱炔

1. 炔烃的来源

在裂解反应中，由于烯烃进一步脱氢反应，使裂解气中含有一定量的乙炔，还有少量的丙炔、丙二烯。裂解气中炔烃的含量与裂解原料和裂解条件有关，对一定裂解原料而言，炔烃的含量随裂解深度的提高而增加。在相同裂解深度下，高温短停留时间的操作条件下将生成更多的炔烃。

2. 炔烃的危害

少量乙炔、丙炔和丙二烯的存在会严重地影响乙烯、丙烯的质量。乙炔的存在还将影响合成催化剂寿命，恶化乙烯聚合物性能，若积累过多还具有爆炸的危险。丙炔和丙二烯的存在，将影响丙烯聚合反应的顺利进行。

3. 脱除的方法

在裂解气分离过程中，裂解气中的乙炔将富集于 C_2 馏分，丙炔和丙二烯将富集于 C_3 馏分。乙炔的脱除方法主要有溶剂吸收法和催化加氢法，溶剂法是采用特定的溶剂选择性将裂解气中少量的乙炔或丙炔和丙二烯吸收到溶剂中，达到净化的目的，同时也相应回收一定量的乙炔。催化加氢法是将裂解气中的乙炔加氢成为乙烯，两种方法各有优缺点。一般在不需要回收乙炔时，都采用催化加氢法脱除乙炔；丙炔和丙二烯的脱除方法主要是催化加氢法，此外一些装置也曾采用精馏法脱除丙烯产品中的炔烃。

（1）催化加氢除炔的反应原理

选择性催化加氢法，是在催化剂存在下，炔烃加氢变成烯烃。它的优点是不会给裂解气和烯烃馏分带入任何新杂质，工艺操作简单，又能将有害的炔烃变成产品烯烃。

C_2 馏分加氢可能发生如下反应：

主反应：
$$CH \equiv CH + H_2 \longrightarrow CH_2 = CH_2$$

副反应：
$$CH \equiv CH + 2H_2 \longrightarrow CH_3 — CH_3$$
$$CH_2 = CH_2 + H_2 \longrightarrow CH_3 — CH_3$$

乙炔也可能聚合生成二聚物、三聚物等俗称绿油的物质。

碳三馏分加氢可能发生下列反应：

主反应：
$$CH \equiv C - CH_3 + H_2 \longrightarrow CH_2 = CH - CH_3$$
$$CH_2 = C = CH_2 + H_2 \longrightarrow CH_2 = CH - CH_3$$

副反应：
$$CH_2 = CH - CH_3 + H_2 \longrightarrow CH_3 - CH_2 - CH_3$$
$$nC_3H_4 \longrightarrow (C_3H_4)n \quad \text{低聚物}$$
$$C_4H_6 \longrightarrow \text{高聚物}$$

生产中希望主反应发生，这样既脱除炔烃，又增加烯烃的收率；而不发生或少发生副反应，因为副反应虽除去了炔烃，却使乙烯或丙烯受到损失，远不及主反应那样对生产有利。要实现这样的目的，最主要的是催化剂的选择，工业上脱炔用钯系催化剂较多。它是一种加氢选择性很强的催化剂，其加氢反应难易顺序为：丁二烯>乙炔>丙炔>丙烯>乙烯。

（2）前加氢与后加氢

用催化加氢法脱除裂解气中的炔烃有前加氢和后加氢两种不同的工艺技术。在脱甲烷塔之前进行加氢脱炔称为前加氢，即氢气和甲烷尚没有分离之前进行加氢除炔，前加氢因氢气未分出就进行加氢，加氢用氢气是由裂解气带入的，不需外加氢气，因此，前加氢又叫作自给加氢。在脱甲烷塔之后进行加氢脱炔称为后加氢，即裂解气中所含氢气、甲烷等轻质馏分分出后，再对分离所得到的 C_2 馏分和 C_3 馏分分别进行加氢的过程，后加氢所需氢气由外部供给。

前加氢由于氢气自给，故流程简单，能量消耗低，但前加氢也有不足之处：

一是加氢过程中，乙炔浓度很低，氢分压较高，因此，加氢选择性较差，乙烯损失量多；同时副反应的剧烈发生，不仅造成乙烯、丙烯加氢遭受损失，而且可能导致反应温度失控，乃至出现催化剂床层温度飞速上升。

二是当原料中乙炔、丙炔、丙二烯共存时，当乙炔脱除到合格指标时，丙炔、丙二烯却达不到要求的脱除指标。

三是在顺序分离流程中，裂解气的所有组分均进入加氢除炔反应器，丁二烯未分出，导致丁二烯损失量较高，此外裂解气中较重组分的存在，对加氢催化剂性能有较大的影响，使催化剂寿命缩短。

后加氢是对裂解气分离得到的 C_2 馏分和 C_3 馏分，分别进行催化选择加氢，将 C_2 馏分中的乙炔，C_3 馏分中的丙炔和丙二烯脱除，其优点有：

一是因为在脱甲烷塔之后进行，氢气已分出，加氢所用氢气按比例加入，加氢选择性高，乙烯几乎没有损失。

二是加氢产品质量稳定，加氢原料中所含乙炔、丙炔和丙二烯的脱除均能达到指标要求。

三是加氢原料气体中杂质少，催化剂使用周期长，产品纯度也高。

但后加氢属外加氢操作，通入本装置所产氢气中常含有甲烷。为了保证乙烯的纯度，加氢后还需要将氢气带入的甲烷和剩余的氢脱除，因此，需设第二脱甲烷塔，导致流程复杂，设备费用高。前加氢与后加氢各有其优缺点，目前更多厂家采用后加氢方案，但前脱乙烷分离流程和前脱丙烷分离流程配上前加氢脱炔工艺技术，经济指标也较好。

四、脱 CO(甲烷化)

1. CO 的来源

裂解气中的一氧化碳是在裂解过程中由以下反应生成的：

焦炭与稀释水蒸气反应： $C+H_2O \longrightarrow CO+H_2$

烃类与稀释水蒸气反应： $CH_4+H_2O \longrightarrow CO+3H_2$

$$C_2H_6+2H_2O \longrightarrow 2CO+5H_2$$

2. CO 的危害

经裂解气低温分离，CO 一部分富集于甲烷馏分中，另一部分富集于富氢馏分中。裂解气中少量的 CO 带入富氢馏分，会使加氢催化剂中毒。另外，随着烯烃聚合高效催化剂的发展，对乙烯和丙烯的 CO 含量的要求也越来越高。因此脱除富氢馏分中的 CO 是十分必要的。

3. 脱除的方法

乙烯装置中采用的脱除 CO 的方法是甲烷化法，甲烷化法是在催化剂存在的条件下，使裂解气中的一氧化碳催化加氢生成甲烷和水，从而达到脱除 CO 的目的。其主反应方程为：

$$CO+3H_2 \longrightarrow CH_4+H_2O$$

该反应是强放热反应，从热力学角度考虑温度稍低，对化学平衡有利，但温度低，反应速度慢。采用催化剂可以解决二者之间的矛盾，一般采用镍系催化剂。

第二节　裂解气深冷分离

一、深冷分离流程

1. 深冷分离的任务

裂解气经压缩和制冷、净化过程为深冷分离创造了条件——高压、低温、净化。深冷分离的任务就是根据裂解气中各低碳烃的相对挥发度不同，用精馏的方法逐一进行分离，最后获得纯度符合要求的乙烯和丙烯产品。

2. 三种深冷分离流程

深冷分离工艺流程比较复杂，设备较多，能量消耗大，并耗用大量钢材，这直接关系到建设投资、能量消耗、操作费用、运转周期、产品的产量和质量、生产安全等多方面的问题，故在组织流程时需全面考虑。目前具有代表性分离流程是：顺序分离流程，前脱乙烷分离流程和前脱丙烷分离流程如图 5-26 所示。

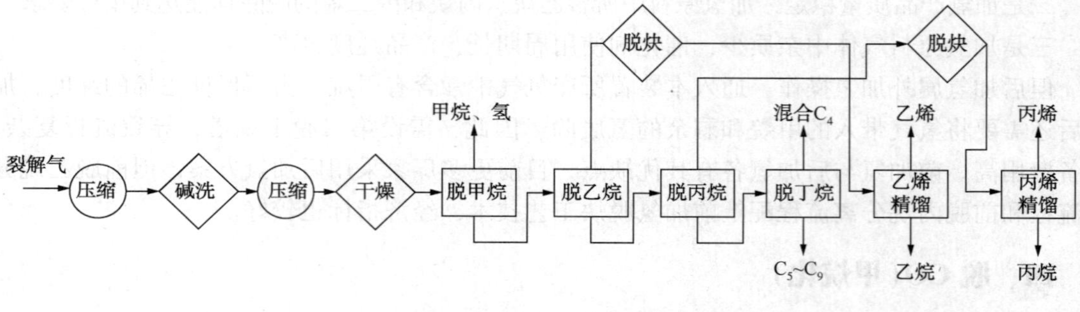

(a)顺序分离流程

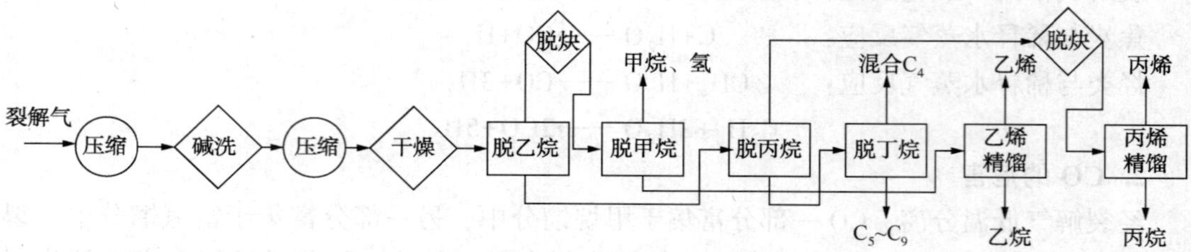

(b)前脱乙烷前加氢流程

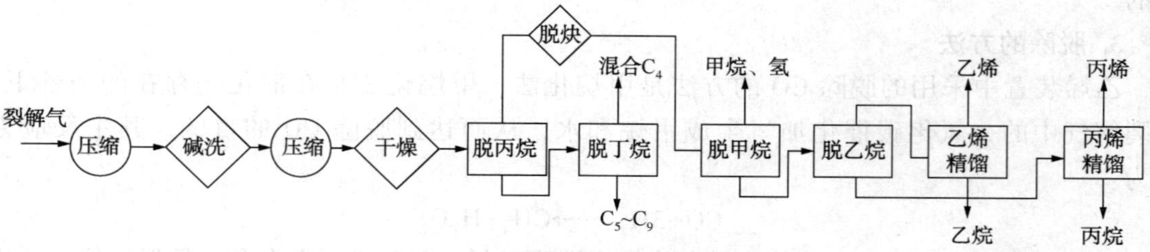

(c)前脱丙烷前加氢流程

图 5-26　代表性分离流程

（1）顺序分离流程

顺序分离流程是按裂解气中各组分碳原子数由小到大的顺序进行分离，即先分离出甲烷、氢，其次是脱乙烷及乙烯的精馏，接着是脱丙烷和丙烯的精馏，最后是脱丁烷，塔底得 C_5 馏分。

（2）前脱乙烷分离流程

前脱乙烷分离流程是以脱乙烷塔为界限，将物料分成两部分，一部分是轻馏分，即甲烷、氢、乙烷和乙烯等组分；另一部分是重组分，即丙烯、丙烷、丁烯、丁烷以及 C_5 以上的烃类。然后再将这两部分各自进行分离，分别获得所需的烃类。

（3）前脱丙烷分离流程

前脱丙烷分离流程是以脱丙烷塔为界限，将物料分为两部分，一部分为丙烷及比丙烷更轻的组分；另一部分为 C_4 及比 C_4 更重的组分，然后再将这两部分各自进行分离，获得所需产品。

3. 三种流程的比较

三种工艺流程的比较见表 5-22。

表 5-22　三种工艺流程的比较

比较项目	顺序分离流程	前脱乙烷分离流程	前脱丙烷分离流程
操作问题	脱甲烷塔在最前，釜温低，再沸器中不易因发生聚合而堵塞	脱乙烷塔在最前，压力高，釜温高，如 C_4 以上烃含量多，二烯烃在再沸器聚合，影响操作且损失丁二烯	脱丙烷在最前，且放置在压缩机段间，低压时就除去了丁二烯，再沸器中不易因发生聚合而堵塞
冷量消耗	全馏分都进入了脱甲烷塔，加重了脱甲烷塔的冷冻负荷，消耗高能级位的冷量多，冷量利用不够合理	C_3、C_4 烃不在脱甲烷而是在脱乙烷塔冷凝，消耗低能级位的冷量，冷量利用合理	C_4 烃在脱丙烷塔冷凝，冷量利用比较合理
分子筛干燥负荷	分子筛干燥是放在流程中压力较高、温度较低的位置，对吸附有利，容易保证裂解气的露点，负荷小	与顺序分离流程相同	由于脱丙烷塔在压缩机三段出口，分子筛干燥只能放在压力较低的位置，以吸附不利，且三段出口 C_3 以上重质烃不能较多冷凝下来，负荷大
加氢脱炔方案	多采用后加氢	可用后加氢，但采用前加氢最有利	可用后加氢，但前加氢经济效果更好
塔径大小	脱甲烷塔负荷大，塔径大，且耐低温钢材耗用多	脱甲烷塔负荷小，塔径小，而脱乙烷塔塔径大	脱丙烷塔负荷大，塔径大，脱甲烷塔塔径介于前两种流程之间
对原料的适应性	对原料适应性强，无论裂解气轻、重，均可	最适合 C_3、C_4 烃含量较多而丁二烯含量少的气体	可处理较重的裂解气，对含 C_4 烃较多的裂解气，本流程更能体现其优点
采用该流程的公司	美国鲁姆斯公司和凯洛格公司	德国林德公司和美国布朗路特公司	美国斯通-韦伟斯特公司

二、脱甲烷塔

脱甲烷塔的中心任务是将裂解气中甲烷-氢和乙烯及比乙烯更重的组分进行分离，分离过程是利用低温使裂解气中除甲烷-氢外的各组分全部液化，然后将不凝气体甲烷-氢分出。分离的轻关键组分是甲烷，重关键组分为乙烯。对于脱甲烷塔，希望塔釜中甲烷的含量尽可能低，以利于提高乙烯的纯度。塔顶尾气中乙烯的含量应尽可能少，以利于提高乙烯的回收率，所以脱甲烷塔对保证乙烯的回收率和纯度起着决定性的作用。同时脱甲烷塔是分离过程中温度最低的塔，能量消耗也最多，是精馏过程中关键塔之一。对整个深冷分离系统来说，在设计上的考虑、工艺上的安排、设备和材料的选择，都是围绕脱甲烷塔而进行的。影响脱甲烷的操作条件有进料中 CH_4/H_2 分子比、温度和压力等。

1. 进料中 CH_4/H_2 分子比

CH_4/H_2 分子比大，尾气中乙烯含量低，即提高乙烯的回收率。这是由于裂解气中所含的氢和甲烷都进入了脱甲烷塔塔顶，在塔顶为了满足分离要求，要有一部分甲烷的液体回流。但如有大量氢气存在，降低了甲烷的分压，甲烷气体的冷凝温度会降低，即不容易冷凝，会减少甲烷的回流量。所以在满足塔顶露点的要求条件下，在同一温度和压力水平下，分子比越大，乙烯损失率越小。

2. 温度和压力

降低温度和提高压力都有利于提高乙烯的回收率，但温度的降低，压力的提高都受到一定条件的制约，温度的降低受温度级位的限制，压力升高主要影响分离组分的相对挥发度。所以在工业中有高压法、中压法和低压法三种不同的压力操作方法。

（1）低压法

操作条件为压力 0.6~0.7MPa，顶温为-140℃左右，釜温为-50℃左右。由于压力低，相对挥发度较大，所以分离效果好；又由于温度低，所以乙烯回收率高。虽然需要低温级冷剂，但因易分离，回流比较小，折算到每吨乙烯的能量消耗，低压法仅占高压法的 70%多一些。低压法也有不利之处，如需要耐低温钢材，多一套甲烷制冷系统，流程比较复杂，同时低压法并不适合所有的裂解气分离，只适用于裂解气中的 CH_4/C_2H_4比值较大的情况。

（2）中压法

压力为 1.05~1.25MPa，脱甲烷塔塔顶温度为-113℃。采用低压脱甲烷，为了满足脱甲烷塔顶温度的要求，低压脱甲烷工艺增加了独立的闭环甲烷制冷系统，因此低压脱甲烷只适用于以石脑油和轻柴油等重质原料裂解的气体分离，以保证有足够的甲烷进入系统，以提供一定量的回流。而对乙烷、丙烷等轻质原料进行裂解，则由于裂解气中甲烷量太少，不适宜采用低压脱甲烷工艺。为此，TPL 公司采用了中压脱甲烷的工艺流程。

（3）高压法

压力为 3.1~4.1MPa，高压法的脱甲烷塔塔顶温度为-96℃左右，不必采用甲烷制冷系统，只需用液态乙烯冷剂即可。由于脱甲烷塔塔顶尾气压力高，可借助高压尾气的自身节流膨胀获得额外的降温，比甲烷冷冻系统简单。此外提高压力可缩小精馏塔的容积，所以从投资和材质要求看，高压法是有利的，但分离效果不如低压法。

在生产中，脱甲烷塔系统为了防止低温设备散冷，减少其与环境接触的表面积，常把节流膨胀阀、高效板式换热器、气液分离器等低温设备，封闭在一个由绝热材料做成的箱子中，此箱称之为冷箱。冷箱可用于气体和气体、气体和液体、液体和液体之间的热交换，在同一个冷箱中允许多种物质同时换热，冷量利用合理，从而省掉了庞大的列管式换热系统，起到了节能的作用。

按冷箱在流程中所处的位置，可分为前冷（又称前脱氢）和后冷（又称后脱氢）两种。冷箱在脱甲烷塔之前的称为前冷流程，冷箱在脱甲烷塔之后的称为后冷流程。前冷流程适用于规模较大、自动化程度较高、原料较稳定、需要获得纯度较高的副产氢的场合。目前工业生产中前冷流程的应用较多。

三、乙烯的精馏

乙烯精馏的目的是以混合 C_2 馏分为原料，分离出合格的乙烯产品，并在塔釜得到乙烷产品。C_2 馏分经加氢脱炔后，主要含有乙烷和乙烯。乙烷-乙烯馏分在乙烯塔中进行精馏，塔顶得到聚合级乙烯，塔釜液为乙烷，乙烷可返回裂解炉进行裂解。乙烯精馏塔是生产成品的塔，它消耗冷量较大，约占总制冷量的 38%~44%，仅次于脱甲烷塔。因此它的操作好坏，直接影响着产品的纯度、收率和成本，所以乙烯精馏塔也是深冷分离中的一个关键塔。

1. 乙烯精馏的方法

压力对乙烷-乙烯的相对挥发度有较大的影响，压力增大，相对挥发度降低，塔板数增多或回流比加大，对乙烷-乙烯的分离不利。当压力一定时，塔顶温度就决定了出料组成，如果操作温度升高，塔顶重组分含量就会增加，产品纯度就下降；如果温度太低，则浪费冷量，同时，塔釜温度控制低了，塔釜轻组分含量升高，乙烯收率下降；如果釜温太高，会引起重组分结焦，对操作不利。

乙烯塔进料中乙烷和乙烯占99.5%以上，所以乙烯塔可看作是二元精馏系统。根据相律，乙烯-乙烷二元气液系统的自由度为2。塔顶乙烯纯度是根据产品质量要求来规定的。所以温度与压力两个因素只能规定一个，例如规定了塔压，相应温度也就确定了。所以生产中有低压开式热泵流程和高压乙烯精馏工艺流程。

(1) 低压乙烯精馏

低压乙烯精馏塔的操作压力一般为0.5~0.8MPa，此时塔顶冷凝温度为-60~-50℃左右，塔顶冷凝器需要乙烯作为制冷剂，生产中常采用开式热泵。

(2) 高压乙烯精馏

高压乙烯精馏塔的操作压力一般为1.9~2.3MPa，相应塔顶温度为-35~-23℃左右，塔顶冷凝器使用丙烯冷剂即可。

2. 乙烯精馏塔的节能

乙烯精馏塔与脱甲烷塔相比，前者精馏段的塔板数较多，回流比大。大回流比对精馏段操作有利，可提高乙烯产品的纯度，对提馏段则不起作用。为了回收冷量在提馏段采用中间再沸器装置，这是对乙烯塔的一个改进。

在后加氢工艺中乙烯精馏塔的进料还含有少量甲烷，它会带入塔顶馏分乙烯中，影响产品的纯度。因此，在乙烯精馏塔之前可设置第二脱甲烷塔，将甲烷脱去后再作乙烯精馏塔的进料。但目前工业上大多不设第二脱甲烷塔，而采用侧线出料法，即在乙烯塔顶附近的几块塔板(七八块)，侧线引出高纯度乙烯，而塔顶引出含少量甲烷的粗乙烯回压缩系统，这是对乙烯精馏塔的第二个改进。这一改进就相当于一个塔起到两个塔的作用。由于拔顶段(侧线出料口至塔顶)采用了大量的乙烯回流，因而这对脱甲烷作用要比设置第二脱甲烷塔还有利，既简化了流程，又节省了能量。由于将第二个塔的负荷集中于一个塔进行，所以对塔的自动化控制程度要求较高，另外因为塔顶气相引入冷凝器的不是纯乙烯，故此时乙烯塔就不能采用热泵精馏。

四、丙烯的精馏

丙烯精馏塔就是分离丙烯-丙烷的塔，塔顶得到丙烯，塔底得到丙烷。由于丙烯-丙烷的相对挥发度很小，彼此不易分离，要达到分离目的，就得增加塔板数、加大回流比，所以，丙烯塔是分离系统中塔板数最多，回流比最大的一个塔，也是运转费和投资费较多的一个塔。

目前，丙烯精馏塔操作有高压法与低压法两种。压力在1.7MPa以上的称高压法，高压法的塔顶蒸汽冷凝温度高于环境温度，因此，可以用工业水进行冷凝，产生凝液回流。塔釜用急冷水(目前较多的是利用水洗塔出来的约85℃以上的急冷水作加热介质)或低压蒸气进行加热，这样设备简单，易于操作，缺点是回流比大，塔板数多。压力在1.2MPa以下的称低压法，低压法的操作压力低，有利于提高物料的相对挥发度，从而塔板数和回流比就可减少。由于此时塔顶温度低于环境温度，故塔顶蒸气不能用工业水来冷凝，必须采用制冷剂才能达到凝液回流的目的。工业上往往采用热泵系统。

由于操作压力不同，塔的操作条件和动力的相对消耗也有较大的差异。低压法(热泵流程)多消耗丙烯压缩动力，而较少消耗水和蒸汽；高压法则消耗丙烯压缩动力较少，而较多消耗冷却水。

第三节　乙烯分离装置仿真操作

一、工艺流程简介

1. 装置的生产过程

本装置为乙烯装置热区分离工段，包括脱丙烷塔系统、MAPD加氢系统、丙烯精馏系统和脱丁烷塔系统。脱乙烷塔釜的物料作为高压脱丙烷塔的进料，高压脱丙烷塔顶部物料用泵送至丙烯干燥器进行干燥后送至MAPD反应器进行加氢反应除去MAPD，进入丙烯精馏塔进行提纯，侧线采出的合格丙烯送至丙烯球罐储存。丙烯精馏塔釜的丙烷作为原料送至裂解炉。

低压脱丙烷塔接收来自凝液汽提塔釜和高压脱丙烷塔釜的进料，低压脱丙烷塔顶部物料由泵送至高压脱丙烷塔，低压脱丙烷塔釜物料去脱丁烷塔，在脱丁烷塔内进行混合 C_4 与 C_5 以上重组分的分离，顶部的混合 C_4 物料泵送至下游装置，脱丁烷塔釜的物料作为原料送至下游装置。

2. 装置流程说明

（1）脱丙烷和脱丁烷系统

本装置的脱丙烷系统由高压脱丙烷塔T403和低压脱丙烷塔T404组成。

来自凝液汽提塔底部的物料进入低压脱丙烷塔T404进行 C_3 和 C_4 馏分的分离，塔底 C_4 及 C_{4+} 馏分直接去脱丁烷塔T405，T404塔顶物料经低压脱丙烷塔顶冷却器E414冷却，并在低压脱丙烷塔冷凝器E415中用−6℃的丙烯冷剂冷凝。冷凝下来的物料进入低压脱丙烷塔回流罐D405，一部分用高压脱丙烷塔进料输送泵P406A/B输送，经高压脱丙烷塔进出料换热器E412加热后进入高压脱丙烷塔T403。低压脱丙烷塔塔顶回流罐D405中的另一部分物料用低压脱丙烷塔回流泵P405A/B送回塔顶作为一部分回流，另一部分回流作为来自高压脱丙烷塔T403塔釜的物料。塔釜再沸器E416用低压蒸汽作热源。

来自脱乙烷塔釜的物料和来自低压脱丙烷塔T404塔顶的物料以及预分离塔的塔釜物料，在适当位置进入高压脱丙烷塔T403进行 C_3 和 C_4 馏分的分离，塔顶物流用循环水冷凝后进入高压脱丙烷塔回流罐D404，一部分用高压脱丙烷塔回流泵/丙烯干燥器进料泵P404A/B送回塔顶作为回流，塔釜再沸器E413用低压蒸汽作热源。塔釜物料经高压脱丙烷塔进出料换热器E412冷却后去低压脱丙烷塔T404塔顶作回流。塔顶的 C_3 液相馏分利用高压脱丙烷塔回流泵/丙烯干燥器进料泵P404A/B送至丙烯干燥器A402。

来自低压脱丙烷塔T404底部的物料直接进入脱丁烷塔T405，脱丁烷塔塔顶回流用循环水冷凝塔顶物流提供回流，塔底再沸器用低压蒸汽作为热源。塔顶回流罐中混合的 C_4 产品直接送至丁二烯装置罐区。塔釜产物送至下一工段。

（2）MAPD加氢反应和丙烯精馏系统

来自高压脱丙烷塔T403塔顶的物料用泵P404A/B输送，通过丙烯干燥器A402干燥后，与氢气混合进入MAPD转化器R402进行液相加氢反应，加氢转化器出口物料进入罐D406进行气液分离。分离的液相，一部分循环至转化器入口以稀释转化器进料中的MAPD浓度，从而减小反应器进出料的温升，进而降低转化反应过程中丙烯的汽化量；其余液体则进入丙烯精馏塔系统。

丙烯精馏系统由1[#]丙烯精馏塔T406(提馏段)和2[#]丙烯精馏塔T407(精馏段)组成，2[#]丙烯精馏塔的塔顶回流用循环水冷凝塔顶物料提供，1[#]丙烯精馏塔的塔底再沸器用急冷水加热。2[#]丙烯精馏塔的塔顶的未凝气体返回裂解气压缩工序，产品聚合级丙烯从2[#]丙烯精馏塔塔顶侧线采出直接送至装置罐区的丙烯球罐贮存，1[#]丙烯精馏塔塔底的丙烷循环至裂解炉作裂解原料。

二、设备列表

设备列表见表5-23。

表5-23　设备列表

位号	名　称	位号	名　称
A402	丙烯干燥器	E421	二号丙烯精馏塔顶冷凝器
D404	高压脱丙烷塔回流罐	E422	丙烯尾气冷却器
D405	低压脱丙烷塔回流罐	E423	脱丁烷塔底再沸器
D406	MAPD反应器分离罐	E424	脱丁烷塔顶冷凝器
D407	二号丙烯精馏塔回流罐	P404	高压脱丙烷塔回流泵
D408	脱丁烷塔回流罐	P405	低压脱丙烷塔回流泵
D413	E413低压蒸汽凝液罐	P406	脱丙烷塔产品泵
D414	E416低压蒸汽凝液罐	P407	MAPD反应器的循环泵
D415	E423低压蒸汽凝液罐	P408	一号丙烯精馏塔回流泵
E411	高压脱丙烷塔顶冷凝器	P409	二号丙烯精馏塔回流泵
E412	高压脱丙烷塔进出料换热器	P410	脱丁烷塔回流泵
E413	高压脱丙烷塔底再沸器	R402	MAPD转化器
E414	低压脱丙烷塔顶冷却器	T403	高压脱丙烷塔
E415	低压脱丙烷塔顶冷凝器	T404	低压脱丙烷塔
E416	低压脱丙烷塔底再沸器	T405	脱丁烷塔
E417	MAPD反应器出口冷却器	T406	一号丙烯精馏塔
E419	一号丙烯精馏塔底再沸器	T407	二号丙烯精馏塔
E420	一号丙烯精馏塔中间再沸器		

三、仪表列表

仪表列表见表5-24。

表5-24　仪表列表

序号	仪表号	说明	单位	正常数据	量程
1	AI4501	T403塔顶MAPD百分含量	%	5.48	100
2	AI4502	T404塔釜MAPD百分含量	%	0.0	100
3	AI4503	R402入口MAPD百分含量	%	2.25	100
4	AI4504	R402出口MAPD百分含量	%	0.0	100
5	AIC4505	丙烯精馏组分控制	%	75.71	100
6	AI4506	丙烯产品丙烯的百分含量	%	99.50	100
7	FIC4501	T403进料流量控制	kg/h	19531	25000
8	FIC4502	T403去T404流量控制	kg/h	7941	12000

续表

序号	仪表号	说明	单位	正常数据	量程
9	FIC4503	T403 回流量控制	kg/h	28624	40000
10	FIC4504	E413 蒸汽流量控制	t/h	57	100
11	FIC4505	T404 进料流量控制	kg/h	11951	20000
12	FIC4506	E416 的蒸汽流量控制	t/h	50	100
13	FIC4507	T404 去 T405 流量控制	kg/h	15261	20000
14	FIC4508	T404 回流量控制	kg/h	8997	15000
15	FIC4509	T404 返回 T403 流量控制	kg/h	4631	10000
16	FIC4510	R402 进料流量控制	kg/h	16221	20000
17	FFIC4511	去 R101 氢气进料	kg/h	84	150
18	FFIC4512	R101 循环烃进料流量控制	kg/h	23145	30000
19	FIC4513	一号精馏塔的进料流量控制	kg/h	16305	20000
20	FIC4514	E419 急冷水流量控制	t/h	100	200
21	FIC4515	循环丙烷出料流量控制	kg/h	1414	5000
22	FIC4516	T406 中部加热量控制	kg/h	47276	80000
23	FIC4517	E420 急冷水流量控制	t/h	100	200
24	FIC4518	T407 返回 T406 流量控制	t/h	235. 03	400
25	FIC4519	T407 返回流量控制	t/h	235. 03	400
26	FFIC4520	丙烯采出流量控制	kg/h	13965	20000
27	FIC4521	二号丙烯精馏塔回流量	t/h	234. 64	400
28	FIC4522	D407 返回流量控制	t/h	234. 64	400
29	FIC4523	丙烯尾气量	kg/h	926	5000
30	FIC4524	E423 蒸汽流量控制	t/h	50	100
31	FIC4525	脱丁烷塔釜出料流量控制	kg/h	5684	10000
32	FIC4526	T405 回流量控制	kg/h	14271	25000
33	FIC4527	C_4 采出流量控制	kg/h	9577	15000
34	PIC4501	T403 塔顶压力控制	MPa	1. 54	3
35	PIC4502	T403 塔顶压力控制	MPa	1. 54	3
36	PDI4503	T403 压力差显示	kPa	40	800
37	PI4504	A402 的压力显示	MPa	2. 9	5
38	PIC4505	T404 塔顶压力控制	MPa	0. 599	1. 2
39	PIC4506	T404 塔顶压力控制	MPa	0. 599	1. 2
40	PI4507	R402 混合烃压力显示	MPa	2. 73	5
41	PIC4508	D406 的压力控制	MPa	2. 46	5
42	PDI4509	R402 压差显示	kPa	165	250
43	PI4510	T406 塔顶压力显示	MPa	1. 8	4
44	PIC4511	T407 塔顶压力控制	MPa	1. 75	3. 5
45	PIC4512	T407 塔顶压力控制	MPa	1. 75	3. 5
46	PDI4513	T406 压力差显示	kPa	80	150
47	PDI4514	T407 压力差显示	kPa	40	80
48	PIC4515	T405 塔顶压力控制	MPa	0. 408	1
49	PIC4516	T405 塔顶压力控制	MPa	0. 408	1
50	PDI4517	T405 压力差显示	kPa	40	80
51	LIC4501	T403 塔釜液位控制	%	50	100

续表

序号	仪表号	说明	单位	正常数据	量程
52	LIC4502	D404 液位控制	%	50	100
53	LIC4503	D413 液位控制	%	50	100
54	LIC4504	T404 塔釜液位控制	%	50	100
55	LIC4505	D405 液位控制	%	50	100
56	LIC4506	D414 液位控制	%	50	100
57	LIC4507	D406 液位控制	%	50	100
58	LIC4508	T406 塔釜液位控制	%	50	100
59	LIC4509	T407 塔釜液位控制	%	50	100
60	LIC4510	D407 液位控制	%	50	100
61	LIC4511	E420 液位控制	%	50	100
62	LIC4512	T405 塔釜液位控制	%	50	100
63	LIC4513	D408 液位控制	%	50	100
64	LIC4514	D415 液位控制	%	50	100
65	TI4501	T403 进料温度显示	℃	60. 2	100
66	TI4502	T403 进料温度显示	℃	57. 2	100
67	TI4503	T403 塔釜出料温度显示	℃	82	100
68	TIC4504	T403 塔釜温度控制	℃	70	100
69	TI4505	T403 塔顶物流温度显示	℃	41. 9	100
70	TI4506	A402 出口物流温度显示	℃	41. 5	100
71	TI4508	D404 出口温度显示	℃	41. 5	100
72	TIC4509	T404 塔釜温度控制	℃	60	100
73	TI4510	T404 塔釜出料温度显示	℃	73	100
74	TI4511	T404 塔顶物流温度显示	℃	27. 2	100
75	TI4513	T403 去 T404 物流温度显示	℃	31. 8	100
76	TI4514	D405 出口温度显示	℃	10	100
77	TI4516	R402 混合进料温度显示	℃	36. 9	100
78	TI4517	R402 出料温度显示	℃	60. 8	100
79	TI4518	D406 进料温度显示	℃	40	100
80	TI4519	D406 出口温度显示	℃	40	100
81	TI4520	T406 塔中温度显示	℃	51	100
82	TI4521	T406 塔釜出料温度显示	℃	56. 7	100
83	TI4522	T406 塔顶物流温度显示	℃	46. 6	100
84	TI4523	E420 热物流进料温度显示	℃	49. 1	100
85	TI4524	E420 冷热物流出料温度显示	℃	49. 5	100
86	TI4525	T407 塔釜出料温度显示	℃	46. 6	100
87	TI4526	丙烯产品采出温度显示	℃	45. 2	100
88	TI4527	T407 塔顶物流温度显示	℃	44. 9	100
89	TI4529	D407 出口温度显示	℃	41. 5	100
90	TI4530	D407 未凝气温度显示	℃	33	100
91	TIC4531	T405 塔釜温度控制	℃	88	150
92	TI4532	T405 塔釜出料温度显示	℃	106. 3	150
93	TI4533	T405 塔顶物流温度显示	℃	46	100
94	TI4535	D408 出口温度显示	℃	39	100

四、操作参数

操作参数见表 5-25。

表 5-25　操作参数表

设备名称	物流名称	温度/℃	压力/MPa	流量/(kg/h)
高压脱丙烷塔 T403	从脱乙烷塔来进料	60.2	1.6	19531
	T404 返回量	57.2	1.6	4631
	塔顶回流量	41.5	1.55	28624
	塔顶出塔	41.9	1.55	44845
	去 T404 量	82	1.6	7941
低压脱丙烷塔 T404	从凝液汽提塔来的进料	45	6.2	11951
	塔顶回流量	10	1.1	8997
	T403 返回量	31.8	1.52	7941
	塔顶出塔	27.2	1.55	13628
	塔釜出料	73	0.65	15261
MAPD 加氢反应器 R402	总进料流量	36.9	2.73	39450
	罐底出料	60.8	2.46	39450
	新鲜进料	41.5	2.73	16221
	循环进料	40	2.73	23145
	反应器配氢量	15.8	2.73	84
一号丙烯精馏塔 T406	从 D406 来的进料	40	1.8	16305
	T407 返回量	46.6	1.8	235029
	塔顶出塔	46.6	1.8	249920
	塔釜出料	56.7	1.88	1414
二号丙烯精馏塔 T407	从 T406 来的进料	46.6	1.8	249920
	塔顶回流量	41.5	1.75	234641
	塔顶出塔	44.9	1.75	235567
	产品侧采	45	1.76	13965
	去 T406 量	46.6	1.8	235029
脱丁烷塔 T405	从 T404 来的进料	73	0.65	15261
	塔顶回流量	39	0.408	14271
	塔顶出塔	39	0.408	9577
	塔釜出料	106.3	0.45	5684

五、复杂控制说明

本装置包括如下控制方案：串级、比例、选择控制等。

1. PIC4501 和 PIC4502 的控制

高压脱丙烷塔 T403 塔顶压力由 PIC4501 和 PIC4502 共同控制。PIC4502 调节从塔顶冷凝器 E411 的返回冷却水量，在高压情况下，PIC4501 控制从回流罐进入火炬系统的气体流量。同理，低压脱丙烷塔 T404 塔顶压力由 PIC4505 和 PIC4506 共同控制。

2. PIC4508 是 50%分程控制器

当 D406 中的压力增加到设定值时，为保持设定压力，“A”阀关闭以减少氢气量，当压力再增高时，为保持设定压力，“B”阀打开，以泄掉 D406 内的气体如图 5-27 所示。

3. PIC4511 和 PIC4512 的控制

2 号丙烯精馏塔接受 1 号丙烯精馏塔的全部气体，其塔顶压力由 PIC4511 和 PIC4512 共同控制。PIC4512 调节从塔顶冷凝器 E421 的返回冷却水量，在高压情况下，PIC4511 控制从回流罐进入火炬系统的气体流量。

4. PIC4515 和 PIC4516 的控制

脱丁烷塔 T405 塔顶压力由 PIC4515 和 PIC4516 共同控制。其中 PIC4515 为分程控制阀，如图 5-28 所示，当压力过低时，PIC4515 控制塔顶气流不经过塔顶冷凝器直接进入回流罐 D408，PIC4515 另一阀门控制塔顶返回的冷凝水量；在高压情况下，PIC4516 控制从回流罐上进入火炬系统的气体流量。

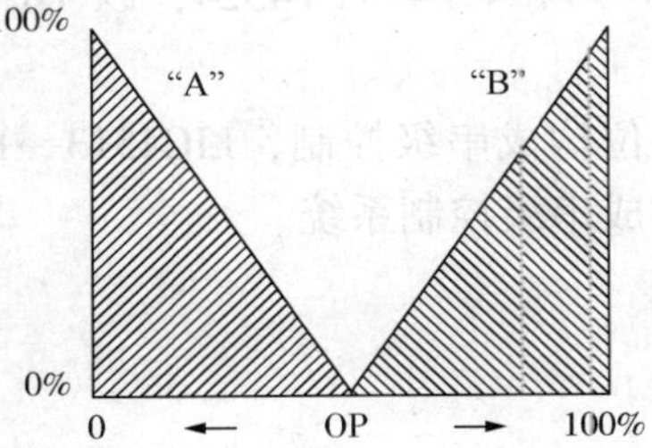

图 5-27　PIC450850%分程控制器示意图

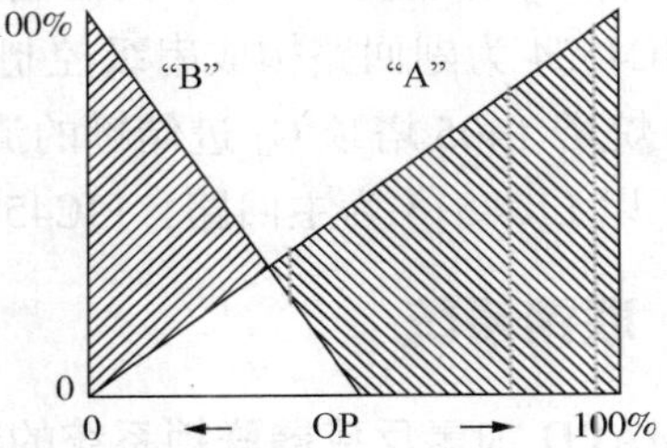

图 5-28　PIC4515 分程控制示意图

5. 比例控制系统

由于化学反应要求各进料按一定配比进入，以保证化学反应中主反应尽量彻底，而副反应尽量小。MAPD 加氢反应器将液态烃新鲜进料与 H_2的进料，还有循环量与新鲜进料构成呈比例控制系统。FIC4510→FFIC4511，控制新鲜进料 FIC4510 与氢气进料 FFIC4511 的流量比率约为 1t∶5. 18kg。FIC4511→FFIC4512，控制新鲜进料 FIC4511 与循环物料 FFIC4512 的流量比率在 1∶1. 4 左右。

6. 串级控制系统

E413 低压蒸汽进料采取串级控制方案，TIC4504→FIC4504→FV4504，以 TIC4504 为主回路，FIC4504 为副回路构成串级控制系统。

T403 塔釜去 T404 流量控制采取串级控制方案，LIC4501→FIC4502→FV4502，以 LIC4501 为主回路，FIC4502 为副回路构成串级控制系统。

D404 进入反应器 R402 流量控制采取串级控制方案，LIC4502→FIC4510→FV4510，以 LIC4502 为主回路，FIC4510 为副回路构成串级控制系统。

E416 低压蒸汽进料采取串级控制方案，TIC4509→FIC4506→FV4506，以 TIC4509 为主回路，FIC4506 为副回路构成串级控制系统。

T404 塔釜去 T405 的进料控制采取串级控制方案，LIC4504→FIC4507→FV4507，以 LIC4504 为主回路，FIC4507 为副回路构成串级控制系统。

D405 返回 T403 的流量控制采取串级控制方案，LIC4505→FIC4509→FV4509，以 LIC4505 为主回路，FIC4509 为副回路构成串级控制系统。

D406 去一号丙烯精馏 T406 流量控制采取串级控制方案，LIC4507→FIC4513→FV4513，以 LIC4507 为主回路，FIC4513 为副回路构成串级控制系统。

E419 急冷水流量采取串级控制方案，AIC4505→FIC4514→FV4514，以 AIC4505 为主回路，FIC4514 为副回路构成串级控制系统。

E420 热物流流量与该换热器液位构成串级控制，LIC4511→FIC4516→FV4516，以 LIC4511 为主回路，FIC4516 为副回路构成串级控制系统。

T406 塔釜的循环丙烷出料控制采取串级控制方案，LIC4508→FIC4515→FV4515，以 LIC4508 为主回路，FIC4515 为副回路构成串级控制系统。

T407 塔釜返回 T406 的流量控制采取串级控制方案，LIC4509→FIC4518→FV4518，以 LIC4509 为主回路，FIC4518 为副回路构成串级控制系统。

D407 塔釜返回 T407 的流量控制采取串级控制方案，LIC4510→FIC4521→FV4521，以 LIC4510 为主回路，FIC4521 为副回路构成串级控制系统。

E423 低压蒸汽进料采取串级控制方案，TIC4531→FIC4524→FV4524，以 TIC4531 为主回路，FIC4524 为副回路构成串级控制系统。

脱丁烷塔 T405 塔顶 C_4 进储罐的流量与 D408 液位构成串级控制，LIC4513→FIC4527→FV4527，以 LIC4513 为主回路，FIC4527 为副回路构成串级控制系统。

六、联锁系统

1. MAPD 加氢反应器联锁系统的起因与结果

MAPD 加氢反应器联锁系统的起因与结果见表 5-26。

表 5-26 MAPD 加氢反应器联锁系统的起因与结果

起因	联锁号	设定点	旁路	结果
床温	TSXH4600	80℃	有	详见联锁图
床温	TSXH4601	80℃	有	详见联锁图
床温	TSXH4602	80℃	有	详见联锁图
床温	TSXH4603	80℃	有	详见联锁图
反应器新鲜进料	FSXL4600	12t/h	有	详见联锁图
紧急停车	HS4601		无	详见联锁图

2. 联锁逻辑图

C_3 加氢反应器连锁逻辑图如图 5-29 所示。

七、操作规程

（一）装置冷态开车过程

1. 开工前的准备工作及全面大检查

开工前全面大检查、处理完毕，设备处于良好的备用状态。各手动阀门处于关闭状态，所有仪表设定值和输出均为 0.0。

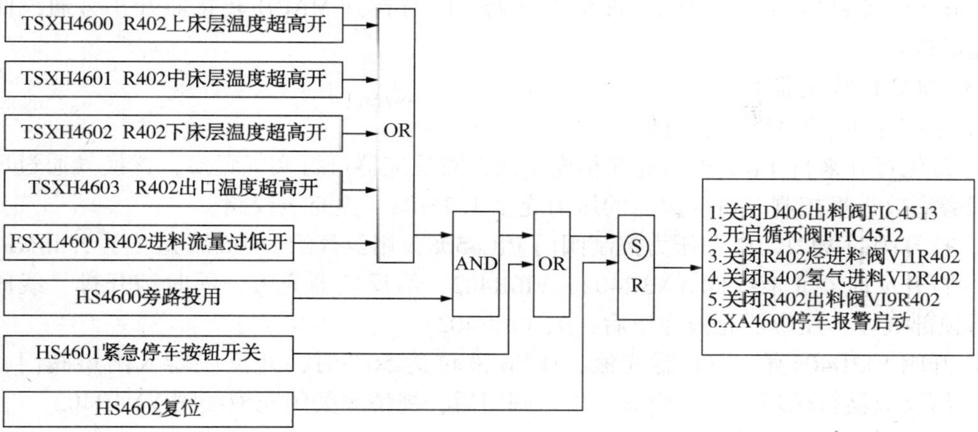

图 5-29　C_3 加氢反应器连锁逻辑图

2. 装置开工和各控制系统投运

（1）高、低压脱丙烷系统

1）系统充压充液，建立循环

① 打开阀门 VX1T403、VX1T404，高、低压脱丙烷塔接气相丙烯充压，将高压脱丙烷塔压力充至 0.8～1.0MPa、低压脱丙烷塔压力控制在 0.5～0.6MPa，停止充压。

② 打开阀门 VX1D404、VX1D405，高、低压脱丙烷塔接液相丙烯，D405 罐液位达 50% 时启动 P405 泵给 T404 塔打回流，待塔釜液位达 10%以上时，稍投塔釜再沸器 E416，塔顶压力由 PV4505 和 PV4506 控制。

③ 启动 P406 泵向高压脱丙烷塔送料，待塔釜液位达 10%以上时，投用高压脱丙烷塔釜再沸器 E413，塔顶压力由 PV4501 和 PV4502 控制在 0.6MPa，当 T403 塔顶回流罐 D404 液位达 50%时，启动 P404 给高压脱丙烷塔打回流，当高压脱丙烷塔釜液位达 50%时，停止接液相丙烯；同时在 FV4502 控制下开始向低压脱丙烷塔进料。

④ 对 T403 和 T404 两塔系统进行调整，保持全回流运转，控制压力及液位，等待接料。

2）系统进料并调整至正常

① 调节 FIC4505 开始逐步向低压脱丙烷塔进料，并控制塔顶压力，逐渐增大低压脱丙烷塔再沸量，增大 P406 出口去高压脱丙烷塔量。

② 低压脱丙烷塔进料后，同步打开 FIC4501 向高压塔进料，高压脱丙烷塔与 T404 按比例逐步接受进料，调整高压脱丙烷塔，增大回流量、再沸量、塔顶冷凝器冷凝量及塔釜去低压脱丙烷塔循环量，系统调整，控制高压脱丙烷塔顶温度、压力逐渐至正常。

③ 由 P404 向丙烯干燥器进料，丙烯干燥器满液后，打开阀门 VI2A402、VX3A402，经 MAPD 转化器开车旁路向丙烯精馏塔 T406 进料。

④ 低压脱丙烷塔 T404 塔釜液位达 50%时在 LV4504、FV4507 串级控制下向脱丁烷塔进料。

（2）丙烯干燥器

① 当高低压脱丙烷塔系统操作稳定，用二号丙烯精馏塔顶部汽化物给丙烯干燥器 A402 加压，当压力充到 1.7MPa 时关闭充压线阀。

② 当高压脱丙烷塔接受进料，并且回流罐 D404 底部液位达 50% 时，缓慢地打开 VX1A402 阀，把高压脱丙烷塔 T403 的回流泵 P404 出口送出液充入干燥器内，同时打开干燥器顶部排气线阀排气，不断地往干燥器内充入物流，直到干燥器充满液体时，关闭排气

阀，全开干燥器进口阀、出口阀，投用干燥器，同时打开 MAPD 转化器开车旁通线阀向丙烯精馏塔进料。

（3）MAPD 转化器系统

1）系统充压、充液，建立循环

① 首先打开来自 T407 顶部的气相充压线，对反应器进行实气置换，置换气通过反应器安全阀旁通放火炬控制。将反应器的压力充至 1.7MPa，关充压线阀。

② 打开阀门 VI2R402 和压力控制阀门 PIC4508，用氢气给 D406 罐充压至 2.46MPa。

③ 打开反应器充液线阀 VX3R402、VI6R402，给反应器充液，同时稍开排气线阀排除反应器顶部气体，反应器充液完毕后，关 VI6R402。

④ 开阀 VI2D406 给 D406 罐充液，D406 液位达 50%时，开反应器入出口阀门，启动 P407 泵给反应器打循环，开反应器入出口阀门后，视情况关闭充液线阀 VX4R402。

2）系统进料并调整至正常

① 全开反应器入出口阀，关开工旁路阀 VX4A402，物料全部切进反应器，同时配入氢气，反应器出口温度达 40~50℃时，将反应器出口冷却器 E417 投用。

② 投用联锁系统。

③ 控制反应器床层温升，调节各参数在要求范围内，反应器出口 MAPD 含量控制在 0.8%以下。

（4）丙烯精馏系统

1）系统充压、充液，建立循环

① 丙烯精馏塔接气相丙烯充压，塔压力控制在 0.8~1.0MPa，停止充压。

② 打开 VX1D407，丙烯精馏系统接液相丙烯，当 D407 罐液位达 50%时，启动 P409 泵给 T407 塔打回流，T407 塔釜液位达 50%时，启动 P408 泵给 T406 塔送料，T406 塔釜有液位后，逐渐投用塔顶冷凝器、塔釜再沸器 E419、中沸器 E420。

③ 丙烯精馏系统全回流运行，控制压力和液位，停止接液相丙烯，准备接受来自丙烯干燥系统的 C_3 物料。

2）系统进料并调整至正常

T406 塔接收来自丙烯干燥系统的物料后，调整系统操作，使各参数在工艺要求范围内，打开侧采，当丙烯含量达到 99%时切进合格罐；投用尾气冷却器 E422，尾气外放至裂解气压缩工段，循环丙烷外送至裂解炉。

（5）脱丁烷系统

① 脱丁烷塔开始接受来自低压脱丙烷塔 T404 进料后，投用塔顶冷凝器 E424。

② D408 罐液位达 50%时，启动 P410 泵打回流，逐渐投用塔釜再沸器 E423，塔顶压力先由 PIC4512 放火炬控制，待塔的温度压力控制正常后，塔顶部回流罐 C_4 产品在串级 LV4513、FV4527 控制下外送 C_4 车间，塔釜液位达 50%时加氢汽油外送，调整各参数在要求范围内。

（二）正常运行

开始时状态：各系统处于正常生产状态，各指标均为正常值。

调整系统，维持各生产质量指标在正常值范围内。

（三）正常停车

1. 系统降低负荷

① 逐步降低 T404 和 T403 进料至正常的 70%，调整各塔系统的回流量以及再沸量和冷却量，保持各塔温度、压力在正常状况。

② 逐渐把各塔和回流罐的液位下降至30%左右。

③ 控制各系统的生产指标在正常值的范围内，准备下一步系统停车。

④ 若T407丙烯不合格(低于99%)，走不合格罐。

2. 系统停车

① 切断到R402的氢气，切断反应器R402的进料，同时打开MAPD转化器开车旁通线阀向丙烯精馏塔进料。

② 关闭FIC4505，关闭T404进料阀门，停再沸器热源后，再逐渐停塔顶冷剂，控制塔压，视情况停P405、P406，并关塔釜去脱丁烷塔的液量。

③ T403在T404进料中断后，关闭进料阀门，停再沸器热源和塔顶冷凝器，控制塔压，视情况停P404。

④ R402系统当氢气停止后，进行循环运行，当床层温度降至合适时，停P407泵，停止循环。

⑤ T405中断进料后，C_4、粗汽油停止外送，C_4外送阀关闭，停再沸器热源，逐渐停塔顶冷凝器，控制塔压，视情况停P410。

⑥ 丙烯精馏塔系统进料中断后，T406、T407全回流运行，丙烯停止外送，停再沸器的热源，逐渐停塔顶冷凝器，视情况停P408、P409保液位，压力由PIC4511控制。

3. 系统倒空

(1) 低压脱丙烷塔系统

FIC4505、FIC4506、PIC4506关，FIC4509开，打开T404塔釜、E412排液线手阀排液，打开D405，排液线手阀排液，液相排净后，关各手阀，开PIC4505泄压。

(2) 高压脱丙烷塔系统

FIC4501、4502、PIC4502关，FIC4504开，打开T403塔釜，E413排液线手阀排液，打开D404、P404排液线手阀排液，液相排净后，关各手阀，开PIC4501，泄压。

(3) MAPD转化器，丙烯干燥器系统

将丙烯干燥器液全部排至丙烯精馏塔，泄液以后，泄压排至火炬。

MAPD转化器系统隔离，内部阀打开，打开MAPD转化器R402手阀，进行倒液，完毕后，泄压。

(4) 丙烯精馏系统

开T406、T407、D407的排液阀，关闭FIC4516，E420进行倒液，倒液完毕后，关各手阀，开PIC4511泄压到火炬。

(5) 脱丁烷塔系统

粗汽油外送阀FIC4525阀关，C_4外送界区阀FIC4527关，开D408排液线阀倒液，完毕后关排液线阀，开T405塔釜，E418倒液线阀。开PIC4516泄压到火炬。

(四) 热态开车

开车前的状态：高、低压脱丙烷塔系统以及丙烯精馏塔已建立全回流循环，丙烯干燥器A402已充压，反应器尚未充压充液。

1. MAPD转化器系统充压充液，建立循环

① 首先打开来自T407顶部的气相充压线，对反应器进行实气置换，置换气通过反应器安全阀旁通放火炬控制。将反应器的压力充至1.7MPa，关充压线阀。

② 打开阀门VI2R402和压力控制阀门PIC4508，将D406罐充压至1.7MPa。

③ 打开反应器充液线阀VX3R402、VI6R402，给反应器充液，同时稍开排气线阀排除

反应器顶部气体，反应器充液完毕后，关 VI6R402。

④ 开阀 VI2D406 给 D406 罐充液，D406 液位达 50%时，开反应器入出口阀门，启动 P407 泵给反应器打循环，开反应器入出口阀门后，视情况关闭充液线阀 VX4R402。

2. 各系统进料并调整至正常

（1）高、低压脱丙烷系统

① 调节 FIC4505 开始逐步向低压脱丙烷塔进料，并控制塔顶压力，逐渐增大低压脱丙烷塔再沸量，增大 P406 出口去高压脱丙烷塔量。

② 低压脱丙烷塔进料后，同步打开 FIC4501，高压脱丙烷塔与 T404 按比例逐步接受进料，调整增大回流量、再沸量、塔顶冷凝器冷凝量及塔釜去低压脱丙烷塔循环量，系统调整，控制高压脱丙烷塔顶温度、压力至正常。

③ 由 P404 向丙烯干燥器进料，丙烯干燥器满液后，打开阀门 VI2A402、VX3A402，经 MAPD 转化器开车旁路向丙烯精馏塔 T406 进料。

④ 低压脱丙烷塔 T404 塔釜液位达 50%时在 LV4504、FV4507 串级控制下向脱丁烷塔进料。

（2）丙烯干燥器

当高压脱丙烷塔接受进料，并且回流罐 D404 底部液位达 50%时，缓慢地打开 VX1A402 阀，把高压脱丙烷塔 T403 的回流泵 P404 出口送出液充入干燥器内，同时打开干燥器顶部排气线阀排气，不断地往干燥器内充入物流，直到干燥器充满液体时，关闭排气阀，全开干燥器进口阀、出口阀，投用干燥器，同时打开 MAPD 转化器开车旁通线阀向丙烯精馏塔进料。

（3）MAPD 转化器系统

① 全开反应器入出口阀，关开工旁路阀 VX4A402，物料全部切进反应器，同时配入氢气，反应器出口温度达 40~50℃时，将反应器出口冷却器 E417 投用。

② 投用联锁系统。

③ 控制反应器床层温升，调节各参数在要求范围内，反应器出口 MAPD 含量控制在 0.8%以下。

（4）丙烯精馏系统

T406 塔接收来自丙烯干燥系统的物料后，调整系统操作，使各参数在工艺要求范围内，打开侧采，当丙烯含量达到 99%时切进合格罐；投用尾气冷却器 E422，尾气外放至裂解气压缩工段，循环丙烷外送至裂解炉。

（5）脱丁烷系统

① 脱丁烷塔开始接受来自低压脱丙烷塔 T404 进料后，投用塔顶冷凝器 E424。

② 当 D408 罐液位达 50%时，启动 P410 泵打回流，逐渐投用塔釜再沸器 E423，塔顶压力先由 PIC4512 放火炬控制，待塔的温度压力控制正常后，塔顶部回流罐 C_4 产品在串级 LV4513、FV4527 控制下外送 C_4 车间，塔釜液位达 50%时加氢汽油外送，调整各参数在要求范围内。

（五）提量 10%操作

同步逐渐提高处理量 FIC4505、FIC4501（从 3%⟶6%⟶10%），保持整个系统操作过程的稳定性。

（六）降量 20%操作

同步逐渐降低处理量 FIC4505、FIC4501（从 5%⟶10%⟶15%⟶20%），保持整个

系统操作过程的稳定性。

（七）特定事故

1. 装置停电

事故原因：电厂发生事故。

事故现象：所有机泵停机。

事故处理方法：

（1）T403，T404 系统

① 停止进料，关闭 FIC4501、FIC4505。

② 停止各返回量，关 FIC4502、FIC4509。

③ 停塔釜加热，关闭 FIC4504、FIC4506。

④ 停塔釜采出，关闭 FIC4507。

⑤ 停泵 P404、P405、P406，关闭入出口阀。

⑥ 塔压分别由 PIC4501 和 PIC4505 控制。

⑦ 系统保液保压。

(2)反应器停车

迅速切断反应器配氢阀 FFIC4511，切断反应器进料阀 FIC4510 及反应器向后系统进料阀 FIC4513，床层物料自身打循环，直到床层温度降至合适时停止物料循环，如反应器床层温度上升，则可启动联锁系统或自动发生联锁。

(3)T406，T407 系统

① 停产品采出，关 FFIC4520，关闭 FIC4515，关 FIC4523。

② 停塔釜加热，关 FIC4514。

③ 停中部再沸器，关闭 FIC4516、FIC4517。

④ 停 P408、P409，关进出口阀。

⑤ 塔压由 PIC4511 控制。

⑥ 系统保液保压。

(4)脱丁烷塔

① 停止采出，关闭 FIC4525、FIC4527。

② 停塔釜加热，关 FIC4524。

③ 停 P410，关进出口阀。

④ 塔压由 PIC4516 控制。

⑤ 系统保液保压。

2. 停冷却水事故处理

事故原因：冷却水供应中断。

事故现象：T403 塔顶出口温度，T405 塔顶出口温度升高；丙烯精馏塔顶温度升高。

事故处理方法：

（1）T403、T404 系统

① 停止进料，关闭 FIC4501、FIC4505。

② 停止返回量，关 FIC4502、FIC4509。

③ 停塔釜加热，关闭 FIC4504、FIC4506。

④ 停塔釜采出，关闭 FIC4507。

⑤ 停泵 P404、P405、P406，关闭入出口阀。

⑥ 塔压分别由 PIC4501 和 PIC4505 控制。

⑦ 系统保压保液。

（2）反应器停车

迅速切断反应器配氢阀 FFIC4511，切断反应器进料阀 FIC4510 及反应器向后系统进料阀 FIC4513，床层物料自身打循环，直到床层温度降至合适时停止物料循环，如反应器床层温度上升，则可启动联锁系统或自动发生联锁。

（3）T406，T407 系统

① 停产品采出，关 FFIC4520，关闭 FIC4515，关 FIC4523。

② 停塔釜加热，关 FIC4514。

③ 停中部再沸器，关闭 FIC4516，FIC4517。

④ 停 P408，P409，关进出口阀。

⑤ 塔压由 PIC4511 控制。

⑥ 系统保压保液。

（4）脱丁烷塔

① 停止采出，关闭 FIC4525，FIC4527。

② 停塔釜加热，关 FIC4524。

③ 停 P410，关进出口阀。

④ 系统保压保液。

3. 原料中断

事故原因：本系统物料中断。

事故现象：分离单元进料中断。

事故处理方法：

（1）T403，T404 系统

① 停止进料，关闭 FIC4501、FIC4505。

② 停止返回量，关 FIC4502、FIC4509。

③ 停塔釜加热，关闭 FIC4504、FIC4506。

④ 停塔釜采出，关闭 FIC4507。

⑤ 停泵 P404、P405、P406，关闭入出口阀。

⑥ 塔压分别由 PIC4501 和 PIC4505 控制。

⑦ 系统保压保液。

（2）反应器停车

迅速切断反应器配氢阀 FFIC4511，切断反应器进料阀 FIC4510 及反应器向后系统进料阀 FIC4513，床层物料自身打循环，直到床层温度降至合适时停止物料循环，如反应器床层温度上升，则可启动联锁系统或自动发生联锁。

（3）T406，T407 系统

① 停产品采出，关 FFIC4520，关闭 FIC4515，关 FIC4523。

② 停塔釜加热，关 FIC4514。

③ 停中部再沸器，关闭 FIC4516，FIC4517。

④ 停 P408，P409，关进出口阀。

⑤ 塔压由 PIC4511 控制。

（4）脱丁烷塔

① 停止采出，关闭 FIC4525，FIC4527。

② 停塔釜加热，关 FIC4524。

③ 停 P410，关进出口阀。

④ 系统保压保液。

4. MAPD 反应器飞温

事故原因：P407A 泵坏，造成循环量中断。

事故现象：MAPD 加氢反应器床层温度偏高。

事故处理方法：

迅速起用备用泵 P407B。

在温度为高温报警（65℃左右）时，通过减少氢气的进量来控制床层温度，如果可能的话，增加来自丙二烯转化器的循环量。将比例控制器投手动状态，手动调节 FFIC4511，使氢炔比达到正常。

在“高-高”温度（80℃）时，发生联锁，则应按紧急停车处理：

（1）T403，T404 系统

① 停止进料，关闭 FIC4501、FIC4505。

② 停止返回量，关 FIC4502、FIC4509。

③ 停塔釜加热，关闭 FIC4504、FIC4506。

④ 停塔釜采出，关闭 FIC4507。

⑤ 停泵 P404、P405、P406，关闭入出口阀。

⑥ 塔压分别由 PIC4501 和 PIC4505 控制。

⑦ 系统保压保液。

（2）R402 停车

① 迅速切断反应器配氢阀 FFIC4511；

② 切断反应器进料阀 FIC4510；

③ 关闭反应器抽出阀；

④ 打开反应器排放阀，完全泄压以防反应器破裂（先导液，后卸压）。

（3）T406，T407 系统

① 停产品采出，关 FFIC4520，关闭 FIC4515，关 FIC4523。

② 停塔釜加热，关 FIC4514。

③ 停中部再沸器，关闭 FIC4516、FIC4517。

④ 停 P408，P409，关进出口阀。

⑤ 塔压由 PIC4511 控制。

（4）脱丁烷塔

① 停止采出，关闭 FIC4525，FIC4527。

② 停塔釜加热，关 FIC4524。

③ 停 P410，关进出口阀。

④ 系统保压保液。

5. 丙烯冷剂中断

事故原因：丙烯压缩制冷停车。

事故现象：本单元丙烯冷剂丧失，T404 温度上升、压力上升。

事故处理方法：

（1）T403、T404 系统

① 停止进料，关闭 FIC4501、FIC4505。

② 停止返回量，关 FIC4502、FIC4509。

③ 停塔釜加热，关闭 FIC4504、FIC4506。

④ 停塔釜采出，关闭 FIC4507。

⑤ 停泵 P404、P405、P406，关闭入出口阀。

⑥ 塔压分别由 PIC4501 和 PIC4505 控制。

⑦ 系统保压保液。

（2）反应器停车

迅速切断反应器配氢阀 FFIC4511，切断反应器进料阀 FIC4510 及反应器向后系统进料阀 FIC4513，床层物料自身打循环，直到床层温度降至合适时停止物料循环，如反应器床层温度上升，则可启动联锁系统或自动发生联锁。

（3）T406，T407 系统

① 停产品采出，关 FFIC4520，关闭 FIC4515，关 FIC4523。

② 停塔釜加热，关 FIC4514。

③ 停中部再沸器，关闭 FIC4516、FIC4517。

④ 停 P408、P409，关进出口阀。

⑤ 塔压由 PIC4511 控制。

⑥ 系统保压保液。

（4）脱丁烷塔

① 停止采出，关闭 FIC4525、FIC4527。

② 停塔釜加热，关 FIC4524。

③ 停 P410，关进出口阀。

④ 系统保压保液。

6. P405A 泵故障

事故原因：P405A 泵故障。

事故现象：

① P405A 停止运行。

② T404 回流中断。

③ T404 温度、压力失常。

事故处理方法：

① 迅速投用 P405B，打开泵 P405B 进出阀。

② 调整 T404 回流量。

③ 控制 T404 回复正常运行。

7. P408A 泵故障

事故原因：P405A 泵故障。

事故现象：T407 返回 T406 的量停止。

事故处理方法：

① 迅速投用 P408B，并打开进出口阀门。
② 调整 T406 回流量。
③ 控制 T406 回复正常运行。

八、仿 DCS 系统操作画面

流程图画面操作图说明见表 5-27。

表 5-27 流程图操作说明表

图名	说明	调图方式	图名	说明	调图方式
OVERVIEW	总貌图	Ctrl+1	GX0001	高压脱丙烷塔现场图	Ctrl+8
GR0001	高压脱丙烷塔	Ctrl+2	GX0002	低压脱丙烷塔现场图	Ctrl+6
GR0002	低压脱丙烷塔	Ctrl+3	GX0003	MAPD 转化器现场图	Ctrl+7
GR0003	MAPD 转化器	Ctrl+4	GX0004	一号丙烯精馏塔现场图	Ctrl+8
GR0004	一号丙烯精馏塔	Ctrl+5	GX0005	二号丙烯精馏塔现场图	
GR0005	二号丙烯精馏塔	Ctrl+6	GX0006	脱丁烷塔现场图	
GR0006	脱丁烷塔	Ctrl+7			

九、乙烯分离单元仿真 PI&D 图

乙烯分离单元仿真 PI&D 图，如图 5-30~图 5-34 所示。

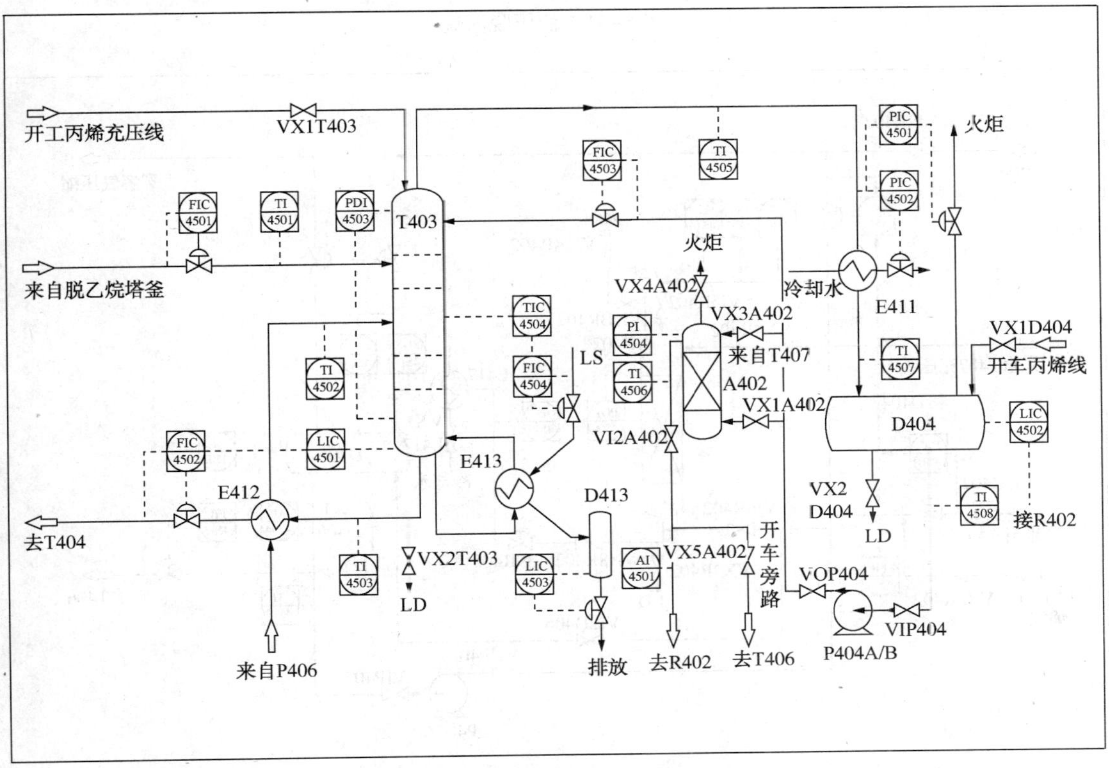

图 5-30 高压脱丙烷热区分离系统

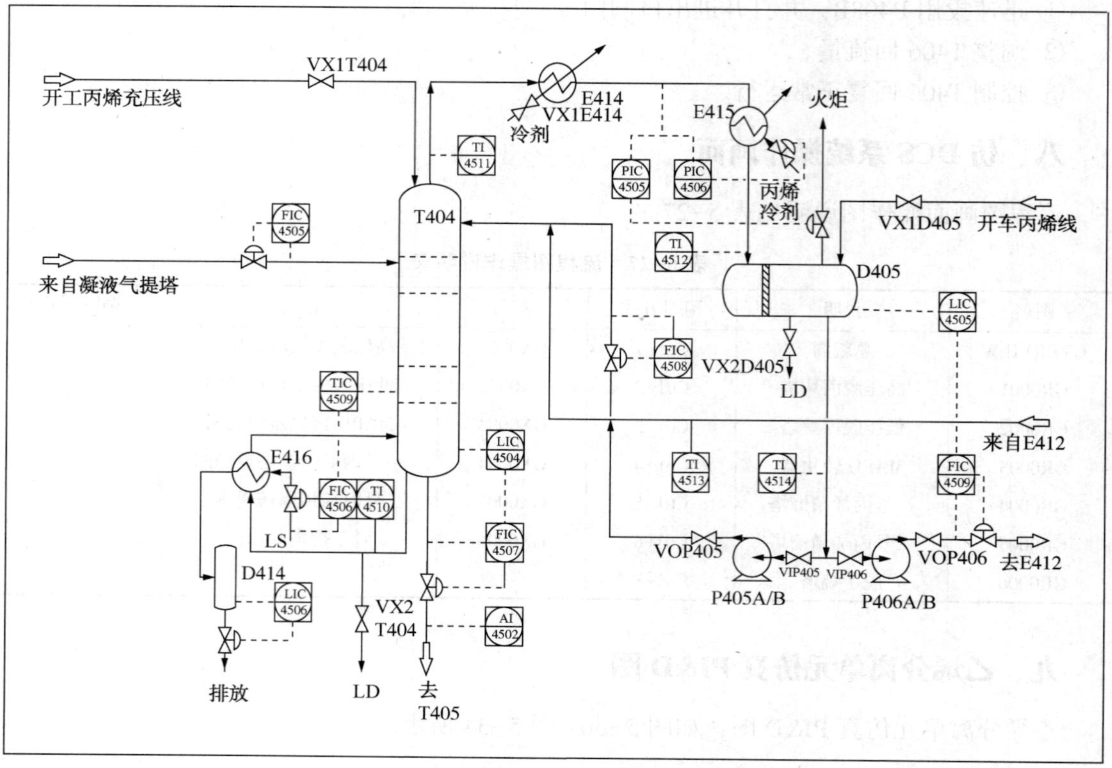

图 5-31　低压脱丙烷

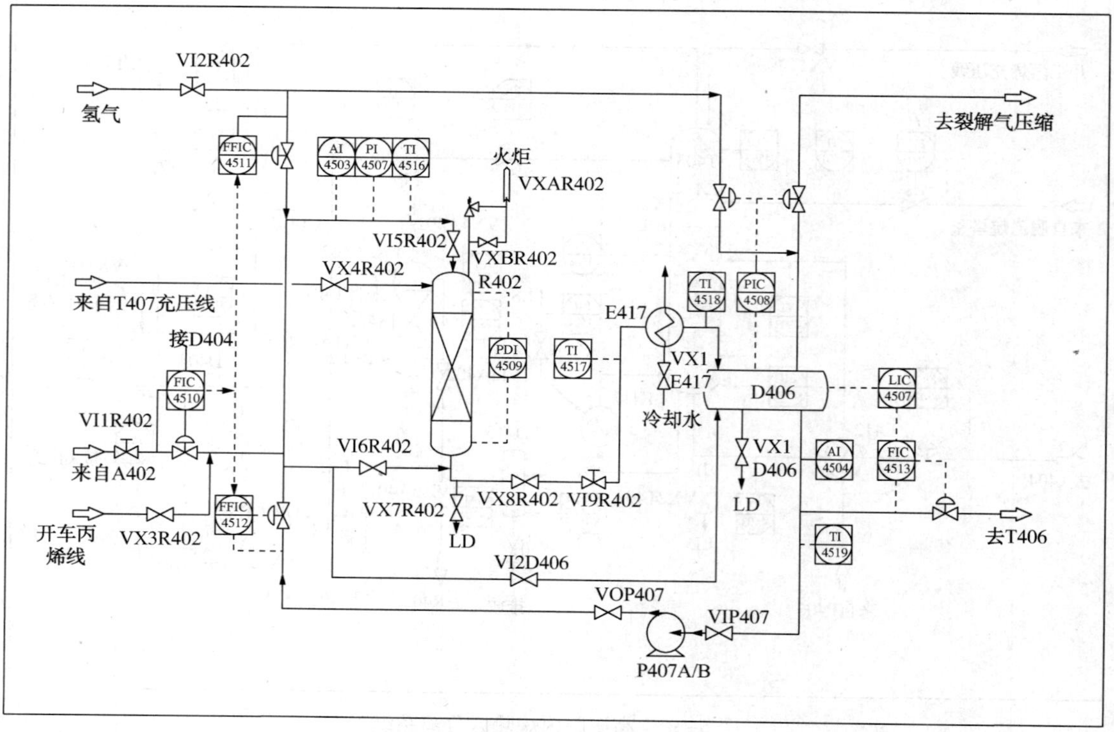

图 5-32　MAPD 转化器系统

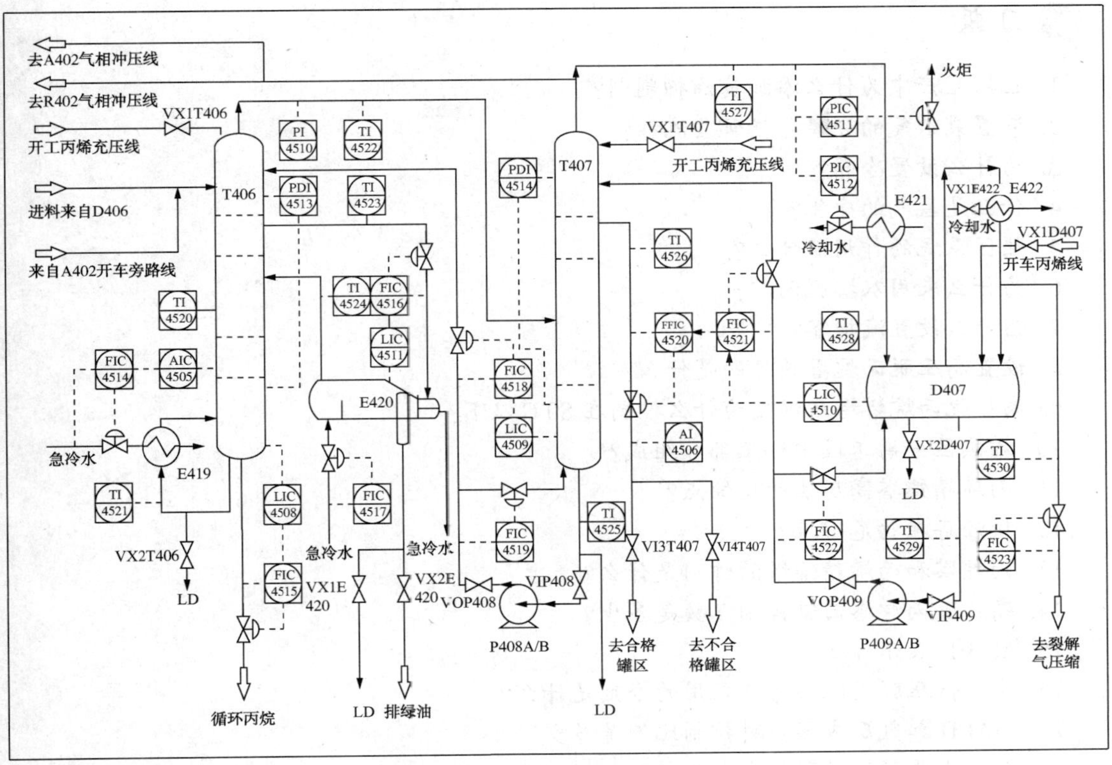

图 5-33　丙烯精馏

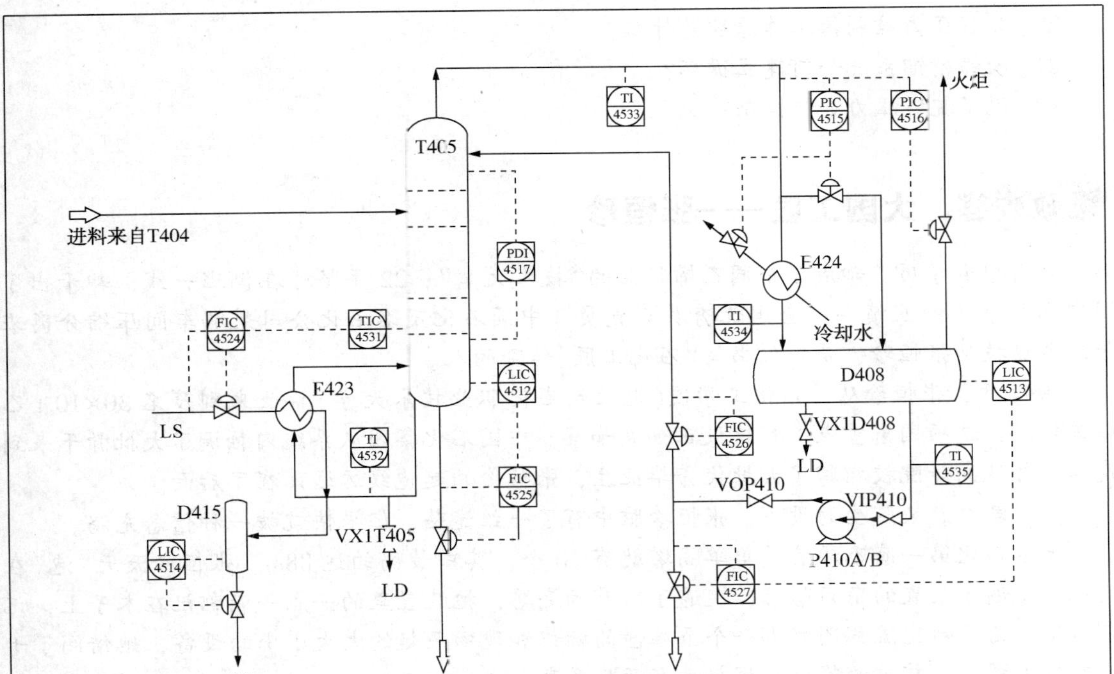

图 5-34　脱丁烷

习题

1. 乙烯生产中为什么添加黄油抑制剂?
2. 装置裂解气的分离包括哪些流程?
3. 为什么设置冷箱?
4. 什么是氢气的净化?
5. 热区系统的作用是什么?
6. 为什么采用双塔脱丙烷?
7. 为什么设置汽提塔?
8. 设置高压脱丙烷塔的目的是什么?
9. 高压脱丙烷塔塔底温度为什么控制在80℃以下?
10. 烯热区分离工段由哪几部分组成?
11. 丙烯精馏塔高压法的优缺点?
12. 炔烃存在的危害性?
13. 丙烷塔和丙烯精馏塔的作用是什么?
14. 高压脱丙烷塔回流控制参数是多少?
15. MAPD 表示什么?
16. 高、低压脱丙烷塔塔顶采用的冷剂是什么?
17. MAPD 加氢反应器原料控制比例是多少
18. 为什么要脱除裂解气中水分?
19. C_3 馏分的脱水顺序是什么?
20. 分程压力控制器工作原理是什么?
21. 丙烯精馏系统如何建立循环?
22. 脱丁烷塔压力如何控制?

思政内容 大国工匠——张恒珍

只有中专学历，却成了全国乙烯行业的“技术大拿”；22年坚守在倒班一线，却干出了国内同行最牛的业绩……全国优秀共产党员、中国石化茂名石化公司裂解车间压缩分离班长、首席技师张恒珍，是一位书写“石化工匠”传奇的人。

1994年，张恒珍从兰州化工学校(现兰州石化职业技术大学)毕业来到茂名 30×10^4t 乙烯工作时，这项国家重点工程建设正如火如荼。中国石化集团从系统内抽调了大批骨干来到茂名，并从高等院校招聘了大批优秀毕业生，张恒珍的起跑线远远落在了后面。

面对既熟悉又陌生的设备，张恒珍脑中有了一丝迷茫，但很快就被一种信念充满。

茂名石化第一套乙烯装置单单高塔就有20个，其中最高的达88m。张恒珍天天“泡”在现场，走遍了装置的角角落落，爬遍了所有的高塔，把装置里的一点一滴都记在本子上，记在心里。为了研究流程图里那一个个难懂的标识和现场架起的大大小小的设备，她借阅了十几本技术资料，摘抄的笔记本摞起来有两尺多高。

“大家都说张恒珍是一台复印机。”回忆起当年的学习情景，和张恒珍一起进厂工作的裂解车间职工史建波说，“当时经常考试，张恒珍的试卷几乎和标准答案一模一样。”

1996 年，茂名石化乙烯开车前，张恒珍已经成为裂解装置第一位“问不倒”的“活流程”，成为开车操作的主力。如今，张恒珍不但是“活流程”，还是“全流程”，百万吨乙烯装置的 8 个岗位，她都能进行操作；裂解车间 12000 多个岗位参数，她都大概记得。

张恒珍把自己多年的操作心得和经验，融入系统操作方法，并且不断丰富和完善，创出了一套独具茂名特色的《$1^{\#}$裂解装置分离系统张恒珍操作法》。这套操作法如今已经成了茂名石化培训乙烯员工和解决日常操作难题的“宝典”。

张恒珍先后提出并参与了解决影响乙烯装置长周期运行效率的重大问题 9 项，为企业创造直接经济效益 2.46 亿元。在她和同事们的努力下，茂名石化裂解装置在中国石化同类装置竞赛中连续 8 年获第一，茂名石化乙烯装置连续三年获得“全国石油石化行业能效领跑者标杆企业”称号，裂解车间获得“全国工人先锋号”称号。她自创的一系列排查问题与技术攻关方法，如今已经被编入技术手册，成为茂名石化解决同类技术难题的重要“蓝本”。

为了让自己掌握的操作知识薪尽火传，张恒珍编写了《分离系统仿真操作手册》，完善了《乙烯装置精馏工种题库》2520 道题，编写了 8 万多字的中国石化脂肪烃培训教材，先后 4 次为中国石化脂肪烃高级技师培训班授课，手把手带徒弟 51 人。如今，她的学生遍布国内各大乙烯企业，一大批学生成为我国乙烯行业技能操作骨干。

作为石化企业最基层的一员，张恒珍以工匠之心追求技艺的极致，让裂解装置成为她实现梦想的平台。

扫一扫查看
本章补充材料

第六章　醋酸装置仿真

第一节　概　　述

醋酸又名乙酸，英文名称为 aceticacid，是具有刺激性气味的无色透明液体，无水醋酸在低温时凝固成冰状，俗称冰醋酸。在 16.7℃以下时，纯醋酸呈无色结晶，沸点 118℃。醋酸蒸气刺激呼吸道及黏膜(特别是对眼睛的黏膜)，浓醋酸可灼烧皮肤。醋酸是重要的有机酸之一。

醋酸是稳定的化合物；但在一定的条件下，能引起一系列的化学反应。如：在强酸(H_2SO_4或 HCl)存在下，醋酸与醇共热，发生酯化反应：

$$CH_3COOH+C_2H_5OH \xleftrightarrow{H^+} CH_3COOC_2H_5+H_2O$$

醋酸是许多有机物的良好溶剂，能与水、醇、酯和氯仿等溶剂以任意比例混合。醋酸除用作溶剂外，还有广泛的用途，在化学工业中占有重要的位置，其用途遍及醋酸乙烯、醋酸纤维素、醋酸酯类等多个领域。醋酸是重要的化工原料，可制备多种醋酸衍生物如醋酸酐、氯醋酸、醋酸纤维素等，适用于生产对苯二甲酸、纺织印染、发酵制氨基酸，也作为杀菌剂。在食品工业中，醋酸作为防腐剂；在有机化工中，醋酸裂解可制得醋酸酐，而醋酸酐是制取醋酸纤维的原料。另外，由醋酸制得聚酯类，可作为油漆的溶剂和增塑剂。在制药工业中，醋酸是制取阿司匹林的原料。利用醋酸的酸性，可作为天然橡胶制造工业中的胶乳凝胶剂，照相的显像停止剂等。

醋酸的生产具有悠久的历史，早期醋酸是由植物原料加工获得或者通过乙醇发酵的方法制得，也有通过木材干馏而获得的。目前，国内外已经开发出了乙酸的多种合成工艺，成熟的乙酸生产工艺有乙炔乙醛法、乙醇乙醛法、乙烯乙醛法、丁烷氧化法和甲醇低压羰基合成法。乙炔乙醛法由于存在严重的汞污染已被淘汰；乙醇醋醛法因生产工艺落后、成本高，国外也已淘汰，国内尚有少量生产；乙烯乙醛法因需消耗乙烯资源，产品成本较高，国外已淘汰，但目前在我国还是主要生产工艺；丁烷氧化法仅适用于轻油比较丰富的地区，不具推广性。目前应用较广泛的为甲醇低压羰基合成法，依据催化剂体系不同，各公司开发出各具特色的甲醇低压羰基合成工艺技术。

第二节　醋酸典型生产工艺

1960 年，德国 BASF 公司成功开发了高压下经羰基化制醋酸的工业化方法，操作条件是反应温度为 210~250℃，反应压力为 65.0MPa，以羰基钴与碘组成催化体系。20 世纪 70 年代，美国孟山都(Monstanto)公司开发铑络合物催化剂(以碘化物作助催化剂)，使甲醇羰基化制醋酸在低压下进行，并实现了工业化。1970 年建成生产能力 13.5×10^4t 醋酸的甲醇低压羰基化装置。甲醇低压羰基化操作条件是反应温度为 175℃，反应压力为 3.0MPa。由于低压羰基化制醋酸技术经济、先进，从 20 世纪 70 年代中期新建的大厂多数采用孟山都公司的甲醇低压羰基化技术。

一、甲醇高压羰基化法

甲醇与一氧化碳在碘化钴均相催化剂存在下，在压力为63.7MPa，温度为250℃时进行反应，制得醋酸，即：$CH_3OH+CO \longrightarrow CH_3COOH$

其工艺流程如图6-1所示。液态甲醇原料经尾气洗涤塔(5)后，同二甲醚与一氧化碳一起连续加入反应器(1)，由反应器顶部引出的粗醋酸及未反应的气体，经冷却器(2)冷却后进入低压分离器(4)。从低压分离器底部出来的粗醋酸送至脱气塔(6)，顶部出来的尾气送尾气洗涤塔(5)用进料甲醇洗涤以回收转化气中的甲基碘，经过洗涤的尾气用作燃料。

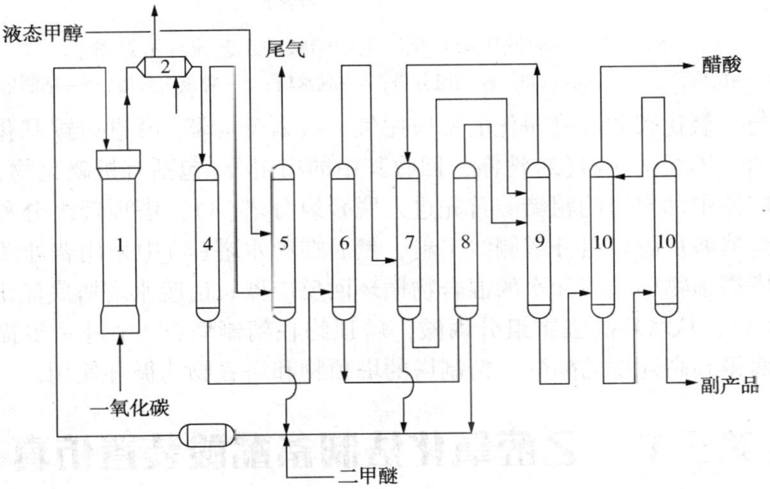

图6-1　甲醇高压羰基化法生产醋酸的工艺流程示意图

1—反应器；2—冷却器；3—预热器；4—低压分离器；5—尾气洗涤塔；6—脱气塔

7—分离塔；8—催化剂分离器；9—共沸物蒸馏塔；10—精馏塔

在脱气塔(6)中，除去低沸点组分，然后在催化剂分离器⑧中脱除碘化钴。碘化钴在醋酸水溶液中作为塔底残余物除去。脱除催化剂的粗醋酸在共沸物蒸馏塔(9)中脱水并精制，所用夹带剂是一种随水蒸气蒸发的副产混合物，它是在反应过程中生成的，并在分离塔⑦中分离出来。共沸物蒸馏塔塔底得到不含水和甲酸的醋酸，再在两个精馏塔(10)中加工成纯度99.8%以上的醋酸。

甲醇高压羰基化制醋酸，其收率以甲醇计为90%。但此法存在的主要问题是反应压力高，副产物多，产品精制复杂。

二、甲醇低压羰基化法

甲醇低压羰基化生产醋酸的方法采用铑的羰基络合物与碘化物组成的催化体系。目前，对铑系、铱系、钴系和镍系等各种甲醇羰基化法制醋酸的催化体系还在不断进行研究。

甲醇低压羰基化法使甲醇和一氧化碳在水-醋酸介质中于压力2.9~3.9MPa，温度在180℃左右的条件下反应，生成醋酸，即$CH_3OH+CO \longrightarrow CH_3COOH$。

由于催化剂的活性和选择性都很高，副产物很少，主要副反应为：

$$CO+H_2O \longrightarrow CO_2+H_2$$

副产物还有少量的醋酸甲酯、二甲醚等。

甲醇低压羰基化法生产醋酸的工艺流程如图 6-2 所示。

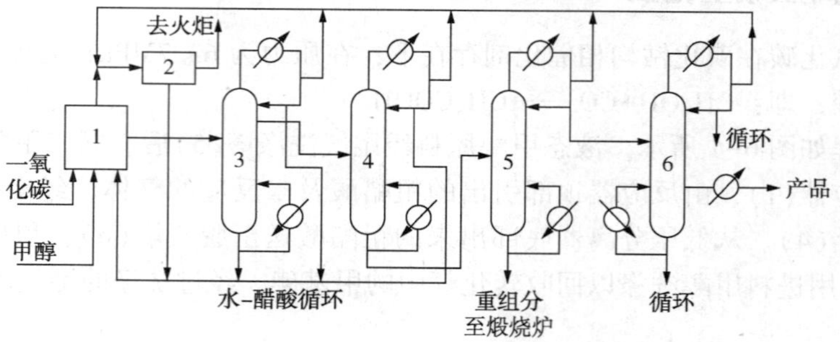

图 6-2　甲醇低压羰基化法生产醋酸的工艺流程示意图

1—反应器；2—洗涤器；3—脱轻组分塔；4—脱水塔；5—脱重组分塔；6—精制塔

原料甲醇与一氧化碳和经过净化的反应尾气，进入反应器(1)进行羰基化反应，从反应系统上部出来的气体经洗涤器(2)洗涤，回收其中的粗组分(包括有机碘化物)，并循环回反应器中。从反应器中部出来的粗醋酸首先进入脱轻组分塔(3)，塔顶轻组分和塔底产物均循环回反应器。湿醋酸从脱轻组分塔侧线出料，然后在脱水塔(4)中采用普通蒸馏方法加以脱水干燥。脱水塔塔顶物即醋酸和水的混合物循环回反应器。由脱水塔塔底流出的无水醋酸送入脱重组分塔(5)，从塔底除去重组分丙酸，塔顶物在精制塔(6)中进一步提纯，采用气相侧线出料，从而得到高纯度的醋酸。精制塔的塔顶物和塔底物均循环使用。

第三节　乙醛氧化法制备醋酸装置仿真

一、装置流程简述

本反应装置系统采用双塔串联氧化流程，主要装置有第一氧化塔 T101、第二氧化塔 T102、尾气洗涤塔 T103、氧化液中间贮罐 V102、碱液贮罐 V105。其中 T101 是外冷式反应塔，反应液由循环泵从塔底抽出，进入换热器中以水带走反应热，降温后的反应液再由反应器的中上部返回塔内；T102 是内冷式反应塔，它是在反应塔内安装多层冷却盘管，管内以循环水冷却。

乙醛和氧气首先在全返混型的反应器第一氧化塔 T101 中反应(催化剂溶液直接进入 T101 内)，然后到第二氧化塔 T102 中，通过向 T102 中加氧气，进一步进行氧化反应(不再加催化剂)。第一氧化塔 T101 的反应热由外冷却器 E102A/B 移走，第二氧化塔 T102 的反应热由内冷却器移除，反应系统生成的粗醋酸送往蒸馏回收系统，制取醋酸成品。

蒸馏采用先脱高沸物，后脱低沸物的流程。

粗醋酸经氧化液蒸发器 E201 脱除催化剂，在脱高沸塔 T201 中脱除高沸物，然后在脱低沸塔 T202 中脱除低沸物，再经过成品蒸发器 E206 脱除铁等金属离子，得到产品醋酸。

从低沸塔 T202 顶出来的低沸物去脱水塔 T203 回收醋酸，含量 99%的醋酸又返回精馏系统，塔 T203 中部抽出副产物混酸，T203 塔顶出料去甲酯塔 T204。甲酯塔塔顶产出甲酯，塔釜排出废水去中和池处理。

二、氧化系统流程简述

乙醛和氧气按配比流量进入第一氧化塔(T101)，氧气分两个入口入塔，上口和下口通氧量比约为1∶2，氮气通入塔顶气相部分，以稀释气相中氧和乙醛。

乙醛与催化剂全部进入第一氧化塔，第二氧化塔不再补充。氧化反应的反应热由氧化液冷却器(E102A/B)移去，氧化液从塔下部用循环泵(P101A/B)抽出，经过冷却器(E102A/B)循环回塔中，循环比(循环量∶出料量)约(110~140)∶1。冷却器出口氧化液温度为60℃，塔中最高温度为75~78℃，塔顶气相压力为0.2MPa(表)，出第一氧化塔的氧化液中醋酸浓度在92%~95%，从塔上部溢流去第二氧化塔(T102)。

第二氧化塔为内冷式，塔底部补充氧气，塔顶也加入氮气，塔顶压力为0.1MPa(表)，塔中最高温度约85℃，出第二氧化塔的氧化液中醋酸含量为97%~98%。

第一氧化塔和第二氧化塔的液位显示设在塔上部，显示塔上部的部分液位(全塔高90%以上的液位)。

出氧化塔的氧化液一般直接去蒸馏系统，也可以放到氧化液中间贮罐(V102)暂存。中间贮罐的作用是：在正常操作情况下做氧化液缓冲罐，停车或事故时存氧化液，醋酸成品不合格需要重新蒸馏时，由成品泵(P402)送来中间贮存，然后用泵(P102)送蒸馏系统回炼。

两台氧化塔的尾气分别经循环水冷却器(E101)冷却，凝液主要是醋酸，带少量乙醛，回到塔顶，尾气最后经过尾气洗涤塔(T103)吸收残余乙醛和醋酸后放空，洗涤塔下部为新鲜工艺水，上部为碱液，分别用泵(P103、P104)循环。洗涤液温度常温，洗涤液含醋酸达到一定浓度后(70%~80%)，送往精馏系统回收醋酸，碱洗段定期排放至中和池。

三、精馏(精制)系统流程简述

从氧化塔来的氧化液进入氧化液蒸发器(E201)，醋酸等以气相去高沸塔(T201)，蒸发温度120~130℃。蒸发器上部装有四块大孔筛板，用回收醋酸喷淋，减少蒸发气体中夹带的催化剂和胶状聚合物等，以免堵塞管道和蒸馏塔塔板。醋酸锰和多聚物等不挥发物质留在蒸发器底部，定期排入高沸物贮罐(V202)，目前一部分去催化剂系统循环使用。

高沸塔常压蒸馏，塔釜液为含醋酸90%以上的高沸物混合物，排入高沸物贮罐，去回收塔(T205)。塔顶蒸出醋酸和全部低沸点组分(乙醛，酯类、水，甲酸等)。回流比为1∶1，醋酸和低沸物去低沸塔(T202)分离。

低沸塔也常压蒸馏，回流比为15∶1，塔顶蒸出低沸物和部分醋酸，含酸约为70%~80%，去脱水塔(T203)。低沸塔釜的醋酸已经分离了高沸物和低沸物，为避免铁离子和其他杂质影响质量，在成品蒸发器(E206)中再进行一次蒸发，经冷却后成为成品，送进成品贮罐(V402)。

脱水塔同样常压蒸馏，回流比为20∶1，塔顶蒸出水和酸、醛、酯类，其中含酸$<5\times10^{-2}$，去甲酯回收塔(T204)回收甲酯。塔中部甲酸的浓集区侧线抽出甲酸、醋酸和水的混合酸，由侧线液泵(P206)送至混酸贮罐(V405)。塔釜为回收酸，进入回收贮罐(V209)。

脱水塔顶蒸出的水和酸、醛、酯进入甲酯塔回收甲酯，甲酯塔常压蒸馏，回流比为8.4∶1。塔顶蒸出含86.2%(质)的醋酸甲酯，由P207泵送往甲酯罐(V404)塔底。含酸废水放入中和池，然后去污水处理场。在正常情况下进一回收罐，装桶外送。

含大量酸的高沸物由高沸物输送泵(P202)送至高沸物回收塔(T205)回收醋酸，常压操作，回流比为 1∶1。回收醋酸由泵（P211）送至脱高沸塔 T201，部分回流到（T205），塔釜留下的残渣排入高沸物贮罐（V406）装桶外销。

四、工艺技术指标

（一）氧化工段

1. 控制指标

氧化工段控制指标见表 6-1。

表 6-1　氧化工段控制指标

序号	名称	仪表信号	单位	控制指标	备注
1	T101 压力	PIC109A/B	MPa	0.19±0.01	
2	T102 压力	PIC112A/B	MPa	0.1±0.02	
3	T101 底温度	TI103A	℃	77±1	
4	T101 中温度	TI103B	℃	73±2	
5	T101 上部液相温度	TI103C	℃	68±3	
6	T101 气相温度	TI103E	℃	与上部液相温差大于 13℃	
7	E102 出口温度	TIC104A/B	℃	60±2	
8	T102 底温度	TI106A	℃	83±2	
9	T102 温度	TI106B	℃	85~70	
10	T102 温度	TI106C	℃	85~70	
11	T102 温度	TI106D	℃	85~70	
12	T102 温度	TI106E	℃	85~70	
13	T102 温度	TI106F	℃	85~70	
14	T102 温度	TI106G	℃	85~70	
15	T102 气相温度	TI106H	℃	与上部液相温差大于 15℃	
16	T101 液位	LIC101	%	35±15	
17	T102 液位	LIC102	%	35±15	
18	T101 加氮量	FIC101	m^3/h	150±50	
19	T102 加氮量	FIC105	m^3/h	75±25	

2. 分析项目

分析项目见表 6-2。

表 6-2　项目分析表

%

序号	名称	位号	控制指标	备注
1	T101 出料含醋酸	AIAS102	92~95	
2	T101 出料含醛	AIAS103	<4	
3	T102 出料含醋酸	AIAS104	>97	
4	T102 出料含醛	AIAS107	<0.3	
5	T101 尾气含氧	AIAS101A、B、C	<5	
6	T102 尾气含氧	AIAS105	<5	
7	T103 中含醋酸	AIAS106	<80	

（二）精制工段

1. 控制指标

精制工段控制指标见表 6-3。

表 6-3 精制工段控制指标

序号	名称	仪表信号	单位	控制指标	备注
1	V101 氧气压力	PIC106	MPa	0.6±0.05	
2	V502 氮气压力	PIC515	MPa	0.50±0.05	
3	T101 压力	PIC109A/B	MPa	0.19±0.01	
4	T102 压力	PIC112A/B	MPa	0.1±0.02	
5	T101 底温度	TR103—1	℃	77±1	
6	T101 中温度	TR103—2	℃	73±2	
7	T101 上部液相温度	TR103—3	℃	68±3	
8	T101 气相温度	TR103—5	℃		与上部液相温差大于 13℃
9	E102 出口温度	TIC104A/B	℃	60±2	
10	T102 底温度	TR106—1	℃	83±2	
11	T102 各点温度	TR106—1—7	℃	85~70	2≥1>3 >4>5> 6>7
12	T102 气相温度	TR106—8	℃		与上部液相温差大于 15℃
13	T101、T102 尾气含氧		%	<5	（体）
14	T101、T102 出料含过氧酸		%	<0.4	（质）
15	T101 出料含醋酸		%	92.0~95.0	（质）
16	T101 出料含醛		%	2.0~4.0	（质）
17	氧化液含锰		%	0.10~0.20	（质）
18	T102 出料含醋酸		%	>97	（质）
19	T102 出料含醛		%	<0.3	（质）
20	T102 出料含甲酸		%	<0.3	（质）
21	T101 液位	LIC101	%	40±10	现为 35±15
22	T102 液位	LIC102	%	35±15	
23	T101 加氮量	FIC101	Nm^3/h	150±50	
24	T102 加氮量	FIC105	Nm^3/h	75±25	
25	原料配比			$1NM^3O$：3.5~4kg CH_3CHO	
26	界区内蒸汽压力	PIC—503	MPa	0.55±0.05	
27	E201 压力	PI202	MPa	0.05±0.01	
28	E206 出口压力		MPa	0±0.01	
29	E201 温度	TR201	℃	122±3	
30	T201 顶温度	TR201—4	℃	115±3	

续表

序号	名称	仪表信号	单位	控制指标	备注
31	T201 底温度	TR201—6	℃	131±3	
32	T202 顶温度	TR204—1	℃	109±2	
33	T202 底温度	TR204—3	℃	131±2	
34	T203 顶温度	TR207—4	℃	82±2	（目前）
35	T203 侧线温度	TR207—4	℃	100±2	（目前）
36	T203 底温度	TR207—3	℃	130±2	（目前）
37	T204 顶温度	TR211—1	℃	63±5	
38	T204 底温度	TR211—3	℃	105±5	
39	T205 顶温度	TR211—4	℃	120±2	
40	T205 底温度	TR211—6	℃	135±5	
41	T202 釜出料含酸		%	>99.5	（质）
42	T203 顶出料含酸		%	<8.0	（质）
43	T204 顶出料含酯		%	>70.0	（质）
44	各塔中间罐的液位		%	30~70	
45	V401AA/B 压力	PI401A/B	MPa	0.4±0.02	
46	V401A/B 液位	II401A/B	%	50±25	
47	V402 温度	TI402A—E	℃	35±15	
48	V402 液位	LI402A—E	%	10~80	
49	V401A/B 温度	TI401A/B	℃	<35	

2. 分析项目

精制工段项目分析见表 6-4。

表 6-4　精制工段项目分析表

%

序号	名称	控制指标	备注
1	P209 回收醋酸	>98.5	
2	T203 侧采含醋酸	50~70	
3	T204 顶采出料含乙醛	12.75	
4	T204 顶采出料含醋酸甲酯	86.21	
5	成品醋酸 P204 出口含醋酸	>99.5	

五、工艺仿真画面

(一) 氧化工段

乙醛氧化工段流程图如图 6-3 所示。

尾气洗涤塔和中间贮罐 DCS 图如图 6-4 所示。

尾气洗涤塔和中间贮罐现场图如图 6-5 所示。

第一氧化塔 DCS 图如图 6-6 所示。

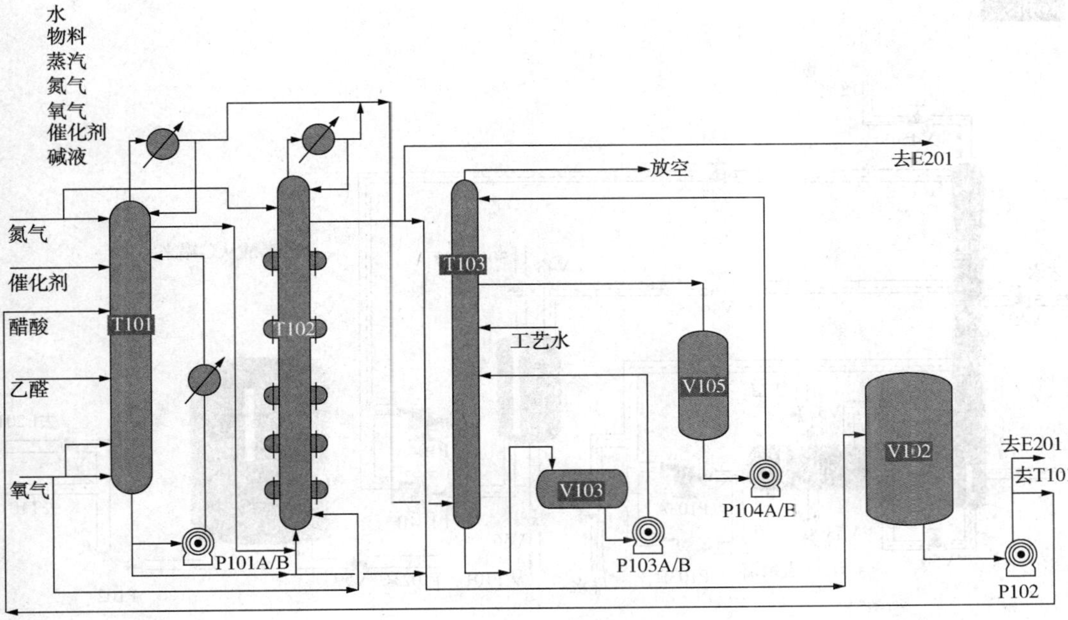

图 6-3　乙醛氧化工段流程图

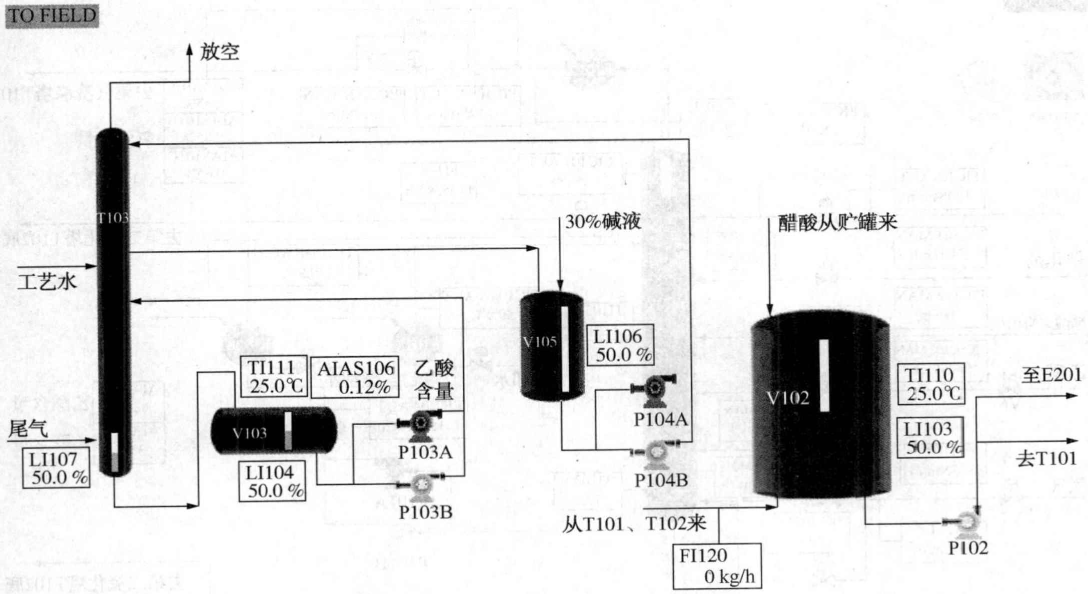

图 6-4　尾气洗涤塔和中间贮罐 DCS 图

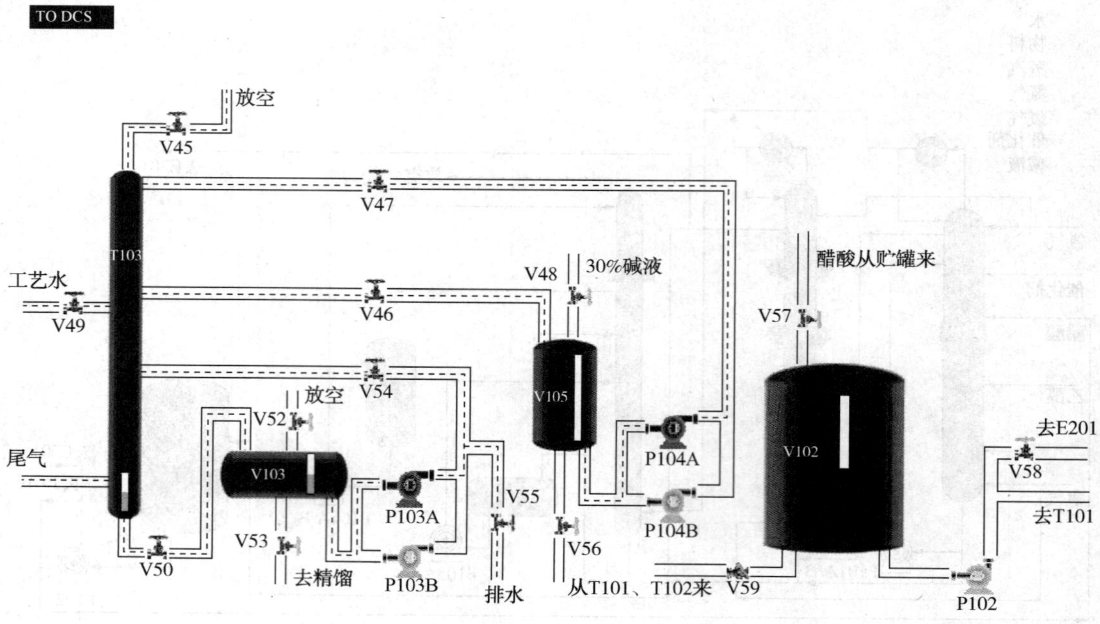

图 6-5　尾气洗涤塔和中间贮罐现场图

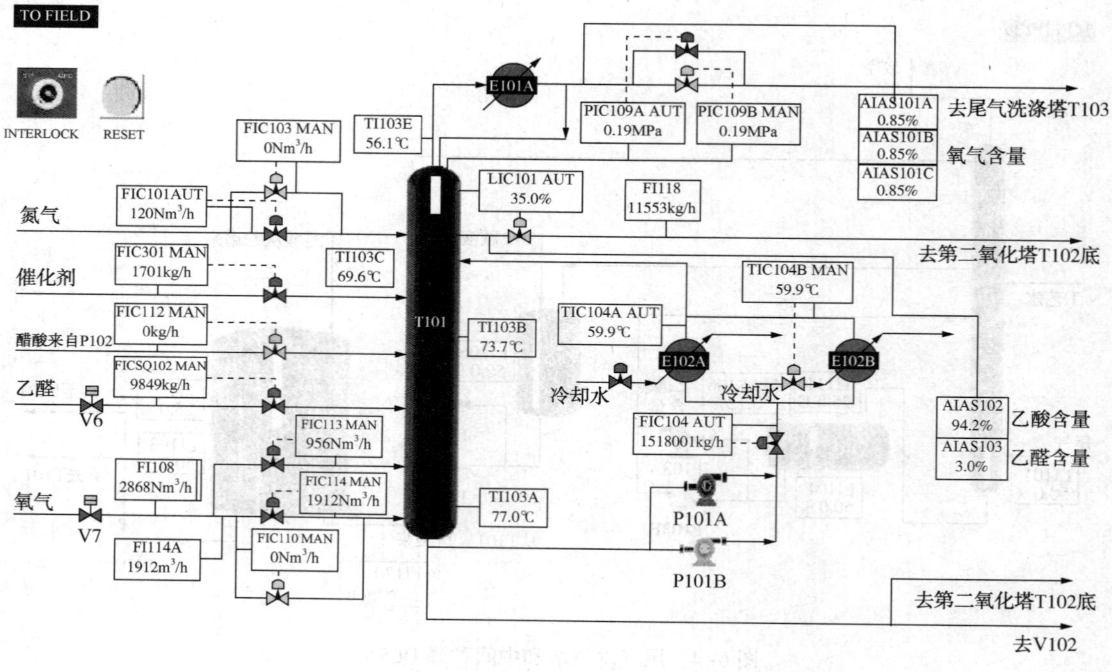

图 6-6　第一氧化塔 DCS 图

第一氧化塔现场图如图 6-7 所示。

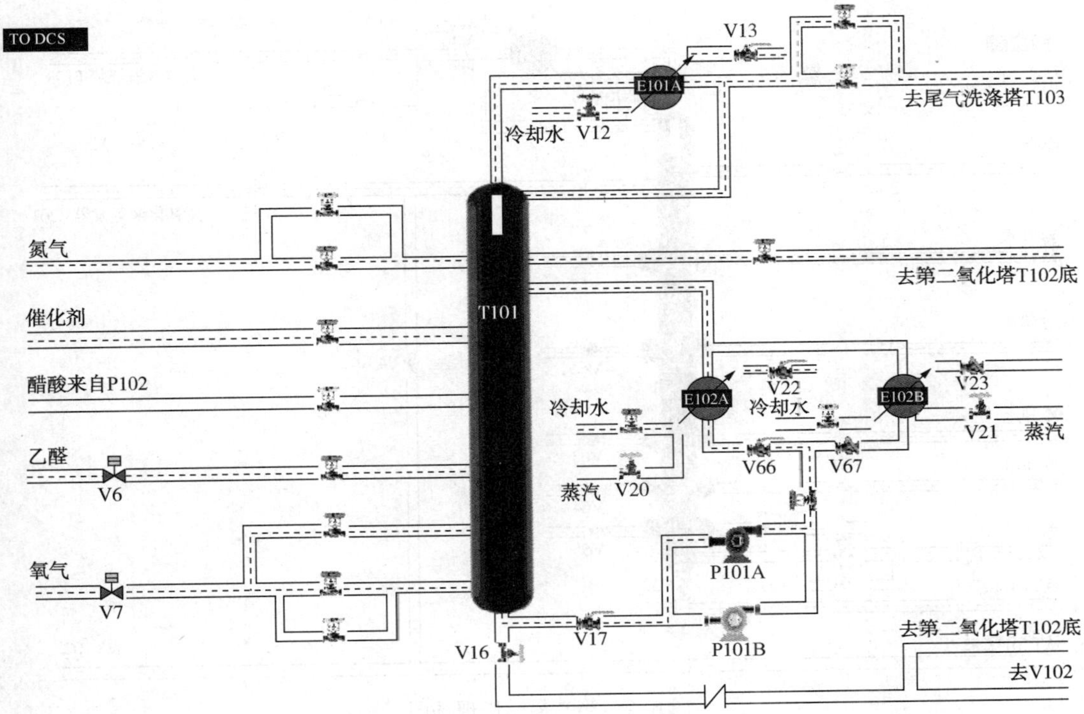

图 6-7　第一氧化塔现场图

第二氧化塔 DCS 图如图 6-8 所示。

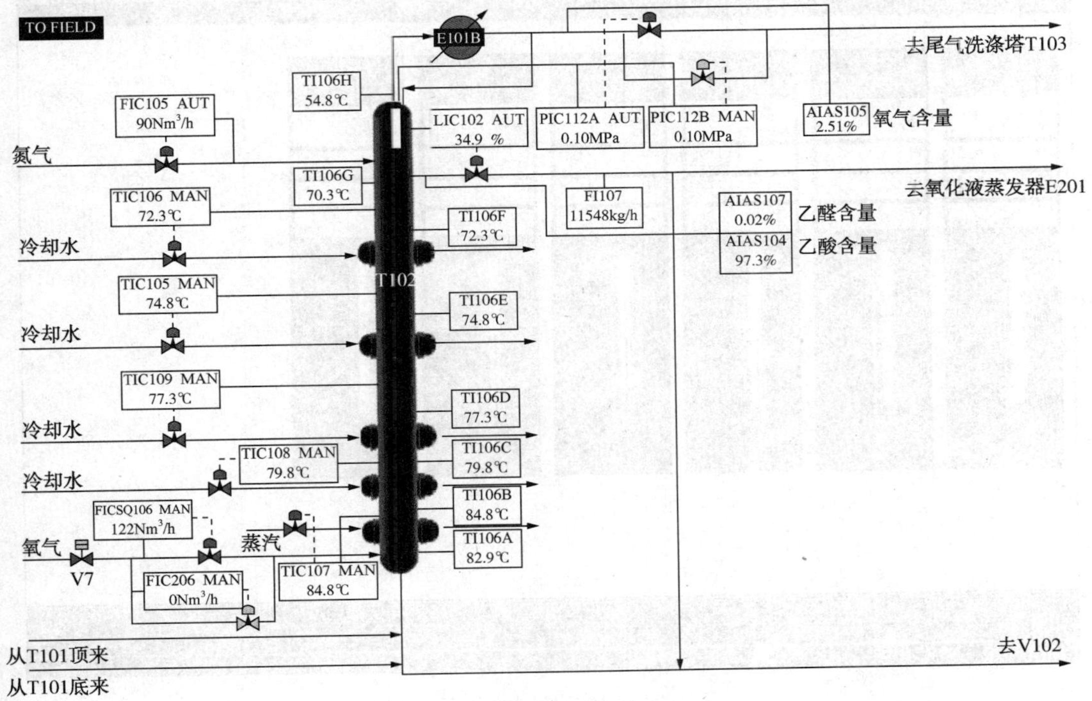

图 6-8　第二氧化塔 DCS 图

第二氧化塔现场图如图 6-9 所示。

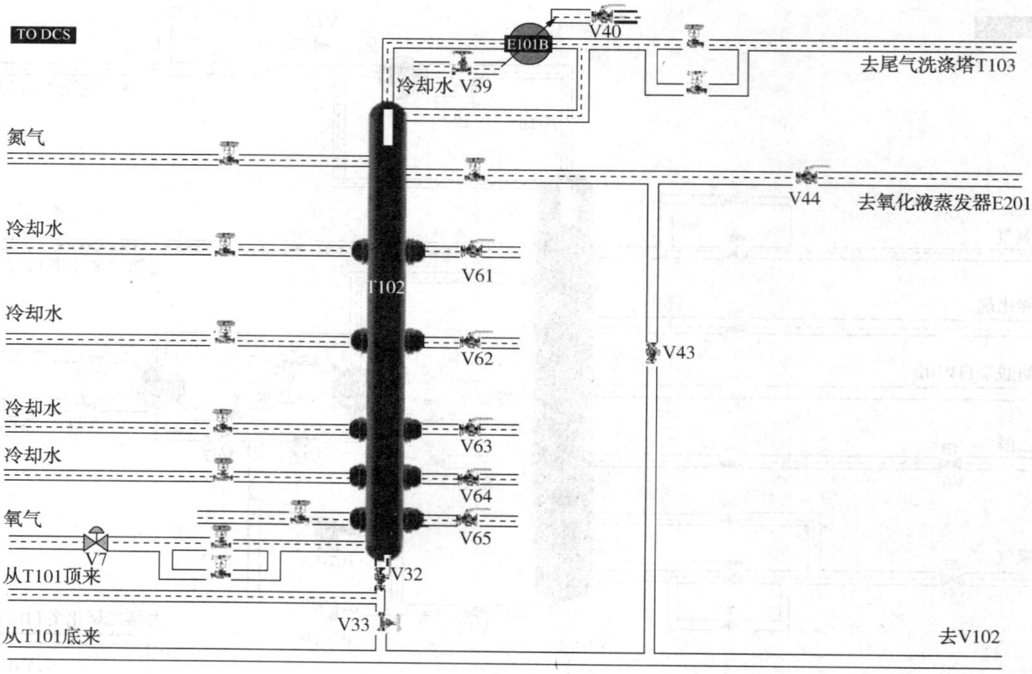

图 6-9　第二氧化塔现场图

控制组画面如图 6-10 所示。

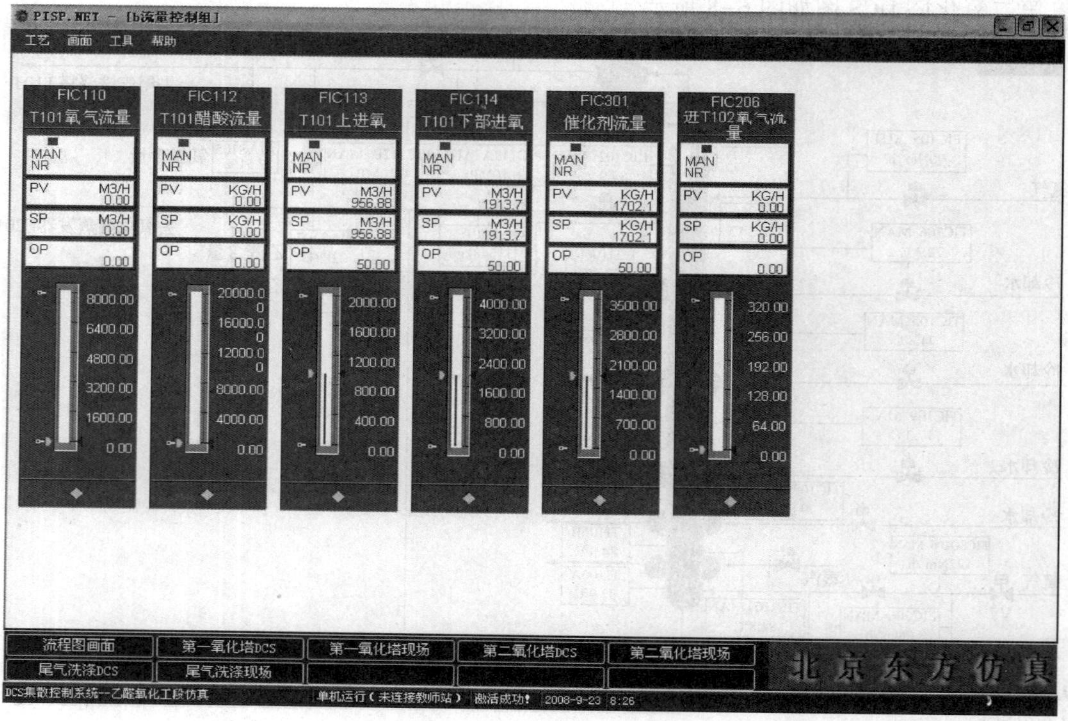

图 6-10　控制组画面

（二）精制工段

精制工段总流程图如图 6-11 所示。

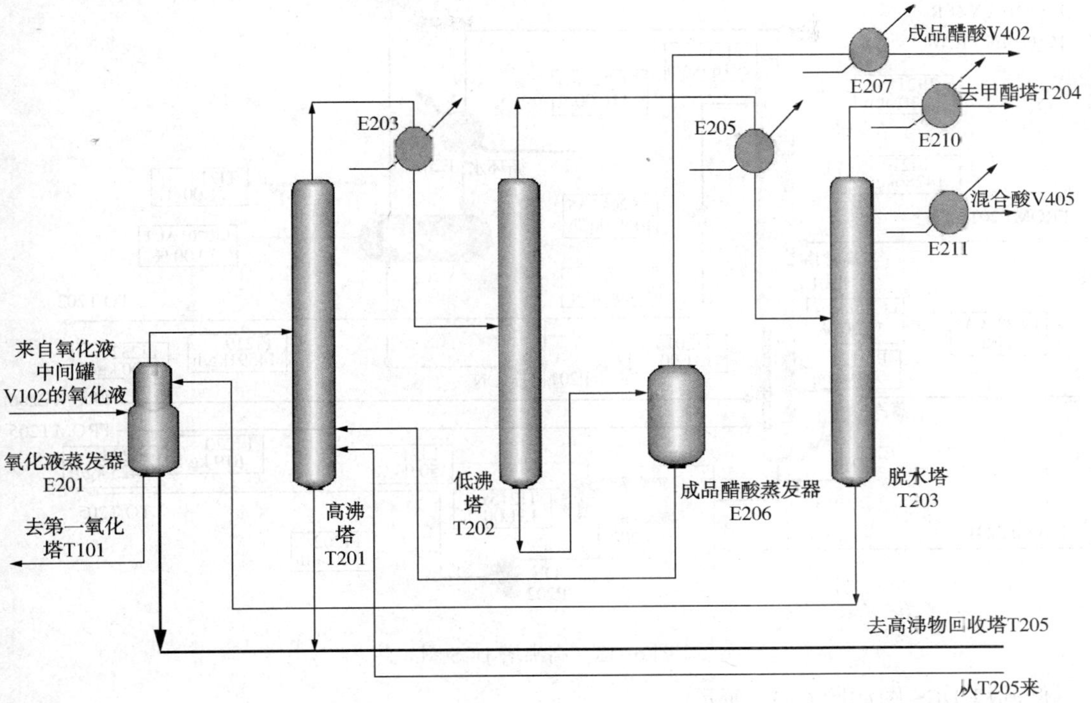

图 6-11　醋酸精制工段总流程图

氧化液蒸发器 DCS 图如图 6-12 所示。

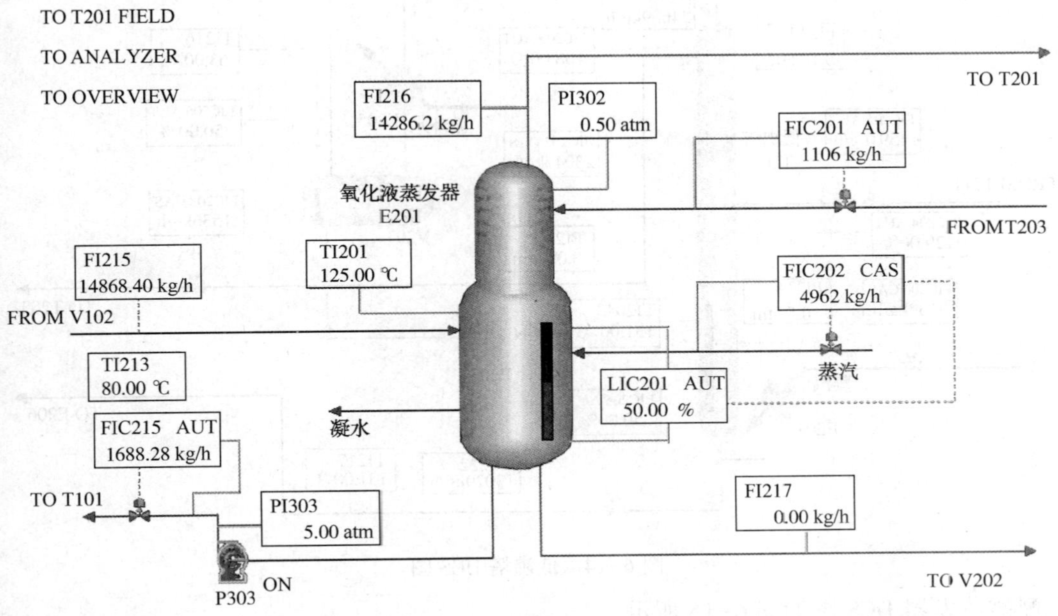

图 6-12　氧化液蒸发器 DCS 图

高沸塔 DCS 图如图 6-13 所示。

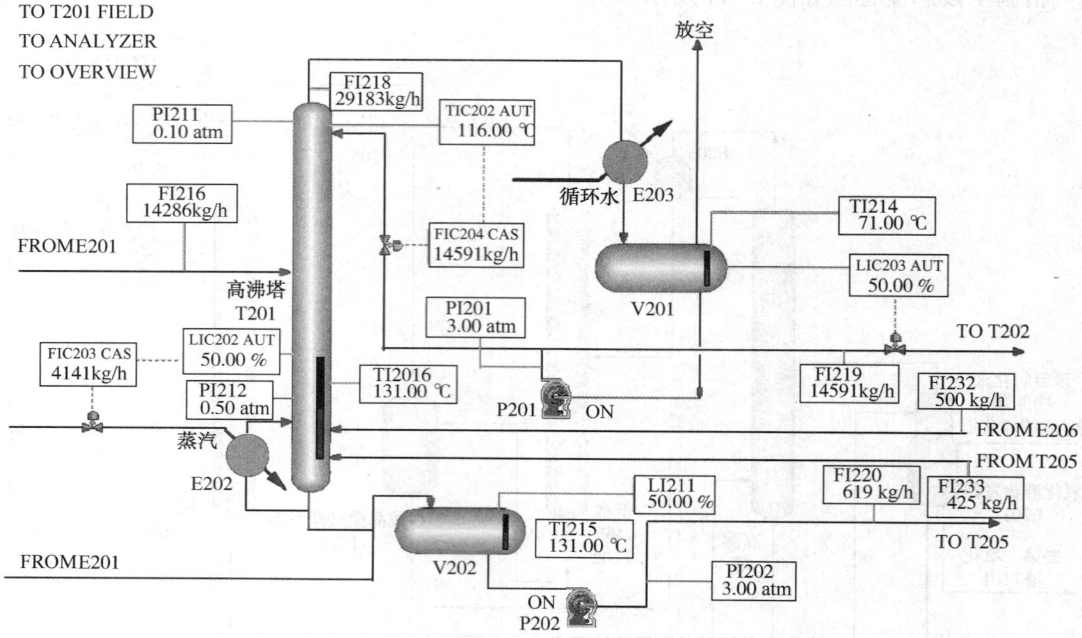

图 6-13　高沸塔 DCS 图

低沸塔 DCS 图如图 6-14 所示。

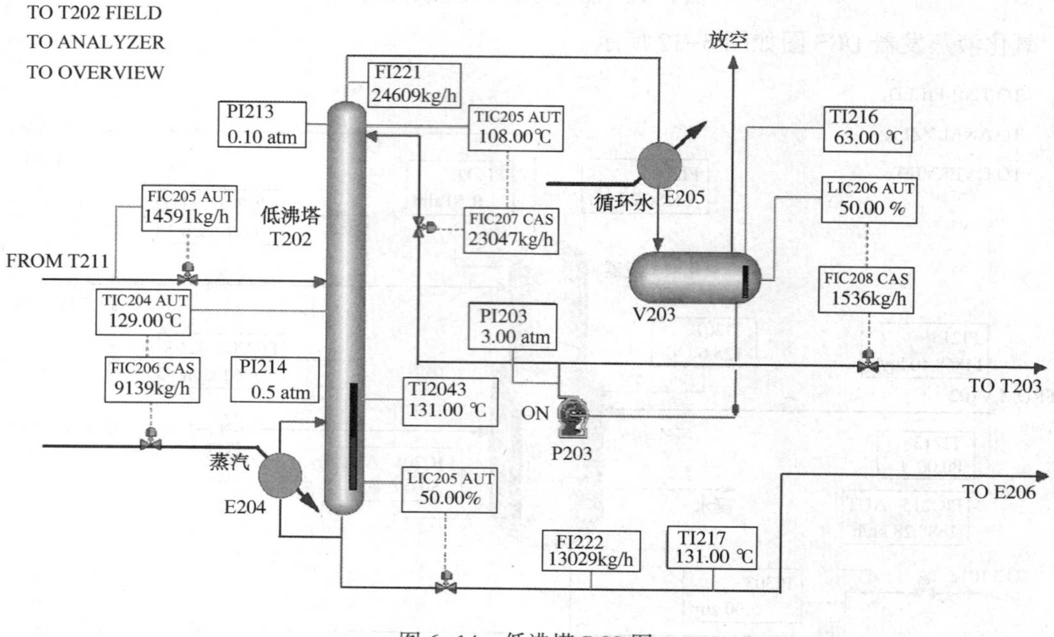

图 6-14　低沸塔 DCS 图

醋酸蒸发器 DCS 图如图 6-15 所示。

脱水塔 DCS 图如图 6-16 所示。

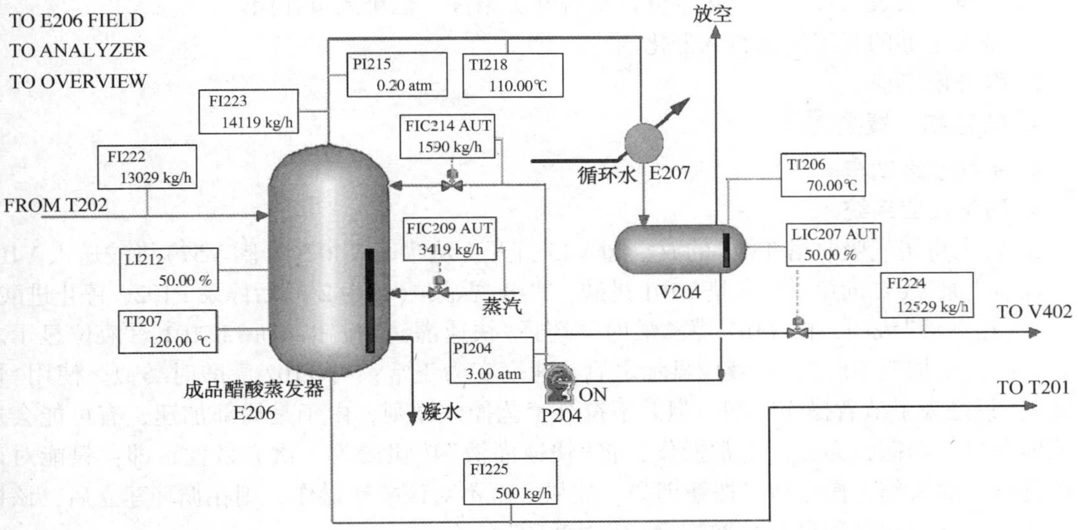

图 6-15　醋酸蒸发器 DCS 图

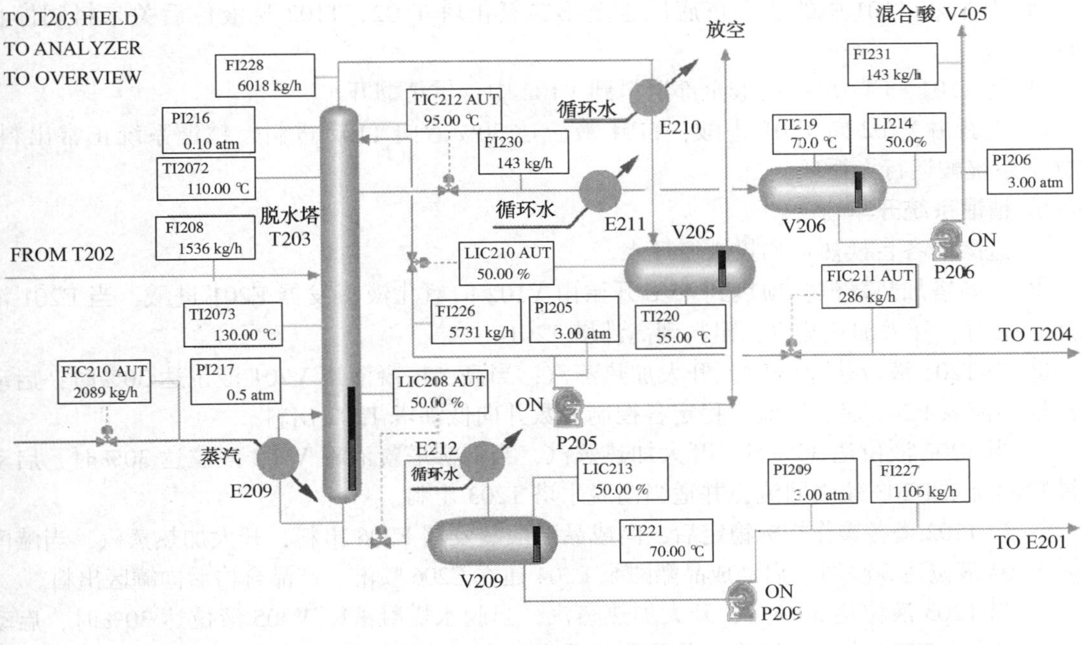

图 6-16　脱水塔 DCS 图

六、操作规程

(一) 冷态开车/装置开工

1. 开工应具备的条件

① 检修过的设备和新增的管线，必须经过吹扫、气密、试压、置换合格(若是氧气系统，还要脱脂处理)。

② 电气、仪表、计算机、联锁、报警系统全部调试完毕，调校合格、准确好用。

③ 机电、仪表、计算机、化验分析具备开工条件，值班人员在岗。

④ 备有足够的开工用原料和催化剂。

2. 引公用工程

3. N_2吹扫、置换气密

4. 系统水运试车

5. 酸洗反应系统

① 首先将尾气吸收塔 T103 的放空阀 V45 打开；从罐区 V402(开阀 V57)将酸送入 V102 中，而后由泵 P102 向第一氧化塔 T101 进酸，T101 见液位(约为 2%)后停泵 P102，停止进酸。

“快速灌液”说明，向 T101 灌乙酸时，选择“快速灌液”按钮，在 LIC101 有液位显示之前，灌液速度加速 10 倍，有液位显示之后，速度变为正常；对 T102 灌酸时类似。使用“快速灌液”只是为了节省操作时间，但并不符合工艺操作原则，由于是局部加速，有可能会造成液体总量不守衡，为保证正常操作，将“快速灌液”按钮设为一次有效性，即：只能对该按钮进行一次操作，操作后，按钮消失；如果一直不对该按钮操作，则在循环建立后，该按钮也消失。该加速过程只对“酸洗”和“建立循环”有效。

② 开氧化液循环泵 P101，循环清洗 T101。

③ 用 N_2将 T101 中的酸经塔底压送至第二氧化塔 T102，T102 见液位后关来料阀停止进酸。

④ 将 T101 和 T102 中的酸全部退料到 V102 中，供精馏开车。

⑤ 重新由 V102 向 T101 进酸，T101 液位达 30%后向 T102 进料，精馏系统正常出料，建立全系统酸运行大循环。

6. 精馏系统开车

① 进酸前各台换热器均投入循环水。

② 开各塔加热蒸汽，预热到 45℃开始由 V102 向氧化液蒸发器 E201 进酸，当 E201 液位达 30%时，开大加热蒸汽，出料到高沸塔 T201。

③ 当 T201 液位达 30%时，开大加热蒸汽，当高沸塔凝液罐 V201 液位达 30%时，启动高沸塔回流泵 P201 建立回流，稳定各控制参数并向低沸塔 T202 出料。

④ 当 T202 液位达 30%时，开大加热蒸汽，当低沸塔凝液罐 V203 液位达 30%时，启动低沸物回流泵 P203 建立回流，并适当向脱水塔 T203 出料。

⑤ 当 T202 塔各操作指标稳定后，向成品醋酸蒸发器 E206 出料，开大加热蒸汽，当醋酸储罐 V204 液位达 30%时，启动成品醋酸泵 P204 建立 E206 喷淋，产品合格后向罐区出料。

⑥ 当 T203 液位达 30%后，开大加热蒸汽，当脱水塔凝液罐 V205 液位达 30%时，启动脱水塔回流泵 P205 全回流操作，关闭侧线采出及出料。塔顶要在 82℃ ±2℃时向外出料。侧线在 110℃ ±2℃时取样分析出料。

7. 全系统大循环和精馏系统闭路循环

氧化系统酸洗合格后，要进行全系统大循环：

V402→T101→T102→E201→T201
↑
T202→T203→V209
↓
E206→V204→V402

在氧化塔配制氧化液和开车时，精馏系统需闭路循环。脱水塔 T203 全回流操作，成品醋酸泵 P204 向成品醋酸储罐 V402 出料，P402 将 V402 中的酸送到氧化液中间罐 V102，由氧化液输送泵 P102 送往氧化液蒸发器 E201 构成下列循环：（属另一工段）

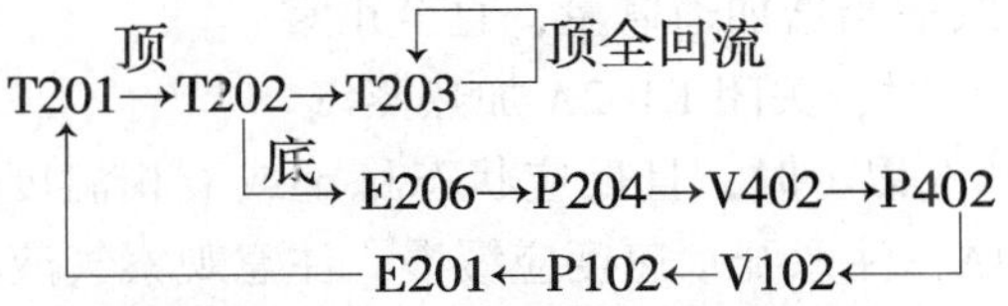

等待氧化开车正常后逐渐向外出料。

8. 第一氧化塔配制氧化液

向 T101 中加醋酸，见液位后（LIC101 约为 30%），停止向 T101 进酸。向其中加入少量醛和催化剂，同时打开泵 P101A/B 打循环，开 E102A 通蒸汽为氧化液循环液通蒸汽加热，循环流量保持在 70×10^4kg/h（通氧前），氧化液温度保持在 70～76℃，直到浓度符合要求（醛含量约为 7.5%）。

9. 第一氧化塔投氧开车

① 开车前联锁投入自动。

② 投氧前氧化液温度保持在 70～76℃，氧化液循环量 FIC104 控制在 70×10^4kg/h。

③ 控制 FIC101N_2流量为 120m^3/h。

④ 按如下方式通氧：

a）用 FIC110 小投氧阀进行初始投氧，氧量小于 100m^3/h 开始投氧。

首先，要特别注意两个参数的变化：LIC101 液位上涨情况，尾气含氧量 AIAS101 3 块表是否上升；其次，随时注意塔底液相温度、尾气温度和塔顶压力等工艺参数的变化。如果液位上涨停止然后下降，同时尾气含氧稳定，说明初始引发较理想，逐渐提高投氧量。

b）当 FIC110 小调节阀投氧量达到 320m^3/h 时，启动 FIC114 调节阀，在 FIC114 增大投氧量的同时减小 FIC110 小调节阀投氧量直到关闭。

c）FIC114 投氧量达到 1000m^3/h 后，可开启 FIC113 上部通氧，FIC113 与 FIC114 的投氧比为 1：2。

原则要求：投氧在 0～400m^3/h 之内，投氧要慢。如果吸收状态好，要多次少量增加氧量。400～1000m^3/h 之内，如果反应状态好要加大投氧幅度，特别注意尾气的变化及时加大 N_2量。

d）T101 塔液位过高时要及时向 T102 塔出一下料。当投氧到 400m^3/h 时，将循环量逐渐加大到 85×10^4kg/h；当投氧到 1000m^3/h 时，将循环量加大到 1000m^3/h。循环量要根据投氧量和反应状态的好坏逐渐加大。同时根据投氧量和酸的浓度适当调节醛和催化剂的投料量。

⑤ 调节方式：

将 T101 塔顶保安 N_2开到 120m^3/h，氧化液循环量 FIC104 调节为 500000～700000kg/h，塔顶 PIC109A/B 控制为正常值 0.2MPa。将氧化液冷却器（E102A/B）中的一台 E102A 改为投用状态，调节阀 TIC104B 备用。关闭 E102A 的冷却水，通入蒸汽给氧化液加热，使氧化液温度稳定在 70～76℃。调节 T101 塔液位为 25%±5%，关闭出料调节阀 LIC101，按投氧方式以最小量投氧，同时观察液位、气液相温度及塔顶、尾气中含氧量变化情况。当液位升高至 60%以上时，需向 T102 塔出料降低一下液位。当尾气含氧量上升时要加大 FIC101 氮气量，若继续上升氧含量达到5%(体)时，打开FIC103旁路氮气，并停止提氧。若液位下降一定量后处于稳定，尾气含氧量下降为正常值后，氮气调回120m³/h，含氧仍小于5%并有回降趋势，液相温度上升快，气相温度上升慢，有稳定趋势，此时小量增加通氧量，同时观察各项指标。若正常，继续适当增加通氧量，直至正常。

待液相温度上升至84℃时，关闭E102A加热蒸汽。

当投氧量达到1000m³/h以上时，且反应状态稳定或液相温度达到90℃时，关闭蒸汽，开始投冷却水。开TIC104A，注意开水速度应缓慢，注意观察气液相温度的变化趋势，当温度稳定后再提投氧量。投水要根据塔内温度勤调，不可忽大忽小。在投氧量增加的同时，要对氧化液循环量做适当调节。

投氧正常后，取T101氧化液进行分析，调整各项参数，稳定一段时间后，根据投氧量按比例投醛，投催化剂。液位控制为35%±5%时向T102出料。

在投氧后，来不及反应或吸收不好，液位升高不下降或尾气含氧增高到5%时，关小氧气，增大氮气量后，液位继续上升至80%或含氧继续上升至8%，联锁停车，继续加大氮气量，关闭氧气调节阀。取样分析氧化液成分，确认无问题时，再次投氧开车。

10. 第二氧化塔投氧

① 待T102塔见液位后，向塔底冷却器内通蒸汽保持氧化液温度在80℃，控制液位在35%±5%，并向蒸馏系统出料。取T102塔氧化液分析。

② T102塔顶压力PIC112控制在0.1MPa，塔顶氮气FIC105保持在90m³/h。由T102塔底部进氧口，以最小的通氧量投氧，注意尾气含氧量。在各项指标不超标的情况下，通氧量逐渐加大到正常值。当氧化液温度升高时，表示反应在进行。停蒸汽开冷却水TIC105，TIC106，TIC108，TIC109使操作逐步稳定。

11. 吸收塔投用

① 打开V49，向塔中加工艺水湿塔。

② 开阀V50，向V105中备工艺水。

③ 开阀V48，向V103中备料(碱液)。

④ 在氧化塔投氧前开P103A/B向T103中投用工艺水。

⑤ 投氧后开P104A/B向T103中投用吸收碱液。

⑥ 当工艺水中醋酸含量达到80%时，开阀V51向精馏系统排放工艺水。

12. 氧化塔出料

当氧化液符合要求时，开LIC102和阀V44向氧化液蒸发器E201出料。用LIC102控制出料量。

(二) 正常停车

氧化系统停车：

① 将FIC102切至手动，关闭FIC-102，停醛。

② 将FIC114逐步将进氧量下调至1000m³/h。注意观察反应状况，当第一氧化塔T101中醛的含量降至0.1以下时，立即关闭FIC114、FICSQ106，关闭T101、T102进氧阀。

③ 开启T101、T102塔底排，逐步退料到V-102罐中，送精馏处理。停P101泵，将氧化系统退空。正常停车操作评分见表6-5。

表 6-5 正常停车操作评分

项目	应得	实得	操作步骤说明
正常停车：过程正在评分	240.00	0.00	该过程历时 17s
	10.00	0.00	将 INTERLOCK 打向 BP
	10.00	0.00	将 T101 的进醛控制阀 FICSQ102 切至手动，关闭，停止进醛
	10.00	0.00	关闭 T101 的进催化剂控制阀 FIC301
	10.00	0.00	关闭 T102 的蒸汽控制阀 TIC107 和 V65
	10.00	0.00	当 T101 中醛的含量 AIAS103 降至 0.1%以下时，关闭其主进氧阀 FIC114
	10.00	0.00	关闭 T101 的副进氧阀 FIC113
	10.00	0.00	关小 T102 的进氧阀 FICSQ106
	10.00	0.00	醛被氧化完后，开启 T101 塔底阀门 V16
	10.00	0.00	开启 T102 塔底阀门 V33，逐步退料到 V102 中
	10.00	0.00	开启氧化液中间贮罐 V102 的回料阀 V59
	10.00	0.00	关闭 T101 的泵 P101A，停循环
	10.00	0.00	将 T101 的换热器 E102A 的冷却水控制阀 TIC104A 设为手动
	10.00	0.00	关闭换热器 E102A 的冷却水控制阀 TIC104A
	10.00	0.00	退料结束后，关闭 T102 的冷却水控制阀 TICC106 和 V61
	10.00	0.00	退料结束后，关闭 T102 的冷却水控制阀 TIC105 和 V62
	10.00	0.00	退料结束后，关闭 T102 的冷却水控制阀 TIC109 和 V63
	10.00	0.00	退料结束后，关闭 T102 的冷却水控制阀 TIC108 和 V64
	10.00	0.00	将 T101 的进氮气阀 FIC101 设为手动
	10.00	0.00	关闭 T101 的进氮气阀 FIC101
	10.00	0.00	将 T102 的进氮气阀 FIC105 设为手动
	10.00	0.00	关闭 T102 的进氮气阀 FIC105
	10.00	0.00	关闭尾气洗涤塔 T103 的工艺水进水阀 V49
	10.00	0.00	关闭洗涤液贮罐 V103 的泵 P103A
	10.00	0.00	关闭碱液贮罐 V105 的泵 P104A
扣分过程：过程正在评分	0.00	0.00	该过程历时 17s
	20.00	0.00	氧化液中间贮罐 V102 的液位高于 95%

精馏系统停车：

将氧化液全部吃净后，精馏系统开始停车。

① 当 E201 液位降至 20%时，关闭 E201 蒸汽。当 T201 液位降至 20%以下，关闭 T201 蒸汽，关 T201 回流，将 V201 内物料全部打入 T202 后停 P201 泵，将 V202、E201、T201 内物料由 P202 泵全部送往 T205 内，再排向 V406 罐。关闭 T201 底排。

② 待物料蒸干后，停 T202 加热蒸汽，关闭 LIC205 及 T202 回流，停 E206 喷淋 FIC214。将 V203 内物料全部打入 T203 塔后，停 P203 泵。

③ 将 E206 蒸干后，停其加热蒸汽，将 V204 内成品酸全部打入 V402 后停 P204 泵，并关闭全部阀门。

④ 停 T203 加热蒸汽，关其回流，将 V205 内物料全部打入 T204 塔后，停 P205 泵，将

V206 内混酸全部打入 V405 后停 P206。T203 塔内物料由再沸器倒淋装桶。

⑤ 停 T204 加热蒸汽，关其回流，将 V207 内物料全部打入 V404 后停 P207 泵。T204 塔内废水排向废水罐。

⑥ 停 T205 加热蒸汽，将 V209 内物料由 P209 泵打入 T205，然后全部排向 V406 罐。

⑦ 蒸馏系统的物料全部退出后，进行水蒸馏。

（三）事故处理

1. T101 液面波动

事故现象：T101 液面波动。

处理方法：

① 开启 T101 的打循环泵 P101B。

② 关闭泵 P101A，调节液位至正常值。

2. T101 内温度波动

事故现象：T101 内温度波动。

处理方法：

① 开启 T101 换热器 E102B 的调节阀 TIC104B。

② 关闭换热器 E102A 的调节阀 TIC104A，调节温度至正常值。

3. T101 进醛流量不稳

事故现象：T101 进醛流量不稳。

处理方法：

① 将 INTERLOCK 打向 BP。

② 将 T101 的进醛控制阀 FICSQ102 切至手动，关闭，停止进醛。

③ 关闭 T101 的进催化剂控制阀 FIC301。

④ 当 T101 中醛的含量 AIAS103 降至 0.1%以下时，关闭其主进氧阀 FIC114。

⑤ 关闭 T101 的副进氧阀 FIC113。

⑥ 关小 T102 的进氧阀 FICSQ106。

⑦ 关闭 T102 的蒸汽控制阀 TIC107 和 V65。

⑧ 醛被氧化完后，开启 T101 塔底阀门 V16。

⑨ 开启 T102 塔底阀门 V33，逐步退料到 V102 中。

⑩ 开启 V102 的回料阀 V59。

⑪ 关闭 T101 的泵 P101A，停循环。

⑫ 将 T101 的换热器 E102A 的冷却水控制阀 TIC104A 设为手动。

⑬ 关闭换热器 E102A 的冷却水控制阀 TIC104A。

⑭ 退料结束后，关闭 T102 的冷却水控制阀 TIC106 和 V61、TIC105 和 V62TIC109 和 V63、TIC108 和 V64。

⑮ 将 T101 的进氮气阀 FIC101 设为手动，关闭 T101 的进氮气阀 FIC101。

⑯ 将 T102 的进氮气阀 FIC105 设为手动，关闭 T102 的进氮气阀 FIC105。

4. T101 含醛高/氧吸收慢

事故现象：T101 含醛高/氧吸收慢。

处理方法：开大第一氧化塔 T101 的进催化剂控制阀 FIC301，使其开度大于 70%，增加催化剂的用量。

5. T101 顶压力升高

事故现象：T101 顶压力升高。

处理方法：

① 打开 T101 的塔顶压力控制阀 PIC109B。

② 关闭 PIC109A，用 PIC109B 调节压力。

6. T101、T102 尾气中含氧高

事故现象：T101、T102 尾气中含氧高。

处理方法：开大 T101 的进催化剂控制阀 FIC301，增加催化剂的用量。

7. T102 顶压力升高

事故现象：T102 顶压力升高。

处理方法：

① 打开 T102 的塔顶压力控制阀 PIC112B。

② 关闭 PIC112A，用 PIC112B 调节压力。

8. T201 塔放空调节阀失控或损坏

事故现象：T201 塔顶压力逐渐升高，反应液出料及温度正常，E201 塔出料不畅。

处理方法：

① 将 T201 塔出料手控调节阀旁路降压。

② 控制进料。

③ 控制温度。

④ 采取其他措施。

9. T201 蒸气加热自动调节失灵

事故现象：T201 塔液面波动较大，无法自控。

处理方法：

① 手动控制调节阀。

② 手动控制冷却水阀。

③ 控制回流量。

(四) 岗位操作法

1. 第一氧化塔

塔顶压力 0.18～0.2MPa(表)，由 PIC109A/B 控制。

循环比(循环量与出料量之比)为 110～140 之间，由循环泵进出口跨线截止阀控制，由 FIC104 控制，液位为 35%±15%，由 LIC101 控制。

进醛量满负荷为 9.86t 乙醛/h，由 FICSQ102 控制，根据经验，最低投料负荷为 66%，一般不许低于 60%负荷，投氧不许低于 $1500m^3/h$。

满负荷进氧量设计为 $2871m^3/h$ 由 FI108 来计量。进氧，进醛配比为氧：醛＝0.35～0.4(质)，根据分析氧化液中含醛量，对氧配比进行调节。氧化液中含醛量一般控制为 3%～4%(质)。

上下进氧口进氧的配比约为 1：2。

塔顶气相温度控制与上部液相温差大于 13℃，主要由充氮量控制。

塔顶气相中的含氧量<5%，主要由充氮量控制。

塔顶充氮量根据经验一般不小于 $80m^3/h$，由 FIC101 调节阀控制。

循环液(氧化液)出口温度 TI103F 为 60℃±2℃，由 TIC104 控制 E102 的冷却水量来控制。

塔底液相温度 TI103A 为 77℃±1℃，由氧化液循环量和循环液温度来控制。

2. 第二氧化塔(T102)

塔顶压力为(0.1±0.02)MPa，由 PIC112A/B 控制。

液位 35%±15%，由 LIC102 控制。

进氧量：0~160m^3/h，由 FICSQ106 控制。根据氧化液含醛来调节。

氧化液含醛为 0.3%以下。

塔顶尾气含氧量<5%，主要由充氮量来控制。

塔顶气相温度 TI106H 控制与上部液相温差大于 15℃，主要由氮气量来控制。

塔中液相温度主要由各节换热器的冷却水量来控制。

塔顶 N_2 流量根据经验一般不小于 60m^3/h 为好，由 FIC105 控制。

3. 洗涤液罐

V103 液位控制为 0%~80%，含酸大于 70%~80%就送往蒸馏系统处理。送完后，加盐水至液位 35%。

4. E201 蒸发器

釜液(循环锰)，连续排出约 0.6t/h，去 V306(排出量与加到氧化塔的量相同)。

釜液每周抽一次，由 P202 泵抽出 2.5t，送 T205 塔回收处理。

釜液位控制为 55%~75%，由 FRC202 调节蒸汽加入量来控制。

喷淋量控制为 950kg/h，由 FRC201 调节阀来控制。

蒸发器温度控制为 122℃±3℃，E201 液位 LIC201 与蒸汽 FRC202 是串级调节。

5. T201 高沸塔

釜温控制为 131℃±3℃，由 FRC203 调节加入蒸汽量，排放釜料量等来实现。

釜液位控制为 35%~65%，由 FRC203 调节加入蒸汽量来控制。

塔顶温度控制为 115℃±3℃，由 FRC204 调节回流量来控制。回流比一般为 1:1。

V202 液位控制为 20%~80%。

V201 液位控制为 35%~70%。T201 塔顶出料由 LIC203 控制，指示 FI205 观察。V201 罐中的回流液温度由 TIC202 来控制，一般为 70℃。

T201 塔顶温度控制与回流 FRC204 是串级调节。低液位 LIC202 与加热蒸汽 FRC203 是串级调节。

T201 塔底排放量影响成品中的氧化值和色度。

6. T202 低沸塔

釜温控制为 131℃±2℃，由 FRC206 调节加热蒸汽量等来控制。

顶温控制为 109℃±2℃，由 FRC207 调节回流量来控制，回流比一般为 15:1。

釜液位控制为 35%~70%，由 FRC206 调节加热蒸汽量，LIC205 调节底出料量等来控制。

V203 罐中的回流液温度由 TIC205 控制，一般为 70℃，T202 顶出料由 LIC206 控制，指示 F1208 观察。

T202 塔顶温度控制与回流 FRC207 是串级调节。底温度控制与加热蒸汽 FRC206 是串级调节。

T202 塔的顶温度影响成品的纯度和甲酸含量。

7. E206 成品蒸发器

釜液位控制为 20%~60%，由 FRC209 调节加热蒸汽和 LIC205 调节进料量来控制。

喷淋量控制为 960kg/h，由 FRC214 控制。

V204 液位控制 35%~70%，由 LIC207 调节出料量等来控制。

E206 底排有一小跨线连续排醋酸的重金属化合物至 208 罐中，V208 罐液位，由 LIC214 出料控制。

E206 底排影响成品的色度及重金属含量。

8. T203 脱水塔

釜液位控制为 35%~70%，由 FRC210 调节加入蒸汽量和 LIC208 调节出料量等来实现。

釜温控制为 130℃±2℃，由 FRC210 调节加热蒸汽量等来实现。侧线采出根据温度（108℃±2℃）及分析结果来决定采出量。

顶温控制为 81℃±2℃，由 FRC211 调节出料量等来实现，回流比为 20∶1。V205 液位控制 35%~70%。

V206 液位控制 30%~70%。

T203 塔顶回流由 LIC210 来控制，指示 FI216 观察，T203 塔的塔底温度及侧线混酸的采出量直接影响成品中的甲酸含量。

9. T204 甲酯塔

釜液位控制为 40%~70%，由 FRC212 调节加入蒸汽量和 LIC211 调节底排量等来调节。

釜温控制为 105℃±5℃，由 FRC212 调节加入蒸汽量等来控制。

顶温控制为 63℃±5℃，由 FRC213 调节回流量等来控制。回流比为 8.4∶1。V207 液位控制为 35%~70%。

出料由 LIC212 控制，送向罐区 V404 罐中。

T204 塔底排废水进入废水收集罐进行处理。

10. T205 高沸物回收塔

釜液位控制为 40%~70%，由调节加热蒸汽 FRC217 和底出料控制。

釜温控制为 135℃±5℃，由调节加热蒸汽和底出料等来控制。

顶温控制为 120℃±2℃，由 FRC215 调节回流量等来控制。回流比 1∶1。

V209 液位 LIC214 控制为 35%~70%，它与 FIC201 是串级调节。T205 底排高沸物排向罐区 V406 罐中。

（五）联锁说明

开启 INTERLOCK，当 T101、T102 的氧含量高于 8%或液位高于 80%，V6、V7 关闭，联锁停车。

取消联锁的方法：

若联锁条件没消除（T101、T102 的氧含量高于 8%或液位高于 80%），点击“INTERLOCK”按钮，使之处于弹起状态，然后点击“RESET”按钮即可。

若联锁条件已消除（T101、T102 的氧含量低于 8%且液位低于 80%），直接点“RESET”按钮即可。

习题

1. 乙醛氧化制醋酸为什么选择 $Mn(CH_3COO)_2$？
2. 氧化液组成对氧化反应有何影响？
3. 为什么要控制原料纯度？
4. 为什么要控制氧化液中乙醛的含量？
5. 反应温度对氧化反应有何影响？
6. 增加反应压力对氧化反应有一定的好处，为什么要控制较低的压力？
7. 原料配比是如何确定的？
8. 在生产中，应注意哪些问题以便克服各种影响氧化反应的因素？
9. 为什么要控制氮气的含量？
10. 氧化塔安全结构有哪些？
11. 氧化液中间槽有什么作用？
12. 氧化塔与中间槽为什么要接平衡管？
13. 氧化塔塔底压力为什么不进行测量？
14. 氧化塔塔底为什么要通入一定量的氮气？通入量是如何确定的？
15. 影响氧化塔塔顶压力波动的主要原因有哪些？
16. 氧化塔操作温度为何自下而上是逐渐降低的？

思政内容　爱党爱国的人民科学家——钱学森

钱学森是享誉海内外的杰出科学家，中国航天事业奠基人，“两弹一星”元勋。在钱学森漫长的科学人生中，他为中国科技事业、国防和军队现代化建设建立了卓越功勋，为中国特色社会主义建设事业不懈探索、殚精竭虑，被誉为“人民科学家”。

钱学森多次说过：“我作为一名科技工作者，活着的目的就是为人民服务。”他把自己的知识和才能都奉献给了国家和民族。

他姓钱却不爱钱，钱学森几乎把一生获得的所有奖金和大笔收入都捐了出去，或者是交了党费。1958 年，他在中国科技大学给学生上课时，发现很多学生家庭条件不好，连计算尺都没有。于是毫不犹豫地把在美国所著《工程控制论》翻译成中文出版的稿费，加上购买的公债共计 11500 元，捐给了中国科技大学近代力学系，给学生买计算尺和其他教学设备。1994 年，钱学森获何梁何利基金优秀奖 100 万港元，支票还没有拿到手，委托书就已经写好，把钱捐给了中国科协促进沙产业发展基金，造福西部人民。在他的一生，这样的例子数不胜数。

他不恋权，钱学森本人说过，要不是工作需要，他什么官也不愿当。他不仅主动坚辞五院院长、国防科委副主任、科协第三届主席、学部委员等职务让位给年轻人，就连对全国政协副主席的职务也是这样。组织上多次要给他换房子，他都婉言拒绝，并且说“我现在的条件比同船回国的人好多了”。他一直居住在航天大院一个普通单元房子里，直到去世。

一直以来，钱学森把自己当成普通科研人员，只想为国家做点事情。1991 年，钱学森获得国务院、中央军委授予的“国家杰出贡献科学家荣誉称号”。他在领奖发言的时候提到，他一生中有三次无比激动的时刻：第一次是早年在国外时，在学术上超过了自己的导师，为中国人争了一口气。第二次是实现自己多年的愿望，于 1959 年光荣地加入了中国共产党。第三次是中共中央组织部把他和雷锋、焦裕禄、王进喜以及史来贺并列为新中国成立以来在群众中享有崇高威望的共产党员的优秀代表。

当别人称他为“导弹之父”或“航天之父”时，他马上纠正并多次重申：“像导弹航天这样的‘大科学’，是一项成千上万人的事业，没有党的领导，没有集体的努力是谁也干不成的。还是那句话，一切成就归于党，归于集体。”

扫一扫查看
本章补充材料

第七章　聚丙烯装置仿真

第一节　概　　述

聚丙烯(PP)是丙烯通过加聚反应而合成的聚合物，系白色蜡状材料，外观透明而轻。化学式为$(C_3H_6)_n$，密度为0.89~0.91g/cm^3，易燃，熔点为189℃，在155℃左右时软化，使用温度范围为-30~140℃。在80℃以下能耐酸、碱、盐液及多种有机溶剂的腐蚀，能在高温和氧化作用下分解。聚丙烯广泛应用于纤维制品、医疗器械、汽车、零部件、输送管道、化工容器等生产生活中，也用于食品、药品包装等。

聚丙烯是通用塑料中的一个重要品种，结构式为：$\left[CH_2-\underset{\displaystyle CH_3}{\underset{|}{CH}} \right]_n$。有等规物、无规物和间规物三种构型，工业产品以等规物为主要成分。聚丙烯也包括丙烯与少量乙烯的共聚物，通常为半透明无色固体，无臭无毒，强度、刚性和透明性都比聚乙烯好。缺点是耐低温冲击性差，较易老化，但可分别通过改性和添加抗氧剂予以克服。

聚丙烯用途有以下几种。

（1）工程用聚丙烯纤维

分为聚丙烯单丝纤维和聚丙烯网状纤维。聚丙烯网状纤维是以改性聚丙烯为原料，经挤出、拉伸、成网、表面改性处理、短切等工序加工而成的高强度束状单丝或者网状有机纤维，可以广泛地使用于地下工程防水，工业民用建筑工程以及道路和桥梁工程中，是砂浆/混凝土工程抗裂，防渗，耐磨，保温的新型理想材料。

（2）双向拉伸聚丙烯薄膜

在塑料制品中包装材料占有极其重要的位置。据统计，世界用于包装领域的塑料约占塑料总消费量的35%。我国双向拉伸聚丙烯(BOPP)薄膜是PP树脂消费量最大的领域之一。

（3）汽车用改性聚丙烯

PP用于汽车工业具有较强的竞争力，但因其模量和耐热性较低，冲击强度较差，因此不能直接用作汽车配件，轿车中使用的均为改性PP产品，其耐热性可由80℃提高到145~150℃，并能承受高温750~1000h后不老化，不龟裂。

（4）家用电器用聚丙烯

我国家用电器产业发展迅速，品种多，产量大。因此，应加大开发家用电器PP专用料的力度，以适应市场变化的需求。

（5）管材用聚丙烯

早期，PP管材主要用作农用输水管，但是由于早期产品性能还存在一些问题(抗冲击强度、耐老化性能较差)，市场未能打开。随着上海塑料建材厂引进国外先进技术，采用进口PP-R料生产的输送冷、热水用的管材得到市场认可后，目前已有不少厂家建设PP-R管材生产线。

(6) 高透明聚丙烯

透明 PP 比普通 PP、PVC(聚氯乙烯)、PET(聚乙烯对苯二甲酸脂)、PS(聚苯乙烯)更具特色，有更多优点和开发前景。

欧美各国注塑制品占总消费量的 50%，主要用作汽车、电器的零部件，各种容器、家具、包装材料和医疗器材等；薄膜占 8%～15%，聚丙烯纤维(中国习称丙纶)占 8%～10%；建筑等用的管材和板材占 10%～15%，其他为 10%～12%。目前，中国用于编织制品的量占 40%～45%，其次是薄膜和注射制品占 40%左右；丙纶及其他占 10%～20%。

我国主要将聚丙烯应用在食品包装、家用物品、汽车、光纤等领域。我国使用聚丙烯最大的领域是编织袋、包装袋、捆扎绳等产品，约占总消费量的 30%。近年来，随着聚丙烯注塑产品和包装膜的发展，聚丙烯用于织造产品的比例有所下降，但还是占聚丙烯消耗最多的领域。注塑产品是中国第二大聚丙烯消费领域，占总消费量的 26%左右，它也是未来聚丙烯需求量最大的领域之一。国产聚丙烯的另一个主要消费领域是薄膜，占总消费的 20%左右，主要是 BOPP(双向拉伸聚丙烯薄膜)。在未来的几年里，纺织产品的比例将逐渐下降，而注塑产品、管材和板材的比例将会增加。纺织产品、注塑产品、薄膜仍是我国聚丙烯的主要需求领域，而管材、板材、纤维等领域的年度需求增长迅速，国内对聚丙烯的需求也迅速增长。高速绘图 BOPP 薄膜、管材、薄无纺布、高透明食品容器等特种材料市场发展前景良好。

第二节　聚丙烯典型生产工艺

自 1954 年意大利的纳塔教授首次合成结晶聚丙烯以来，聚丙烯工业化生产规模不断扩大，产品性能逐步提高，应用越来越广泛，迄今已发展成为一种最具活力的聚合物材料。目前已有二十几种生产聚丙烯的工艺技术路线，各种工艺技术按聚合类型可分为溶液法、浆液法(也称溶剂法)、本体法、本体和气相组合法、气相法生产工艺，2021 年国内聚丙烯装置工艺技术汇总见表 7-1。

表 7-1　2021 年国内聚丙烯装置工艺技术汇总

工艺技术	装置数量/套	产能/($\times10^4$t/a)	产能占比/%
中国石化环管工艺	29	626	25.6
Spheripol 工艺	25	372	15.2
三井油化 Hypol 工艺	9	78	3.2
Spherizone 工艺	3	115	4.7
Unipol 气相工艺	17	509	20.8
Innovene 气相工艺	15	430	17.6
Novolen 气相工艺	10	11.2	11.2
Horizone	2	40	1.6
合计	110	2445	100.0

一、浆液法聚合工艺

浆液法工艺也称淤浆法或溶剂法工艺，是最早的聚丙烯生产工艺，从 1957 年第一套工业化装置投产一直到 20 世纪 80 年代中后期，浆液法工艺在长达近 30 年的时间里一直是最主要的聚丙烯生产工艺。这里不做具体介绍。

二、溶液法聚合工艺

如图 7-1 所示，溶液法工艺流程复杂，且成本较高，溶液法聚合温度可高达 140℃以上，结晶 PP 溶解在 α-烯烃中。在这个温度下，聚合热可以转化成一种有用的能量，如蒸汽。Eastman 工艺是唯一工业化生产结晶 PP 的溶液法聚合工艺。工艺流程如图 7-2 所示。

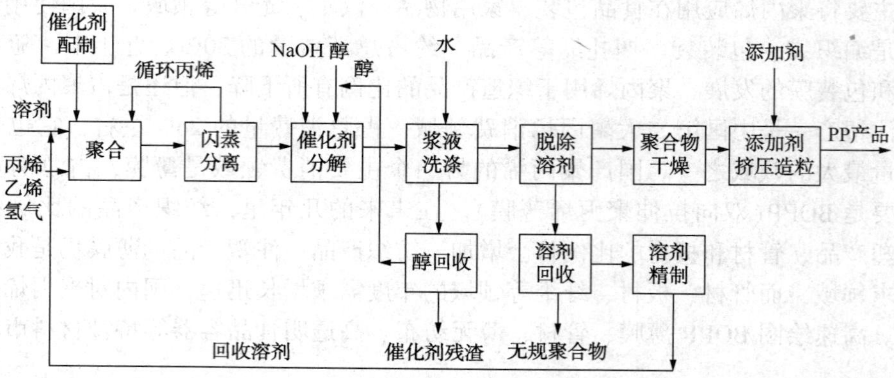

图 7-1 溶剂法工艺框图

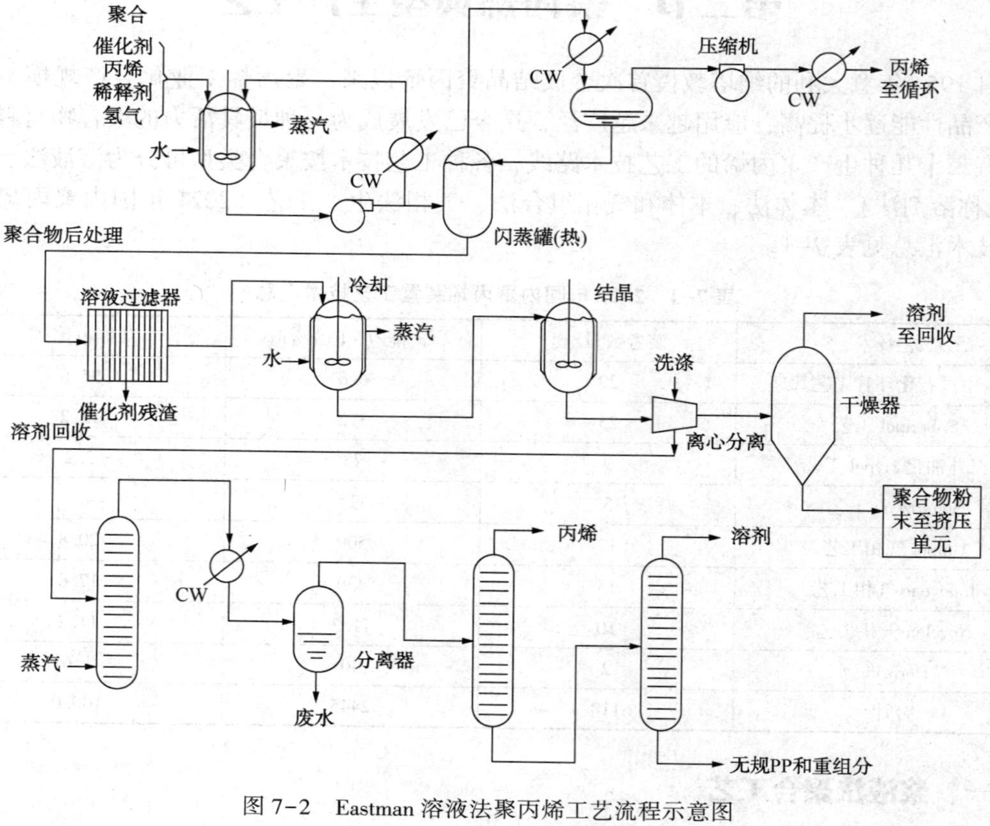

图 7-2 Eastman 溶液法聚丙烯工艺流程示意图

三、本体法聚合工艺

本体法生产工艺按聚合工艺流程，可分为间歇式聚合工艺和连续式聚合工艺两种。

1. 间歇式聚合工艺

全流程可分为原料精制、聚合反应、闪蒸去活、造粒包装、丙烯回收等五个部分如图7-3所示。

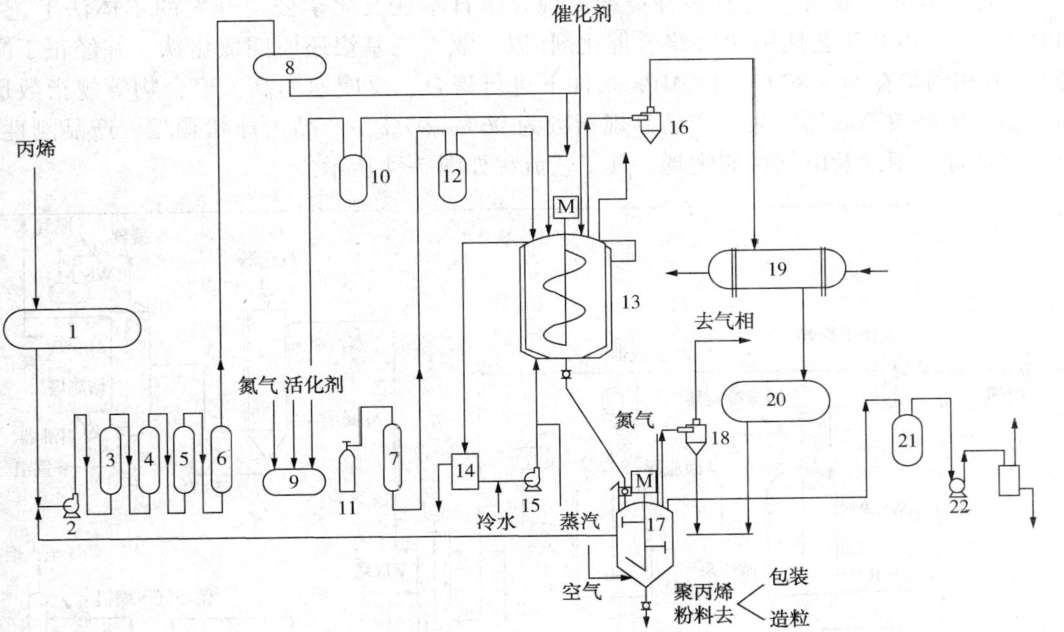

图7-3 间歇本体法聚丙烯生产工艺流程图

1—丙烯罐；2—丙烯泵；3~7—净化塔；8—丙烯计量罐；9—活化剂罐；10—活化剂计量罐；11—氢气钢瓶；12—氢气计量罐；13—聚合釜；14—热水罐；15—热水泵；16、18—分离器；17—闪蒸釜；19—丙烯冷凝器；20—丙烯回收罐；21—真空缓冲罐；22—真空泵

① 原料精制。液态丙烯经过脱硫塔、脱一氧化碳塔、脱氧塔、脱水塔等除去硫化物、一氧化碳、水、氧等杂质后，进入精丙烯计量罐。氢气经过脱水塔除水后，供聚合用。

② 聚合反应。精制后的丙烯经计量加入聚合釜内，并将活化剂、给电子体、催化剂、分子量调节剂(氢气)按一定比例分别加入聚合釜。各物料加完后，开始向聚合釜通入热水升温聚合，整个过程可以手动控制也可以利用计算机半自动控制。每釜反应时间约3~4h，聚合压力约3.5MPa，聚合温度约为75℃。

反应到有70%~80%丙烯转化成聚丙烯时(实际生产中，根据聚合釜搅拌器电机的电流大小判断)，停止聚合反应。将丙烯放入高压丙烯冷凝器，用循环冷却水将丙烯冷凝回收至平衡压力，冷凝的液体丙烯进入高压丙烯回收罐储存，供下一釜聚合时投料用。将固体聚丙烯粉料喷入闪蒸去活釜。

③ 闪蒸去活。用闪蒸的方法(即多次抽真空、充氮气)使丙烯与聚丙烯分离，得到不含丙烯的聚丙烯粉料，再通入空气使聚合物失活，然后由下料口送至造粒工段或直接包装以粉料出厂。未反应的高压丙烯气体用冷却水或冷冻盐水冷凝回收后循环使用，未反应的低压丙烯收集到气柜内。聚合釜喷料完毕，就可进行下一釜投料操作。

④ 造粒包装。打开闪蒸釜下部出料阀，将闪蒸釜内物料装入口袋，并同时完成称重、封袋工作。

⑤ 丙烯回收。收集到气柜内的丙烯气，经压缩机压缩并液化后，送入粗丙烯储罐，再送至气分装置再利用。

本工艺不需脱灰、脱无规物，亦无溶剂回收工序，工艺流程短，操作简单。

2. 连续式聚合工艺

本体法连续式聚合工艺有多种类型，现介绍日本住友化学公司开发的本体法工艺(称BPP工艺)。BPP工艺使用SCC络合催化剂(以一氯二乙基铝还原四氯化钛，并经正丁醚处理)，液相丙烯在50~80℃、3.0MPa条件下进行聚合，反应速率高，聚合物等规指数也较高，还采用高效萃取器脱灰。产品等规指数为96%~97%，产品为球状颗粒。产品刚性高，热稳定性好，耐油及电气性能优越。其工艺流程如图7-4所示。

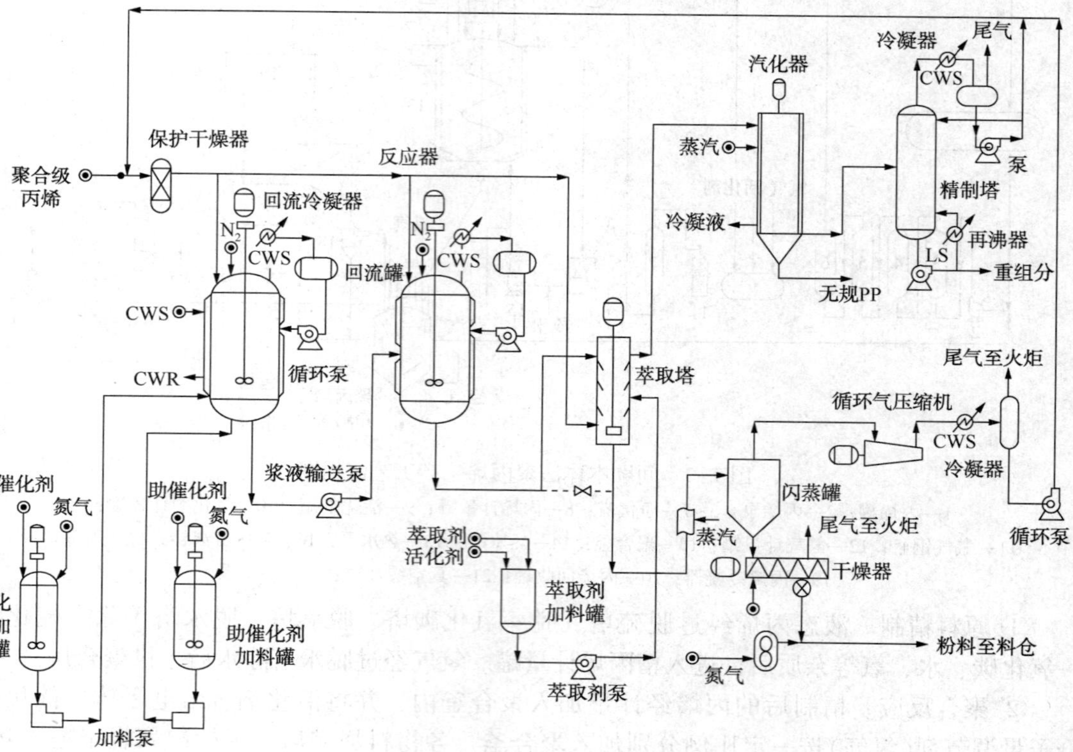

图7-4 BPP本体法工艺流程示意图

原料丙烯、催化剂分别加入聚合釜。用反应器夹套和丙烯的蒸发冷凝撤出聚合反应热。从反应器排出的浆液送入萃取塔顶部，新鲜液态丙烯加到萃取塔底部。另外环氧丙烷和乙醇的混合物作为去活剂加入萃取塔。洗涤之后的聚合物浆液从萃取塔底部排出，通过蒸汽加热的管线加热后排入闪蒸罐进一步干燥分离聚合物。同时萃取塔顶部物流送入薄膜式蒸发器和精制塔，精制后的丙烯送入丙烯进料罐。无规聚丙烯和重组分(含有残余催化剂)分别从蒸发器和精制塔底部回收。闪蒸出的单体丙烯压缩、冷凝后循环回反应器。聚合物被送到挤压造粒机料斗，混入添加剂后切成颗粒产品。

四、本体法-气相法组合工艺

本体法-气相法组合工艺主要包括 Basell 公司的 Spheripol 工艺、日本三井化学公司的 Hypol 工艺、北欧化工公司的 Borstar 工艺等，这里主要介绍 Spheripol 工艺。Spheripol 工艺现属 Basell 聚烯烃公司所有。Basell 公司成立于 2000 年 10 月，其聚丙烯生产能力超过位居第二的 BP 一倍多，是世界上最大的聚丙烯树脂生产商，Basell 公司的业务遍布全球 120 个国家和地区。

Spheripol 工艺过程包括原料精制、催化剂制备、预聚合及液相本体反应系统、气相反应系统、聚合物脱气及单体回收、聚合物汽蒸干燥、挤压造粒等工序如图 7-5 所示。

与其他工艺相同，由于催化剂对某些杂质极为敏感，一般都要设计原料精制系统以除去这些杂质。化学级丙烯去除毒害催化剂的杂质后也可直接用于聚合，但装置的丙烷排放量加大。

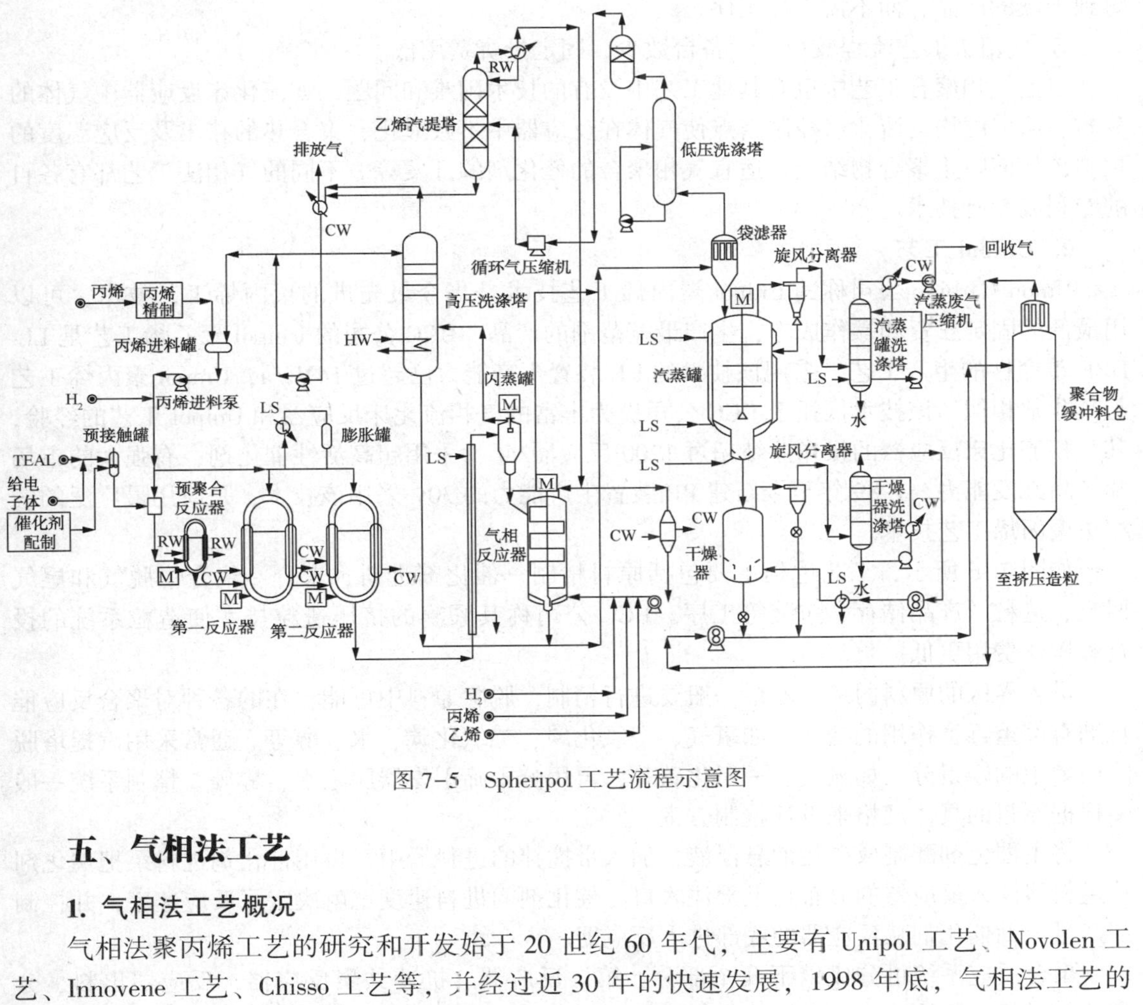

图 7-5　Spheripol 工艺流程示意图

五、气相法工艺

1. 气相法工艺概况

气相法聚丙烯工艺的研究和开发始于 20 世纪 60 年代，主要有 Unipol 工艺、Novolen 工艺、Innovene 工艺、Chisso 工艺等，并经过近 30 年的快速发展，1998 年底，气相法工艺的生产能力占到了全球聚丙烯生产能力的 27.9%。

气相法生产工艺与浆液法和本体法工艺相比，具有下列特点：

① 可在宽范围内调节产品品种。聚合反应没有液相存在，易于控制丙烯产物的分子量

和共聚单体含量，这样就易于生产分子量分布和共聚单体含量范围比其他工艺宽的产品，如高乙烯含量的无规共聚物，也可缩短产品牌号切换的过渡时间，过渡产品少，因为只要改变反应器内的气体组成，就可以改变产物的组成。

② 适宜抗冲聚丙烯的生产。在浆液法工艺中，溶剂会溶解在反应过程中生成的无规物，因而使反应器内物料黏度增加，以至影响搅拌、混合，特别是生产高抗冲共聚物时，橡胶相会部分溶解在溶剂中。因而气相法是最适宜生产抗冲聚丙烯的生产工艺。

③ 安全性好，开停车方便。在气相聚丙烯工艺中，包括丙烯在内的所有可燃性物质在反应器中都处于气相，单位反应器容积中的物料数量远小于非气相法工艺。所以，当出现突然事故(如供电故障)时，只需安全排出反应体系中的气体使反应器泄压，反应就可在短时间内停止，不会引起任何异常反应。只要恢复催化剂进料，升压反应系统就可以方便地恢复生产。

④ 反应器是气-固相出料，没有液相单体需要汽化，蒸汽消耗量少，反应器出口可直接得到干燥的产品，而不需干燥工序。

⑤ 气相法工艺流程较短，设备台数少，固定投资费用低。

但是气相聚合工艺中也有其他工艺中没有的技术困难和问题，如流化床反应器中气体的分布、床层的均匀流化、控制露点使气体在反应器中不致液化，聚合热的移出及反应温度的控制，如何防止聚合物结块，适宜气相聚合的催化剂的开发等。不同的气相法工艺都有各自的专利或专有技术。

2. Unipol 工艺

Union Carbide 公司称其 Unipol 聚丙烯工艺技术是当今最先进的聚丙烯工艺技术，可以用最低的固定投资和操作成本，生产最宽范围的产品。UCC 公司的 Unipol 聚乙烯工艺是 LLDPE 革命性的生产工艺，采用该技术的 PE 装置生产能力已超过 14Mt/a，Unipol 聚丙烯工艺与其非常相似。该技术依托于 UCC 公司极为丰富的气相流化床反应器和 Unipol 工艺的经验，其气相流化床反应器的操作业绩超过 1200 反应器/年；采用超高活性催化剂，有强大的市场和产品开发能力。1989 年至今新建 PP 装置生产能力的 30%采用该技术，是应用最广泛的气相法聚丙烯工艺技术。

如图 7-6 所示，工艺过程主要包括原料精制、催化剂进料、聚合、聚合物脱气和尾气回收、造粒及产品储存、包装等工序。UCC 公司称其紧凑的挤压造粒技术使造粒系统的投资和操作费用更低。

进入界区的原料丙烯、乙烯一般要进行精制，脱除原料中可能存在的各种对聚合反应催化剂有严重毒害作用的杂质，如氧气、一氧化碳、二氧化碳、水、醇等。通常采用汽提塔脱除丙烯中的轻组分，如氧气、一氧化碳等，再用分子筛干燥器脱除水、醇等。精制系统一般要根据原料的具体规格来设计精制方案。

将主催化剂配制成矿物油悬浮液，加入带搅拌的进料器中，再用催化剂进料泵把催化剂从进料器注入反应器的分布板上部注入口。催化剂的进料速度也就决定了反应速率，并控制了产量。助催化剂从反应器的底部进入反应器。

聚合反应系统可分成以下几个部分：第一反应器、抗冲共聚反应器、反应器出料、分离。如果只生产均聚物和无规共聚物则只需要一个反应器系统。

第一反应器用于生产均聚物、无规共聚物和抗冲共聚物的均聚物部分，是由一台流化床反应器、一台循环气冷却器和一台循环气压缩机组成的一个反应系统。SHAC 催化剂只加入

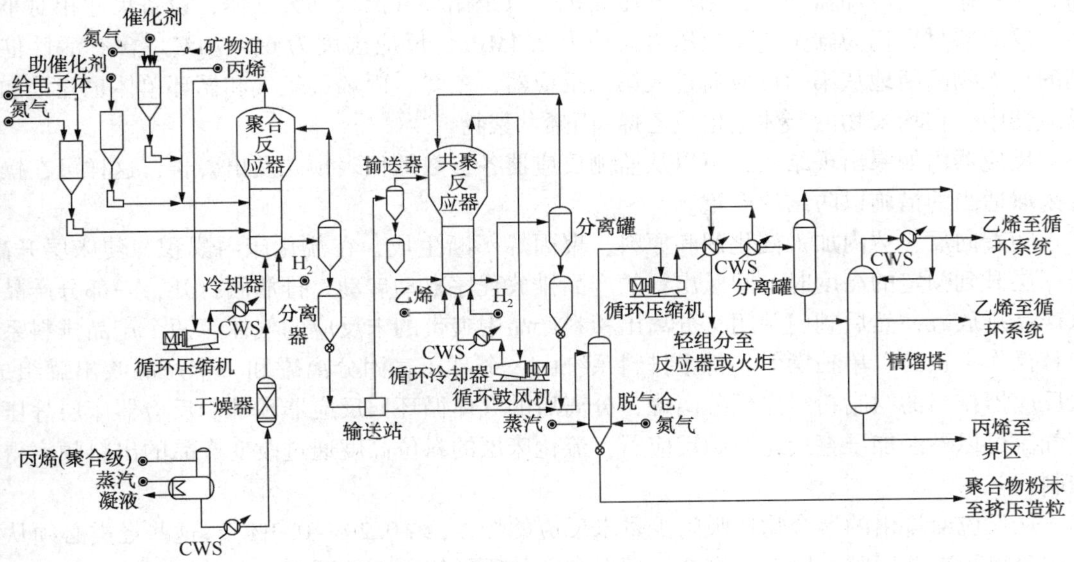

图 7-6　Unipol 聚丙烯工艺流程示意图

第一反应器。反应器是连续返混式流化床反应器，顶部有一个很大的膨胀段，以使聚合物颗粒沉降。反应器的操作压力为 3.4MPa，在 65℃左右操作，接近单体露点温度。反应器进料中有一部分液体丙烯和冷凝剂(饱和烃)，大约占 10%～12%(质)，液体的汽化潜热强化了反应热的撤出，反应热主要是通过液体蒸发冷凝撤出。循环气回路中的循环气鼓风机使循环反应气体与新鲜进料的液态聚合级丙烯一起从反应器分布板底部吹入反应器，使床层流化、返混，并带走反应热。循环气鼓风机也提供了克服回路压力降的压头，大约为 0.17MPa。反应热通过管壳式气体冷却器用冷却水撤出反应系统，反应器床层内没有明显的温度和组成差别。反应器中的聚合物经两个自动控制的排料系统间断地排出，送入聚合物脱气仓或抗冲共聚反应器。

产品性能通过反应条件来控制。调节循环气中氢气与丙烯的比例，可以控制产品的熔体流动速率；调节两种助催化剂比例可以调节产品的等规指数；调节乙烯和丙烯的比例，可以控制无规共聚物的乙烯含量、结晶度或等规指数。使用气相色谱在线测定反应器中的气相组成，调节有关进料的流量可以控制反应器中的气相组成。聚合反应的温度通过调节循环冷却水的温度给定值控制进入反应器的循环气的温度来控制。循环气冷却器在开车时用来加热反应器；反应器的压力通过控制丙烯的进料速率来保持恒定。生产能力可以在很宽的范围内灵活控制，通过改变催化剂进料量可以很容易地改变生产能力，产品性能与生产能力无关。

流化床反应器反应停留时间小于 1.5h，并带强烈返混。因此，本系统牌号转换时间与本体法(一般为 4h)相当，过渡产品量也较少。

聚合反应不正常时，可以用杀死系统(Kill System)向反应器中注入很少量的 CO 阻聚剂以部分或全部中止聚合反应。在停电等紧急情况下，反应器的循环气排放通过备用透平驱动压缩机在较低的转速下运转，使杀死剂充分分散在反应器床层中，终止聚合反应。待系统操作正常后，再把 CO 从反应器里吹扫出去，使催化剂的活性立刻恢复，以继续进行聚合反应。

第二反应器生产抗冲共聚物。这个系统的组成与第一反应器相同，包括一台流化床反应器、一台循环气冷却器和一台循环气压缩机，只是循环气流全部为气体，设备尺寸相对小一些，反应器材质仍为碳钢。反应压力大约为2.4MPa，反应温度为65~70℃。含有活性催化剂的均聚物间断地从第一反应器送入第二反应器，乙烯、丙烯、氢气和循环单体也连续加入反应器中，在均聚物的基体上生成乙烯-丙烯共聚物。

反应器内如果出现结块，可以从监测反应器各参数的仪表预先发出警告，这样可在操作上采取适当的措施以防结块严重。

随着向反应器内加入催化剂和原料，聚丙烯不断生成，在流化床内累积，使床层升高。当床层升到预定的高度时，间歇出料的产品排放程序自动启动。排放阀打开，一部分产品排入产品排放罐，然后阀门关闭，分离出粉料产品中夹带的未反应的气体。两个产品排料系统交替操作，也可以单独操作。每个排料系统由一个高压气固分离罐和一个产品吹出罐组成，从反应器排出的树脂粉料先到分离罐，分离后的气体循环回反应器顶部。反应器床层静压差使气流可以不经加压直接返回到反应器，流化床层的料位高度通过改变产品的出料频率得到控制。

从反应器排出的聚合物还吸附少量未反应的烃类(约0.2%~0.3%)，这些烃类必须从产品中分离干净并回收，以保证安全、环保和产品质量等方面的要求。

反应器的出料首先进入一个小的立式产品接收器，从底部吹入氮气，脱除聚丙烯粉料中溶有的烃类。粉料依靠重力流入脱气仓，脱气仓底部加入氮气和少量蒸汽，进一步去除烃类并脱去催化剂的残余活性。脱气过程是使脱气仓里的树脂，以“柱塞流”的形式向下流动。该仓在微正压的条件下操作，其温度与反应温度非常接近。氮气自下而上地流过树脂，当树脂到达脱气仓底部时，即达到脱气的要求。从脱气仓底部排出的处理合格的聚合物送入挤压造粒系统。

脱气设备排出的尾气进入尾气回收系统。该系统是为了回收那些未反应的单体，以提高单体的总利用率，降低单体消耗和成本。尾气回收系统由压缩、冷凝和分离等设备组成。富含单体的物流循环回反应系统，氮气大部分送火炬。生产抗冲共聚物时，尾气中的乙烯和丙烯分离，乙烯循环回共聚反应器。

在挤压造粒单元，与其他工艺基本一样，添加剂与少量PP粉料配成母料加入挤压机，不同的是UCC公司建议粉料不要中间储存，经脱气、失活处理后直接造粒。因此，脱气仓需有保持3~4h产量的缓冲能力，由于反应系统中产品混合充分，Unipol工艺与其他工艺相比，需要产品掺混料仓的数量少，每条生产线只需要两台掺混料仓和一台过渡牌号料仓。

六、工艺技术比较

所有介绍的这些工艺都采用气相法生产抗冲共聚物，差别主要是均聚物的生产工艺，本体法工艺主要采用环管反应器，采用釜式液相反应器的工艺(Hypol工艺)已不能适应装置大型化的要求。本体法工艺都有催化剂的预聚合过程，而气相法工艺一般直接将催化剂加入聚合反应器，流程较简单，设备台数相对较少。对于大规模生产装置，各种工艺技术的水平趋于接近，在投资、消耗定额和主要产品的性能等方面的区别并不显著。对于工艺技术的选择，除考虑工艺技术的先进性、经济性之外，产品质量和将来生产的灵活性以及专利商的技术开发实力也是重要的考虑因素。工艺技术比较见表7-2。

表 7-2 简要工艺技术比较表

项目	Spheripol 工艺	Eorstar 工艺	Unipol 工艺	Novolen 工艺	Innovene 工艺
专利商/公司	Basell	Borealis	Univation	ABB/EQUISTAR	BP
催化剂	MC 系列催化剂	BC 催化剂	SHAC®	PTK 催化剂	CD 催化剂
预聚合	小环管反应器	小环管反应器	无	无	无
均聚反应器	双环管反应器	1 个环管反应器+1 个气相流化床反应器	1 个气相流化床反应器	1 个立式搅拌床反应器	1 个卧式搅拌床反应器
共聚反应器	流化床反应器(1 个或 2 个)	流化床反应器(1 个或 2 个)	1 个气相流化床反应器	1 个立式搅拌床反应器	1 个卧式搅拌床反应器
产品类型①	HP、RCP、ICP、三元共聚物(丙烯-乙烯-丁烯)	HP、RCP、ICP	HP、RCP、ICP、丙烯-丁烯共聚物	HP、RCP、ICP	HP、RCP、ICP
MFR 范围	宽	宽	较窄	较窄	较窄
PI 范围	宽	宽	较窄	较窄	较窄

①HP-均聚物；RCP-无规共聚物；ICP-抗冲共聚物。

七、原料及公用工程

1. 丙烯的制造

作为生产聚丙烯的主要原料，丙烯主要来自蒸汽裂解的乙烯生产装置、炼油厂的催化裂化装置和丙烷脱氢技术。

(1) 从乙烯生产装置的裂解气中分离制取丙烯

由各种烃类(包括烷烃、轻油、石脑油)裂解生产乙烯，联产大量丙烯。蒸汽裂解技术是现代石油化工的基础技术之一，烃类裂解过程的反应极其复杂，反应条件和原料都将直接影响和决定产品的分布。由于除乙烷裂解外，按原料组分不同，每生产 1t 乙烯，联产丙烯的量大致在 0.3~0.65t 之间。裂解的深度直接影响丙烯和乙烯的比例，裂解深度越高，丙烯的产率越低。

(2) 从炼厂气中回收丙烯

催化裂化装置以重油为原料生产汽油或柴油，同时可得到一定数量的气体($C_1 \sim C_4$)产物，这些产物中含有丙烯。近年来随着催化技术的不断进步，气体收率明显提高，C_3 馏分收率由原来的 7%提高到 13%(按进料体积计)，丙烯收率可达 5%~9%(按进料体积计)。石油化工科学研究院开发的深度催化裂化工艺，可使丙烯收率达 21.03%，使很多炼油厂除生产油品外，还副产了大量丙烯，这些炼厂气丙烯经过适当精制后可直接用于丙烯的聚合。国内所有小本体装置以及近几年采月国产化环管技术建成的 7 套 70kt/a 聚丙烯装置等都是以炼厂气丙烯为原料。

(3) 丙烷脱氢技术

丙烷脱氢技术由美国 VOP 公司和美国联合触媒/ABBLummus 公司开发并已工业化。由于丙烯需求量的逐年上升，丙烷脱氢就成为补充丙烯资源不足的有效而经济的重要方法。特别是在油田轻烃资源丰富、丙烷资源充足的地方，它可比烃类裂解生产更多的丙烯。

2. 公用工程

聚丙烯装置用到的公用工程主要有电、循环冷却水、蒸汽、氮气、消防水、脱盐水、工业水、仪表风、工业风等。蒸汽通常在界区内减温、减压成0.35MPa的饱和蒸汽，主要用于反应器开车时聚合系统的加热，产生用于工艺操作的气相丙烯，汽化从反应器排出的液相单体，保温伴热等。脱盐水用于闭路冷却系统的补充水，挤压造粒的切粒水等。氮气主要用于开车前整个系统的氮气置换，聚合物粉料的气流输送，需要氮气保护的设备，分子筛的再生等。氮气的纯度要求>99.9%(体)，氧含量$<10\times10^{-6}$(体)，压力大于0.4MPa。仪表风的压力一般要求大于0.5MPa。循环水的压力一般要求在0.45MPa以上。

八、聚丙烯生产的工艺过程

根据前面对各种工艺技术的介绍，可以将聚丙烯生产的工艺过程(采用高效催化剂的新工艺技术)归纳为以下几个工段。

1. 催化剂配制工段

聚合催化剂系统一般由一种主催化剂(载体型钛催化剂)和两种助催化剂(三乙基铝、给电子体)组成。主催化剂一般为专有技术，是各种工艺技术的核心所在，由工艺技术所有者或其合作的催化剂供应商提供，不同工艺技术所使用的催化剂因反应条件不同而有所不同，前面已有介绍。辅助催化剂可从市场上购买。

催化剂配制一般分为催化剂自身的制备及聚合前催化剂预处理或预聚合。不同工艺技术对催化剂制备的步骤与要求有所不同。有液相本体聚合过程的工艺技术一般要对主催化剂进行预处理或预聚合，以提高催化剂颗粒的机械稳定性和催化剂活性。不同工艺对催化剂进行预处理的方法也不尽相同，有连续法也有间歇法。

2. 原料精制工段

原料丙烯、共聚单体乙烯中含有的极性组分如水、硫(硫化氢、羰基硫、硫醇等)、一氧化碳、二氧化碳、有机胂等均为有害物质，能使催化剂中毒，活性降低，并使产品中灰分含量增加。因此，需要在进聚合反应器之前除去这些介质。

精制的方法有精馏、吸附、过滤等物理方法和用固体催化剂床层脱除硫、胂等杂质的化学方法。

3. 聚合工段

聚合工段是聚丙烯工艺技术的核心部分。反应器的形式、数量、系统组成及控制方式是区别不同工艺的主要标志。反应器系统包括反应器、循环鼓风机或循环泵、换热器、储罐等。随工艺或产品方案不同每套工艺装置可有一至四个反应器系统。

聚合过程的设计和控制是决定产品质量的关键步骤。影响聚合过程的因素很多，原料及辅助材料的质量、各种催化剂的配方及加入量、反应器的设计形式和反应条件控制等。

4. 分离与干燥脱活工段

聚合成的聚丙烯粉料产品夹带着未反应的液相或气相单体从反应器中排出，未反应的单体必须与聚丙烯粉料分离。将反应器排出的聚合物粉末和未反应单体排到低压分离罐，靠气体闪蒸的作用，基本上可以将反应单体从颗粒中脱除。分离出的单体，再循环回反应系统。为防止惰性组分(如丙烷)累积，一般要从装置向外排放一部分分离出的单体。

分离后的聚合物产品进一步用蒸汽和热氮气或氮气和蒸汽的混合气处理，在水等极性分子作用下破坏粉末中残余的催化剂活性组分，使其失去活性，并进一步脱除粉末产品中残存的微量单体。

经分离与干燥后的 PP 粉末，用闭路氮气输送系统输送到粉料仓和挤压机进料仓，进行造粒。为了防止粉尘与空气、易燃挥发性介质可能造成的爆炸危险，输送介质采用氮气。

5. 造粒工段

为使聚合物性能稳定、改进产品性能或结构并便于安全储存和运输，在聚丙烯粉料中加入各种添加剂一起加入挤压机，经塑化、熔融，在水下切成颗粒产品。

尽管不同工艺技术挤压造粒系统的设计有所不同，比如添加剂有采用配成母料添加的，有添加纯添加剂的，也有添加复配添加剂的，但其中的主要区别在于各种添加剂的选择与配方略有不同。

6. 产品掺和、包装码垛及储存

经挤压机切粒后的颗粒产品送入产品掺和料仓，均化后送往包装料仓进而包装码垛，或送入料仓储存。

7. 公用工程

每一个工艺装置都包括一些装置内公用工程设施或工艺辅助设施，PP 工艺装置内公用工程和辅助设施，不同工艺技术有所不同，一般包括以下系统：排放气系统和火炬系统、冷冻水系统、密封油系统、蒸汽与冷凝液系统、水系统(循环水、工艺水、热水)、氮气系统、废油处理系统等。

九、安全

聚丙烯的生产过程是将易燃、易爆的丙烯、共聚单体乙烯、氢气等原料在催化剂作用下聚合成聚丙烯粉料。这些烃类原料和氢气一旦发生泄漏会造成爆炸或火灾，将是灾难性的事故，因而装置的设计和生产的安全性就显得极为重要。聚丙烯装置与其他石油化工装置一样在设计中要考虑以下职业安全与卫生问题：物料及工艺过程的危险性分析、装置安全设计、安全控制系统、工艺联锁系统，并将装置的安全分析、设计与检查贯穿于工程项目的全过程。

为排除不安全或不正常的条件，如出现反应异常、工艺条件失控、工艺流体大量泄漏、公用工程故障等情况，装置中设置了工艺安全联锁系统，在工艺设计中提供了下列保护系统。

① 全线紧急停车系统当紧急情况或关键公用工程发生故障时，如冷却水、供电以及仪表风中断，能使装置按照设定的操作程序自动安全停车而不致发生事故。

② 局部停车系统当机械和设备运行中发生故障时，能够使发生故障的设备停车并与上下游设备隔离，以保护机械和设备，上游工段停车时防止结块，防止工艺流体倒流。

③ 手动启动系统在造成工厂停车的条件解除而且对联锁系统用手动复位后，工厂操作才能按照操作手册中规定的程序重新开始。

④ 备用电源系统由于聚丙烯生产过程安全性、连续性要求很高，供电系统采用双电源供电(每个电源按 100%负荷设计)以确保供电的可靠性。仪表供电备用蓄电池容量要保证电源故障时持续 30min 供电，以使装置能够安全停车。

⑤ 可燃气体报警系统为了及时发现可燃气体的泄漏，在有可能泄漏出可燃气体的设备和法兰处要设置可燃气体检测器。检测器的位号和报警信号或位置示于安装在控制室的控制盘或模拟盘上。

第三节 聚丙烯装置仿真

一、工艺流程简述

工艺流程说明：

（1）000 单元

原料丙烯经 D001A/B 固碱脱水器粗脱水，D002 羰基硫水解器、D003 脱硫器脱去羰基硫及 H_2S，然后进入两条可互相切换的脱水、脱氧、再脱水的精制线：D004A/B 氧化铝脱水器，D005A/B Ni 催化剂脱氧器、D006A/B 分子筛脱水器，经上述精制处理后的丙烯中水分脱至 10×10^{-6}以下，脱硫至 0.1×10^{-6}以下，然后进入丙烯罐 D007，经 P002A/B 丙烯加料泵打入聚合釜。

（2）100 单元

高效载体催化剂系统由 A（Ti 催化剂）、B（三乙基铝）及 C（硅烷）组成。A 催化剂由 A 催化剂加料器 Z101A/B 加入 D200 预聚釜。B 催化剂存放在 D101B 催化剂计量罐中，经 B 催化剂计量泵 P101A/B 加入 D200 预聚合釜，B 催化剂以 100%浓度加入 D200 预聚合釜。这样做的好处是可以降低干燥器入口挥发分的含量，但安全方面要特别注意，管道的安装、验收要特别严格，因为一旦泄漏就会着火。C 催化剂的加入量非常小，必须先在 D110A/B、C 催化剂计量罐中配制成 15%的己烷溶液，然后用 C 催化剂计量泵 P104A/B 打入 D200。

（3）200 单元

丙烯、A、B、C 催化剂先在 D200 预聚釜中进行预聚合反应，预聚压力 3.1～3.96MPa，温度低于 20℃，然后进入第 1、2 反应器（D201、D202）在液态丙烯中进行淤浆聚合，聚合压力为 3.1～3.96MPa，温度为 70～67℃。由 D202 排出的淤浆直接进入第 3 反应器 D203 进行气相聚合，聚合压力为 2.8～3.2MPa，温度为 80℃。

（4）300 单元

聚合物与丙烯气依靠自身的压力离开第 3 反应器 D203 进入旋风分离器 D301、D302-1、D302-2，分离聚合物之后的丙烯气相经油洗塔 T301 洗去低聚物、烷基铝、细粉料后经压缩机 C301 加压与 D203 未反应丙烯一起，进入高压丙烯洗涤塔 T302。分离烷基铝、氢气之后的丙烯回至丙烯罐 D007，T302 塔底的含烷基铝、低分子聚合物、己烷及丙烷成分较高的丙烯送至气分以平衡系统内的丙烯浓度，一部分重组分及粉料汽化后回至 T301 入口，T302 的气相进丙烯回收塔 T303 回收丙烯。

二、工艺设备

工艺设备一览表见表 7-3。

表 7-3 设备一览表

序号	设备名称	设备编号	备注
1	D201 循环风机	C201A/B	高速风机
2	D202 循环风机	C202	高速风机
3	丙烯加料泵	P002A/B	高速泵

续表

序号	设备名称	设备编号	备注
4	丙烯凝液泵	P203A/B	离心泵
5	第一夹套水泵	P211	离心泵
6	第二夹套水泵	P212	离心泵
7	第三夹套水泵	P213	离心泵
8	丙烯预热器	E001	
9	丙烯冷却器	E200	
10	第一反应器冷却器	E201	
11	第二反应器冷却器	E202	
12	第三反应器冷却器	E203	
13	第二反应器尾气冷却器	E207	
14	第三反应器冷却器	E208	
15	丙烯罐	D007	
16	预聚釜	D200	
17	第一反应釜	D201	
18	第二反应釜	D202	
19	第三反应釜	D203	
20	丙烯凝液罐	D221	
21	丙烯凝液罐	D222	
22	丙烯过滤器	F204A/B	滤筒式
23	A 催化剂加料器	Z102A/B	

三、工艺仿真流程图

工艺仿真流程图如图 7-7～图 7-19 所示。

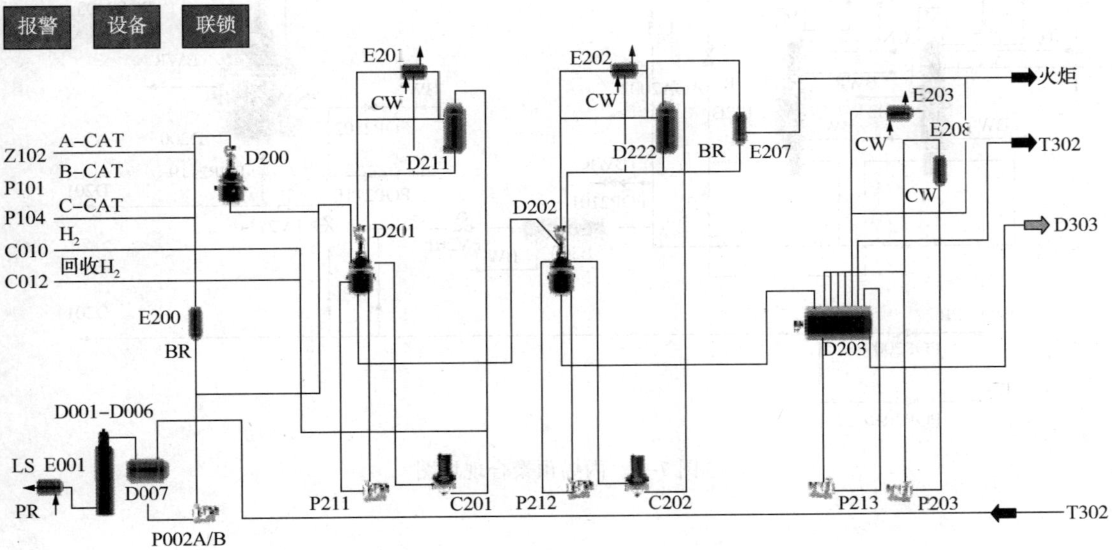

图 7-7　SPG 工艺聚丙烯聚合工段总貌图

现场图

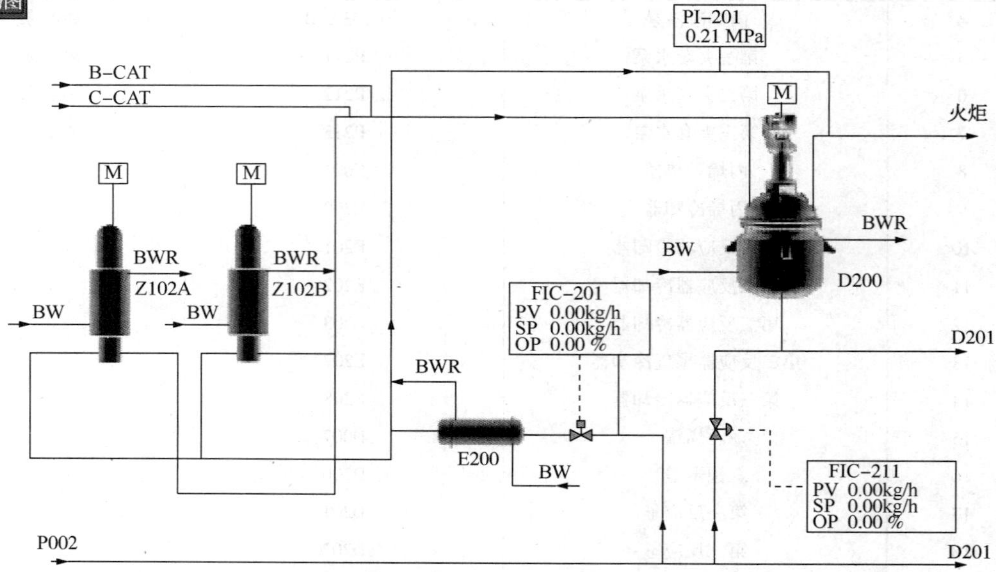

图 7-8 丙烯预聚合 DCS 图

DCS图

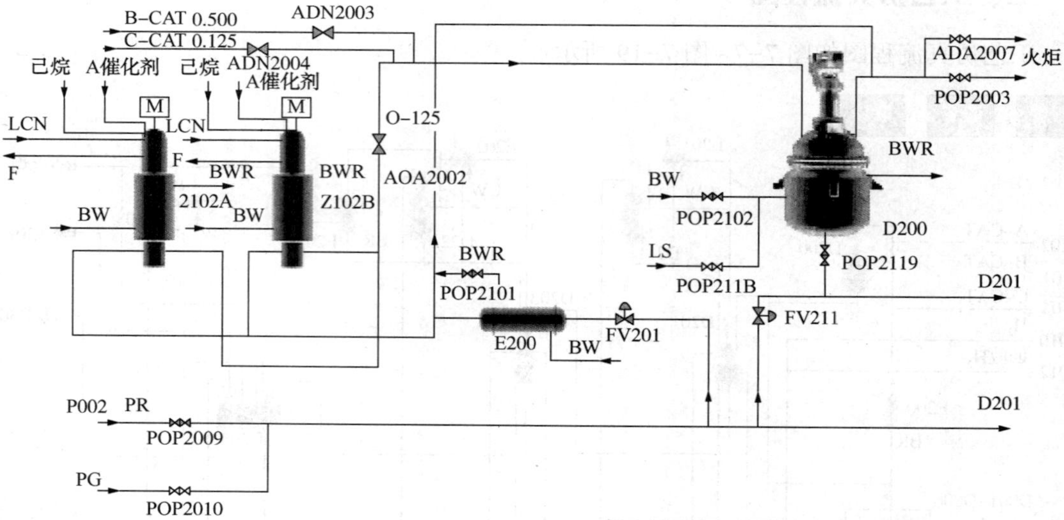

图 7-9 丙烯预聚合现场图

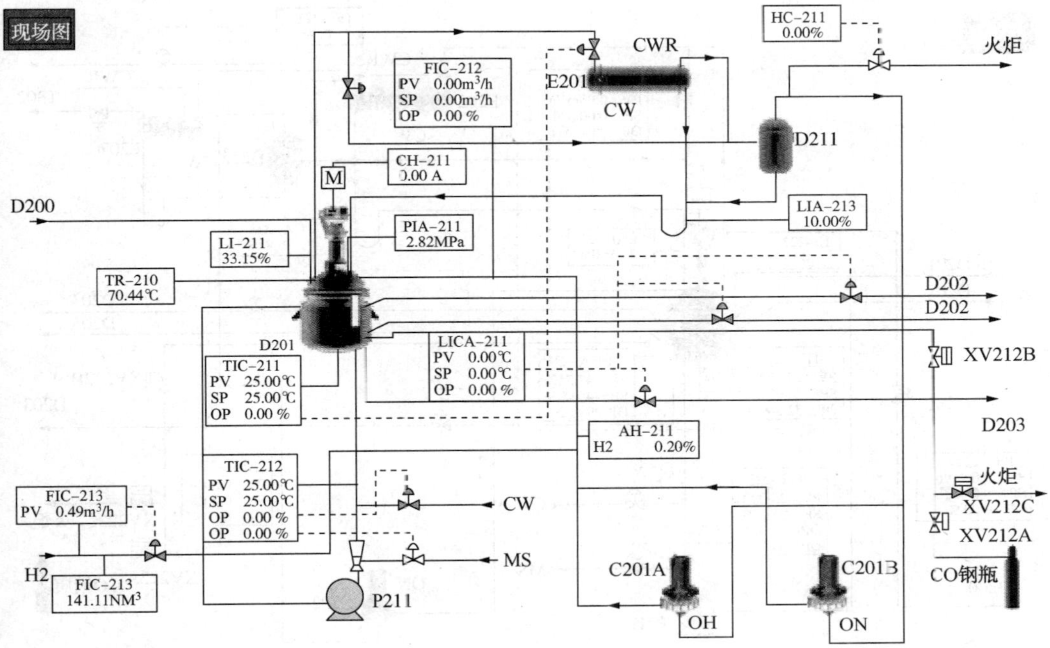

图 7-10　第一反应器 DCS 图

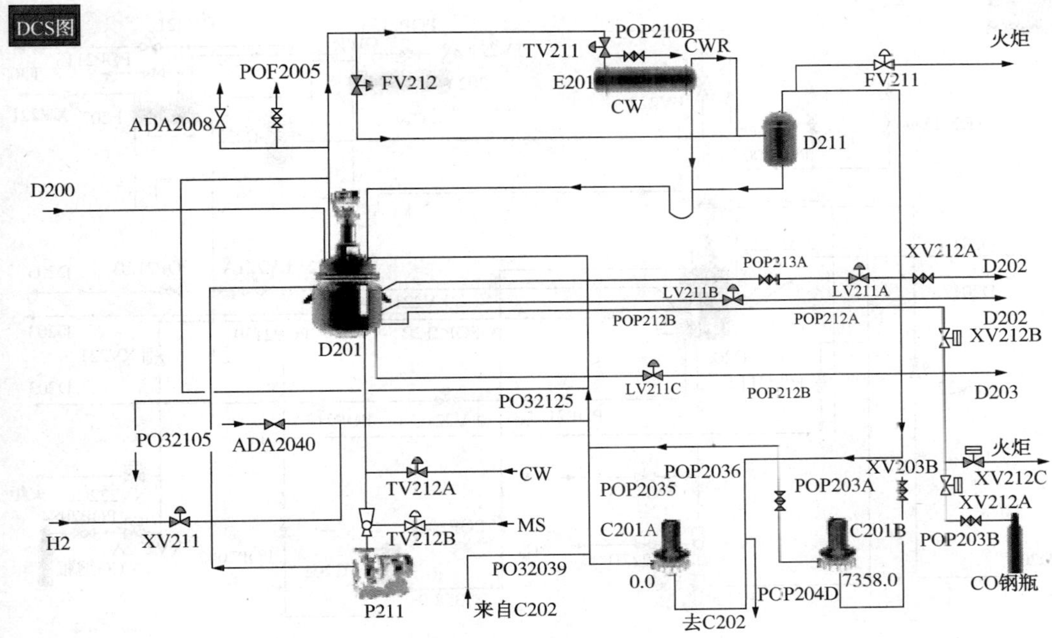

图 7-11　第一反应器现场图

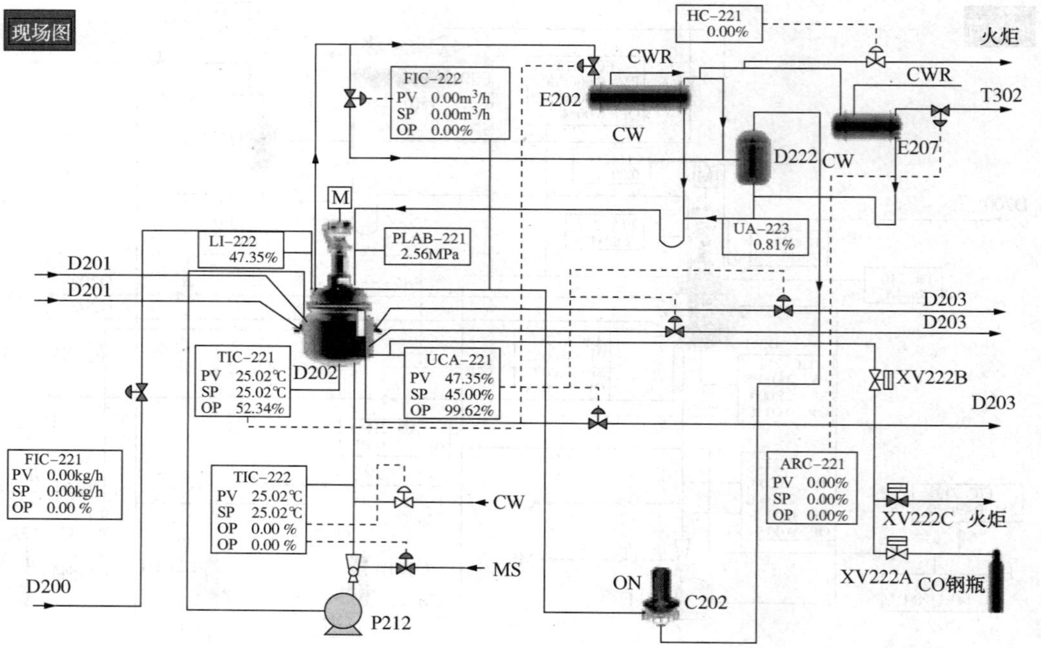

图 7-12　第二反应器 DCS 图

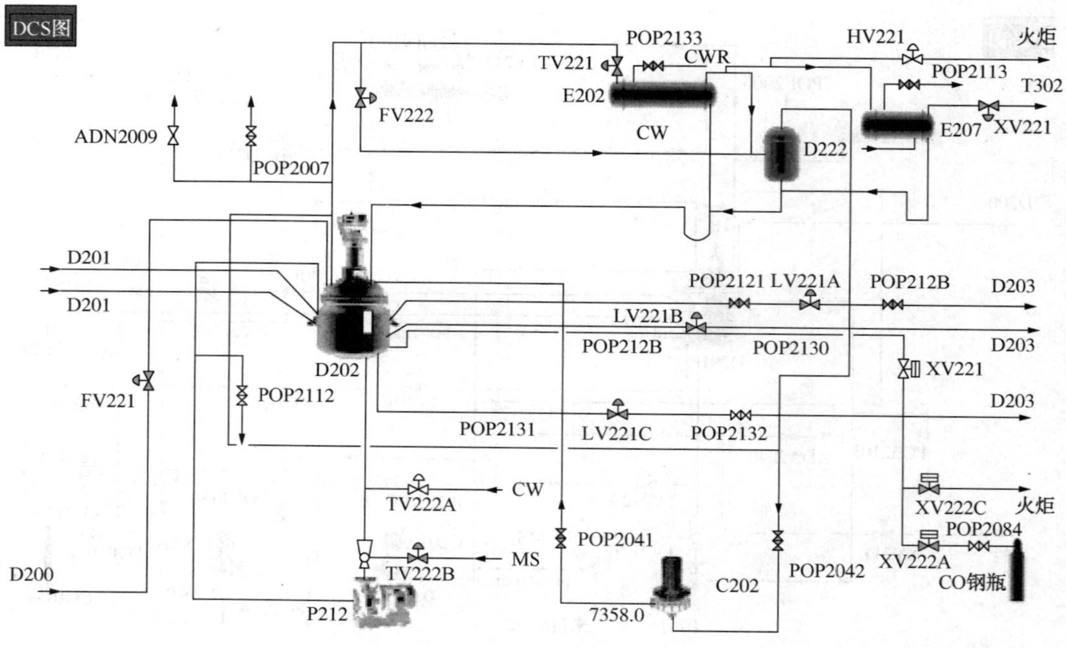

图 7-13　第二反应器现场图

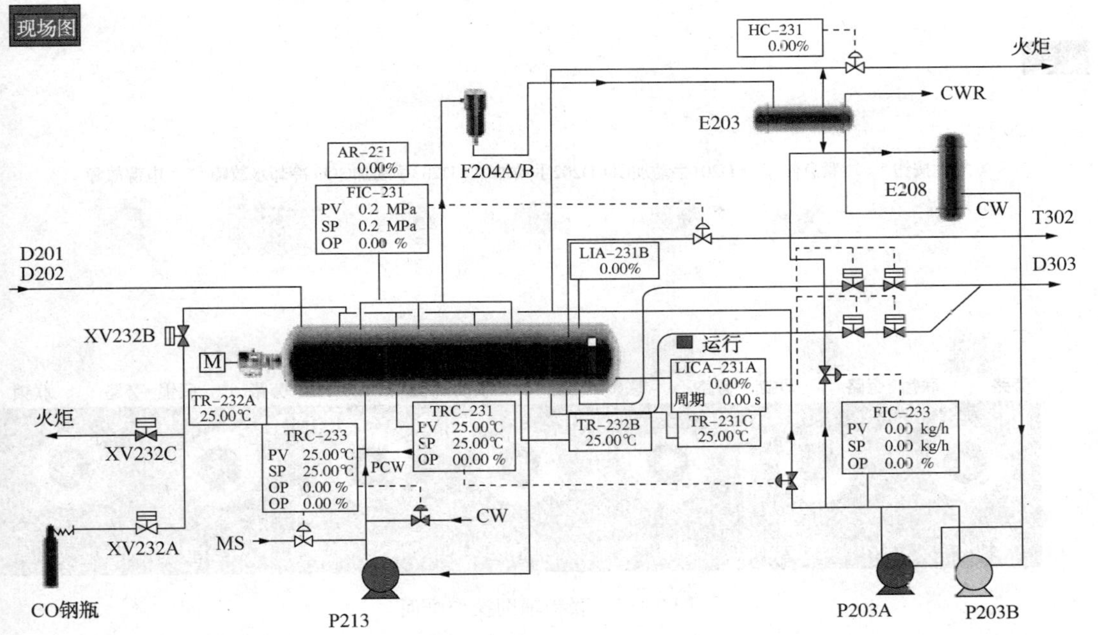

图 7-14　第三反应器 DCS 图

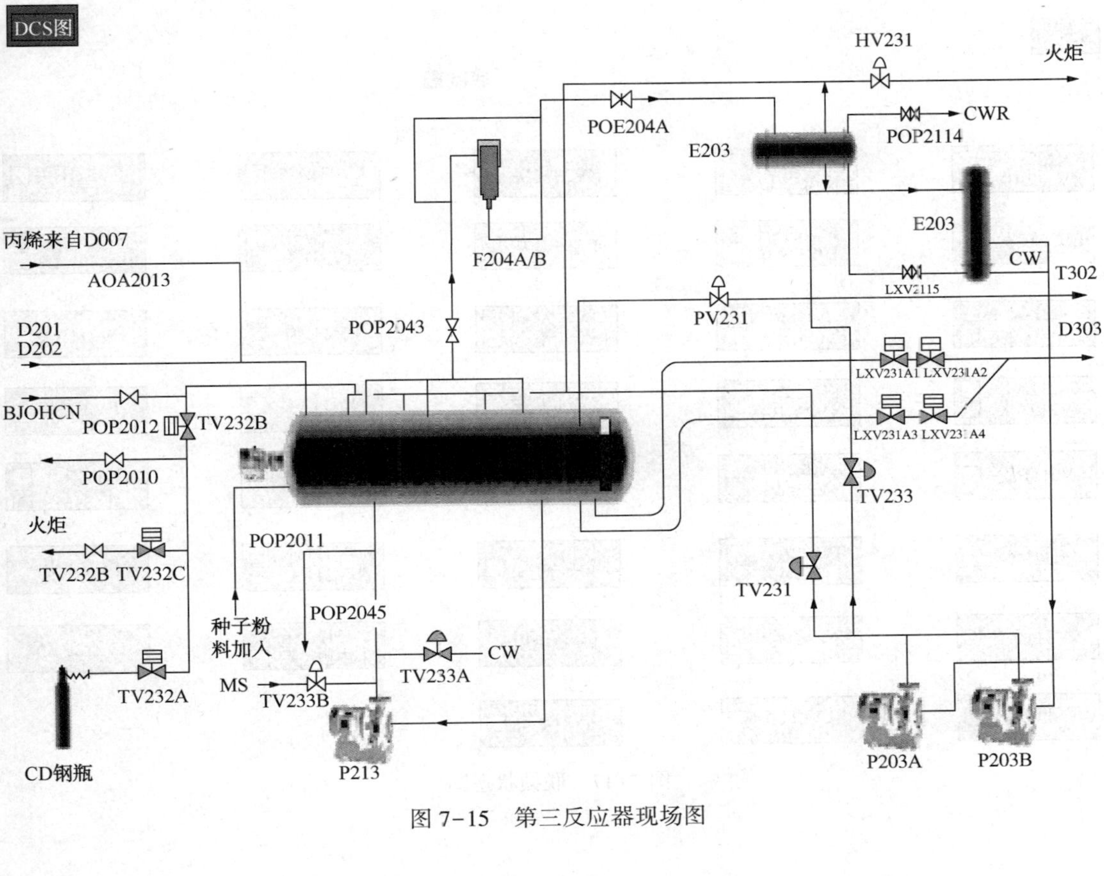

图 7-15　第三反应器现场图

[redacted]

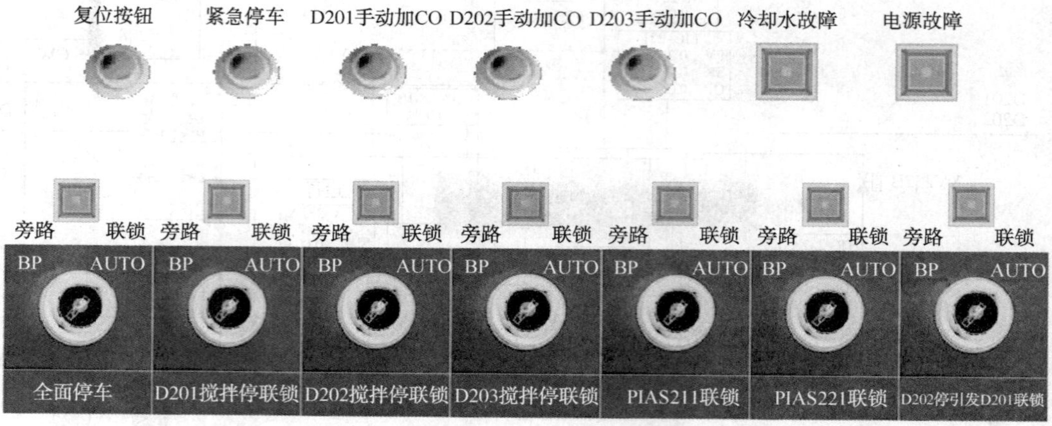

图 7-16　联锁辅助操作画面

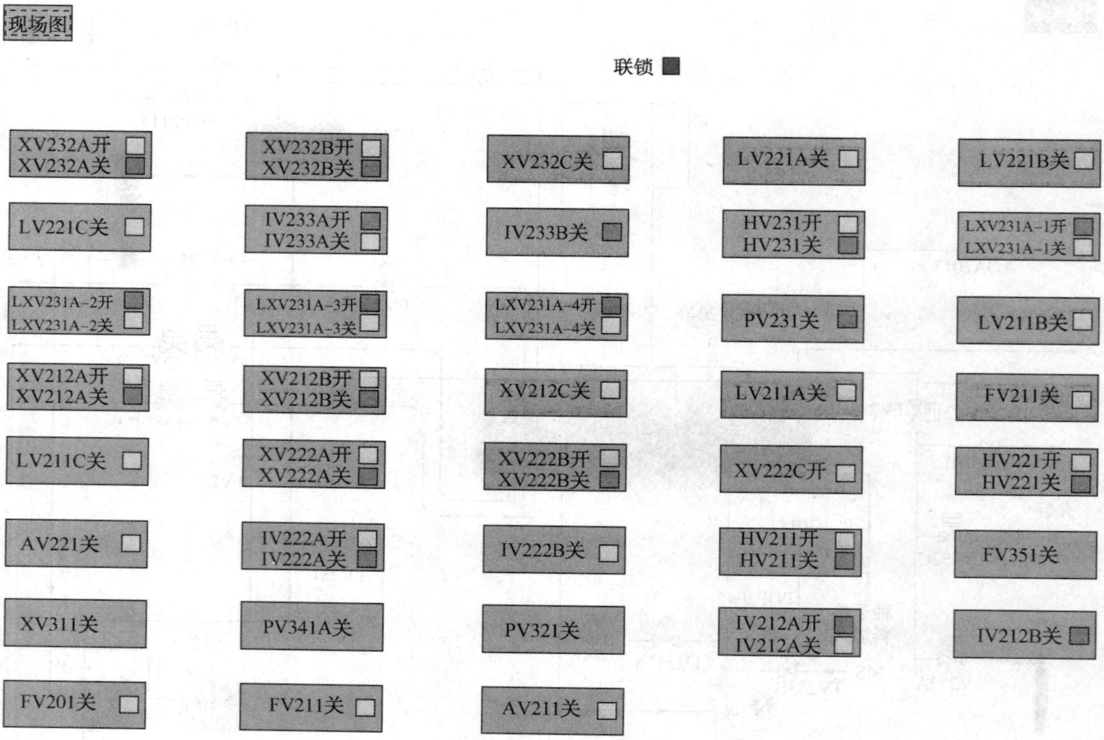

图 7-17　联锁状态图

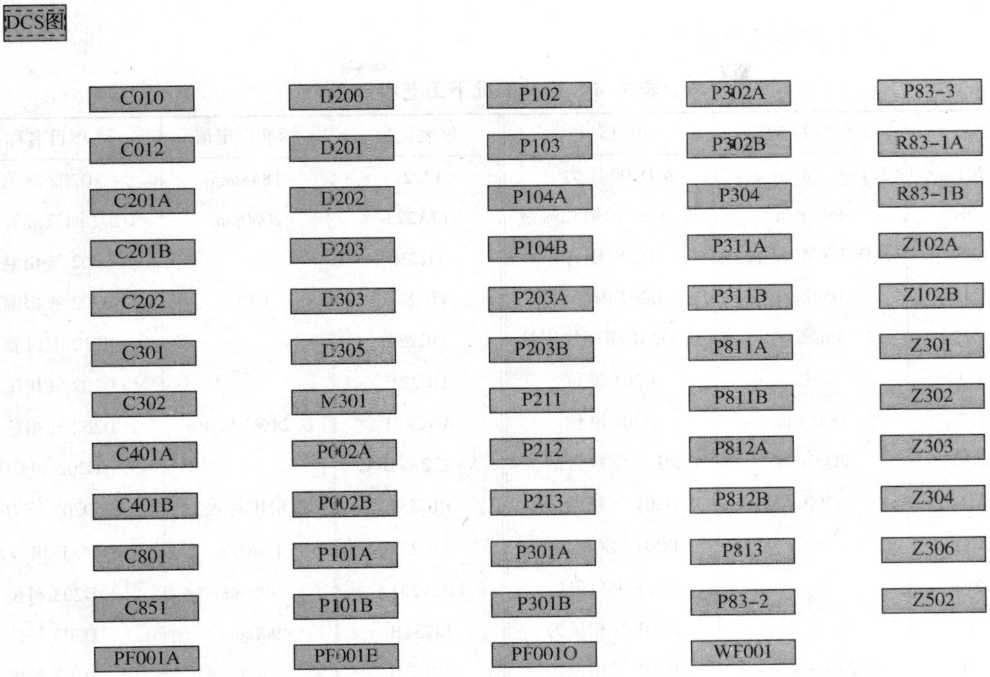

图 7-18　设备启动现场图

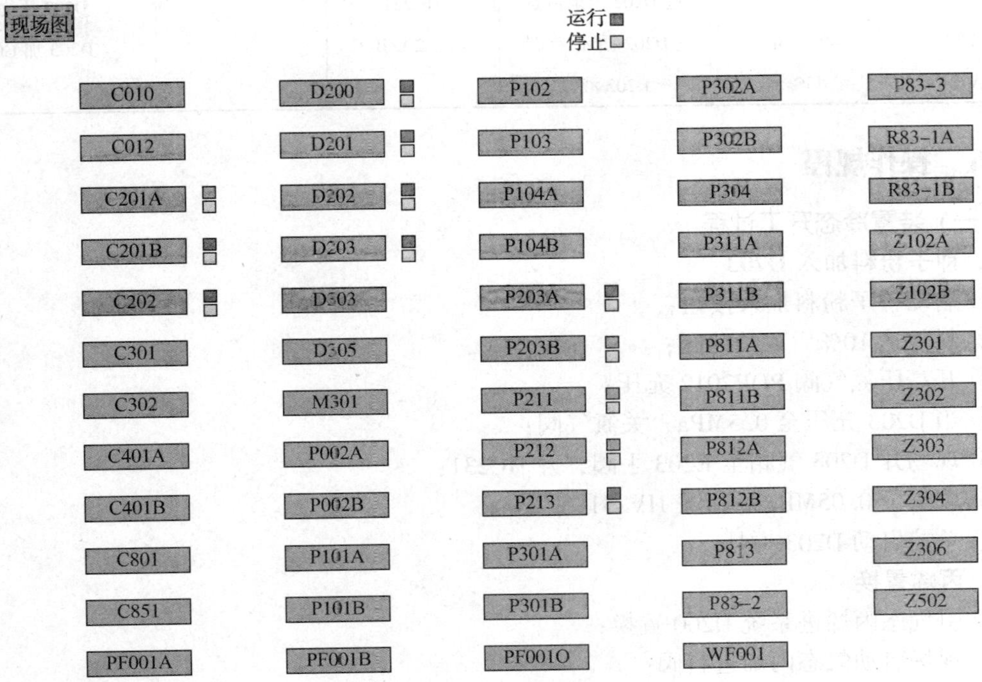

图 7-19　运行状态图

四、正常工况下工艺参数

正常工况下工艺参数见表 7-4。

表 7-4 正常工况下工艺参数表

仪表位号	标准设定值	项目名称	仪表位号	标准设定值	项目名称
PI201	3.1/3.7MPa(表)	D200 压力	LI222	1848mm	D202 液位
FIC201	450kg/h	进 D200 丙烯总流量	LIA223	2000mm	D202 回流液管液位
PIA211	3.0/3.6MPa(表)	D201 压力	TR220		D202 气相温度
FIC211	2050kg/h	进 D201 丙烯流量	TIC221	67℃	D202 液相温度
FIC212	$45m^3/h$	进 D201 循环气流量	TIC222		P212 出口温度
LICA211	45%	D201 液位	HC221		D202 气相压力
LI212	1848mm	D201 液位	ARC221	0.24%~9.4%	D202 气相色谱
LIA213	2000mm	D201 回流液管液位	XV222A/B/C		D202 加 CO
TR210	70℃	D201 气相温度	PIC231	2.8MPa(表)	D203 压力
TIC211	70℃	D201 液相温度	FIC233	$15m^3/h$	P203A/B 出口流量
TIC212		P211 出口温度	LICA231A	900mm	D203 料位
HC211		D201 气相压力	LI231B	900mm	D203 料位
ARC211	0.24%~9.4%	D201 气相色谱	TRC231	80℃	D203 温度
XV212A/B/C		D201 加 CO	TR232A/B/C	80℃	D203 温度
PIA221	3.0/3.6MPa(表)	D201 压力	TIC233		P213 出口温度
FIC221		进 D202 丙烯流量	HC231		D203 压力
FIC222	$40m^3/h$	进 D202 循环气流量	XV232A/B/C		D203 加 CO
LICA221	45%	D202 液位			

五、操作规程

(一) 装置冷态开工过程

1. 种子粉料加入 D203

① 启动种子粉料加入按钮；

② 料位达 10%后，关此阀；

③ 开高压氮气阀 POP2012 充压；

④ 当 D203 充压至 0.5MPa，关氮气阀；

⑤ 现场开 D203 气相至 E203 手阀，开 HC231；

⑥ 放空至 0.05MPa 后，关 HV231；

⑦ 总控启动 D203 搅拌。

2. 丙烯置换

① 引气态丙烯进系统 D200 置换；

② 现场启动气态丙烯进料阀；

③ 开 FIC201 阀将丙烯引入 D200；

④ 压力达 0.5MPa 后关 FIC201；

⑤ 开现场火炬阀放空至 0.05MPa；
⑥ 关现场火炬阀。

3. D201 置换

① 开 FIC211 阀，将气态丙烯引入 D201；
② 开 FIC212 阀；
③ 开 C201A/B 入口阀；
④ 开 C201A/B 出口阀；
⑤ 启动 C201A/B，调节转速；
⑥ 当 PIA211 达 0.5MPa 时，关 FIC211 阀；
⑦ 停 D201 风机；
⑧ 开 HIC211 阀放空；
⑨ 放至 0.05MPa，关 HC211。

4. D202 置换

① 开 FIC221 阀，将气态丙烯引入 D202；
② 开 FIC222；
③ 开 C202 入口阀；
④ 开 C202 出口阀；
⑤ 启动 C202，调整转速；
⑥ 当 PIAS221 达 0.5MPa 时，关 FIC221；
⑦ 停 C202 风机；
⑧ 开 HC221 阀放空；
⑨ 放至 0.05MPa，关 HC221 阀。

5. D203 置换

① 现场开 D007 来气相丙烯阀；
② 充压至 0.5MPa 后，关此阀；
③ 开 HC231 阀，放空；
④ 放空至 PIC231 为 0.05MPa 后，关 HC231；
⑤ 重新升压。

6. D200 升压

① 开 FIC201，升压；
② PI201 指示为 0.7MPa 后，关 FIC201。

7. D201 升压

① 开 FIC211 引气相丙烯；
② PIA211 指示为 0.7MPa 后，关 FIC211。

8. D202 升压

① 开 FIC221 引气相丙烯；
② PIAS221 指示为 0.7MPa 后，关 FIC221。

9. 向 D200 加液态丙烯

① 开液态丙烯进料阀；
② 开 E200BWR 入口阀；

③ 开 D200 夹套 BW 入口阀；
④ 开 FIC201，引液相丙烯入 D200；
⑤ 启动 D200 搅拌；
⑥ 当 PI201 指示为 3.0MPa 时，开现场釜底阀。

10. 向 D201 加液态丙烯

① 开 FIC211，向 D201 进液态丙烯；
② 启动 D201 搅拌；
③ 现场开 E201CWR 入口阀；
④ 开 LICA211A 一条线前后手阀；
⑤ 开 C201A 或 B 机入口阀；
⑥ 开 C201A 或 B 机出口阀；
⑦ 开 C201A 或 B 机；
⑧ 调整转速；
⑨ 调节 FCI212 为 $45m^3/h$；
⑩ 开 MS 阀，釜底 TIC212 升温；
⑪ 调节 TIC211，控制釜温为 65℃。

11. 向 D202 加液态丙烯

① 开 FIC221，向 D202 进液相丙烯；
② 启动 D202 搅拌；
③ 现场开 E202CWR 入口阀，开 E207CW 入口阀；
④ 开 C202 入口阀；
⑤ 开 C202 出口阀；
⑥ 启动 C202；
⑦ 调节转速；
⑧ 调节 FIC222 为 $40m^3/h$；
⑨ 釜底 TIC222 升温，控制釜温为 60℃；
⑩ 调节 FIC221 冲洗进料量为 500kg/h。

12. 向 D203 加液态丙烯

① 当 D202 出料至 D203 后，即为 D203 进液相丙烯；
② 开 E203CWR 入口阀；
③ 开 E208CWR 出口阀；
④ 启动 P213；
⑤ 开 MS 阀，釜低 TRC233 升温；
⑥ 调整 TRC231，控制釜温为 80℃；
⑦ 启动 P203A。

13. 给 D201 加入 H_2，循环至 D201、D202、D203 中

14. 向系统加催化剂

① 现场调节 C-Cat 进反应釜 D200；
② 中控全线联锁投用，阻聚剂 CO 加入系统，现场打开 CO 管线手阀；
③ 现场调节 B-Cat 进反应釜 D200；

④ 现场调节 A-Cat 进反应釜 D200。

（二）装置正常停工过程

1. 停催化剂进料

① 停催化剂 A；

② 停催化剂 B；

③ 停催化剂 C；

④ 停止氢进入 D201。

2. 维持三釜的平稳操作

① D201 夹套 CW 切换至 HW；

② 控制 D201 温度在 65~70℃；

③ D202 夹套 CW 切换至 HW；

④ 控制 D202 温度在 60~64℃；

⑤ D203 夹套 CW 切换至 HW；

⑥ 控制 D203 温度在 80℃左右。

3. D201，D202 排料

① 关闭丙烯进料 FV201、FV211、FV221；

② 停 E200、D200 冷冻水；

③ D200 停搅拌；

④ 从 D201 向 D202 卸料；

⑤ 当 D201 倒空后，停止 D201 出料；

⑥ 停 D201 搅拌；

⑦ 停 C201、E201；

⑧ 从 D202 向 D203 卸料；

⑨ 当 D202 倒空后，停止 D202 出料；

⑩ 停 D202 搅拌；

⑪ 停 C202、E202、E207；

⑫ 当 D203 倒空后，关闭 LICA231A；

⑬ 停 P203、E203、E208；

⑭ 停 D203 搅拌；

⑮ 关闭 AV221，PV231。

4. 放空

① 开 D200 放空阀；

② 开 D201 放空阀；

③ 开 D202 放空阀；

④ 开 D203 放空阀。

（三）事故处理

1. 停电

事故现象：停电。

处理方法：紧急停车。

2. 停水

事故现象：冷却水停。

处理方法：紧急停车。

3. 停蒸汽

事故现象：蒸汽停。

处理方法：紧急停车。

4. IA 停

事故现象：仪表风停止供应，必须紧急停车全系统联锁停车。

处理方法：紧急停车。

5. 原料中断

事故现象：原料停。

处理方法：紧急停车。

6. 氮气中断

事故现象：造成干燥闪蒸单元不能正常操作。

处理方法：

① 关闭 LICA231 阀，停止向干燥系统放料。

② D201 隔离进行自循环。

③ D202 隔离进行自循环。

④ D203 隔离进行自循环。

7. 低压密封油中断

事故现象：低压密封油中断(LSO)；P812A/B 停泵出口压力下降很大各个用户 FG，PG 指示下降。

处理方法：紧急停车。

8. 高压密封油中断

事故现象：高压密封油中断。

处理方法：紧急停车。

9. A-CAT 不上量

事故现象：A-CAT 不上量。

处理方法：

① 减小 FIC201 的进料量。

② 维持 D201 温度，压力控制。

10. 聚合反应异常

事故现象：聚合反应异常。

处理方法：

① 调整 A-Cat 的转动周期，减小 A 催化剂的量。

② 适当增加 FIC201 的流量。

11. D201 的温度压力突然升高

事故现象：D201 的温度压力突然升高。

处理方法：

① 提高 TIC212 的 CW 阀开度，减少蒸汽。

② 提高 FIC201 进料量。

12. D203 的温度压力突然升高

事故现象：D203 的温度压力突然升高。

处理方法：

① 关闭 TRC231 前后手阀。

② 开副线阀调整流量。

13. D203 下料系统堵塞

事故现象：D203 下料系统堵塞。

处理方法：紧急停车。

14. 浆液管线不下料

事故现象：浆液管线不下料。

① 增大 TIC212 蒸汽量，提高夹套水温；

② D202 向 T302 泄压；

③ 最终调节 D201 比 D202 压差为 0.2MPa。

15. D201 液封突然消失

事故现象：D201 液封突然消失。

处理方法：紧急停车。

16. D201 搅拌停

事故现象：D201 搅拌停。

处理方法：紧急停车。

17. D201 与 D202 间 SL 管线全堵

事故现象：D201 与 D202 间 SL 管线全堵。

① 现场开另一条 D201 至 D202 浆液调节阀前后手阀。

② 开 D201 至 D203 浆液线调节阀前后手阀。

(四) 自动保护系统

200 工段自动保护系统：

① 当 D201 压力 PIAS211 超过 4.0MPa 时发出联锁信号 HC211 阀门自动打开。

② 当 D202 压力 PIAS221 超过 4.0MPa 时发出联锁信号 HC221 阀门自动打开。

③ 当 D201 因搅拌停止，压力和温度不正常升高或接收到 D202 停车信号及全面停车信号时，发出联锁信号，相应阀门开始动作：FIC201 阀门关闭，ARC211 阀门关闭，XV212A/B 阀门开，XV212C 关闭，TIC212B 关闭，TIC212A 开，LIC211 阀门关闭。

④ 当 D202 因搅拌停止，压力和温度不正常升高或接收到 D203 停车信号及全面停车信号时，发出联锁信号，相应阀门开始动作：XV222A/B 阀门开，XV222C 阀门关，FIC221 阀门关，ARC221 阀门关，TIC222B（MS）阀门关，TIC222A（CW）阀门开，LIC221 阀门关，同时 D201 系统停车，FIC201、FIC211、ARC211、TIC212B、LIC211 阀门关，TIC212A 阀门开。

⑤ 当 D203 因搅拌停止，压力和温度不正常升高或接收到全面停车信号时，发出联锁信号，相应阀门开始动作：HC231 阀门开，LIC231 阀门关，PIC231 阀门关，C301 停，XV232A/B 阀门开，XV232C 阀门关，TIC233B 阀门关，TIC233 阀门开，同时 D201、D202 系统停车。

习题

1. 丙烯精制的目的是什么？

2. 丙烯精制岗位的任务是什么？

3. 丙烯精制指标是什么？

4. 精制岗位主要工艺指标是什么？

5. 生产中聚丙烯的熔融指数是如何控制的？

6. 在压缩机的出口处，一般会安装(　　)来检测压缩后气体的状态。

A. 流量表　　B. 压力表　　C. 温度表　　D. 差压计

7. 每组填料密封由一片切向环和一片径向环组成的往复压缩机填料密封中，其中切向环起着密封的作用，径向环主要起着(　　)的作用。

A. 密封　　B. 阻流　　C. 隔绝空气　　D. 隔绝冷却水

8. 管道吹扫和气密试验是装置(　　)的一项重要工作。

A. 开车前　　B. 开车后　　C. 试车前　　D. 试车后

9. 引蒸汽前，应确认蒸汽管线上的疏水器(　　)。

A. 已隔离　　B. 前切断阀已打开

C. 后切断阀已打开　　D. 前、后切断阀和副线均已打开

10. 当界区来的丙烯压力达到(　　)MPa 时，才可以打开界区丙烯阀，装置可以引入丙烯。

A. 1.0　　B. 0.5　　C. 3.0　　D. 2.0

11. 引丙烯前，管线或设备应升压至(　　)MPa。

A. 0.1~0.3　　B. 0.2~0.3　　C. 0.3~0.8　　D. 1.0~2.0

12. 挤压造粒机加工段和模板采用(　　)升温。

A. 低压蒸汽　　B. 中压蒸汽

C. 电加热和高压蒸汽　　D. 热油或高压蒸汽

13. 聚丙烯粉料的熔融指数单位是(　　)。

A. g/10min　　B. g/min　　C. kg/min　　D. kg/10min

14. 串级调节系统参数整定步骤应为(　　)。

A. 先主环后副环　　B. 先副环后主环　　C. 没有先后顺序　　D. 只整定副环

15. 在装置停工时，系统必须用氮气密封，其目的是(　　)。

A. 控制系统温度　　B. 控制系统压力

C. 使系统处于微正压，防止空气进入系统　　D. 给系统置换

16. 界区丙烯进料控制阀门和丙烯贮罐液位进行串级操作，如果丙烯贮罐液位检测膜盒损坏，丙烯贮罐液位不变，则造成的后果是(　　)。

A. 丙烯贮罐压力不变　　B. 丙烯贮罐压力升高

C. 丙烯贮罐压力降低　　D. 不影响丙烯罐压力

17. 环管反应器进液相丙烯充满的标志是(　　)。

A. 压力达到操作压力　　B. 环管反应器出料阀已经打开

C. 各腿顶部排放阀打开温度迅速降低　　D. 反应器温度降低

18. 汽蒸器洗涤塔属于(　　)。

A. 填料塔　　B. 浮阀塔　　C. 板式塔　　D. 提馏塔

19. 低压丙烯洗涤塔循环泵属于(　　)。

A. 离心泵　　B. 齿轮泵　　C. 往复泵　　D. 多级离心泵

20. 氢气系统引氢气置换过程中，氢气流量控制阀前管线进行置换的方法是(　　)。

A. 打开氢气同丙烯管线相连手阀置换　　B. 从氢气过滤器进行置换

C. 从压力处直接排大气进行置换　　D. 断开法兰进行置换

21. 凝液系统溢流口处设置检测器检测的物质是(　　)。

A. 氮气　　B. 水蒸气　　C. 空气　　D. 丙烯

22. 丙烯贮罐开车过程中，投用液位步骤正确的是(　　)。

A. 先打开液位计顶部阀门，然后打开底部阀门

B. 先打开液位计底部阀门，然后打开顶部阀门

C. 可同时打开

D. 没有先后顺序

23. 为防止催化剂在线混合器堵，管线中丙烯流速必须要大于(　　)m/s。

A. 1　　B. 2　　C. 3　　D. 4

24. 通常现场压力表显示的是(　　)。

A. 真空度　　B. 绝压　　C. 表压　　D. 以上均是

25. 低压丙烯洗涤塔停车首先进行操作的是(　　)。

A. 将低压丙烯洗涤塔隔离　　B. 停循环泵，密封油排空

C. 将洗涤塔内油倒入废油罐　　D. 打开同火炬相连阀门进行卸压

26. 闪蒸罐系统停车的标志是(　　)。

A. 环管反应器停止出料　　B. 循环过滤器没有物料

C. 汽蒸罐没有物料　　D. 干燥器没有物料

27. 干燥器系统紧急停车过程中，干燥器内物料的处理方法是(　　)。

A. 放置在干燥器内　　B. 从采样口处排出

C. 拆开人孔再排出　　D. 以上做法都可以

28. 往复式压缩机试车前，旁路阀状态正确的是(　　)。

A. 开关无所谓　　B. 必须稍开　　C. 必须全关　　D. 必须全开

29. 循环气压缩机吹扫气的作用是(　　)。

A. 防止循环气中的粉末进入轴承　　B. 防止循环气中的粉末进入机械密封

C. 防止循环气中的粉末进入气阀　　D. 防止循环气中的粉末进入活塞

30. 下列选项中，可能引起真空泵频繁起跳的是(　　)。

A. 入口压力低　　B. 系统憋压　　C. 机械故障　　D. 介质原因

31. 当装置主催化剂泵停时，应进行的具体操作步骤有(　　)。

A. 关闭催化剂计量罐出口阀　　B. 关闭主催化剂到反应器的阀门

C. 管线中催化剂排空　　D. 把催化剂冲程归零

32. 循环气过滤器引丙烯时，来自(　　)系统。

A. 低压丙烯洗涤塔　　B. 高压丙烯洗涤塔

C. 闪蒸罐　　D. 循环丙烯安全过滤器

33. 下列选项中，可能引起干燥器洗涤塔细粉含量的是(　　)。

A. 干燥器料位过高　　B. 旋风分离器堵塞

C. 聚合反应过程中产生细粉量大　　D. 干燥器料位低

思政内容　扎根戈壁深处的“红柳”

周义朋皮肤黝黑，外表质朴，话语不多，但在我国砂岩铀矿地浸行业，却是个小有名气的“腕儿”。为了国家核能事业，他扎根新疆戈壁荒滩15载，在野外五度春节，两次遭遇生命危险，突破一道道科技难关，为我国铀矿地浸事业培养了大批科技人才。由他主持设计并在新疆建成的微生物地浸采铀工艺系统，是我国目前唯一一个实现工业化应用的微生物地浸采铀系统。他曾获全国岗位学雷锋标兵、江西省科技进步二等奖、感动江西教育年度人物等荣誉。

提到新疆戈壁滩，没有人不知道死亡之海“罗布泊”。离家万里的周义朋却扎根在与罗布泊只有一山之隔的戈壁荒滩默默耕耘，只因那儿地下的战略资源被誉为“军工基石——核能粮仓”铀矿。

为了研发绿色高效铀矿采冶技术，周义朋像候鸟一样“逐矿床而居”。在戈壁滩，住“地窝子”和铁皮寝车，没有淡水，夏季地表温度高达80℃，春秋两季沙尘暴肆虐。乌孙山下，他经历过几十年不遇的暴风雪和超过零下30℃的严寒。为了保证试验全天候连续进行，周义朋每年要在野外工作9个月以上，最长连续工作11个多月没回家。

除了身体上的劳累，周义朋还要承担着巨大的精神压力。一次凌晨3点多，试验现场突然停电，周义朋和电工在零下20多摄氏度的雪地里巡线排查故障，半个小时内系统得以恢复，而他却在巡线途中掉进井坑把小腿磕伤。十几年来，为了保证一个个试验顺利进行，他始终是在这样的精神紧绷中度过的。

在野外现场，经常见到的周义朋是裹着件满是泥土的迷彩工作服，扛着铁锹，拖着管子，背着工具包，像极了工地上的农民工。就是这样一位“科研民工”，凭借着满腔热情，和团队成功解决了高矿化度铀矿地浸世界性难题，盘活了一座被认为“呆矿”的铀矿山。

十几年来，只要现场工作不停，周义朋就全年无休。但尽管再忙，对学生总能挤出时间。在野外项目基地，他把课堂搬进矿山现场，除了手把手向学生传授理论和实践知识，还开展专题讲座和系列技术培训100多场次。

“铁打的营盘，流水的兵”，一届又一届在他身边成长起来的青年学子仿佛“流水的兵”，而他就是那“铁打的营盘”。毕业多年的学生电话联系时，第一句总是“周老师，您还在新疆吗”，答复也总是“是的，还在”。

周义朋把课堂搬进矿山一线，培养了一大批本科生、研究生和企业技术人才。如今，很多毕业生已经成为核能领域的技术骨干。

扫一扫查看
本章补充材料

第八章　丙烯酸甲酯装置仿真

第一节　概　　述

丙烯酸甲酯(Methyl Acrylate，简称 MA)别名败脂酸甲酯，分子式为 $CH_2{=}CHCOOCH_3$，相对分子质量为86.09，沸点为80.3℃，熔点为-75℃，闪点为-3℃，无色易挥发液体。其爆炸极限为2.4%~8%，遇明火、高温、氧化剂易燃，具有辛辣气味，有催泪性，对呼吸系统和皮肤有刺激性，属全身性毒物；溶于乙醇、乙醚、丙酮及苯等常用有机溶剂，微溶于水。由于MA具有碳碳双键和甲基酯，化学性质活泼，在贮存的过程中容易发生自身聚合，并且在光、热条件和过氧化物存在下能加速其聚合反应。高纯的MA单体在低于10℃环境下不会发生自身聚合，为确保其安全和性质稳定通常加入少量对苯二酚单甲醚、噻吩嗪等阻聚剂。

丙烯酸甲酯用途：

MA含有极性不饱和C═C双键，易发生自身聚合或与其他不饱和化合物发生共聚合反应形成具有多功能的高分子材料，是重要的精细化工单体及有机合成中间体。丙烯酸(酯)主要有以下应用。

① 涂料。丙烯酸涂料光泽度高，保光保色性能良好，耐热抗老化作用明显，黏性高、附着力强，并且无毒无味，无污染，属于环保产品。

② 建材。MA在混凝土改性中有良好的应用，丙烯酸系高效减水剂具有良好的改善混凝土拌和物工作性以及硬化混凝土的作用，目前已在国内外得到广泛应用。另外，在建筑涂料、嵌缝胶、黏合剂等方面也有广泛的应用。

③ 黏合剂。MA在纺织胶黏剂的合成中有重要应用。改性丙烯酸酯黏合剂，稳定性良好，易溶于水，经改性胶处理后织物手感柔软、光滑，无黄变现象；织物亲水性好；色织物牢度良好，且改性胶还有增深作用；无甲醛释放，符合健康和环保要求，是集柔软剂、黏合剂、环保型印染助剂为一体的综合型产品。

④ 造纸。在造纸行业，丙烯酸乳液主要作为纸张涂布用黏结剂使用。由于其纸品光泽度高、低气味、良好的可印刷性和优越的抗墨性，常用于食品包装涂布纸。

⑤ 皮革加工。丙烯酸树脂在皮革领域已经有了40多年的应用，主要用于生产皮革涂饰剂和填料。丙烯酸树脂作为皮革涂饰剂可以使着色材料与皮革很好地黏合，成膜性能良好。丙烯酸乳胶填充皮革柔软，丰满，弹性好，产品档次高。

此外，高吸水性树脂(SAP)为近些年来丙烯酸及酯消费领域增长最快的一类产品，在个人卫生用品、医用手术护垫、园艺农林等方面有广泛应用。

第二节　丙烯酸甲酯典型生产工艺

目前，丙烯酸及其酯的制备方法主要有乙炔法、丙烯氧化法、丙烯腈水解法、乙烯酮法、丙烷氧化法、乙烯氧化羰化法以及甲酸甲酯法等。

一、乙炔法

第二次世界大战期间，科学家 Reppe 在德国成功开发了乙炔法，促进了 MA 的大规模工业化生产。该工艺 $Ni(CO)_4$毒性大，副反应氢与丙烯酸反应生成丙酸，造成分离困难。另外，从 $NiCl_2$再生 $Ni(CO)_4$的操作也比较繁琐。

二、丙烯直接氧化法

20 世纪 60 年代丙烯直接氧化法开发成功，由于原料丙烯来源于石油化工，价廉易得，与较旧式的氰醇法、丙烯腈水解法等相比，在工序管理、三废处理、环境保护、生产成本及能量单耗上都占有优势，因此很快被工业所接受。目前仍是工业生产 MA 的主要方法。

丙烯直接氧化法，又分一段氧化法和二段氧化法。一段氧化法是由丙烯直接氧化制得丙烯酸，然后与甲醇进行酯化而得；二段氧化法是先氧化丙烯制备丙烯醛，再氧化丙烯醛合成丙烯酸，最后与甲醇酯化得到丙烯酸甲酯。

目前工业上生产几乎都采用丙烯两步氧化法技术，在 20 世纪 80 年代后扩(新)建的工业生产装置采用丙烯两步氧化法的约占 95%~96%，现拥有丙烯两步氧化法技术的公司主要有日本触媒化学(NSKK)、日本三菱化学(MCC)和德国巴斯夫(BASF)。

三、丙烯腈水解法

在硫酸催化剂的作用下，丙烯腈水解生成丙烯酰胺硫酸盐，与甲醇进行酯化反应制得粗丙烯酸甲酯，经盐析、分馏处理后获得成品。此方法具有反应容易进行，过程简单，设备投资少，可同时生产丙烯酰胺等优点，但是存在较严重的环境污染，有大量低价值硫酸氢铵副产品，处理较困难等缺点。

四、乙烯酮法

以三氟化硼为催化剂，乙烯酮与甲醛缩合，再用甲醇急冷，同时发生酯化反应生成丙烯酸甲酯。在 $AlCl_3$催化剂作用下，常温条件乙烯酮与气相甲醛反应生成β-丙醇酸内酯，经醇解或酸解生产丙烯酸及其酯。乙烯酮由醋酸或丙酮经高温热解产生，其成本较高，作为中间体的β-丙醇酸酯被认为是致癌物质，因此工业上已不再采用此方法。

五、Reppe 法

Reppe 方法是乙炔、羰基镍和甲醇在比较温和的条件下(40℃，0.1MPa)反应，以盐酸作为催化剂，收率为 80%，此法的缺点是所用的 CO 全由 $Ni(CO)_4$提供，毒性大，大量处理有困难。

六、丙烷氧化法

此法分为两步，第一步丙烷部分氧化生成丙烯醛，第二步将丙烯醛氧化制得丙烯酸，然后甲醇酯化便得丙烯酸甲酯。丙烯酸最高单程收率为 13%，目前直接由甲烷合成丙烯酸的方法，丙烯酸的单程收率也仅为 14.4%。因此，尽管此法原料来源丰富，价格便宜，但收率太低，无法与丙烯氧化法媲美。

七、甲酸甲酯法

此法是在均相条件下，利用镍盐-铜盐-碘化物复合催化体系，*N*,*N*-二甲基甲酰胺为溶剂、乙炔和甲酸甲酯为原料一步加氢酯化合成丙烯酸甲酯：$CH\equiv CH+HCOOCH_3 \longrightarrow CH_2=CHCOOCH_3$。甲酸甲酯转化率为60%，丙烯酸甲酯选择性为86%。该法的特点是以甲酸甲酯为原料，解决了CO制备和运输问题，随着天然气的发展，在经济上将有相当大的竞争力，在石油资源短缺、天然气资源丰富的地区更具有实用性。

目前，丙烯酸及其酯生产技术的发展趋势，集中在工艺过程的改进和催化剂的研究上。近年来，以C_3为原料通过羟醛缩合反应合成丙烯酸甲酯成为研究人员广为关注的一种绿色的生产工艺，其中以丙酸为原料合成丙烯酸甲酯，国内外学者进行了一些相关研究，但是这种方法存在产物收率不高，催化剂容易失活等问题，现在还只是处于研究与专利阶段。

第三节　丙烯酸甲酯装置仿真

一、生产原理及工艺特点

在该单元中，丙烯酸与甲醇反应，生成丙烯酸甲酯，磺酸型离子交换树脂作为催化剂。

1 酯化反应原理

丙烯酸与醇的酯化反应是一种生产有机酯的反应。其反应方程式如下：$CH_2=CHCOOH+CH_3OH \rightleftharpoons CH_2=CHCOOCH_3+H_2O$

这是一个可逆反应，为使反应有向有利于产品生成的方向进行，采用一些方法，一是用比反应配比过量的酸或醇，二是从反应系统中移除产物。

2. 丙烯酸与甲醇的酯化反应

（1）酯化反应器的主反应

酯化反应器的主反应的化学方程式如下：

H^+(IER)*

$CH_2=CHCOOH+CH_3OH \rightleftharpoons CH_2=CHCOOCH_3+H_2O$

AA　　　　MEOH　　　　MA

*IER 指离子交换树脂

（2）酯化反应器的副反应

$CH_2=CHCOOH+2CH_3OH \longrightarrow (CH_3O)CH_2CH_2COOCH_3+H_2O$

MPM：（3-甲氧基丙酸甲酯）

$2CH_2=CHCOOH+CH_3OH \longrightarrow CH_2=CHCOOC_2H_4COOCH_3+H_2O$

D-M（3-丙烯酰氧基丙酸甲酯）

$CH_2=CHCOOH+CH_3OH \longrightarrow HOC_2H_4COOCH_3$

HOPM（3-羟基丙酸甲酯）

$CH_2=CHCOOH+CH_3OH \longrightarrow CH_3OC_2H_4COOH$

MPA（3-甲氧基丙酸）

$2CH_2=CHCOOH \longrightarrow CH_2=CHCOOC_2H_4COOH$

D-AA（3-丙烯酰氧基丙酸）

其他副产物是由于原料中的杂质的反应而形成的。典型的丙烯酸中的杂质的反应如下：

$CH_3COOH+R-OH \longrightarrow CH_3COOR+H_2O$

$C_2H_5COOH+R-OH \longrightarrow C_2H_5COOR+H_2O$

丙烯酸甲酯的酯化反应在固定床反应器内进行，它是一个可逆反应，本工艺采用酸过量使反应向正方向进行。反应在如下情况下进行：温度为75℃；(MA)醇/酸摩尔比为0.75(MA)。

由于甲酯易通过蒸馏的方法从丙烯酸中分离出来，从经济性角度，醇的转化率被设在60%~70%的中等程度。未反应的丙烯酸从精制部分被再次循环回反应器后转化为酯。

用于甲酯单元的离子交换树脂的恶化因素有：金属离子的玷污、焦油性物质的覆盖、氧化、不可撤回的溶胀等。因此，如果催化剂被长期使用，这些因素应引起注意。被金属铁离子玷污导致的不可撤回的溶胀应特别注意。

3. 丙烯酸回收

丙烯酸回收是利用丙烯酸分馏塔精馏的原理，轻的甲酯、甲醇和水从塔顶蒸出，重的丙烯酸从塔底排出来。

4. 醇萃取及回收

醇萃取塔利用醇易溶于水的物性，用水将甲醇从主物流中萃取出来，同时萃取液夹带了一些甲酯，再经过醇回收塔，经过精馏，大部分水从塔底排出，甲醇和甲酯从塔顶蒸出，返回反应器循环使用。

5. 醇拔头

醇拔头塔为精馏塔，利用精馏的原理，将主物流中少部分的醇从塔顶蒸出，含有甲酯和少部分重组分的物流从塔底排出，并进一步分离。

6. 酯精制

酯精制塔为精馏塔，利用精馏的原理，将主物流从塔顶蒸出，塔底部分重组分返回丙烯酸分馏塔重新回收。

二、生产流程说明

1. 丙烯酸甲酯生产流程框图

丙烯酸甲酯生产流程图如图8-1所示。

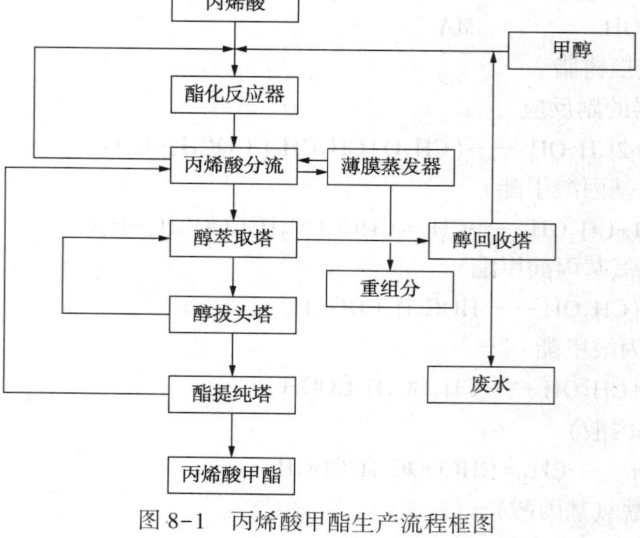

图8-1　丙烯酸甲酯生产流程框图

2. 丙烯酸甲酯生产流程叙述

从罐区来的新鲜的丙烯酸和甲醇与从醇回收塔(T140)顶回收的循环甲醇以及从丙烯酸分馏塔(T110)塔底回收的经过循环过滤器(FL101)的部分丙烯酸作为混合进料，经过反应预热器(E101)预热到指定温度后送至R101(酯化反应器)进行反应。为了使平衡反应向产品方向移动，同时降低醇回收时的能量消耗，进入R101的丙烯酸过量。

从R101排出的产品物料送至T110(丙烯酸分馏塔)。在该塔内，粗丙烯酸甲酯、水、甲醇作为一种均相共沸混合物从塔顶回收，作为主物流进一步提纯，经过E112冷却进入V111(T110回流罐)。在此罐中分为油相和水相，油相由P111A抽出，一路作为T110塔顶回流，另一路和P112A抽出的水相一起作为T130(醇萃取塔)的进料。同时，从塔底回收未转化的丙烯酸。

T110塔底，一部分的丙烯酸及酯的二聚物、多聚物和阻聚剂等重组分送至E114(薄膜蒸发器)分离出丙烯酸，回收到T110中，重组分送至废水处理单元重组分储罐。

T110的塔顶流出物经E130(醇萃取塔进料冷却器)冷却后被送往T130(醇萃取塔)。由于水-甲醇-甲酯为三元共沸系统，很难通过简单的蒸馏从水和甲醇中分离出甲酯，因此，采用萃取的方法把甲酯从水和甲醇中分离出来。从V130由P130A抽出溶剂(水)加至萃取塔的顶部，通过液-液萃取，将未反应的醇从粗丙烯酸甲酯物料中萃取来。

从T130底部得到的萃取液进到V140，再经P142A抽出，经过E140与醇回收塔底分离出的水换热后进入T140(醇回收塔)。在此塔中，在顶部回收醇并循环至R101。基本上由水组成的T140的塔底物料经E140与进料换热后，再经过E144用10℃的冷冻水冷却后，进入V130，再经泵抽出循环至T130重新用作溶剂(萃取剂)，同时多余的水作为废水送到废水罐。T140顶部回收的是甲醇，经E142循环水冷却进入V141，再经由P141A抽出，一路作为T140塔顶回流，另一路是回收的醇与新鲜的醇合并为反应进料。

抽余液从T130的顶部排出并进入T150(醇拔头塔)。在此塔中，塔顶物流经过E152用循环水冷却进入V151，油水分成两相，水相自流入V140，油相再经由P151A抽出，一路作为T150塔顶回流，另一路循环回至T130作为部分进料以重新回收醇和酯。塔底含有少量重组分的甲酯物流经P150A进入塔提纯。

T150的塔底流出物送往T160(酯提纯塔)。在此，将丙烯酸甲酯进行进一步提纯，含有少量丙烯酸、丙烯酸甲酯的塔底物流经P160A循环回T110继续分馏。丙烯酸甲酯作为成品在塔顶馏出经E162A冷却进入V161(丙烯酸产品塔塔顶回流罐)中，由P161A抽出，一路作为T160塔顶回流返回T160塔，另一路出装置至丙烯酸甲酯成品罐。

三、工艺设备

工艺设备一览表见表8-1。

表8-1　设备一览表

序号	设备位号	设备名称	序号	设备位号	设备名称
1	E101	R101预热器	5	E112	T110冷凝器
2	FL101A/B	反应器循环过滤器	6	V111	T110塔顶受液罐
3	R101	酯化反应器	7	P111A	T110回流泵
4	T110	丙烯酸分馏塔	8	P112A	V111排水泵

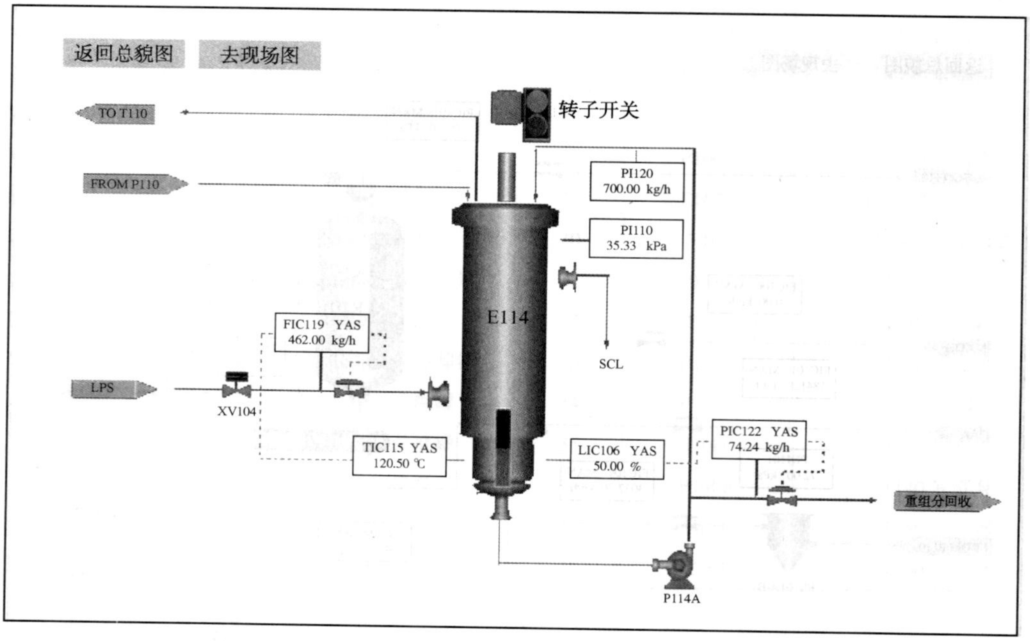

图 8-5　薄膜蒸发器 E114

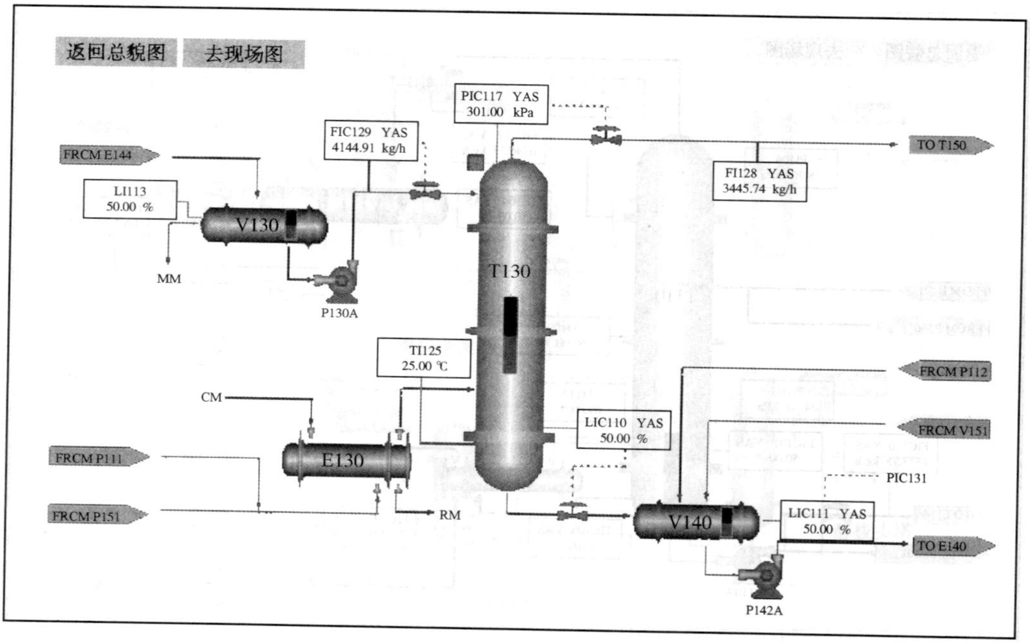

图 8-6　醇萃取塔 T130 DCS 图

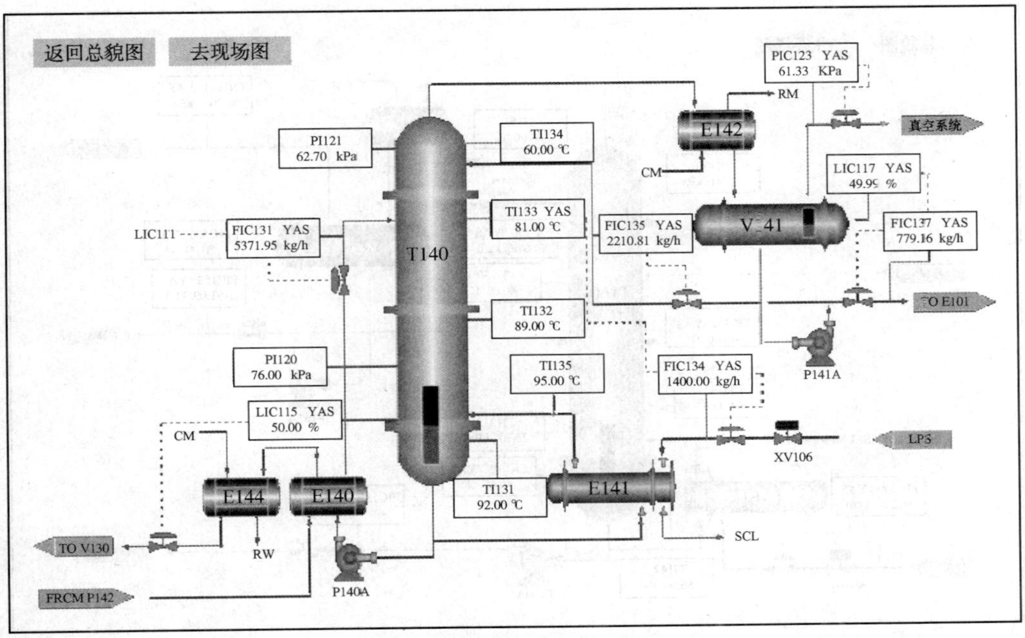

图 8-7 醇回收塔 T140 DCS 图

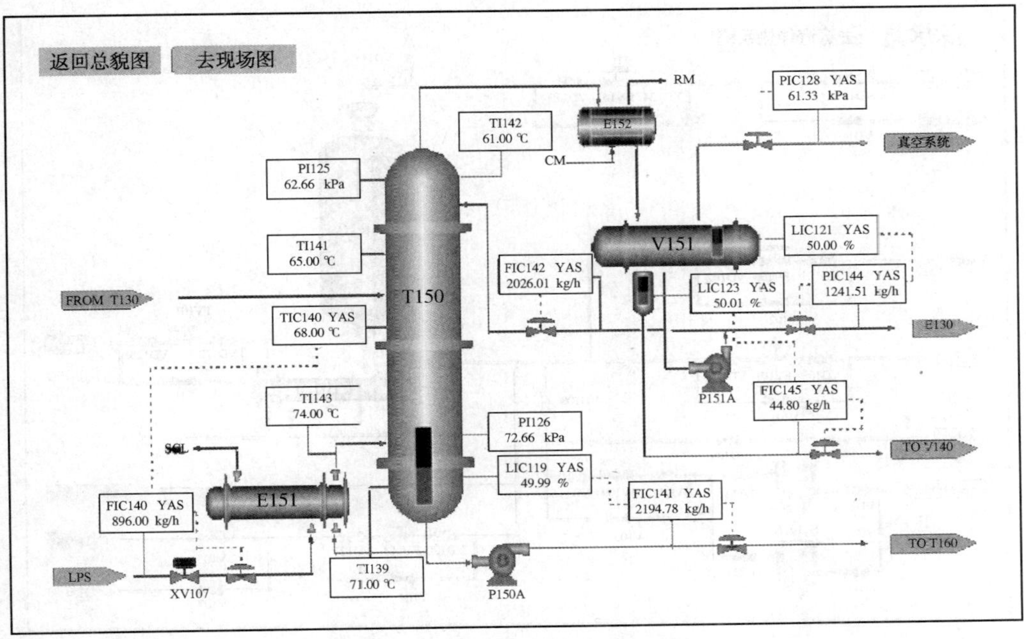

图 8-8 醇拔头塔 T150 DCS 图

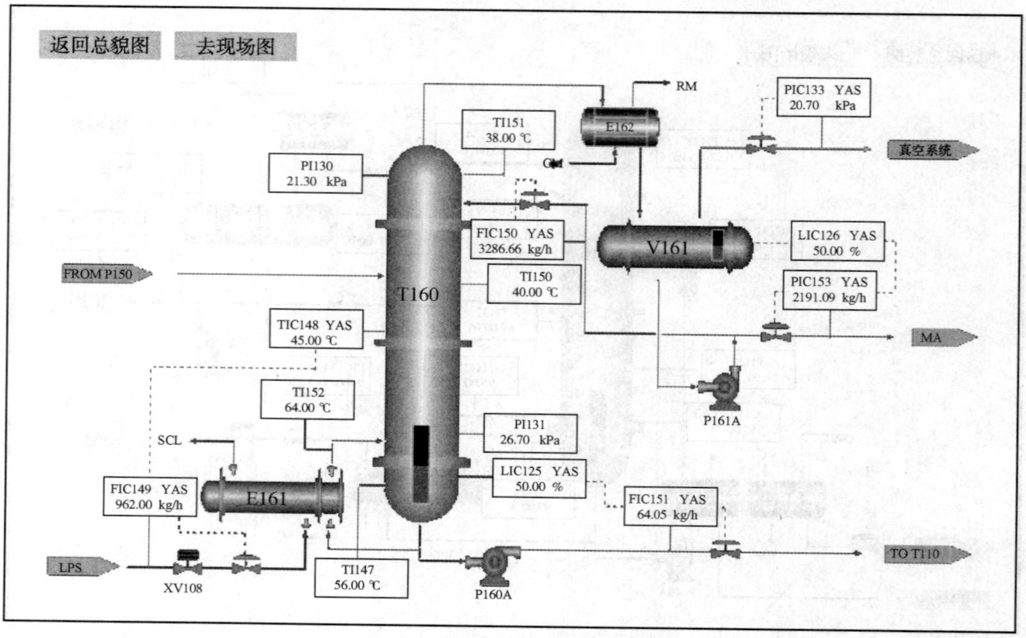

图 8-9　酯提纯塔 T160 DCS 图

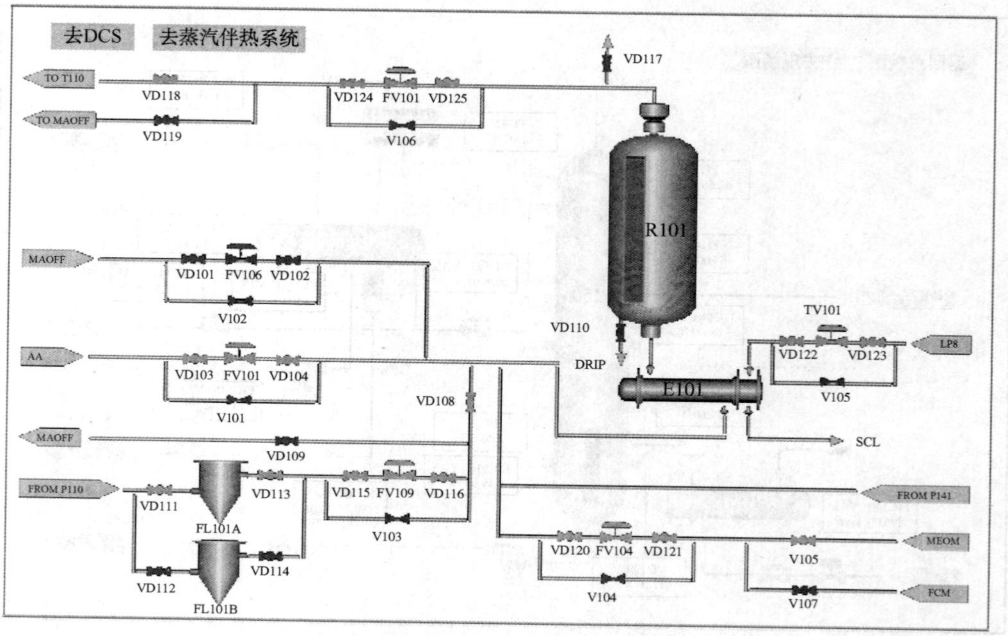

图 8-10　酯化反应器 R101 DCS 图

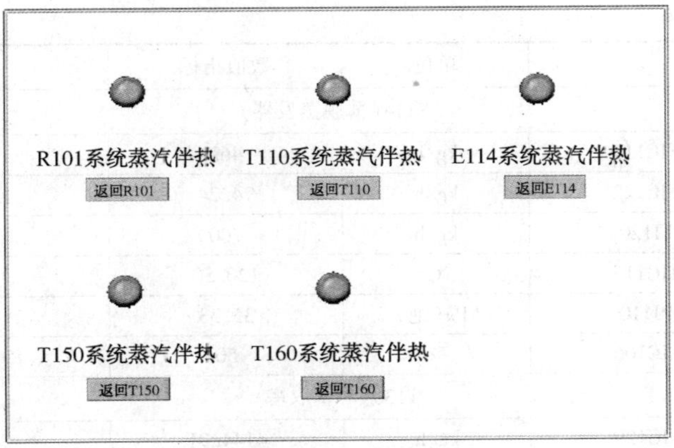

图 8-11　蒸汽伴热系统

五、主要操作条件及工艺指标

主要操作条件工艺指标见表 8-2。

表 8-2　主要工艺指标

位号		单位	数值指标	备注
R101(酯化反应器)				
流量	FIC101	kg/h	1841.36	AA 至 E101
	FIC104	kg/h	744.75	MEOH 至 E101
	FIC106	kg/h	1741.23	甲酯粗液至 E101
	FIC109	kg/h	3037.30	T110 底部物料至 E101
温度	TIC101	℃	75	R101 入口温度
	TI104	℃	75	R101 温度
压力	PIC101	kPa(绝)	301.00	R101 反应器压力
T110(丙烯酸分流塔)				
流量	FIC110	kg/h	1518.76	T110 塔釜至 E114
	FIC112	kg/h	6746.33	V111 至 T110 回流
	FIC113	kg/h	1962.79	V111 水相至 T130
	FIC117	kg/h	1400.00	V111 油相至 T130
	FIC107	kg/h	2135.00	LPS(塔底再沸蒸汽)至 E111
温度	TI111	℃	41	T110 塔顶温度
	TI109	℃	69	T110 进料段温度
	TIC108	℃	80	T110 塔底温度
	TI113	℃	89	再沸器 E111 至 T110 温度
压力	PI104	kPa(绝)	28.70	T110 塔顶压力
	PI103	kPa(绝)	34.70	T110 塔釜压力
	PIC109	kPa(绝)	27.86	V111 罐压力
液位	LIC101	%	50	T110 液位
	LIC103	%	50	V111 液位
	LIC104	%	50	V111 液位

续表

位号		单位	数值指标	备注
E114(薄膜蒸发器)				
流量	FIC119	kg/h	462	LPS 至 E114
	FIC122	kg/h	74.24	E114 至重组分回收
	FI120	kg/h	700	E114 回流
温度	TIC115	℃	120.50	E114 温度
压力	PI110	kPa(绝)	35.33	E114 压力
液位	LIC106	%	50	E114 液位
T130(醇萃取塔)				
流量	FIC129	kg/h	4144.91	V130 至 T130
	FIC131	kg/h	5371.94	V140 至 T140
	FI128	kg/h	3445.73	T130 至 T150
温度	TI125	℃	25	T130 温度
压力	PIC117	kPa(绝)	301.00	T130 压力
液位	LIC110	%	50	T130 液位
	LIC111	%	50	V140 液位
	LI113	%	50	V130
T140(醇回收塔)				
流量	FIC134	kg/h	1400.00	LPS 至 E141
	FIC135	kg/h	2210.81	V141 至 T140 回流
	FIC137	kg/h	779.16	T140 至 R101
温度	TI134	℃	60	T140 塔顶温度
	TIC133	℃	81	T140 第 19 块塔板温度
	TI132	℃	89	T140 第 5 块塔板温度
	TI131	℃	92	T140 塔釜温度
	TI135	℃	95	再沸器 E141 至 T140 温度
压力	PI121	kPa(绝)	62.70	T140 塔顶压力
	PI120	kPa(绝)	76.00	T140 塔釜压力
	PIC123	kPa(绝)	61.33	V141 压力
液位	LIC115	%	50	T140 塔釜液位
	LIC117	%	50	V141 液位
T150(醇拔头塔)				
流量	FIC140	kg/h	896.00	LPS 至 E151
	FIC141	kg/h	2194.77	T150 至 T160
	FIC142	kg/h	2026.01	V151 至 T150 回流
	FIC144	kg/h	1241.51	V151 至 T130
	FIC145	kg/h	44.29	V151 至 V140
温度	TI142	℃	61	T150 塔顶温度
	TI141	℃	65	T150 第 23 块塔板温度
	TIC140	℃	70	T150 第 5 块塔板温度
	TI143	℃	74	再沸器 E151 至 T150 温度
	TI139	℃	71	T150 塔釜温度

续表

位号		单位	数值指标	备注
T150(醇拔头塔)				
压力	PI125	kPa(绝)	62.66	T150 塔顶压力
	PI126	kPa(绝)	72.66	T150 塔釜压力
	PIC128	kPa(绝)	61.33	V151 压力
液位	LIC119	%	50	T150 液位
	LIC121	%	50	V151 液位
	LIC123	%	50	V151 液位
T160(酯提纯塔)				
流量	FIC149	kg/h	952	LPS 至 E161
	FIC150	kg/h	3286.66	V161 至 T160 回流
	FIC151	kg/h	64.05	T160 至 T110
	FIC153	kg/h	2191.08	T160 至 MA
温度	TI151	℃	38	T160 塔顶温度
	TI150	℃	40	T160 第 15 块塔板温度
	TIC148	℃	45	T160 第 5 块塔板温度
	TI152	℃	64	再沸器 E161 至 T160 温度
	TI147	℃	56	T160 塔釜温度
压力	PI130	kPa(绝)	21.30	T160 塔顶压力
	PI131	kPa(绝)	26.70	T160 塔釜压力
	PIC133	kPa(绝)	20.70	V161 压力
液位	LIC125	%	50	T160 液位
	LIC126	%	50	V161 液位

连锁说明见表 8-3。

表 8-3　连锁说明

序号	序号	联锁说明	备注
1	MOS101	触发条件：PI103>151.2kPa(绝) 引发动作：XV103 关；FV107 关	紧急停车按钮：ES101 复位按钮：RS101
2	MOS102	触发条件：PI110>151.2kPa(绝) 引发动作：XV104 关；FV119 关	紧急停车按钮：ES101 复位按钮：RS101
3	MOS103	触发条件：PI120>151.2kPa(绝) 引发动作：XV106 关；FV134 关	紧急停车按钮：ES102 复位按钮：RS102
4	MOS104	触发条件：PI126>151.2kPa(绝) 引发动作：XV107 关；FV140 关	紧急停车按钮：ES103 复位按钮：RS103
5	MOS105	触发条件：PI131>151.2kPa(绝) 引发动作：XV108 关；FV149 关	紧急停车按钮：ES104 复位按钮：RS104

六、操作规程

（一）甲酯开车操作

1. 准备工作

（1）启动真空系统

打开压力控制阀 PV109 及其前后阀 VD201、VD202，给 T110 系统抽真空；

打开压力控制阀 PV123 及其前后阀 VD517、VD518，给 T140 系统抽真空；

打开压力控制阀 PV128 及其前后阀 VD617、VD618，给 T150 系统抽真空；

打开压力控制阀 PV133 及其前后阀 VD722、VD723，给 T160 系统抽真空；

打开阀 VD205、VD305、VD504、VD607、VD701，分别给 T110、E114、T140、T150、T160 投用阻聚剂空气。

（2）V161、T160 脱水

打开阀 VD711，向 V161 内引产品 MA；

待 V161 达到一定液位后，启动 P161A；打开控制阀 FV150 及其前后阀 VD718、VD719，向 T160 引 MA；

待 T160 底部有一定液位后，关闭控制阀 FV150；关闭 MA 进料阀 VD711。

（3）T130、T140 建立水循环

打开 V130 顶部手阀 V402，引 FCW 到 V130；

待 V130 达到一定液位后，启动 P130A；打开控制阀 FV129 及其前后阀 VD410、VD411，将水引入 T130；

打开 T130 顶部排气阀 VD401，并通过排气阀观察 T130 是否装满水；

待 T130 装满水后，关闭排气阀 VD401；同时打开控制阀 LV110 及其前后阀 VD408、VD409，向 V140 注水；打开控制阀 PV117 及其前后阀 VD402、VD403，同时打开阀 VD406，将 T130 顶部物流排至不合格罐，控制 T130 压力 301kPa(绝)；

待 V140 有一定液位后，启动 P142A；打开控制阀 FV131 及其前后阀 VD509、VD510，向 T140 引水；

打开阀 V502，给 E142 投冷却水；

待 T140 液位达到 50% 后，打开蒸汽阀 XV106；同时打开控制阀 FV134 及其前后阀 VD502、VD503，给 E141 通蒸汽；

打开阀 V501，给 E144 投冷却水；

启动 P140A；打开控制阀 LV115 及其前后阀 VD515、VD516，使 T140 底部液体经 E140、E144 排放到 V130；

待 V41 达到一定液位后，启动 P141A；打开控制阀 FV135 及其前后阀 VD511、VD512，向 T140 打回流；打开控制阀 FV137 及其前后阀 VD513、VD514；同时打开阀 VD507，将多余水引至不合格罐。

2. R101 引粗液，并循环升温

R101 进料前去伴热系统投用 R101 系统伴热；

打开控制阀 FV106 及其前后阀 VD101、VD102，向 R101 引入粗液；打开 R101 顶部排气阀 VD117 排气；

待 R101 装满粗液后，关闭排气阀 VD117，打开 VD119；同时打开控制阀 PV101 及其前后阀 VD124、VD125，将粗液排出；调节 PV101 的开度，控制 R101 压力 301kPa(绝)；

待粗液循环均匀后，打开控制阀 TV101 及其前后阀 VD122、VD123，向 E-301 供给蒸汽；调节 TV101 的开度，控制反应器入口温度为 75℃。

3. 启动 T110 系统

打开阀 VD225、VD224，向 T110、V111 加入阻聚剂；

打开阀 V203、V401，分别给 E112、E130 投冷却水；

T110 进料前去伴热系统投用 T110 系统伴热；

待 R101 出口温度、压力稳定后，打开去 T110 手阀 VD118，将粗液引入 T110；同时关闭手阀 VD119；

待 T110 液位达到 50%后，启动 P110A；打开 FL101A 前后阀 VD111、VD113；打开控制阀 FV109 及其前后阀 VD115、VD116；同时打开 VD109，将 T110 底部物料经 FL101 排出；

投用 E114 系统伴热；

待 T110 液位达到 50%后，打开阀 XV103；同时打开控制阀 FV107 及其前后阀 VD214、VD215，启动系统再沸器；

待 V111 水相达到一定液位后，启动泵 P112A；打开控制阀 FV117 及其前后阀 VD216、VD217；打开阀 VD218、打开阀 VD213，将水排出，控制水相液位；

待 V111 油相液位 LIC103 达到一定液位后，启动 P111A；打开控制阀 FV112 及其前后阀 VD208、VD209，给 T110 打回流；打开控制阀 FV113 及其前后阀 VD210、VD211，将部分液体排出；

待 T110 液位稳定后，打开控制阀 FV110 及其前后阀 VD206、VD207，将 T110 底部物料引至 E114；

待 E114 达到一定液位后，启动 P114A；打开阀 V301，向 E114 打循环；

待 E114 液位稳定后，打开控制阀 FV122 及其前后阀 VD311、VD312；同时打开 VD310，将物料排出；

按 UT114 按钮，启动 E114 转子；

打开阀 XV104，同时打开控制阀 FV119 及其前后阀 VD316、VD317，向 E114 通入蒸汽 LP5S。

4. 反应器进原料

打开手阀 VD105，打开控制阀 FV104 及其前后阀 VD120、VD121，新鲜原料进料流量为正常量的 80%，调节控制阀 FV104 的开度，控制流量为 595.8kg/h；

打开控制阀 FV101 及其前后阀 VD103、VD104，新鲜原料进料流量为正常量的 80%，调节控制阀 FV101 的开度，控制流量为 1473kg/h；

关闭控制阀 FV106 及其前后阀，停止进粗液；

打开阀 VD108，将 T110 底部物料打入 R101；同时关闭阀 VD109。

5. T130、T140 进料

打开手阀 VD519，向 T140 输送阻聚剂；

关闭阀 VD213、打开阀 VD212，由至不合格罐改至 T130；

控制 V401 开度，调节 T130 温度为 25℃；

待 T140 稳定后，关闭 V141 去不合格罐手阀 VD507；打开 VD508，将物流引向 R101。

6. 启动 T150

打开手阀 VD620、VD619，向 T150、V151 供阻聚剂。

打开 E152 冷却水阀 VD601，E152 投用；

打开 VD405，将 T130 顶部物料改至 T150；同时关闭去不合格罐手阀 VD406；

投用 T150 蒸汽伴热系统；

当 T150 底部有一定液位后，启动 P150A；打开控制阀 FV141 及其前后阀 VD605、VD606；打开手阀 VD615，将 T150 底部物料排放至不合格罐，控制好塔液面；

打开阀 XV107、打开控制阀 FV140 及其前后阀 VD622、VD621，给 E151 引蒸汽；

待 V151 有液位后，启动 P151A；打开控制阀 FV142 及其前后阀 VD602、VD603，给 T150 打回流；

T150 操作稳定后，打开阀 VD613，同时关闭阀 VD614，将 V151 物料从不合格罐改至 T130；

打开控制阀 FV144 及其前后阀 VD609、VD610；打开阀 VD614，将部分物料排至不合格罐；

待 V151 水包出现界位后，打开 FV145 及其前后阀 VD611、VD612，向 V140 切水。调节 FV145 的开度，保持界位正常；

待 T150 操作稳定后，打开阀 VD613；同时关闭 VD614，将 V151 物料从不合格罐改至 T130；调节 FV144 的开度，控制 V151 液位为 50%；

关闭阀 VD615，同时打开阀 VD616，将 T150 底部物料由至不合格罐改去 T160 进料。调节 FV141 的开度，控制 T150 液位为 50%。

7. 启动 T160

打开手阀 VD710、VD709，向 T160、V161 供阻聚剂；

打开阀 V701，E162 冷却器投用；

投用 T160 蒸汽伴热系统；

待 T160 有一定的液位，启动 P160A；打开控制阀 FV151 及其前后阀 VD716、VD717；同时打开 VD707，将 T160 塔底物料送至不合格罐。

打开阀 XV108，打开控制阀 FV149 及其前后阀 VD702、VD703，向 E161 引蒸汽；

待 V161 有液位后，启动回流泵 P161A；打开塔顶回流控制阀 FV150 及其前后阀 VD718、VD719 打回流；

打开控制阀 FV153 及其前后阀 VD720、VD721；打开阀 VD714，将 V161 物料送至不合格罐，调节 FV153 的开度，保持 V161 液位为 50%；

T160 操作稳定后，关闭阀 VD707；同时打开阀 VD708，将 T160 底部物料由至不合格罐改至 T110；

关闭阀 VD714，同时打开阀 VD713，将合格产品由不合格罐改至合格罐。

8. 提负荷，质量评定

调整控制阀 FV101 开度，把 AA 负荷提高至 1841. 36kg/h；

调整控制阀 FV104 开度，把 MEOH 负荷提高至 744. 75kg/h；

控制 FIC109 流量在 3037. 3kg/h；控制 LIC103 液位稳定在 50%；

控制 FIC113 流量稳定在 1962. 79kg/h；控制 LIC104 液位在 50%；

控制 FIC117 流量稳定在 1400kg/h；控制 LIC101 液位在 50%；

控制 FIC110 流量稳定在 1518. 76kg/h；控制 FIC112 流量稳定在 6746. 34kg/h；
控制 TIC108 温度为 80℃；控制 TIC115 温度为 120. 5℃；
控制 LIC106 液位在 50%；控制 FIC122 流量稳定在 74. 24kg/h；
控制 FIC129 流量稳定在 4144. 91kg/h；控制 LIC111 液位在 50%；
控制 FIC131 流量稳定在 5371. 93kg/h；控制 LIC115 液位在 50%；
控制 TIC133 温度为 81℃；控制 LIC117 液位在 50%；
控制 FIC137 流量稳定在 779. 16kg/h；控制 FIC135 流量稳定在 2210. 8kg/h；
控制 TIC140 温度为 70℃；控制 LIC119 液位在 50%；
控制 FIC141 流量稳定在 2194. 77kg/h；控制 FIC142 流量稳定在 2026. 01kg/h；
控制 LIC123 液位在 50%；控制 FIC145 流量稳定在 44. 29kg/h；
控制 LIC121 液位在 50%；控制 FIC144 流量稳定在 1241. 50kg/h；
控制 TIC148 温度 45℃；控制 LIC125 液位在 50%；
控制 FIC151 流量稳定在 64. 04kg/h；控制 FIC150 流量稳定在 3286. 67kg/h；
控制 LIC126 液位在 50%；控制 FIC153 流量稳定在 191. 08kg/h。

（二）甲酯停车操作

1. 停止供给原料

关闭控制阀 FV101 及其前后阀 VD103、VD104；关闭控制阀 FV104 及其前后阀 VD120、VD121；

关闭 TV101 及其前后阀 VD122、VD123，停止向 E101 供蒸汽；

关闭手阀 VD713；同时打开阀 VD714，D161 产品由日罐切换至不合格罐；

关闭阀 VD108，停止 T110 底部到 E101 循环的 AA；打开阀 VD109，将 T110 底部物料改去不合格罐；

关闭阀 VD508，停从 T140 顶到 E101 循环的醇；打开阀 VD507，将 T140 顶部物料改去不合格罐；

关闭 VD118；同时打开阀 VD119，将 R101 出口由去 T110 改去不合格罐；

去伴热系统，停 R101 伴热；

当反应器温度降至 40℃，关闭阀 VD119；打开阀 VD110，将 R101 内的物料排出，直到 R101 排空；并打开 VD117，泄压。

2. 停 T110 系统

关闭阀 VD224，即停止向 V111 供阻聚剂；关闭阀 VD225，即停止向 T110 供阻聚剂；

关闭阀 VD708，停止 T160 底物料到 T110；打开阀 VD707，将 T160 底部物料改去不合格罐；

缓慢减小阀 FV107 的开度，直至关闭阀 FV107，即缓慢停止向 E111 供给蒸汽；

去伴热系统，停 T110 蒸汽伴热；

关闭阀 VD212；同时打开阀 VD213，将 V111 出口物料切至不合格罐，同时适当调整 FV129 开度，保证 T130 的进料量；

待 V111 水相全部排出后，停 P112A；关闭控制阀 FV117 及其前后阀；

关闭控制阀 FV110 及其前后阀，停止向 E114 供物料；

关闭阀 V301，停止 E114 自身循环；

关闭控制阀 FV119 及其前后阀，停止向 E114 供给蒸汽；

停止 E114 的转子；

关闭阀 VD309；打开阀 VD310，将 E114 底部物料改至不合格罐；

将 V111 油相全部排至 T110，停 P111A；将 P111A 出口（V111 油相侧物料）到 E130 阀 FV113 关闭；

打开阀 VD203，将 T110 底物料排放出；待 T110 底物料排尽后，停止 P110A；

打开阀 VD306，将 E114 底物料排放出；待 E114 底物料排尽后，停止 P114A；

3. T150 和 T160 停车

关闭阀 VD619，即停止向 V151 供阻聚剂；关闭阀 VD709，即停止向 V161 供阻聚剂；关闭阀 VD620，即停止向 T150 供阻聚剂；关闭阀 VD710，即停止向 T160 供阻聚剂；

停 T150 进料，关闭进料阀 VD405；同时打开阀 VD406，将 T130 出口物料排至不合格罐；

停 T160 进料，关闭进料阀 VD616；同时打开阀 VD615，将 T150 出口物料排至不合格罐；

关闭阀 VD613；打开阀 VD614，将 V151 油相改至不合格罐；

关闭控制阀 FV140 及其前后阀，停向 E151 供给蒸汽；同时停 T150 蒸汽伴热；

关闭控制阀 FV149 及其前后阀，停向 E161 供给蒸汽；同时停 T160 的蒸汽伴热；

待回流罐 V151 的物料全部排至 T150 后，停 P151A；待回流罐 V161 的物料全部排至 T160 后，停 P161A；

打开阀 VD608，将 T150 底物料排放出；T160 底部物料排空后，停 P160A。

4. T130 和 T140 停车

关闭阀 VD519，即停止向 T140 供阻聚剂；

当 T130 顶油相全部排出后，关闭控制阀 FV129 及其前后阀，停 T130 萃取水，T130 内的水经 V140 全部去 T140；

关闭控制阀 PV117；

关闭控制阀 FV134 及其前后阀，停止向 E141 供给蒸汽；

当 T140 内的物料冷却到 40℃以下，打开 VD501 排液；

打开阀 VD407，给 T130 排液。

5. T110、T140、T150、T160 系统打破真空

关闭控制阀 FV109 及其前后阀；关闭控制阀 FV123 及其前后阀；关闭控制阀 FV128 及其前后阀；关闭控制阀 FV133 及其前后阀；

关闭阀 VD205、VD305、VD504、VD607、VD701，T110、E114、T140、T150、T16；停止供应阻聚剂空气；

打开阀 VD204、VD505、VD601、VD704，向 V111、V141、V151、V161，充入 LN；

直至 T110、T140、T150、T160 系统达到常压状态，关闭阀 VD204、VD505、VD601、VD704，停 LN。

（三）紧急事故处理

1. 装置长时间停电

事故现象：装置照明熄灭，转动设备停止。

事故原因：错误的电器作业，大机组启动，供电系统故障。

处理方法：

① 去蒸汽伴热系统停 E114、T150、T160 系统伴热；

② 去现场关闭所有的在用泵及其前后阀；

③ 将 E114 搅拌器开关 MD101 关闭；

④ 关闭控制阀 PV109、PV123、PV128、PV133，停止抽真空；

⑤ 关闭所有阻聚剂及阻聚剂空气入口手阀。

2. 停仪表风

事故现象：控制阀不能自动调节，部分控制阀处于全关状态、部分控制阀处于全开状态。

事故原因：空压站供风系统故障。

处理方法：

① 将 E114 搅拌器开关 MD101 关闭；

② 打开 VD714，将 V161 出口物料排至不合格罐，关闭 VD713；

③ 关闭 FV101，停止 AA 进料，关闭 FV104，停止 MEOH 进料；

④ 关闭蒸汽加热控制阀 TV101、FV107、FV119、FV134、FV140、FV149，停止所有设备的蒸汽加热；

⑤ 然后按正常停车处理。

3. 装置停蒸汽

事故现象：各设备温度下降，塔顶气化量降低，塔釜液位上升。

事故原因：①锅炉水处理出故障；②自发蒸汽系统管线破裂；③自发蒸汽系统热油泵跳闸或抽空造成热源中断。

处理方法：

① 将 E114 搅拌器开关 MD101 关闭；

② 打开 VD714，将 V161 出口物料排至不合格罐，关闭 VD713；

③ 关闭 FV101，停止 AA 进料，关闭 FV104，停止 MEOH 进料；

④ 关闭蒸汽加热控制阀 TV101、FV107、FV119、FV134、FV140、FV149，停止所有设备的蒸汽加热；

⑤ 然后按正常停车处理。

4. 原料中断

事故现象：①原料 AA 的流量为零；②其他物料流量波动；③R101 反应器压力波动；④反应器温度升高。

事故原因：①原料中断；②AA 进料管线阀门 FV101 开度过小；③控制阀 FV101 失灵。

处理方法：

① 联系调度，尽快恢复原料供应；

② 检查控制阀 FV101 开度及前后阀开关状态，调节正常；

③ 关闭控制阀 FV101 及其前后阀，打开 FV101 旁路阀，并将压力、温度、液位等调节至正常。

5. T110 塔压增大

事故现象：①T110 塔压上升；②流量、液位变化。

事故原因：①真空系统故障；②抽真空管线阀门 PV109 开度过小；③控制阀 PV109 失灵。

处理方法：

① 联系维修人员，排除真空系统故障。

② 检查控制阀 PV109 开度及前后阀开关状态，调节正常。

③ 关闭控制阀 PV109 及其前后阀，打开 PV109 旁路阀，并将压力、温度、液位等调节至正常。

6. 原料供应不足

事故现象：①原料 MEOH 的流量减小；②其他物料流量波动；③R101 反应器压力波动；④反应器温度升高。

事故原因：①MEOH 进料管线阀门 FV104 开度过小；②控制阀 FV104 失灵。

处理方法：

① 检查控制阀 FV104 开度，调节正常；

② 关闭控制阀 FV104 及其前后阀，打开 FV104 旁路阀，并将压力、温度、液位等调节至正常。

7. T140 塔底再沸器 E140 坏

事故现象：T140 塔内温度持续下降，塔顶气化量降低，塔釜液位上升，引起回流罐 V141 液位降低。

事故原因：T140 塔底再沸器 E140 坏。

处理方法：按停车步骤快速停车，然后检查维修换热器。

8. 塔 T160 回流罐 V161 漏液

事故现象：V161 内液位迅速降低。

事故原因：回流罐 V161 漏液。

处理方法：按停车步骤快速停车，然后检查维修回流罐。

第四节　丙烯酸甲酯装置 3D 虚拟现实应急预案仿真

一、软件背景

虚拟现实技术是近年来出现的高新技术，也称灵境技术或人工环境。虚拟现实是利用电脑模拟产生一个三维空间的虚拟世界，给使用者提供关于视觉、听觉等感官的模拟，让使用者如同身临其境一般，可以及时、没有限制地观察三维空间内的事物。

虚拟现实技术的应用正对操作人员培训带来一场前所未有的革命。虚拟现实技术的引入，将使企业、学校进行员工、学生培训的手段和思想发生质的飞跃，以更加符合社会发展的需要。虚拟现实应用于培训领域是教育技术发展的一个飞跃。它营造了“自主学习”的环境，由传统的“以教促学”的学习方式代之为学习者通过自身与信息环境的相互作用来得到知识、技能的新型学习方式。

虚拟现实已经被世界上越来越多的大型企业、学校广泛地应用到职业教学培训当中，对企业及学校提高培训效率，提供员工及学生分析、处理问题的能力，减少决策失误，降低企业及学校风险起到了重要的作用。利用虚拟现实技术建立起来的虚拟实训基地，其“设备”与“部件”多是虚拟的，可以随时生成新的设备。培训内容可以不断更新，使实践训练及时跟上技术的发展。同时，虚拟现实的交互性，使学员能够在虚拟的学习环境中扮演一个角色，全身心地投入学习环境中去，非常有利于学员的技能训练。由于虚拟的训练系统无任何危险，学员可以反复练习，直至掌握操作技能为止。

二、应急演练流程

1. 丙烯酸甲酯甲醇进料阀着火应急处置

丙烯酸甲酯甲醇进料阀着火应急处置见表 8-4。

表 8-4　丙烯酸甲酯甲醇进料阀着火应急处置表

项目	详细操作
发现火情	外操员 A：向班长汇报火情
启动应急预案	班长：广播启动应急预案，疏散人员
	班长：令内操员向调度室汇报火情，请求支援
	班长：令外操员 B 和外操员 C 前往现场灭火
	班长：令安全员设置警戒线，并使用消防沙对泄漏点进行围挡
	外操员 B：佩戴好防护用品及所需工具
	外操员 B：和外操员 C 一起前往现场进行灭火
	外操员 B：灭火失败，撤离到安全区域
	外操员 B：向班长汇报“尝试使用灭火器灭火，火未扑灭。”
	外操员 B：打开附近的泡沫消防炮进行灭火
	内操员：使用电话向调度室汇报火情
	调度员：使用电话呼叫消防队前往事故现场
	班长：佩戴好防护用品及带上所需工具
	班长：前往事故现场，查看设备泄漏状况
	班长：发现设备损坏较大、泄漏较大；命令外操员 B 紧急停车
	外操员 B：进行紧急停车操作
	安全员：引导消防车进入厂区，扑灭火焰
	消防车喷射泡沫灭火
解除应急预案	外操员 B：前往检测区域，检测现场气体浓度
	外操员 B：汇报班长，现场气体浓度恢复正常
	班长：电话向调度室汇报“事故处理完毕，请派维修人员维修”
	班长：通过广播解除应急预案
	班长：令安全员准备事故汇报资料，向上级汇报

2. 丙烯酸甲酯过滤器进料阀着火应急处置

丙烯酸甲酯过滤器进料阀着火应急处置见表 8-5。

表 8-5　丙烯酸甲酯过滤器进料阀着火应急处置表

项目	详细操作
发现火情	外操员 A：向班长汇报火情
启动应急预案	班长：广播启动应急预案，疏散人员
	班长：令内操员向调度室汇报火情，请求支援

续表

项目	详细操作
启动 应急预案	班长：令外操员 B 和外操员 C 前往现场灭火
	班长：令安全员设置警戒线，并使用消防沙对泄漏点进行围挡
	外操员 B：佩戴好防护用品及带上所需工具
	外操员 B：和外操员 C 一起前往现场进行灭火
	外操员 B：灭火失败，撤离到安全区域
	外操员 B：向班长汇报"尝试使用灭火器灭火，火未扑灭。"
	外操员 B：打开附近的泡沫消防炮进行灭火
	内操员：使用电话向调度室汇报火情
	调度员：使用电话呼叫消防队前往事故现场
	班长：佩戴好防护用品及带上所需工具
	班长：前往事故现场，查看设备泄漏状况
	班长：发现设备损坏较大、泄漏较大；命令外操员 B 紧急停车
	外操员 B：进行紧急停车操作
	安全员：引导消防车进入厂区，扑灭火焰
	消防车喷射泡沫灭火
解除 应急预案	外操员 B：前往检测区域，检测现场气体浓度
	外操员 B：汇报班长，现场气体浓度恢复正常
	班长：电话向调度室汇报"事故处理完毕，请派维修人员维修"
	班长：通过广播解除应急预案
	班长：令安全员准备事故汇报资料，向上级汇报

3. 丙烯酸甲酯泵泄漏中毒应急处置

丙烯酸甲酯泵泄漏中毒应急处置见表 8-6。

表 8-6　丙烯酸甲酯泵泄漏中毒应急处置表

项目	详细操作
发现异常 现场查看	内操员：向班长报告报警情况
	班长：令外操员 A 和外操员 D 到现场查看情况
	外操员 A：佩戴好防护用品及带上所需工具
	外操员 A：前往现场查看
	外操员 A：向班长汇报现场情况
启动应急预案 抢救伤员	班长：广播启动应急预案，疏散人员
	班长：令外操员 A 将伤员转移到安全区域
	班长：令内操员电话向调度室汇报，请求支援
	班长：令外操员 B 前往现场进行工艺处理
	班长：令安全员设置警戒线，并使用消防沙对泄漏点进行围挡
	外操员 A：对伤员进行心肺复苏急救操作
	内操员：使用电话向调度室汇报情况

续表

项目	详细操作
启动应急预案 抢救伤员	调度员：使用电话呼叫救护车前往事故现场
	安全员：引导救护车进入厂区，救走伤员
	班长：佩戴好防护用品及带上所需工具
	班长：前往现场查看情况
	班长：令外操员 B 执行倒泵操作
	外操员 B：进行倒泵工艺操作
解除应急预案 善后处理	外操员 A：前往检测区域，检测现场气体浓度
	外操员 A：汇报班长，现场气体浓度恢复正常
	班长：电话向调度室汇报"事故处理完毕，请派维修人员维修"
	班长：通过广播解除应急预案
	班长：令安全员准备事故汇报资料，向上级汇报

4. 丙烯酸甲酯出料阀泄漏中毒应急处置

丙烯酸甲酯出料阀泄漏中毒应急处置见表 8-7。

表 8-7　丙烯酸甲酯出料阀泄漏中毒应急处置

项目	详细操作
发现异常 现场查看	内操员：向班长报告报警情况
	班长：令外操员 A 和外操员 D 到现场查看情况
	外操员 A：佩戴好防护用品及带上所需工具
	外操员 A：前往现场查看
	外操员 A：向班长汇报现场情况
启动应急预案 抢救伤员	班长：广播启动应急预案，疏散人员
	班长：令外操员 A 将伤员转移到安全区域
	班长：令内操员电话向调度室汇报，请求支援
	班长：令外操员 B 前往现场进行工艺处理
	班长：令安全员设置警戒线，并使用消防沙对泄漏点进行围挡
	外操员 A：对伤员进行心肺复苏急救操作
	内操员：使用电话向调度室汇报情况
	调度员：使用电话呼叫救护车前往事故现场
	安全员：引导救护车进入厂区，救走伤员
	班长：佩戴好防护用品及带上所需工具
	班长：前往现场查看情况
	班长：令外操员 B 执行切换控制阀旁路操作
	外操员 B：进行切换控制阀旁路操作
解除应急预案 善后处理	外操员 A：前往检测区域，检测现场气体浓度
	外操员 A：汇报班长，现场气体浓度恢复正常
	班长：电话向调度室汇报"事故处理完毕，请派维修人员维修"
	班长：通过广播解除应急预案
	班长：令安全员准备事故汇报资料，向上级汇报

习题

一、选择题

1. 丙烯酸与醇的酯化反应是一种生产有机酯的反应。其酯化反应的主反应的化学方程式是(　　)

A. $CH_2=CHCOOH+CH_3OH \rightleftharpoons CH_2=CHCOOCH_3+H_2O$

B. $CH_2=CHCOOH+2CH_3OH \rightleftharpoons (CH_3O)CH_2CH_2COOCH_3+H_2O$

C. $2CH_2=CHCOOH+CH_3OH \rightleftharpoons CH_2=CHCOOC_2H_4COOCH_3+H_2O$

D. $CH_2=CHCOOH+CH_3OH \rightleftharpoons HOC_2H_4COOCH_3$

2. 丙烯酸与醇的酯化反应是一个可逆反应，为提高原料的转化率可以采用的方法有(　　)

A. 用比反应量过量的酸或醇　　B. 升高温度

C. 从反应系统中移除产物　　D. 增大压力

3. 关于工艺条件对酯化反应的影响，下列说法正确的是(　　)

A. 增大醇酸摩尔比有利于提高酯化率，但当醇酸摩尔比增加到一定值时，对酯化率的影响就不明显了

B. 在反应物浓度一定的条件下，反应温度对反应速率有一定的影响，温度过低反应速率过慢

C. 物料在反应器内的停留时间要长

D. 反应压力对酯化反应的转化率影响较大

4. 在丙烯酸甲酯的精制系统中要加入阻聚剂，下面可以作为阻聚剂的有(　　)。

A. 氢醌　　B. 氢醌单甲醚　　C. 对苯醌　　D. 甲基蓝

5. 关于催化剂的基本特征，下列说法正确的是(　　)

A. 催化剂参与催化反应，但反应终了时，催化剂的化学性质和数量都不变

B. 催化剂只能缩短达到平衡的时间，而不能改变平衡状态

C. 催化剂能改变反应系统的始末状态，会改变反应热

D. 催化剂对反应的加速作用没有选择性

6. 工业上可以用作丙烯酸甲酯合成催化剂的有(　　)

A. 离子交换树脂　　B. 氧化铝　　C. 分子筛　　D. 硫酸

7. 关于丙烯酸的性质，下列说法正确的是(　　)

A. 无色透明液体，有刺激性气味

B. 爆炸极限(25℃，1atm，体积分数)：2.1%~8.0%

C. 总体而言，丙烯酸盐不溶于水

D. 丙烯酸不具有聚合活性

8. 关于甲醇的性质，下面说法正确的是(　　)

A. 相对分子质量为32　　B. 不易挥发

C. 不与水混溶　　D. 无色无味

9. 关于丙烯酸甲酯的性质，下面说法正确的是(　　)

A. 相对分子质量为86　　B. 正常沸点为80.3℃

C. 能与水混溶　　D. 无色透明液体，有类似大蒜的气味

10. 在丙烯酸甲酯生产原料及产品中，丙烯酸、甲醇、水、甲酯在常压下的沸点从高到低的顺序是(　　)

A. 丙烯酸>水>甲醇>甲酯　　B. 丙烯酸>水>甲酯>甲醇

C. 水>丙烯酸>甲酯>甲醇　　D. 水>丙烯酸>甲醇>甲酯

11. T110 为丙烯酸分馏塔，其塔顶分馏出来的均相共沸混合物包含(　　)

A. 丙烯酸　　B. 粗丙烯酸甲酯

C. 水　　D. 甲醇

12. 关于萃取操作的基本原理，下面说法正确的是(　　)。

A. 萃取操作是向欲分离的液体混合物(原料液)中，加入一种与其互溶或部分互溶的液体溶液，形成两相体系

B. 萃取操作是利用原料液中各组分在溶剂中溶解度的差异，实现原料液中各组分在一定程度上的分离

C. 萃取操作选用的溶剂应对原料液中一个组分有较大的溶解力；对另一组分完全不溶解

D. 以上都对

13. 萃取操作的基本过程包括下列哪些内容(　　)

A. 将一定的溶剂加到被分离的混合物中，采取措施(如搅拌)使原料液萃取充分混合，溶质通过相界面由原料液向萃取剂中扩散

B. 萃取操作完成后使两液相进行沉降分层

C. 萃取过程可连续操作，也可分批进行

D. 对萃取相和萃余相进行分离

14. 关于温度压强对萃取相平衡关系的影响，下面说法正确的是(　　)

A. 通常物系的温度升高，溶质在溶剂中的溶解度加大，反之减小

B. 对于液液系统，压强对其相平衡的影响可忽略不计

C. 通常物系的温度升高，溶质在溶剂中的溶解度变小，反之增大

D. 以上说法都不对

15. 精馏操作中引入回流，下降液相与上升气相发生传质，使上升气相中的易挥发组分浓度提高，最恰当的说法是由于(　　)。

A. 液相中易挥发组分进入气相

B. 气相中难挥发组分进入液相

C. 液相中易挥发组分和难挥发组分同时进入气相，其中易挥发组分较多

D. 液相中易挥发组分进入气相和气相中难挥发组分进入液相的现象同时发生

二、简答题

1. 丙烯酸甲酯的制备方法有哪些？

2. 丙烯酸与甲醇的酯化反应的主反应及催化剂是什么？

3. 甲酯单元的离子交换树脂的恶化因素是什么？

4. 醇拔头塔的作用是什么？

5. 丙烯酸甲酯的酯化反应的特点是什么？

思政内容　大国重器——中国制造的空分装备

空分设备是冶金、煤化工等行业的重要装置，为生产提供充足的氧气、氮气等工业用气，被称为“现代工业之肺”。

中国能源结构富煤少油，石油资源短缺一直是困扰我国经济社会发展的重大问题，煤制油这一煤炭清洁利用路径已成为我国能源战略的重要一环。早在 2004 年，国家发改委就批复神华宁煤集团建设煤炭间接液化示范项目，希望通过煤制油缓解我国石油资源紧缺问题。

随着国内煤制油自主关键技术取得突破，神华宁煤 400×10^4 t/a 煤炭间接液化项目提上日程，所需的十万等级空分设备也开始向全球招标。此时的全球十万等级空分市场刚刚拉开序幕，即使欧洲两大空分“巨头”德国林德集团和法国液化空气集团也仅有少数业绩，而在中国的运行业绩为“零”。面对中国这个巨大的十万等级空分潜在市场，国际空分“巨头们”谁都想抢先一步。

神华宁煤十万等级空分设备项目中，杭氧为实现超越，采用了大量数据分析方法，对近 10 年来投产运行的上百套空分设备进行分析研究，实现了一系列关键技术及装备的创新，包括十万等级特大型空分工艺包和成套集成关键技术、自动变负荷先进控制技术、特大型径向流分子筛吸附器等，获得专利 23 项，其中发明专利 18 项，在体系上也进一步完善了开发国际领先十万等级空分装置的技术路径。

2018 年 4 月 18 日至 19 日，杭氧十万空分迎来运行一年后的“大考”。中国机械工业联合会与中国通用机械工业协会组织的 11 位国内空分设备领域专家一致认为，杭氧十万等级空分设备总体技术达到“国际领先”水平，成果推广应用已经取得了显著的经济效益和社会效益，可满足大型煤化工、石油化工、冶金等领域的需求。

扫一扫查看
本章补充材料

第九章 原油常减压装置仿真

化工生产的原料多数是由原油常减压分离而得到的，所以必须掌握关于原油常减压精馏及油品生产的相关理论及操作。后面的两章就是介绍原油常减压蒸馏以及催化重整的相关仿真操作。

第一节 概 述

常减压蒸馏是常压蒸馏和减压蒸馏的合称，基本属于物理过程：原料油在蒸馏塔里按蒸发能力分成沸点范围不同的油品(称为馏分)，这些油有的经调和、加添加剂后以产品形式出厂，相当大的部分是后续加工装置的原料。

常减压蒸馏是炼油厂石油加工的第一道工序，称为原油的一次加工，包括三个工序：原油的脱盐、脱水→常压蒸馏→减压蒸馏。

一、原油的组成

石油又称原油，是从地下深处开采的棕黑色可燃黏稠液体。石油是古代海洋或湖泊中的生物经过漫长的演化形成的混合物，与煤一样属于化石燃料。石油的性质因产地而异，密度为0.8~1.0g/cm^3，黏度范围很宽，凝点差别很大(30~-60℃)，沸点范围为常温到500℃以上，可溶于多种有机溶剂，不溶于水，但可与水形成乳状液。组成石油的化学元素主要是碳(83%~87%)、氢(11%~14%)，其余为硫(0.06%~0.8%)、氮(0.02%~1.7%)、氧(0.08%~1.82%)及微量金属元素(镍、钒、铁等)。由碳和氢化合形成的烃类构成石油的主要组成部分，约占95%~99%，含硫、氧、氮的化合物对石油产品有害，在石油加工中应尽量除去。不同产地的石油中，各种烃类的结构和所占比例相差很大，但主要属于烷烃、环烷烃、芳香烃三类。通常以烷烃为主的石油称为石蜡基石油；以环烷烃、芳香烃为主的石油称环烃基石油；介于二者之间的石油称中间基石油。我国主要原油的特点是含蜡较多，凝点高，硫含量低，镍、氮含量中等，钒含量极少。除个别油田外，原油中汽油馏分较少，渣油占1/3。组成不同类的石油，加工方法有差别，产品的性能也不同，应当物尽其用。如大庆原油的主要特点是含蜡量高，凝点高，硫含量低，属低硫石蜡基原油。

二、我国原油的类型

根据原油中含硫及酸值的高低，可将我国原油分为以下四种类型。

① 低硫低酸值原油(原油含硫在0.1%~0.5%，酸值≤0.5mgKOH/g)，如大庆原油。

② 低硫高酸值原油(原油含硫在0.1%~0.5%，酸值>0.5mgKOH/g)，如辽河原油，新疆原油。

③ 高硫低酸值原油(原油含硫>0.5%，酸值≤0.5mgKOH/g)，如胜利原油。

④ 高硫高酸值原油(原油含硫>0.5%，酸值>0.5mgKOH/g)，如孤岛原油和“管输原油”。

三、原油蒸馏的基本原理及特点

从石油中提炼出各种燃料、润滑油和其他产品的基本途径是：将原油按沸点分割成不同馏分，然后根据油品使用要求，除去馏分中的非理想组分，或经化学反应转化成所需要的组分，从而获得合格石油产品。

1. 概念

蒸馏是利用原油混合物中各个物质沸点的不同，将其分离的方法。

由于原油中物质的种类有很多，而且很多物质的沸点相差不大，这样就使得原油中各个组分的完全分离十分困难。然而对原油加工来说，并不需要进行精确的分离，因此可以按一定的沸点范围，把原油分离成不同的馏分，再送往二次加工装置进行加工。

2. 馏分

馏分是指用分馏方法把原油分成的不同沸点范围的组分。

石油是一个多组分的复杂混合物，每个组分有其各自不同的沸点。用分馏的方法，可以把石油馏分分成不同温度段，如<200℃、200~350℃等，称为石油的一个馏分。馏分不等同于石油产品，馏分必须经过进一步加工，达到油品的质量标准，才能称为合格的石油产品。

3. 石油馏分组成

原油经过常、减压蒸馏可得到沸点范围不同的馏分，如汽油、煤油、柴油等轻质馏分油和常压重油，这些产品仍然是复杂的混合物，其质量是靠一些质量标准来控制的。

① 从常压蒸馏开始馏出的温度(初馏点)到小于200℃的馏分为汽油馏分(也称轻油或石脑油馏分)。

② 常压蒸馏200~350℃的馏分为煤、柴油馏分(也称常压瓦斯油，AGO)。

由于原油从350℃开始有明显的分解现象，所以对于沸点高于350℃的馏分，需在减压下进行分馏，在减压下蒸出馏分的沸点再换算成常压沸点。

③ 沸点相当于常压下350~500℃的馏分为减压馏分(也称减压瓦斯油，VGO)。

④ 沸点相当于常压下大于500℃的馏分为减渣馏分(VR)。

不同原油的各馏分含量差别很大。与国外原油相比，我国主要油田原油中>500℃的减压渣油含量都较高，<200℃的汽油馏分含量较少(一般低于10%)。

4. 蒸馏形式

蒸馏有多种形式，可归纳为闪蒸(平衡汽化或一次汽化)、简单蒸馏(渐次汽化)和精馏三种方式。简单蒸馏常用于实验室或小型装置上，如恩氏蒸馏；而闪蒸和精馏是在工业上常用的两种蒸馏方式，前者如闪蒸塔、蒸发塔或精馏塔的气化段等，精馏过程通常是在精馏塔中进行的。

(1) 闪蒸(flash distillation)

加热某一物料至部分汽化，经减压设施，在容器(如闪蒸罐、闪蒸塔、蒸馏塔的汽化段等)的空间内，于一定温度和压力下，使气、液两相分离，得到相应的气相和液相产物，叫作闪蒸。

闪蒸只经过一次平衡，其分离能力有限，常用于只需粗略分离的物料，如石油炼制和石油裂解过程中的粗分。

(2) 简单蒸馏(simple distillation)

作为原料的液体混合物被放置在蒸馏釜中加热。在一定的压力下，当被加热到某一温度时，液体开始汽化，生成了微量的蒸气，即开始形成第一个气泡。此时的温度，即为该液相的泡点温度，液体温合物到达了泡点状态。生成的气体当即被引出，随即冷凝，如此不断升温，不断冷凝，直到所需要的程度为止。这种蒸馏方式称为简单蒸馏。

（3）精馏（rectification）

精馏是分离液相混合物的有效手段，它是在多次部分汽化和多次部分冷凝过程的基础上发展起来的一种蒸馏方式。

炼油厂中大部分的石油精馏塔，如原油精馏塔、催化裂化和焦化产品的分馏塔、催化重整原料的预分馏塔以及一些工艺过程中的溶剂回收塔等，都是通过精馏这种蒸馏方式进行操作的。

由于塔顶液相回流和塔底气相回流的作用，沿精馏塔高度建立了两个梯度：自塔底至塔顶逐级下降的温度梯度；气、液相中轻组分自塔底至塔顶逐级增大的浓度梯度。

精馏塔内沿塔高的温度梯度和浓度梯度的建立及接触设施的存在是精馏过程得以进行的必要条件。

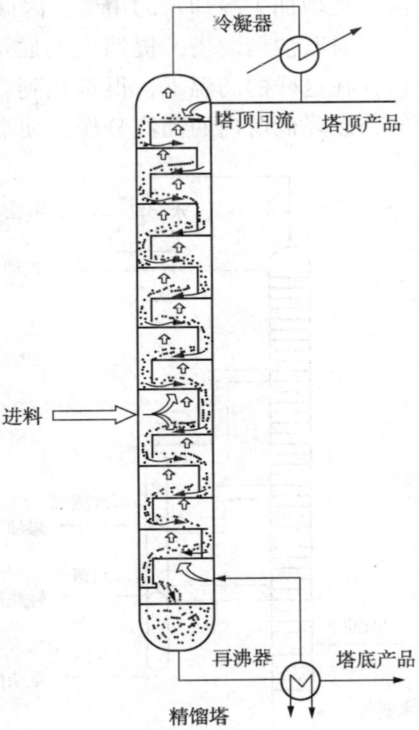

图 9-1　精馏塔

如图 9-1 所示，由于两个梯度的存在，在塔中每一个气、液两相的接触级中，由下而上的较高温度和较低轻组分浓度的气相与由上而下的较低温度和较高轻组分部的液相存在差别，因此气、液两相在接触前处于不平衡状态，形成相间推动力，使气、液两相在接触过程中进行相间的传热和扩散传质，最终使气相中的轻组分和液相中的重组分分别得到提纯。经过多次气、液相逆流接触，最后在塔顶得到较纯的轻组分，在塔底得到较纯的重组分。

精馏的实质：气、液两相进行连续多次的平衡汽化和平衡冷凝，精馏的分离效果要远远优于平衡汽化和简单蒸馏。

第二节　原油常减压蒸馏

常减压装置是对原油进行一次加工的蒸馏装置，即将原油分馏成汽油（gasoline）、煤油（kerosene）、柴油（dieselfuel）、蜡油（wax oil）、渣油（residual oil）等组分的加工装置。

一、常压蒸馏及其特点

原油蒸馏一般包括常压蒸馏（atmospheric distillation）和减压蒸馏（vacuum distillation）两部分。

原油的常压蒸馏，即原油在常压（或稍高于常压）下进行的蒸馏，所用的蒸馏设备为原油常压精馏塔（或称常压塔 atmospheric tower）。

由于原油常压精馏塔的原料和产品不同于一般精馏塔，因此它具有以下工艺特点（其他的石油精馏塔也常常具有与之相似的工艺特点）：

为了使原油中的重质油在较低的温度下沸腾、汽化，除采用减压蒸馏外，还可在蒸馏过程中，向待蒸馏原油中通入高温水蒸气，即汽提。汽提实际上降低了油气的分压，与减压作用相同，而且操作更简便，因此在原油蒸馏工艺中得到了广泛的应用。但汽提要消耗大量蒸汽，且增加了冷却水的用量，因此与减压配合使用，效果更好。

对石油精馏塔，提馏段的底部常常不设再沸器，因为塔底温度较高，一般在350℃左右，在这样的高温下，很难找到合适的再沸器热源，因此，通常向底部吹入少量过热水蒸气，以降低塔内的油汽分压，使混入塔底重油中的轻组分汽化。汽提所用的水蒸气通常是400~450℃，约为3MPa的过热水蒸气。

在复合塔内，汽油、煤油、柴油等产品之间只有精馏段而没有提馏段，这样侧线产品中会含有相当数量的轻馏分，不仅影响本侧线产品的质量，而且降低了较轻馏分的收率。

所以通常在常压塔的旁边设置若干个侧线汽提塔，这些汽提塔重叠起来，但相互之间是隔开的，侧线产品从常压塔中部抽出，送入汽提塔上部，从该塔下注入水蒸气进行汽提，汽提出的低沸点组分同水蒸气一道从汽提塔顶部引出返回主塔，侧线产品由汽提塔底部抽出送出装置如图9-2所示。

常压塔常设置中段循环回流：即从精馏塔上部的精馏段引出部分液相热油（或者是侧线产品），经与其他冷流换热或冷却后再返回塔中，返回口比抽出口通常高2~3层塔板。其作用是保证各产品分离效果的前提下，取走精馏塔中多余的热量，具有在相同的处理量下可缩小塔径，或者在相同的塔径下可提高塔的处理能力；可回收利用这部分温度较高的热源的优点。

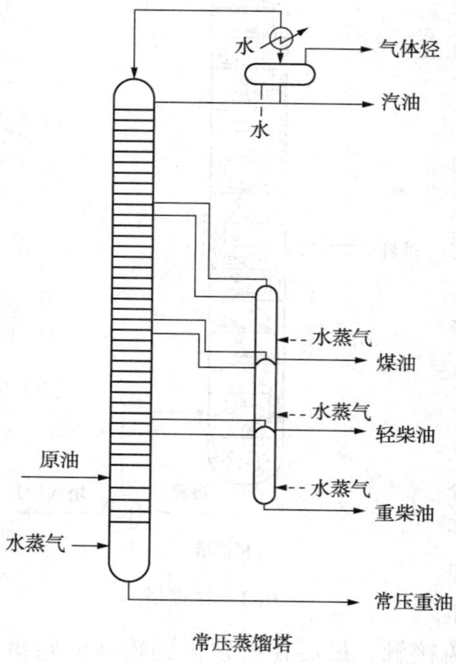

图9-2　常压蒸馏塔

二、减压蒸馏及其特点

常压蒸馏剩下的重油组分相对分子质量大、沸点高，且在高温下易分解，使馏出的产品变质并生产焦炭，破坏正常生产。因此，为了提取更多的轻质组分，往往通过降低蒸馏压力，使被蒸馏的原料油沸点范围降低。这种在减压下进行的蒸馏过程叫作减压蒸馏。

减压蒸馏是在压力低于100kPa的负压状态下进行的蒸馏过程。由于物质的沸点随外压的减小而降低，因此在较低的压力下加热常压重油，高沸点馏分就会在较低的温度下汽化，从而避免了高沸点馏分的裂解。塔底得到的是沸点在500℃以上的减压渣油。减压渣油（vacuum residue）是焦化原料、催化原料等二次加工原料；经加工后可生产重质润滑油；可生产沥青；也可做燃料油。

减压蒸馏的核心设备是减压塔和它的抽真空系统。减压塔的基本要求是尽量提高拔出率，对馏分组成要求不是很严格，而提高拔出率的关键是提高减压塔的真空度。减压蒸馏的原理与常压蒸馏相同，关键是减压塔塔顶采用了抽真空设备，使塔顶的压力降到几千帕。

抽真空设备的作用是将塔内产生的不凝气（主要是裂解气和漏入的空气）和吹入的水蒸

气连续地抽走以保证减压塔的真空度要求。减压塔常用的抽真空设备是蒸汽喷射器(steam ejector，也称蒸汽吸射泵)或机械真空泵(mechanical vacuum pump)。其中机械真空泵只在一些干式减压蒸馏塔和小炼油厂的减压塔中采用，而广泛应用的是蒸汽喷射器。

与一般的精馏塔和原油常压精馏塔相比。减压精馏塔具有如下特点：

(1) 减压精馏塔分燃料型和润滑油型两种

燃料型减压塔主要生产二次加工如催化裂化、加氢裂化等原料，它对分离精确度要求不高，希望在控制杂质含量的前提下(如残炭值低、重金属含量少等)，尽可能提高馏分油拔出率。

润滑油型减压塔以生产润滑泊馏分为主，希望得到颜色浅、残碳值低、馏程较窄、安定性好的减压馏分油，因此不仅要求拔出率高，而且要具有较高的分离精确度。

(2) 减压精馏塔的塔径大、板数少、压降小、真空度高

由于对减压塔的基本要求是在尽量减少油料发生裂解反应的条件下，尽可能多地拔出馏分油，因此要求尽可能提高塔顶的真空度，降低塔的压降，进而提高汽化段的真空度。

塔内的压力低，一方面使气体体积增大，塔径变大；另一方面由于低压下各组分之间的相对挥发度变大，易于分离，所以与常压塔相比，减压塔的塔板数有所减少。如前所述，燃料型减压塔的塔板数可进一步减少，亦有利于减少压降。

(3) 减小塔径缩短渣油在减压塔内的停留时间

减压塔塔底的温度一般在390℃左右，减压渣油在这样高的温度下，如果停留时间过长，其分解和缩合反应会显著增加，导致不凝气增加，使塔的真空度下降，塔底部结焦，影响塔的正常操作。

为此，减压塔塔底常采用减小塔径(即缩径)的办法，以缩短渣油在塔底的停留时间。

另外，由于在减压蒸馏的条件下，各馏分之间比较容易分离并且分离精确度要求不高，加之一般情况下塔顶不出产品，所以中段循环回流取热量较多、减压塔的上部气相负荷较小，通常也采用缩径的办法，使减压塔成为一个中间粗、两头细的精馏塔。

由于上述各项工艺特征，从外形来看，减压塔与常压塔相比显得粗而短。

为了提高原油的拔出深度，同时避免原油在高温时分解，现代化的原油蒸馏装置都采用在常压和减压下操作，即常减压蒸馏。

由于常减压蒸馏是原油加工的第一步，并为以后的二次加工提供原料，所以常减压蒸馏装置的处理量也就是炼油厂的处理量。因此，常减压装置高效率地正常操作，对整个炼油厂的生产至关重要。

第三节　工艺流程

原油蒸馏流程，就是用于原油蒸馏生产的炉、塔、泵、换热设备、工艺管线及控制仪表等按原料生产的流向和加工技术要求的内在联系而形成的有机组合。将此种内在的联系用简单的示意图表达出来，即成为原油蒸馏的流程图。

在原油蒸馏过程中，原油经过加热汽化的次数，称为汽化段数，在一个塔内分离一次称一段汽化。汽化段数一般取决于原油性质、产品方案和处理量等。原油蒸馏中，常见的是三段汽化。

原油的常减压蒸馏工艺流程，如图9-3所示。石油经预热至200~240℃后，进入初馏

塔。轻汽油和水蒸气由塔顶蒸出，冷却到常温后，入分离器分离掉水和不凝气体，得轻汽油（国外称“石脑油”）。不凝气体称为“原油拔顶气”，占原油重量的0.15%~0.4%，其中乙烷占2%~4%，丙烷约占30%，丁烷约占50%，其余为C_5及C_5以上组分，可用作燃料或生产烯烃的裂解原料。初馏塔底油料，经常压加热炉加热至360~370℃，进入常压塔，塔顶出汽油，第一侧线出煤油，第二侧线出柴油。为了与油品的二次加工所得汽油、煤油和柴油区分开来，在它们前面冠以“直馏”两字，以表示它们是由原油直接蒸馏得到的。将常压塔塔釜重油在加热炉中加热至380~400℃，进入减压蒸馏塔。采用减压操作是为了避免重组分在高温下分解(裂解)。减压塔侧线油和常压塔三、四线油，总称“常减压馏分油”，用作炼油厂催化裂化等装置的原料。

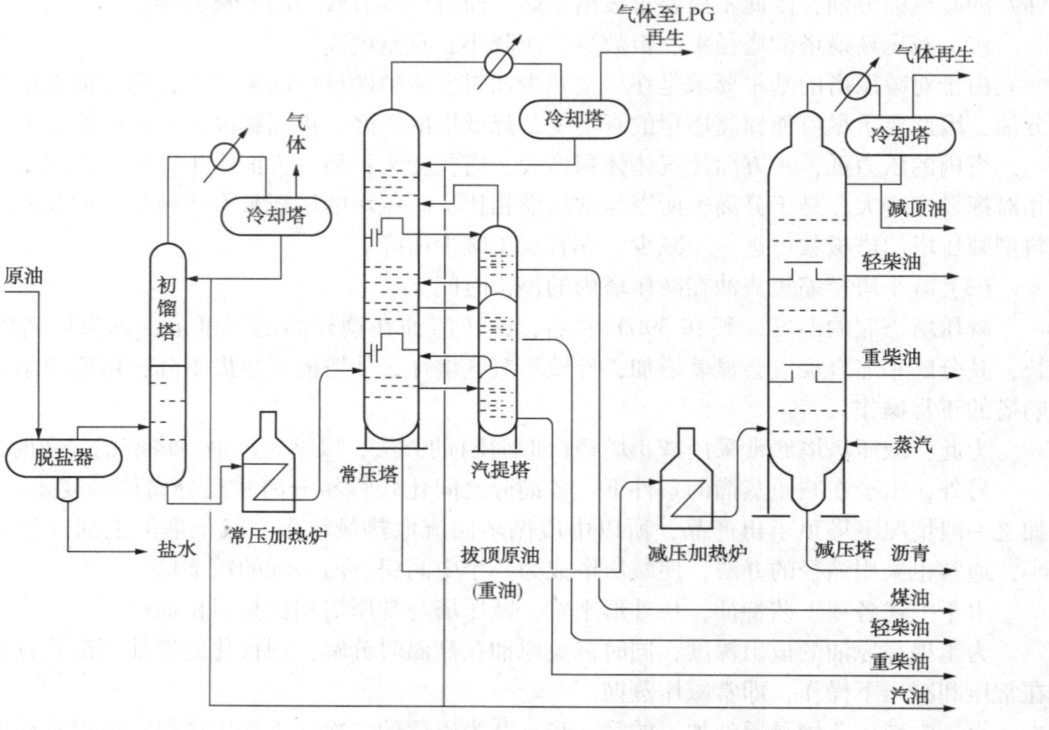

图9-3　原油三段汽化工艺流程

一、三段汽化原油蒸馏工艺流程的特点

① 初馏塔塔顶产品轻汽油一般作为催化重整装置进料。由于原油中的含砷的有机物质，随着原油温度的升高而分解汽化，因而初馏塔塔顶汽油的砷含量较低，而常压塔塔顶汽油含砷量很高。砷是重整催化剂的有害物质，因而一般含砷量高的原油生产重整原料均采用初馏塔。

② 常压塔可设3~4个侧线，生产溶剂油、煤油(或喷气燃料)、轻柴油、重柴油等馏分。

③ 减压塔侧线出催化裂化或加氢裂化原料，产品较简单，分馏精度要求不高，故只设2~3个侧线，可不设汽提塔。

④ 减压蒸馏可以采用干式减压蒸馏工艺。主要特点是：塔内元件采用填料代替了塔盘，从而使全塔的压降大大降低；抽真空系统一般采用带增压器的三级蒸汽喷射器，可使闪蒸区

的残压降到4kPa(30mmHg)以下，低于湿式蒸馏时的烃分压，故没有必要向塔内吹入水蒸气以降低油气的分压，实现了干式减压蒸馏的操作。

二、初馏塔的作用

① 提高装置处理量，尤其是加工轻质原油时降低了原油换热系统和常压炉的压降，降低了常压炉的负荷。

② 转移塔顶低温腐蚀，设置初馏塔可以将一部分腐蚀转移到初馏塔顶，减轻常压塔塔顶的腐蚀，这样做在经济上较为合理。

③ 增加产品品种，可以将较轻的石脑油组分从初馏塔塔顶分离出来，作为乙烯裂解原料、重整原料等产品，也可以从初馏塔的侧线生产溶剂油。

④ 缓解原油带水对常压塔的影响，稳定常压塔操作。

三、蒸馏设备的腐蚀及防腐措施

(一) 腐蚀原因

1. 低温部位 $HCl-H_2S-H_2O$ 型腐蚀

脱盐不彻底的原油中残存的氯盐，在120℃以上发生水解反应生成HCl，加工含硫原油时塔内有 H_2S，当HCl和 H_2S 在气体状态时只有轻微的腐蚀性，一旦进入有液体水存在的塔顶冷凝区，不仅因HCl生成盐酸会引起设备腐蚀，而且形成了 $HCl-H_2S-H_2O$ 的介质体系。由于HCl和 H_2S 相互促进构成的循环腐蚀会引起更严重的腐蚀，反应式如下：

$$Fe+2HCl = FeCl_2+H_2$$

$$Fe+H_2S = FeS+H_2$$

$$FeS+2HCl = FeCl_2+H_2S$$

这种腐蚀多发生在初馏塔、常压塔顶部和塔顶冷凝冷却系统的低温部位。

2. 高温部位硫腐蚀

原油中的硫可按对金属作用的不同分为活性硫化物和非活性硫化物。非活性硫在160℃开始分解，生成活性硫化物，在达到300℃以上时分解尤为迅速。高温硫腐蚀从250℃左右开始，随着温度升高而加剧，最严重腐蚀发生在340~430℃。活性硫化物的含量越多，腐蚀就越严重。反应式如下：

$$Fe+S = FeS$$

$$Fe+H_2S = FeS+H_2$$

$$Fe+RCH_2SH = FeS+RCH_3$$

高温硫腐蚀常发生在常压炉出口炉管及转油线、常压塔进料部位上下塔盘、减压炉至减压塔的转油线、进料段塔壁与内部构件等。

腐蚀程度不仅与温度、含硫量、H_2S 浓度有关，而且与介质的流速和流动状态有关。介质的流速越高，金属表面由腐蚀产物FeS形成的保护膜越容易被冲刷而脱落，因界面不断被更新，金属的腐蚀也就进一步加剧，这种现象称为冲蚀。

3. 高温部位环烷酸腐蚀

原油中所含的有机酸主要是环烷酸。我国辽河、新疆、大港原油中的有机酸95%以上是环烷酸，胜利原油中的有机酸40%是环烷酸。环烷酸的相对分子质量为180~350，它们集中在常压馏分油(相当于柴油)和减压馏分油中，在轻馏分和渣油中的含量很少。环烷酸的沸点在两个温度区间：230~300℃及330~400℃。在第一个温度区间内，环烷酸与铁作用，使金属被腐蚀：

$$2C_nH_{2n-1}COOH+Fe \longrightarrow Fe(C_nH_{2n-1}COO)_2+H_2$$

在第二个温度区间，环烷酸与高温硫腐蚀所形成的 FeS 作用，使金属进一步遭到腐蚀，生成的环烷酸铁可溶于油被带走，游离出的 H_2S 又与无保护膜的金属表面再发生反应，反应不断进行而加剧设备腐蚀：

$$2C_nH_{2n-1}COOH+FeS \longrightarrow Fe(C_nH_{2n-1}COO)_2+H_2S$$

$$Fe+H_2S \longrightarrow FeS+H_2$$

环烷酸腐蚀严重部位大都发生在塔的进料段壳体、转油线和加热炉出口炉管等处，尤其是气液流速非常高的减压塔汽化段。

因为这些部位受到油气的冲刷最为激烈，使金属表面的腐蚀产物硫化亚铁和环烷酸铁不能形成保护膜，露出的新表面又不断被腐蚀和冲蚀，形成恶性循环。所以在加工既含硫又含酸的原油时，腐蚀尤为剧烈，应该尽量避免含硫原油与含酸原油的混炼。

（二）防腐蚀措施

目前普遍采取的工艺防腐措施是："一脱三注"：原油深度电脱盐、挥发线注氨、挥发线注缓蚀剂、挥发线注水。高温腐蚀的工艺防腐：①混炼；②注高温缓蚀剂。实践证明，这一防腐措施基本消除了氯化氢的产生，抑制了对常减压蒸馏馏出系统的腐蚀。

1. 防腐原理

除去原油中的杂质，中和已生成的酸性腐蚀介质，改变腐蚀环境，在设备表面形成防护屏障。

2. 原油深度电脱盐

充分脱除原油中氯化物盐类，减少水解后产生的 HCl，是控制三塔塔顶及冷凝冷却系统 Cl^- 腐蚀的关键。

自地下采出的石油一般都含有水分，这些水中都溶解有 NaCl、$CaCl_2$、$MgCl_2$ 等盐类。一般在油田上先采取沉降法除去部分水和固体杂质(泥沙、固体盐类等)。但是由于在采油和集输过程中的剧烈扰动，油和水形成了乳状液，单凭沉降是不能把水脱干净的。为此，在油田和炼油厂都设有脱盐脱水装置，对原料进行预处理以达到加工要求。

原油脱盐脱水的途径和方法，取决于盐和水在原油中存在的状态：原油中存在的结晶颗粒状盐类，可用加入热淡水将其溶解的方法洗掉；若能将水分除去，溶解在原油所含水中的盐类，也将随之被除掉，因此原油预处理的主要问题是脱水。

一般来说，水在原油中几乎不溶解，水和油可形成明显的两相，这样，只要经过一段静置沉降过程，便可将沉在贮罐下面的水分分离除掉。对油水形成的乳化液就不能再以沉降法将水分离了，而原油的脱水在实际上便成了破乳化问题。

破乳化方法一般可归纳为机械法、化学法和电场法三种。机械法包括加热沉降法、离心法和过滤法。化学法是通过加入破乳剂的方法来达到破乳化的目的。电场法脱盐脱水实质上是电场-化学破乳-热沉降的联合过程，此方法在我国各油田和炼油厂中广泛使用。

3. 注氨

硫化氢和残余氯化氢会引起严重腐蚀，因此，可采用注氨中和这些酸性物质抑制腐蚀。注入位置应在水的露点以前，这样，氨与氯化氢气体才能充分混合，生成的氯化铵被水洗后带出冷凝系统。注入量按冷凝水的 pH 值来控制，维持 pH 值在 7~9。注氨时会生成氯化铁沉积，既影响传热效果又会造成垢下腐蚀，因氯化铵在水中的溶解度很大，故可用连续注水的办法洗去。

4. 注缓蚀剂

缓蚀剂是一种表面活性剂，分子内部既有 S、N、O 等强极性基团，又有烃类结构基团，极性基团一端吸附在金属表面上，另一端烃类基团与油介质之间形成一道屏障，将金属和腐蚀性水相隔离开，从而保护了金属表面，使金属不受腐蚀。

将缓蚀剂配成溶液，注入塔顶管线的注氨点之后，保护冷凝冷却系统，也可注入塔顶回流管线内，以防止塔顶部腐蚀。

原油深度电脱盐、向塔顶馏出线注氨、注缓蚀剂和注碱性水是行之有效的低温轻油部位的防腐措施。对于高温部位的抗硫腐蚀和抗环烷酸腐蚀，则须依靠合理的材质选择和结构设计加以解决。

第四节　油品质量指标简介

一、常减压蒸馏装置能控制的车用汽油质量指标

常减压蒸馏装置能控制车用汽油的馏程，包括 10% 点、50% 点、90% 点、干点（终馏点）。

根据车用汽油的使用要求规定了各馏出点的温度，规定 10% 点馏出温度不高于 70℃，这是保证发动机冷启动的性能；50% 点馏出温度规定不高于 120℃，它是保证汽油的均匀蒸发分布，达到良好的加速性和平稳性，以及保证最大功率和爬坡性能的重要指标；一般车用汽油 90% 点馏出温度不得超过 190℃，是控制车用汽油中重质组分的指标，用以保证良好蒸发和完全燃烧，并防止积炭和生成酸性物质等，同时也保证不致稀释机油，以保证完全汽化和燃烧。干点是保证车用汽油不致因含重质成分而造成不完全燃烧，在燃烧室内结焦和积炭的指标，同时也是保证不稀释润滑油指标，它对停开车次数频繁的汽车更为重要。

但是常减压蒸馏装置所生产的直馏汽油辛烷值较低，一般约为 50~60，故需和其他装置的高辛烷值组分调和后才能作为汽油成品出厂。

二、常减压蒸馏装置能控制的轻柴油质量指标

常减压蒸馏装置能控制轻柴油的馏程、凝点、闪点等指标。

柴油馏程是一个重要的质量指标。柴油机的速度越高，对燃料的馏程要求就越严。一般来说，馏分轻的燃料启动性能好，蒸发和燃烧速度快，但是燃料馏分过轻，自燃点高，燃烧延缓期长，且蒸发程度大，易在气缸中引起爆震。燃料过重则会使喷射雾化不良，蒸发慢，不完全燃烧的部分在高温下受热分解，生成炭渣而弄脏发动机零件，使排气中有黑烟，增加燃料的单位消耗量。所以轻柴油规格要求 50% 馏出温度不高于 300℃，95% 馏出温度不高于 365℃。柴油的馏程和凝点、闪点也有密切的关系。

凝点也是柴油的重要质量指标。轻柴油的规格就是按其凝点不同而分为 10 号、0 号、−10 号、−20 号、−35 号、−50 号六个品种。通常柴油的馏程越轻，则凝点越低。

轻柴油的闪点是根据安全防火的要求而规定的一个重要指标。柴油的闪点在规格中规定为不低于 65℃。柴油的馏程越低，则其闪点越低。

三、常减压蒸馏装置能控制的重柴油质量指标

常减压蒸馏装置能控制重柴油的馏程、密度、闪点、黏度等性质。

重柴油的馏程大致为300~400℃，即常三线或四线、减压一线油馏出重柴油。

重柴油的密度不宜过大，太大时含沥青质和胶质太多，不易完全燃烧；密度太小时含轻馏分过多，会使闪点过低，保证不了使用安全。

重柴油的闪点是由它的轻馏分含量控制的。闪点要求不低于65℃，若轻馏分含量较多，则闪点较低，在储存和运输中不安全。尤其是凝点较高的重柴油在使用时需经预热，因而要求较高的闪点。为确保重柴油的使用安全，同时规定预热温度不得超过闪点的三分之二。

重柴油在低中速柴油机中使用，黏度过大时，会使油泵压力下降，输油管内起泡，发生油阻，并影响喷油，雾化不良，以致不能完全燃烧而冒黑烟，不但浪费了燃料而且污染了环境；黏度太小时，会引起喷油距离太短和雾化混合不良而影响燃烧。因而一般大、中型低速柴油机用重柴油的最小黏度应当控制在8.6mm^2/s以上。

重柴油的密度、闪点、黏度都是通过常减压蒸馏装置操作中馏分的切割来控制的，通常馏分越轻则密度越小，闪点和黏度越低。

四、常减压蒸馏装置控制的常压重油质量指标

当常压重油用作重油催化裂化装置的原料时，常减压蒸馏装置需控制常压重油的钠离子含量。重油催化裂化装置要求原料中的钠含量在$(1\sim2)\times10^{-6}$以下，因为沉积在催化剂上的钠会“中和”催化剂的酸中心，并和催化剂基体形成低熔点的共熔物，造成催化剂的永久失活。因此要求常减压装置进行深度脱盐。通常常减压蒸馏装置脱盐深度达到3mg/L时，就能满足常压重油的钠离子含量小于1×10^{-6}的要求。

五、减压蜡油作为催化裂化原料时应满足的要求

减压蜡油残炭过大时，催化裂化生焦量会过多，使再生器负荷过大，甚至造成超温。但残炭过小时，又会使再生器热量不足，造成反应热量不够，需向再生器补充燃料。减压蜡油中的重金属在催化裂化时会沉积在催化剂上，使催化剂失活，导致脱氢反应增多，气体及生焦量增大。因此各厂对催化裂化原料油的质量都有一定要求。

当催化裂化采用掺炼渣油的工艺时(如重油催化裂化工艺)，减压蜡油的残炭、重金属含量等指标，主要影响渣油掺入量。若减压蜡油残炭、重金属含量低，则可掺炼较多的渣油；若减压蜡油残炭、重金属含量高，则只能掺入较少的渣油。因此重油催化裂化工艺对原料油的残炭和重金属含量也是有一定要求的。

六、常减压蒸馏装置在全厂加工总流程中的重要作用

常减压装置将原油用蒸馏的方法分割成为不同沸点范围的组分，以适应产品和下游工艺装置对原料的要求。常减压蒸馏是炼油厂加工原油的第一个工序，即原油的一次加工，在炼油厂加工总流程中有重要作用，常被称为“龙头”装置。

一般来说，原油经常减压装置加工后，可得到直馏汽油、航空煤油、灯用煤油、轻、重柴油和燃料油等产品，某些富含胶质和沥青质的原油，经减压深拔后还可直接生产出道路沥青。在上述产品中，除汽油由于辛烷值较低，目前已不再直接作为产品外，其余一般均可直

接或经过适当精制后作为产品出厂。常减压装置的另一个主要作用是为下游二次加工装置或化工装置提供质量较高的原料。例如，重整原料、乙烯裂解原料、催化裂化、加氢裂化、或润滑油加工装置的原料、焦化、氧化沥青、溶剂脱沥青或减黏裂化装置的原料等。近年来，随着重油催化裂化技术的发展，某些原油的常压塔底重油也可直接作为催化裂化装置的原料。因此，常减压蒸馏装置的操作，直接影响着下游二次加工装置和全厂的生产状况。

第五节　常减压装置仿真操作

本装置为常减压蒸馏装置，原油用原油泵抽送到换热器，换热至110℃左右，加入一定量的破乳剂和洗涤水，充分混合后进入一级电脱盐罐。同时，在高压电场的作用下，使油水分离。脱水后的原油从一级电脱盐罐顶部集合管流出后，再注入破乳剂和洗涤水充分混合后进入二级电脱盐罐，同样在高压电场作用下，进一步油水分离，达到原油电脱盐的目的。然后再经过换热器加热到一般大于200℃进入蒸发塔，在蒸发塔拔出一部分轻组分。

拔头油再用泵抽送到换热器继续加热到280℃以上，然后去常压炉升温到356℃进入常压塔。在常压塔拔出重柴油以前组分，高沸点重组分再用泵抽送到减压炉升温到386℃进减压塔，在减压塔拔出润滑油料，塔低重油经泵抽送到换热器冷却后出装置。

一、工艺流程简述

1、原油系统换热

罐区原油(65℃)由原油泵(P101/1，2)抽入装置后，首先与初顶，常顶汽油(H101/1-4)换热至80℃左右，然后分两路进行换热：一路原油与减一线(H102/1，2)、减三线(H103/1，2)、减一中(H105/1，2)换热至140℃左右；二路原油与减二线(H106/1，2)、常一线(H107)、常二线(H108/1，2)、常三线(H109/1，2)换热至140℃左右，然后两路汇合后进入电脱盐罐(R101/1，2)进行脱盐脱水。

脱盐后原油(130℃左右)从电脱盐出来分两路进行换热，一路原油与减三线(H103/3，4)、减渣油(H104/3-7)、减三线(H103/5，6)换热至235℃；二路原油与常一中(H111/1-3)、常二线(H108/3)、常三线(H109/3)、减二线(H106/5，6)、常二中(H112/2，3)、常三线(H109/4)换热至235℃左右；两路汇合后进入初馏塔(T101)，也可直接进入常压炉。

闪蒸塔顶油气以180℃左右进入常压塔第28层塔板上或直接进入汽油换热器(H101/1-4)，空冷器(L101/1-3)。

拔头原油经拔头原油泵(P102/1，2)抽出与减四线(H113/1)换热后分两路：一路与减二中(H110/2-4)，减四线(H113/2)换热至281℃左右；二路与减渣油(H104/8-11)换热至281℃左右，两路汇合后与减渣油(H104/12-14)换热至306.8℃左右再分两路进入常压炉对流室加热，然后再进入常压炉辐射室加热至要求温度入常压塔(T-102)进料段进行分馏。

2. 常压塔

常压塔顶油先与原油(H101/1-4)换热后进入空冷(L101/1，2)，再入后冷器(L103/3)冷却，然后进入汽油回流罐(R102)进行脱水，切出的水放入下水道。汽油经过汽油泵(P103/1，2)一部分打顶回流，一部分外放。不凝汽则由R102引至常压瓦斯罐(R103)，冷凝下来的汽油由R103底部返回R102，瓦斯由R103顶部引至常压炉作自产瓦斯燃烧或放空。

常一线从常压塔第32层(或30层)塔板上引入常压汽提塔(T103)上段，汽提油汽返回常压塔第34层塔板，油则由泵(P106/1，2)自常一线汽提塔底部抽出，与原油换热(H107)后经冷却器(L102)冷却至70℃左右出装置。

常二线从常压塔第22层(或20层)塔板上引入常压汽提塔(T103)中段，汽提油汽返回常压塔第24层塔板，油则由泵(P107，P106/2)自常二线汽提塔底部抽出，与原油换热(H108/1，2)后经冷却器(L103)冷却至70℃左右出装置。

常三线从常压塔第11层(或9层)塔板上引入常压汽提塔(T103)下段，汽提油汽返回常压塔第14层塔板上，油则由泵(P108/1，2)自常三线汽提塔底部抽出，与原油换热(H109/1-4)后经冷却器(L104)冷却至70℃左右出装置。

常压一中油自常压塔顶第25层板上由泵(P110/1，2)抽出与原油换热(H111/1-3)后返回常压塔第29层塔板上。

常压二中油自常压塔顶第15层板上由泵(P110/2，P111)抽出与原油换热(H112/2，3)后返回常压塔第19层塔板上。

常压渣油经塔底泵(P109/1，2)自常压塔T102底抽出，分两路去减压炉(炉102，103)对流室，辐射室加热后合成一路以工艺要求温度进入减压塔(T104)进料段进行减压分馏。

3. 减压塔

减顶油汽二级抽真空系统后，不凝气自L110/1，2放空或入减压炉(炉102)作自产瓦斯燃烧。冷凝部分进入减顶油水分离器(R104)切水，切出的水放入下水道，污油进入污油罐进一步脱水后由泵(P118/1，2)抽出装置，或由缓蚀剂泵抽出去闪蒸塔进料段或常一中进行回炼。

减一线油自减压塔上部集油箱由减一线泵(P112/1，2)抽出与原油换热(H102/1，2)后经冷却器(L105/1，2)冷却至45℃左右，一部分外放，另一部分去减顶作回流用。

减二线油自减压塔引入减压汽提塔(T105)上段，油汽返回减压塔，油则由泵(P113，P112/1)抽出与原油换热(H106/1-6)后经冷却器(L106)冷却至50℃左右出装置。

减三线油自减压塔引入减压汽提塔(T105)中段，油汽返回减压塔，油则由泵(P114/1，2)抽出与原油换热(H103/1-6)后经冷却器(L107)冷却至80℃左右出装置。

减四线油自减压塔引入减压汽提塔(T105)下段，油汽返回减压塔，油则由泵(P115，P114/2)抽出，一部分先与原油换热(H113/1，2)，再与软化水换热(H-113/3，4->H-114/1，2)后经冷却器(L108)冷却至50~85℃左右出装置；另一部分打入减压塔四线集油箱下部作净洗油用。

冲洗油自减压塔由泵(P116/1，2)抽出后与L109/2换热，一部分返塔作脏洗油用，另一部分外放。

减一中油自减压塔一，二线之间由泵(P110/1，2)抽出与软化水换热(H105/3)，再与原油换热(H105/1，2)后返回减压塔。

减二中油自减压塔三，四线之间由泵(P111，P110/2)抽出与原油换热(H110/2-4)后返回减压塔。

减压渣油自减压塔底由泵(P117/1，2)抽出与原油换热(H104/3-14)后，经冷却器(L109)冷却后出装置。

二、主要设备工艺控制指标

各主要设备工艺控制指标见表 9-1~表 9-4。

表 9-1　初馏塔 T-101

名称	温度/℃	压力/MPa(表)	流量/(t/h)
进料流量	235	0.065	126.262
塔底出料	228	0.065	121.212
塔顶出料	230	0.065	5.05

表 9-2　常压塔 T-102

名称	温度/℃	压力/MPa(表)	流量/(t/h)
常顶回流出塔	120	0.058	
常顶回流返塔	35		10.9
常一线馏出	175		6.3
常二线馏出	245		7.6
常三线馏出	296		9.4
进料	345		121.2121
常一中出/返	210/150		24.499
常二中出/返	270/210		28.0
常压塔塔底	343		101.8

表 9-3　减压塔

名称	温度/℃	压力/mmHg	流量/(t/h)
减顶出塔	70	-700	
减一线馏出/回流	150/50		17.21/13.
减二线馏出	260		11.36
减三线馏出	295		11.36
减四线馏出	330		10.1
进料	385		
减一中出/返	220/180		59.77
减二中出/返	305/245		46.687
脏油出/返			
减压塔塔底	362		61.98

表 9-4　常压炉 F-101，减压炉 F-102，F-103

名称	氧含量/%	炉膛负压/mmHg	炉膛温度/℃	炉出口温度/℃
F-101	3~6	2.0	610.0	368.0
F-102	3~6	2.0	770.0	385.0
F-103	3~6	2.0	730.0	385.0

三、装置冷态开工过程

（一）开工具备的条件

① 与开工有关的修建项目全部完成并验收合格。

② 设备、仪表及流程符合要求。

③ 水、电、汽、风及化验能满足装置要求。

④ 安全设施完善，排污管道具备投用条件，操作环境及设备要清洁整齐卫生。

（二）开工前的准备

① 准备好黄油、破乳剂、20#机械油、液氨、缓蚀剂、碱等辅助材料。

② 原油含水≤1%，油温不高于 50℃，原油与副炼联系，外操做好从罐区引燃料油的工作。

③ 准备好开工循环油、回流油、燃料气(油)。

（三）装油

装油的目的是进一步检查机泵情况，检查和发现仪表在运行中存在的问题，脱去管线内积水，建立全装置系统的循环。

1. 常减压装油流程及步骤

（1）常压装油流程

① 原油罐→P101/1，2→H101/1，4→(→H106/1，2→H107→H108/1，2→H109/1，2→H106/3，4
→H102/1，2→H103/1，2→H105/1，2)

② R101/1，2→(→H111/1，2→H108/3→H109/3→H106/5，6→H112/2，3→H109/4
→H103/3，4→H104/3-7→H103/5，6)→T101

③ T101 底→P102/1，2→H113/1→(→H110/2-4→H113/2)→H104/12-14→炉 101 对流室→炉 101 辐射室→T102

（2）常压装油步骤

① 启动原油泵 P101/1，2(在泵图页面上点 P101/1，2 一下，其中一个泵变绿色表示该泵已经开启)，打开调节阀 FIC-1101、TIC-1101 开度为 50%，将原油引入装置。

② 原油一路经换热器 H105/2，另一路经 H106/4；现场打开 VX0001、VX0002、VX0007 开度为 100%。

③ 两路混合后经含盐压差调节阀 PDIC-1101(开度为 50%)到电脱盐罐 R-101/1。

④ 再打开 PDIC-1102(开度为 50%)引油到电脱盐 R101/2，后经两路换热器 H109/4 一路和 H103/6 一路。

⑤ 打开温度调节阀 TIC-1103(开度 50%)，使原油到初馏塔(T101)，建立初馏塔塔底液位。

⑥ 待初馏塔 T101 底部液位 LIC-1103 达到 50%时，启动初馏塔底泵 P102/1，2(去泵现场图查找该泵，并左键点击一次开启该泵，以下同)；

⑦ 打开塔底流量调节阀 FIC-1104(逐渐开大到 50%)，打开 TIC1102(开度为 50%)流经换热器组 H113/2 和 H104/11，H104/1。

⑧ 分两股进入常压炉(F101)；在常压炉的 DCS 画面上打开进入常压炉流量调节阀 FIC1106、FIC1107(开度各为 50%)。

⑨ 原油经过常压炉(F101)的对流室、辐射室。

⑩ 两股出料合并为一股进入到常压塔(T102)进料段(即显示的TOT102)。

⑪ 观察常压塔塔底液位LIC1105的值，并调节初馏塔进出流量阀，控制初馏塔塔底液位LIC1103为50%左右(即PV=50)

2. 减压装置流程及步骤

(1) 减压装油流程

T102→P109/1，2→炉102，103→T104

(2) 减压装油步骤

① 待常压塔T102底部液位LIC-1105达到50%时(即$PV=50$)，启动常压塔底泵P109/1，2其中一个(方法同上述启动泵的方法)。

② 打开FIC-1111和FIC-1112(开度逐渐开大到50%左右，调节LIC1105为50%)，分两路进入减压炉F102和F103的对流室、辐射室。

③ 经两炉F102和F103后混合成一股进料，进入减压塔T104。

④ 待减压塔T104底部液位LIC-1201达到50%时，即$PV=50$左右，启动减压塔塔底P117/1，2其中一个。

⑤ 打开减压塔塔底抽出流量控制阀FIC-1207，开度逐渐开大，控制塔底液位为50%左右。并到减压系统图现场打开开工循环线阀门VX0040，然后停原油泵；装油完毕。

注：首先看现场图的手阀是否打开，确认该路管线畅通，然后到DCS画面上，先开泵，再开泵后阀，建立液位。

进油同时注意电脱盐罐R101/1，2切水，即：间断打开LIC1101、LIC1102水位调节阀，控制不超过50%。

(四) 冷循环

冷循环目的主要是检查工艺流程是否有误，设备、仪表是否有误，同时脱去管线内部残存的水。

待切水工作完成，各塔底液面偏高后，50%左右，便可进行冷循环。

冷循环流程如下：

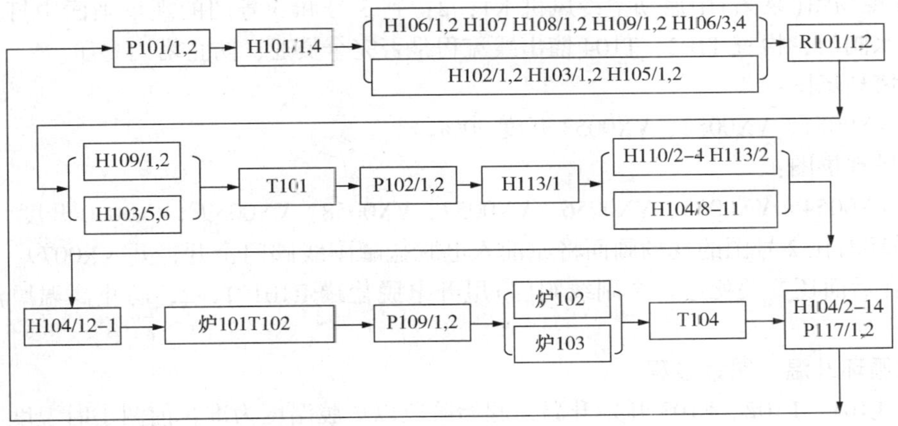

① 冷循环具体步骤与装油步骤相同；流程不变。

② 冷循环时要控制好各塔液面稍过50%左右(LIC1103、LIC1105、LIC1201)，并根据各塔液面情况进行补油。

③ R-101/1，2 底部要经常反复切水：间断打开 LIC1101、LIC1102 水位调节阀，控制不超过 50%。

④ 各塔底用泵切换一次，检查机泵运行情况是否良好(在该仿真中不做具体要求)。

⑤ 换热器、冷却器副线稍开，让油品自副线流过(在该仿真中不做具体要求)。

⑥ 各调节阀均为手动，随时调节流量大小。

⑦ 检查塔顶汽油，瓦斯流程是否打开，防止憋压(现场打开 VX008 初馏塔顶，VX0042、VX0050、VX0017、VX0020、VX0018 常压塔顶部)。VX0019 从初馏塔出来到常压塔中部偏上进气线，位置在常压塔现场图。

⑧ 启用全部有关仪表显示。

⑨ 如果循环油温低于 50℃时即 TI1109，炉 F-101 可以间断点火，但出口温度不高于 80℃即 TI1113 或 TI1112。

⑩ 冷循环工艺参数平稳后，主要是 3 个塔液位控制在 50%左右，运行时间可少于 4h，在此做好热循环的各项准备工作。

注：加热炉简单操作步骤，以常压炉为例：在常压炉的 DCS 图中打开烟道挡板 HC1101 开度 50%，打开风门 ARC1101，开度为 50 左右，打开 PIC1102，开度逐渐开大到 50%，调节炉膛负压，到现场打开自然风现场打开 VX0013，开度为 50 左右，点燃点火棒，现场点击 IGNITION 为开状态。再在 DCS 画面中稍开瓦斯气流量调节阀 TIC11105，逐渐开大调节温度，见到加热炉底部出现火燃标志图证明加热炉点火成功。

调节时可调节自然风风门、瓦斯及烟道挡板的开度，来控制各个指标。

实际加热炉的操作包括烘炉等细节，仿真这里不做具体要求。

（五）热循环

当冷循环无问题处理完毕后，开始热循环，流程不变。

1. 热循环前准备工作

① 分别到各自现场图中打开 T101、T102、T104 的顶部阀门，防止塔内憋压(部分在前面已经开启)。

② 在现场图(泵图)中启动空冷风机 K1，2；到 3 号和 5 号图的现场画面中打开各冷凝冷却器给水阀门，检查 T102，T104 馏出线流程是否完全贯通，防止塔内憋压。

常压塔现场图：

打开 VX0051、VX0052、VX0053 开度 50%。

减压塔现场图：

打开 VX0054、VX0055、VX0056、VX0057、VX0058、VX0059、VX0060 开度为 50%。

③ 循环前在 2 号图的现场画面将原油入电脱盐罐副线阀门全开，开 VX0079、VX0006、VX0005(在后面还要关死这几个副线阀门)甩开电脱盐罐 R101/1，2，防止高温原油烧坏电极棒。

2. 热循环升温、热紧过程

① 炉 F101、F102、F103 开始升温，起始阶段以炉膛温度为准，前两小时温度不得大于 300℃，两小时后以炉 101 出口温度为主，以每小时 20~30℃速度升温。(在这里我们只要适当控制升温速度即可，不要太快，步骤②~③在这里可省去，实际在工厂要严格按升温曲线进行升温操作)

② 当炉 F101 出口温度升至 100~120℃时恒温 2h 脱水，温至 150℃恒温 2~4h 脱水。

③ 恒温脱水至塔底无水声，回路罐中水减少，进料段温度与塔底温度较为接近时，炉101 开始以每小时 20~25℃速度升温至 250℃时恒温，全装置进行热紧。

④ 炉 F102，103 出口温度 TIC1201、TIC1203 始终保持与炉 F101 出口温度 TIC1104 平衡，温差不得大于 30℃。

⑤ 常压塔顶温度 TIC1106 升至 100~120℃时，联系轻质油引入汽油开始打顶回流，在常压塔塔顶回流现场图中打开轻质油线阀 VX0081，打开 FIC1110 开度要自己调节，此时严格控制水液面，严禁回流带水。

⑥ 常压炉炉 101 出口温度升至 300℃时，常压塔自上而下开侧线，开中段回流(到现场图中打开手阀及机泵，在 DCS 操作画面中打开各调节阀)。

常压塔现场操作部分：

依次打开 FIC1116、FIC1115、FIC1114 开度为 50%，FIC1108、TIC1107、FIC1109、TIC1108 开度为 50%，泵 P104、P105、P103、P106、P107、P108。

升温阶段即脱水阶段，塔内水分在相应的压力下开始大量汽化，所以必须加倍注意，加强巡查，严防 P102/1，2、P109/1，2、P117/1，2 泵抽空。同时再次检查塔顶汽油线是否导通，以免憋压。

3. 热循环过程注意事项

① 热循环过程中要注意整个装置的检查，以防泄漏或憋压。

② 各塔底泵运行情况，发现异常及时处理。

③ 严格控制好各塔底液面。

④ 升温同时打开炉 101，102，103 过热蒸汽(分别在 4 号和 6 号的 DCS 画面中打开 PIC-1203，PIC-1202，PIC-1205 开度为 50%即可)，并放空，防止炉管干烧。

(六) 常压系统转入正常生产

1. 切换原油

① T102 自上而下开完侧线后，启动原油泵，将渣油改出装置。启用渣油冷却器 L109/2，将渣油温度控制在 160℃以内，在 5 号图的现场打开 VX0078、关闭开工循环线 VX0040，原油量控制在 70~80t/h。

② 导好各侧线，冷换热设备及外放流程，关闭放空，待各侧线来油后，联系调度和轻质油，并启动侧线泵(前面已经打开)侧线外放。

③ 当过热蒸汽温度超过 350℃时，缓慢打开 T102 底吹汽现场开启 VX0014，关闭过热蒸汽放空阀。

④ 待生产正常后缓慢将原油量提至正常(参数见指标表格)。

2. 常压塔正常生产

① 切换原油后，炉 101 以 20℃/h 的速度升温至工艺要求温度。

② 炉 101 抽空温度正常后，常压塔自上而下开常一中、常二中回流(前面已经做开启了)。

③ 原油入脱盐罐温度低于 140℃时，将原油入脱盐罐副线开关关闭。

④ 司炉工控制好炉 101 出口温度，常压技工按工艺指标和开工方案调整操作，使产品尽快合格，及时联系调度室将合格产品改入合格罐。

⑤ 根据产品质量条件控制侧线吹气量。

3. 注意事项

① 控制好 V102 汽油液面及油水界面，待汽油液面正常后停止补汽油，用本装置汽油打回流。

② 过热蒸汽压力控制在 3.0～3.5kg/cm^2，温度控制在 380～450℃。开塔顶部吹汽时要先放净管线内冷凝水，再缓慢开汽，防止蒸汽吹翻塔盘。

③ R101/1，2 送电，脱盐工作好脱盐罐切水工作，防止原油含水过大影响操作。

④ 严格控制好侧线油出装置温度。

⑤ 通知化验室按时进行分析。

（七）减压系统转入正常生产

1. 开侧线

① 当常压开侧线后，减压炉开始以 20℃/h 的速度升温至工艺指标要求的范围内。

② 当过热蒸汽温度超过 350℃开减压塔塔底吹汽现场打开 VX0082，关过热蒸汽放空（仿真中没做）。

③ 当炉 102，103 出口温度升至 350℃时，炉 102，103 开炉管注汽打开 VX0021、VX0026，减压塔开始抽真空。

抽真空分三段进行：

第一段 0～200mmHg；

第二段 200～500mmHg；

第三段 500～最大 mmHg。

操作步骤：在抽真空系统图上，先打开冷却水现场阀 VX0086，然后依次打开 VX0084、VX0085 各级抽真空阀门，并打开 VX0034 和泵 P118/1，2。

④ T104 顶温度超过工艺指标时，将常三线油倒入减压塔塔顶打回流待减一线有油后改减一线本线打回流，常三线改出装置，控制塔顶温度在指标范围内。

⑤ 减压塔自上而下开侧线。操作方法同常压步骤，基本相同。

2. 调整操作

① 当炉 102，103 出口温度达到工艺指标后，自上而下开中段回流，开回流时先放净设备管线内存水，严禁回流带水。

② 侧线有油后联系调度室、轻质油，启动侧线泵将侧线油改入催化料或污油罐。

③ 倒好侧线流程，启动 P116/1，2 开脏洗油系统，同时启用净洗油系统。

④ 根据产品质量调节侧线吹汽流量。

⑤ 司炉工稳定炉出口温度，减压技工根据开工方案要求尽快调整产品使其合格，将合格产品改进合格罐。

⑥ 将软化水引入装置，启用蒸汽发生器系统。自产汽先排空，待蒸汽合格不含水后，再并入低压蒸汽网络或引入蒸汽系统。

3. 注意事项

① 开炉管注汽，塔部吹气应先放净管线内冷凝存水。

② 过热蒸汽压力控制在 2.5～3.0kg/cm^2，温度控制在 380～450℃范围内。

③ 抽真空前先检查抽真空系统流程是否正确。抽真空后，检查系统是否有泄漏，控制好 R105 液面。

④ 控制好蒸汽发生器液面，自产蒸汽压力不大于 6kg/cm^2。

⑤ 开净洗油，脏洗油系统，应先放尽过滤器、调节阀等低点冷凝水，应缓慢开启，防止吹翻塔盘。

⑥ 将常三线油引入减顶打回流前必须检查常三线油颜色，防止黑油污染减压塔。打回流时减一线流量计，外放调节阀走副线。

（八）投用一脱三注

① 生产正常后，将原油入电脱盐温度控制在120~130℃，压力控制在8~10kg/cm^{2}范围内，电流不大于150A，然后开始注入破乳剂，水。

② 常顶开始注氨，注破乳剂。

操作步骤：

在电脱盐图页现场开破乳剂泵P120和水泵P119，然后打开出口阀VX0037、VX0087开度为50%，在DCS图上，打开FIC1117、FIC1118开度都为50%

注：生产正常，各项操作工艺指标达到要求后，主要调节阀所处状态如下：

① 原油进料流量FIC1101投自动，SP=125。

② 初馏塔底液位LIC1103投自动，SP=50；初馏塔底出料FIC1104投自动，SP=121。

③ 常压炉出口温度TIC1104投自动，SP=368；炉膛温度TIC1105投串级；风道含氧量ARC1101投自动，SP=4；炉膛负压PIC1102投自动，SP=-2；烟道挡板开度HC1101投手动，OP=50。

④ 常压塔塔底液位LIC1105投自动，SP=50；塔底出料FIC1111、FIC1112都投串级；塔顶温度TIC1106投自动，SP=120；塔顶回流量FIC1110投串级；塔顶分液罐V-102油液位LIC1106投自动，SP=50；水液位LIC1107投自动，SP=50。

⑤ 减压炉出口温度TIC1201和TIC1202投自动，SP=385；炉膛温度TIC1203和TIC1202投串级；风道含氧量ARC1201和ARC1202投自动，SP=4；炉膛负压PIC1201和PIC1204投自动，SP=-2；烟道挡板开度HC1201和1202投手动，OP=50。

⑥ 减压塔塔底液位LIC1201投自动，SP=50；塔底出料FIC1207投串级；塔顶温度TIC1205投自动，SP=70；塔顶回流量FIC1208投串级；LIC1202投自动，SP=50。

⑦ 现场各换热器，冷凝器手阀开度为50，即OP=50。各塔底注气阀开度为50；抽真空系统蒸汽阀开度为50。泵的前后手阀开度为50。

四、装置正常停工过程

（一）降量

① 降量前先停电脱盐系统。

a）打开R101/1，2原油副线阀门，关闭R101/1，2进出口阀门，停止注水、注剂。静止送电30min后开始排水，使原油中水分充分沉降。

b）待R-101/1，2内污水排净后，启动P119/1，2将R101/1，2内原油自原油循环线打入原油线回炼。

注：待R-101/1，2罐内无压力后打开罐顶放空阀。

c）R-101/1，2内原油退完后，将常而线油自脱盐罐冲洗线倒入R-101/1，2内进行冲洗，在罐底排污线放空。

d）各冲洗1h。

② 降量分多次进行，降量速度为10~15t/h。

③ 降量初期保持炉出口温度不变，调整各侧线油抽出量，保证侧线产品质量合格。

④ 降量过程中注意控制好各塔底液面，调节各冷却器用水量，将侧线油品出装置温度控制在正常范围内。

（二）降量关侧线阶段

① 当原油量降至正常指标的 60%～70%时开始降炉温。炉出口温度以 25～30℃/h 的速度均匀降温。

② 降温时将各侧线油品改入催化料或污油罐，常减压各侧线及汽油回流罐控制高液面，作洗塔用。

③ 炉 101 出口温度降到 280℃左右时，T102 开始自上而下关侧线，停中段回流，各侧线及汽油停止外放。

④ 炉 102，103 出口温度降到 320℃左右时，T104 开始自上而下关侧线，停中段回流，各侧线及汽油停止外放。

塔破真空分三个阶段进行：

第一阶段：正常值　－500mmHg

第二阶段：正常值　500～250mmHg

第三阶段：正常值　250～0mmHg

破真空时应关闭 L10/3，4 顶部瓦斯放空阀。

⑤ 当过热蒸汽出口温度降至 300℃时，停止所有塔部吹气，进行放空。

（三）装置打循环及炉子熄火

① T-102 关完侧线后，立即停原油泵，改为循环流程进行全装置循环。循环流程为：

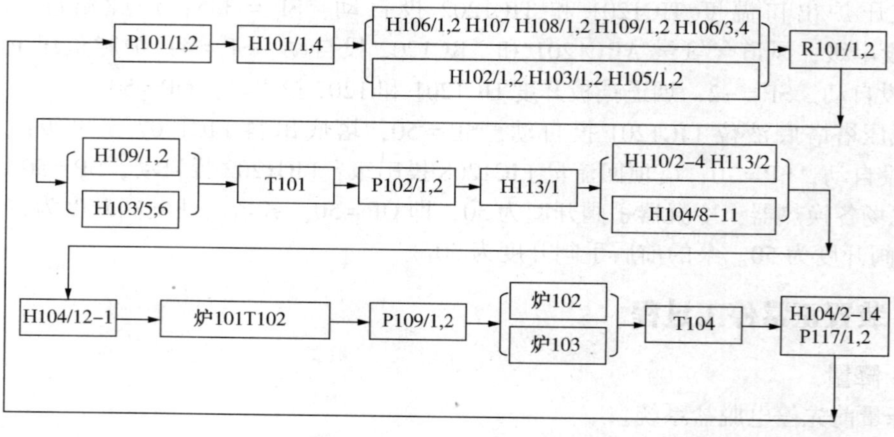

② T-104 关侧线后，将减压侧线油自分配台倒入减压塔打回流洗塔。减侧线油打完后将常压各侧线倒入减压塔塔顶回流洗塔，直到各侧线油打完为止。

注意：将侧线油倒入减一线打回流时应打开减一线流量计和外放调节阀的副线阀门。

③ 常压技工将汽油回流罐内汽油全部打入常压塔塔顶洗常压塔，塔顶温度过低时停空冷。

④ 炉子对称关火阻，继续降温，炉出口温度降至 180℃时停止循环，炉子熄火，风机不停。待炉膛温度降至 200℃时停　风机，打开放爆门加速冷却，过热蒸汽停掉。

⑤ 炉子熄火后，将各塔底油全部打出装置。

五、紧急停车

紧急停工步骤：

① 加热炉立即熄火。

② 停止原油进料，关各馏出阀、注气阀，破真空，认真退油．关塔部吹气，过热蒸汽改为放空。

③ 将不合格油品改进污油罐。

④ 对局部着火部位应及时切断火源，加强灭火。

⑤ 尽量维持局部循环，尽量按正常的停工方法处理。

注意：减压破真空时，不能太快，要关闭瓦斯放空阀。

六、事故列表

（一）原油中断

原因：原油泵故障。

现象：塔液面下降，塔进料压力降低，塔顶温度升高。

处理方法：①切换原油泵；②如果不行按停工处理。

（二）供电中断

原因：供电部门线路发生故障。

现象：各泵运转停止。

处理方法：①来电后，相继启动顶回流泵、原油泵、初底泵、常底泵、中断回流泵及侧线泵；②各岗位按生产工艺指标调整操作至正常。

（三）循环水中断

原因：供水单位停电或水泵出故障不能正常供水。

现象：①油品出装置温度升高；②减顶真空度急剧下降。

处理方法：①停水时间短，降温降量，维持最低量生产，或循环。②停水时间长，按紧急停工处理。

（四）供汽中断

原因：锅炉发生故障，或因停电不能正常供汽。

现象：①流量显示回零，各塔、罐操作不稳；②加热炉操作不稳；③减顶真空度下降。

处理方法：如果只停汽而没有停电，则改为循环，如果既停汽又停电，按紧急停工处理。

（五）净化风中断

原因：空气压缩机发生故障。

现象：仪表指示回零。

处理方法：①短时间停风，将控制阀改副线，用手工调节各路流量、温度、压力等；②长时间停风，按降温降量循环处理。

（六）加热炉着火

原因：炉管局部过热结焦严重，结焦处被烧穿。

现象：炉出口温度急剧升高，冒大量黑烟。

处理方法：熄灭全部火嘴并向炉膛内吹入灭火蒸汽。

（七）常压塔底泵停

原因：泵出故障，被烧或供电中断。

现象：①泵出口压力下降，常压塔液面上升；②加热炉熄火，炉出口温度下降。

处理方法：切换备用泵。

（八）（常顶回流阀）阀卡 10%

原因：阀使用时间太长。

现象：塔顶温度上升，压力上升。

处理方法：开旁通阀。

（九）换热器 H109/4 故障（100×10^4t）

原因：换热器 H109/4 层堵。

现象：炉进料温度下降，进料流量下降。

处理方法：开大换热器副线，控制炉出口温度。

（十）闪蒸塔底泵抽空

原因：泵本身故障。

现象：泵出口压力下降，塔底液面迅速上升，炉膛温度迅速上升。

处理方法：切换备用泵，注意控制炉膛温度。

（十一）减压炉息火

原因：燃料中断。

现象：炉膛温度下降，炉出口温度下降，火灭。

处理方法：①减压部分按停工处理；②常渣出装置。

（十二）抽-1 故障

原因：真空泵本身故障。

现象：减压塔压力上升。

处理方法：加大抽-2 蒸汽量。

（十三）低压闪电

原因：供电不稳。

现象：全部或部分低压电机停转，操作混乱。

处理：①如时间短，切换备用泵，顺序为顶回流，中段回流，处理量调节；②及时联系电修部门送电，按工艺指标调整操作。

（十四）高压闪电

原因：供电不稳。

现象：全部或部分高压电机停转，初馏塔和常压塔进料中断，液面下降。

处理：①如时间短，切换备用泵；②及时联系电修部门送电，按工艺指标调整操作。

（十五）原油含水

原因：原油供应紧张。

现象：原油泵可能抽空，初馏塔液面下降，压力上升。

处理：加强电脱盐罐操作，加强切水。

七、原油常减压装置现场及 DCS 图

原油常减压装置现场及 DCS 图如图 9-4～图 9-17 所示。

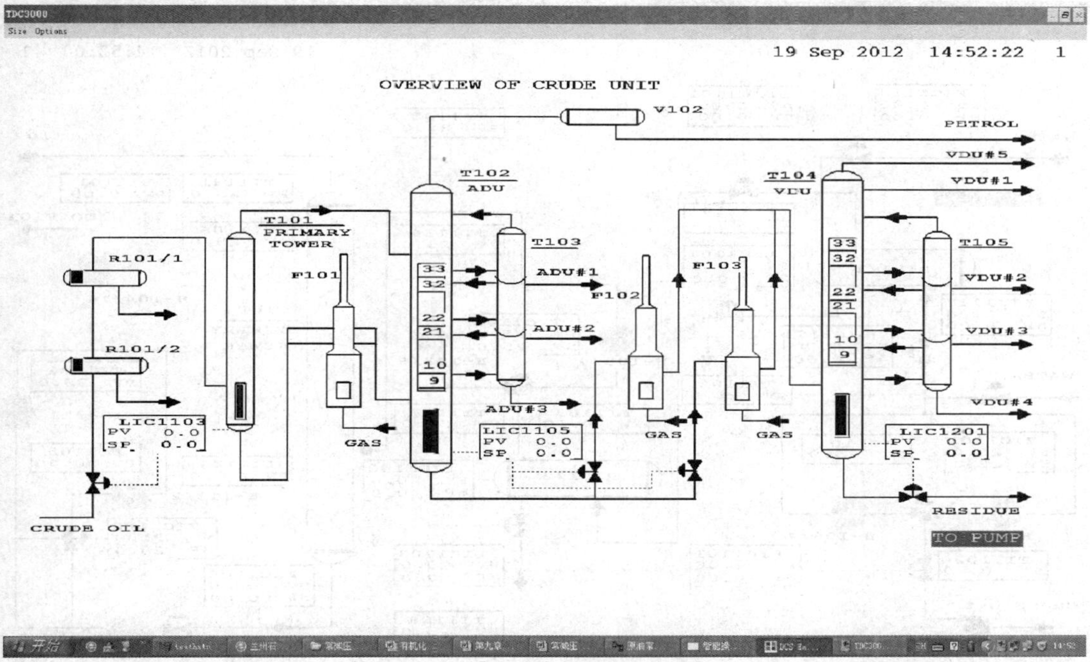

图 9-4 总貌图

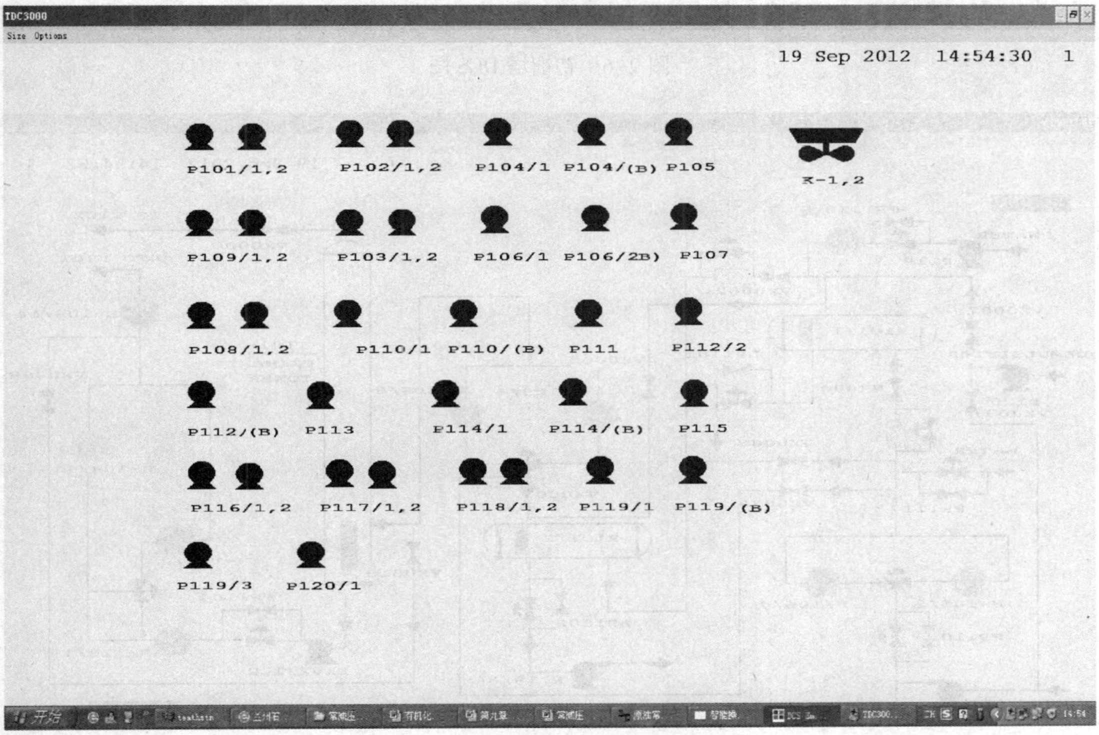

图 9-5 泵图

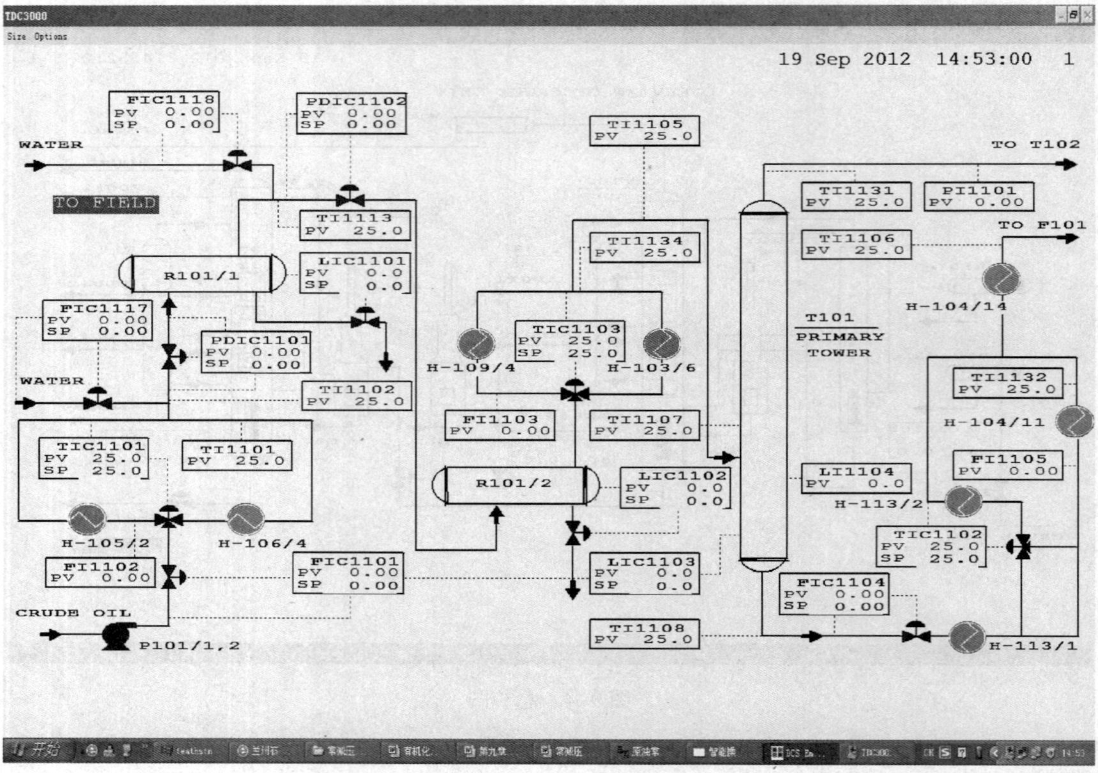

图 9-6　初馏塔 DCS 图

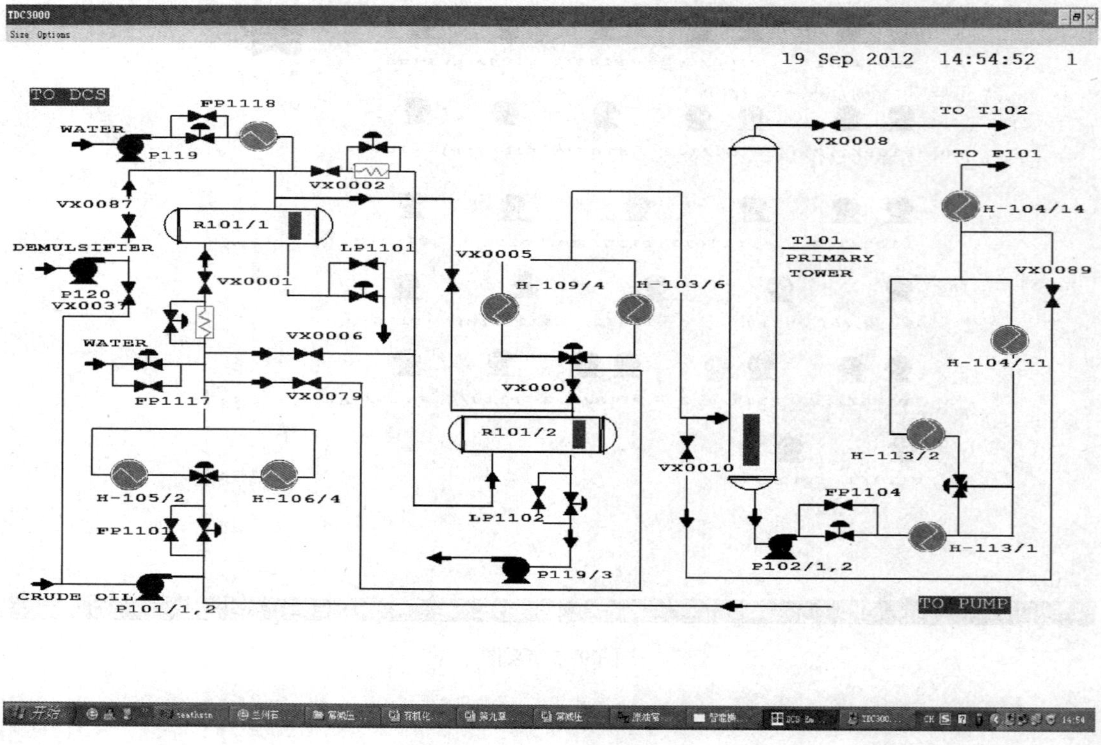

图 9-7　初馏塔现场图

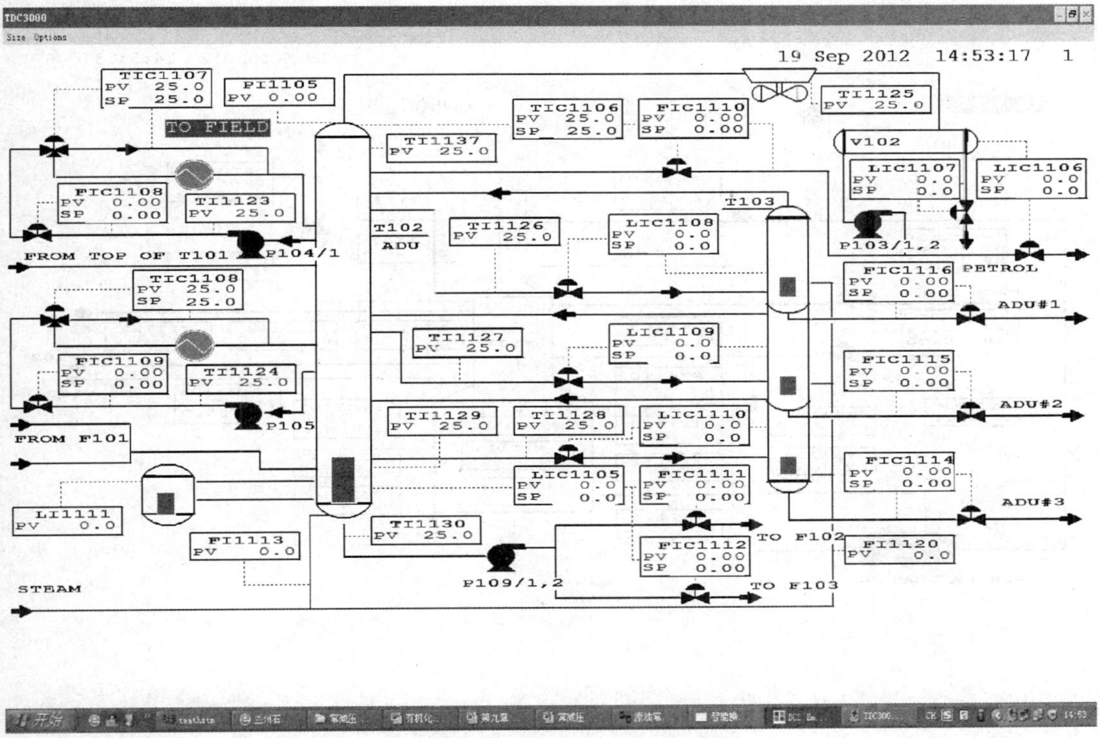

图 9-8 常压塔 DCS 图

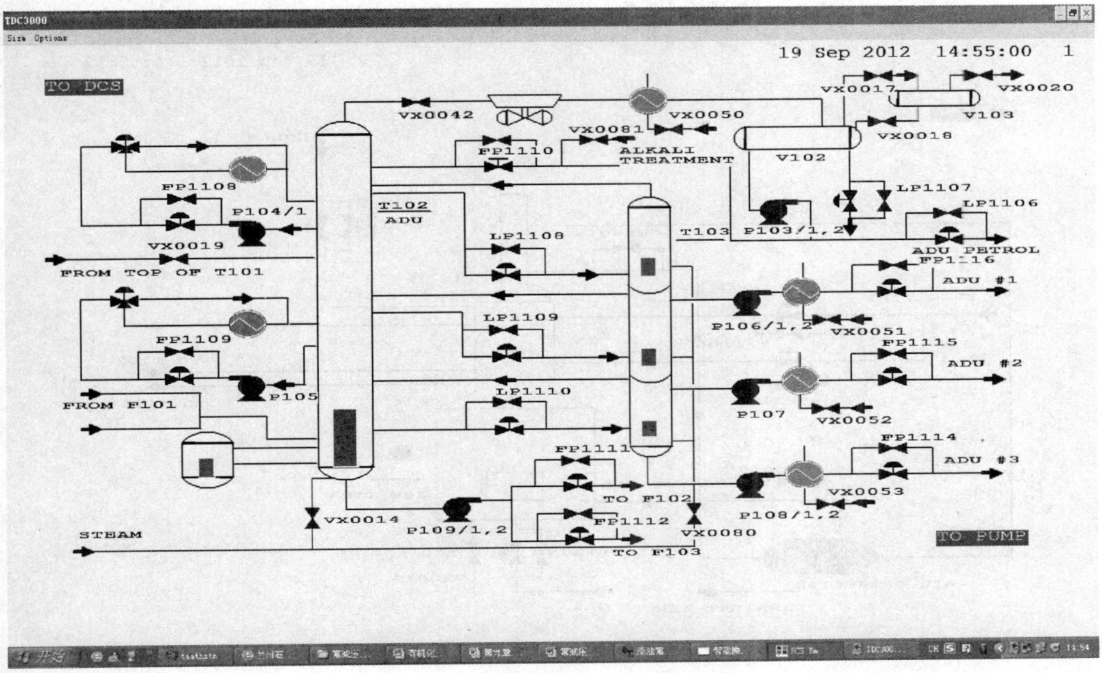

图 9-9 常压塔现场图

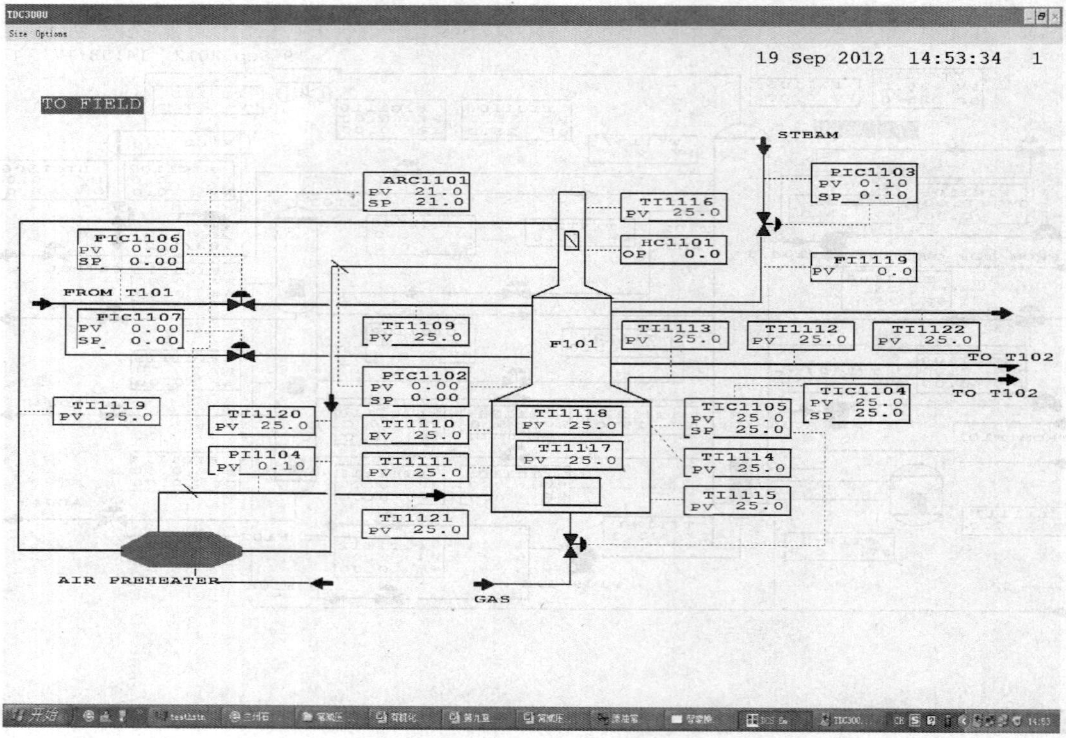

图 9-10 常压炉 DCS 图

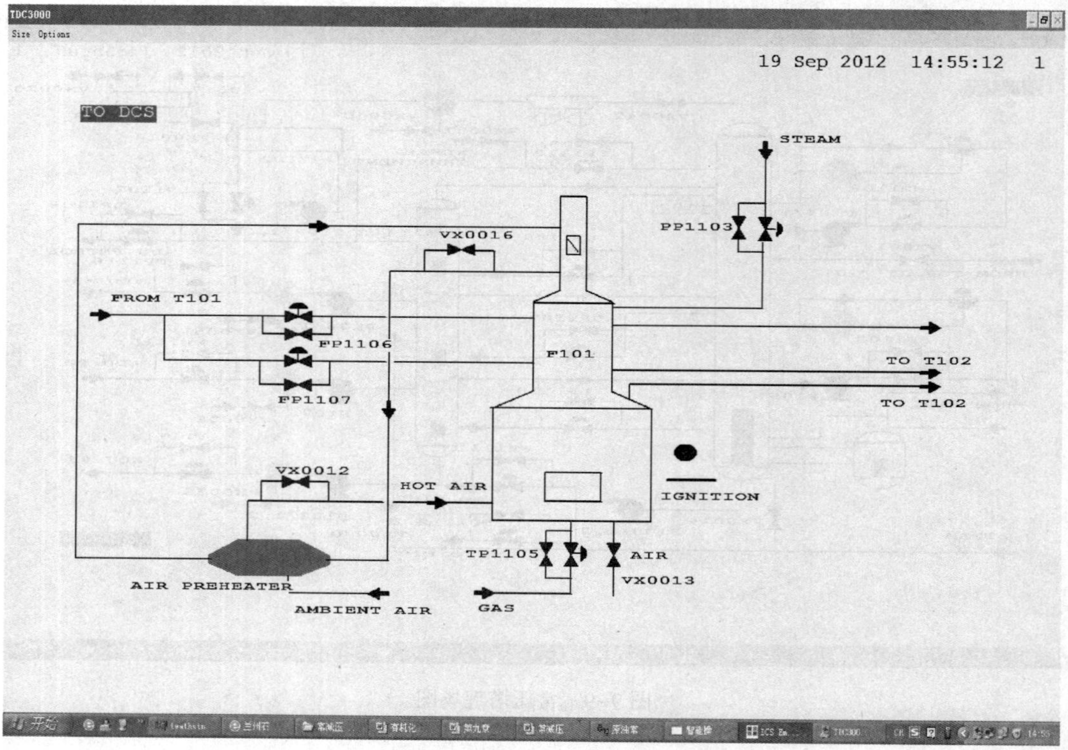

图 9-11 常压炉现场图

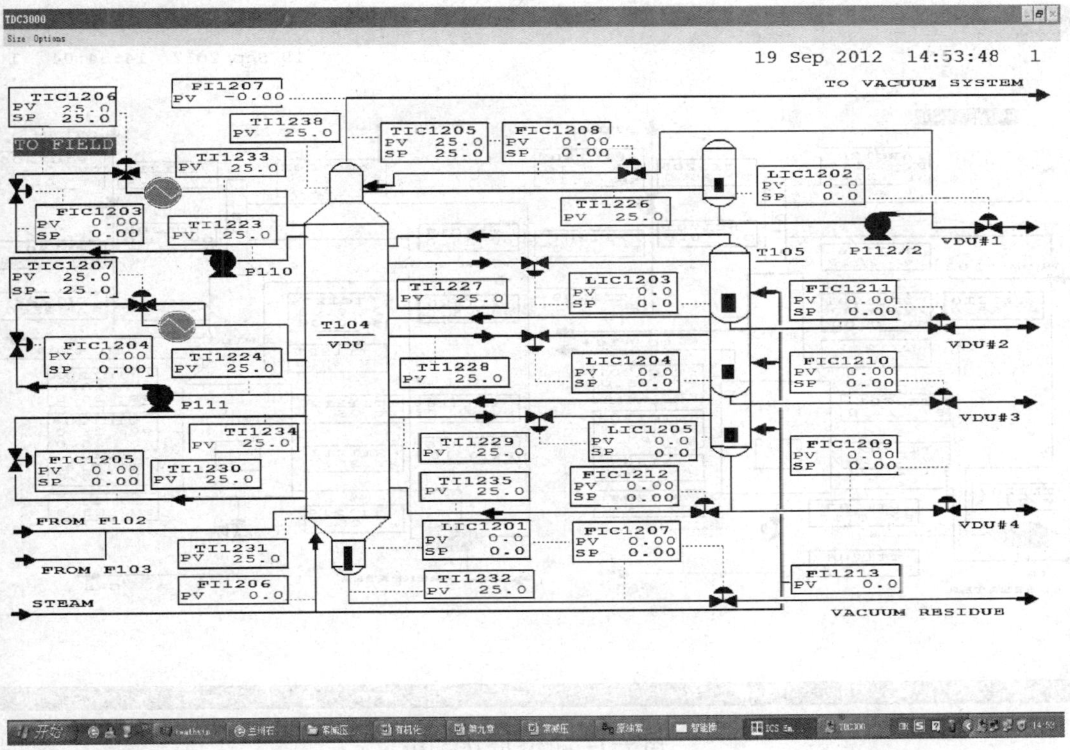

图 9-12　减压塔 DCS 图

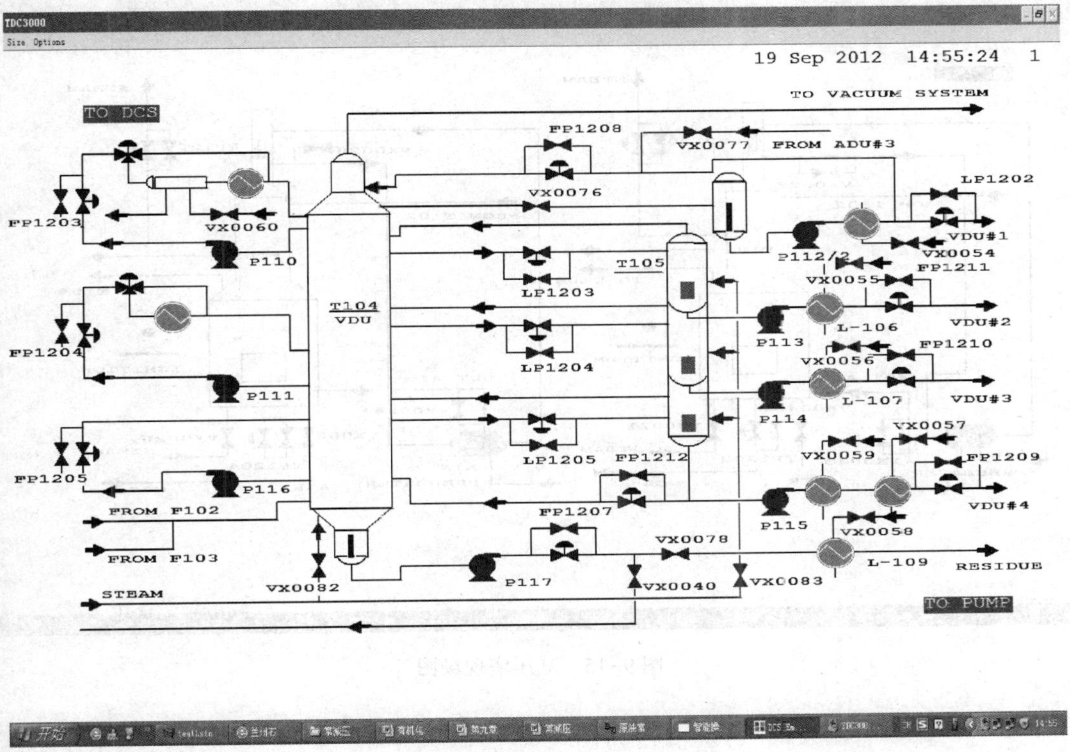

图 9-13　减压塔现场图

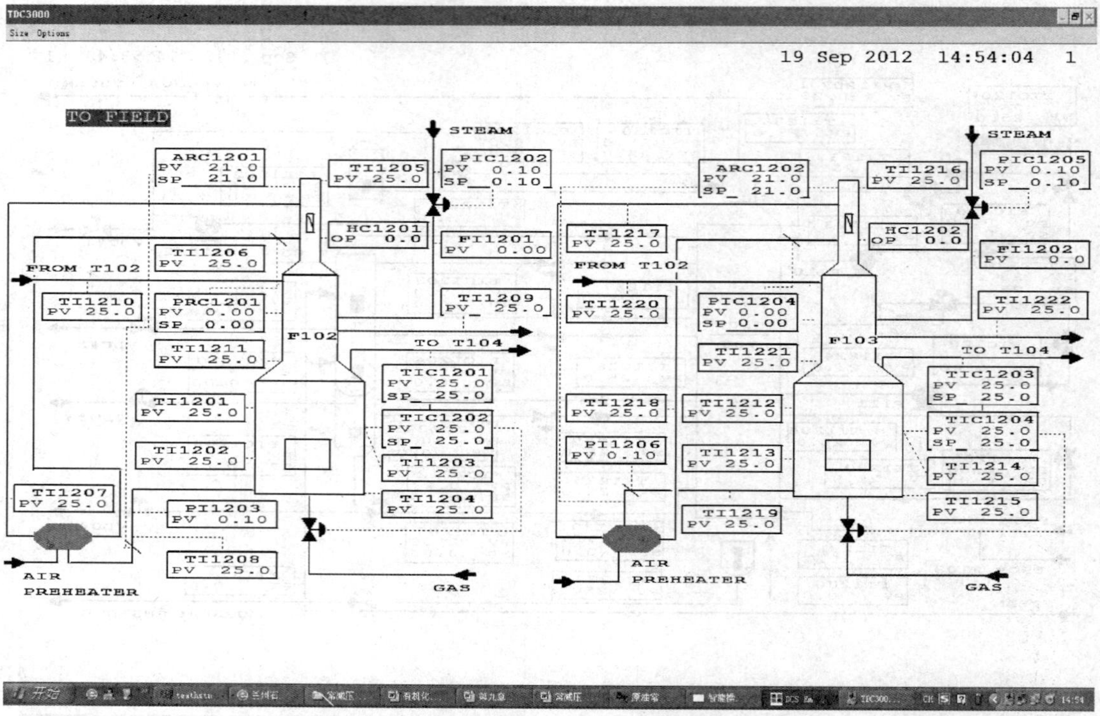

图 9-14 减压塔 DCS 图

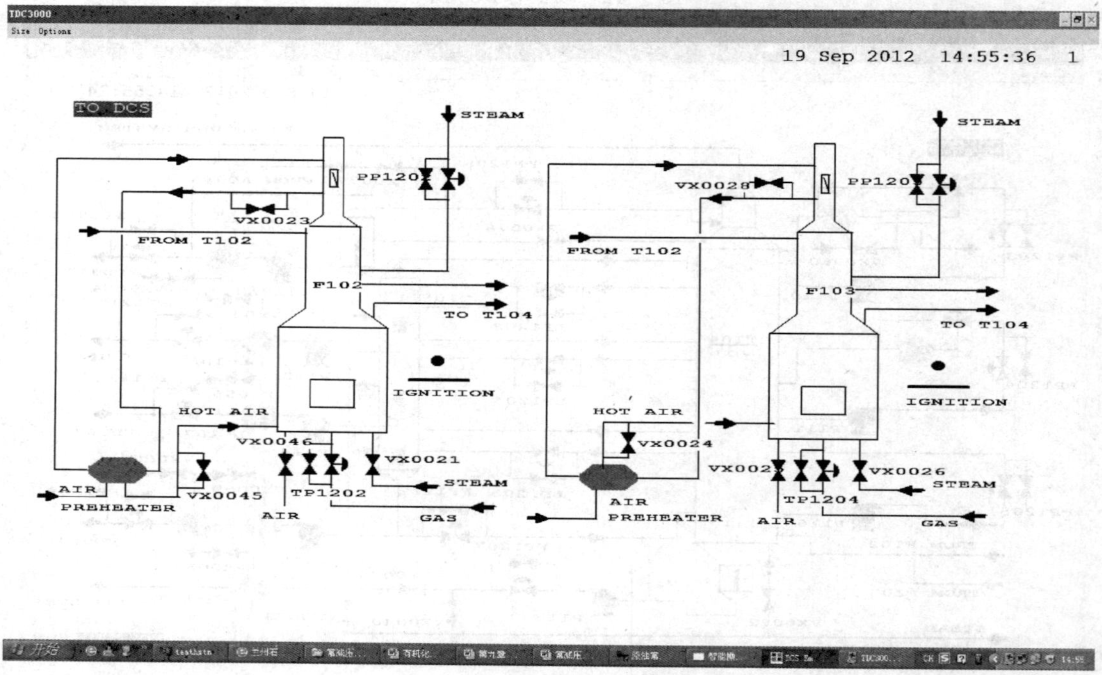

图 9-15 减压塔现场图

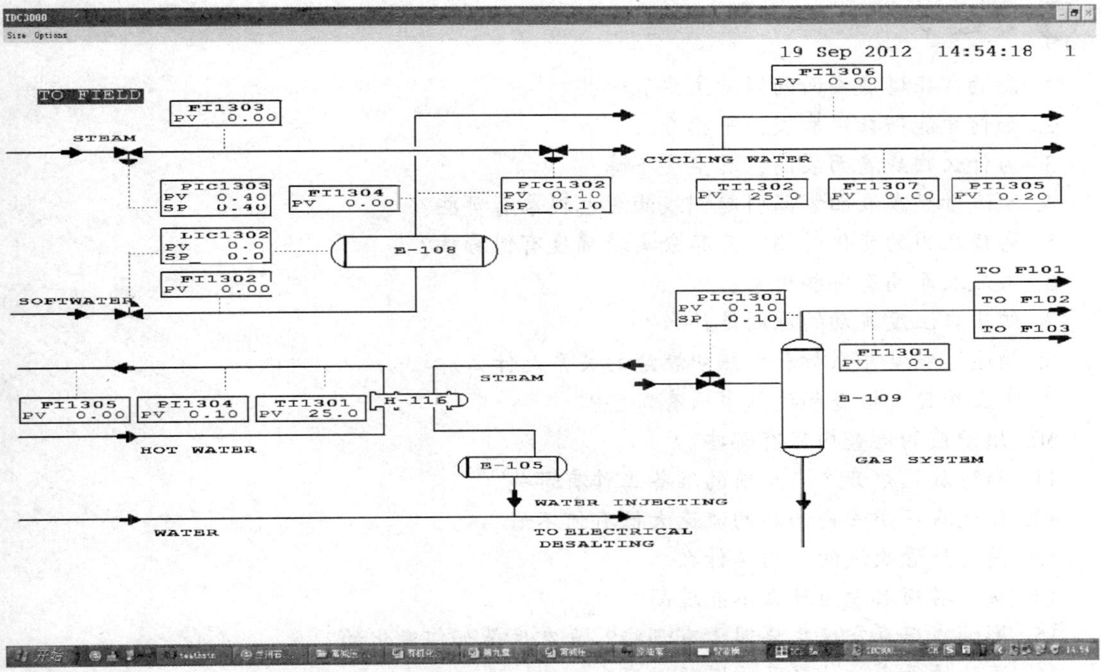

图 9-16　抽真空 DCS 图

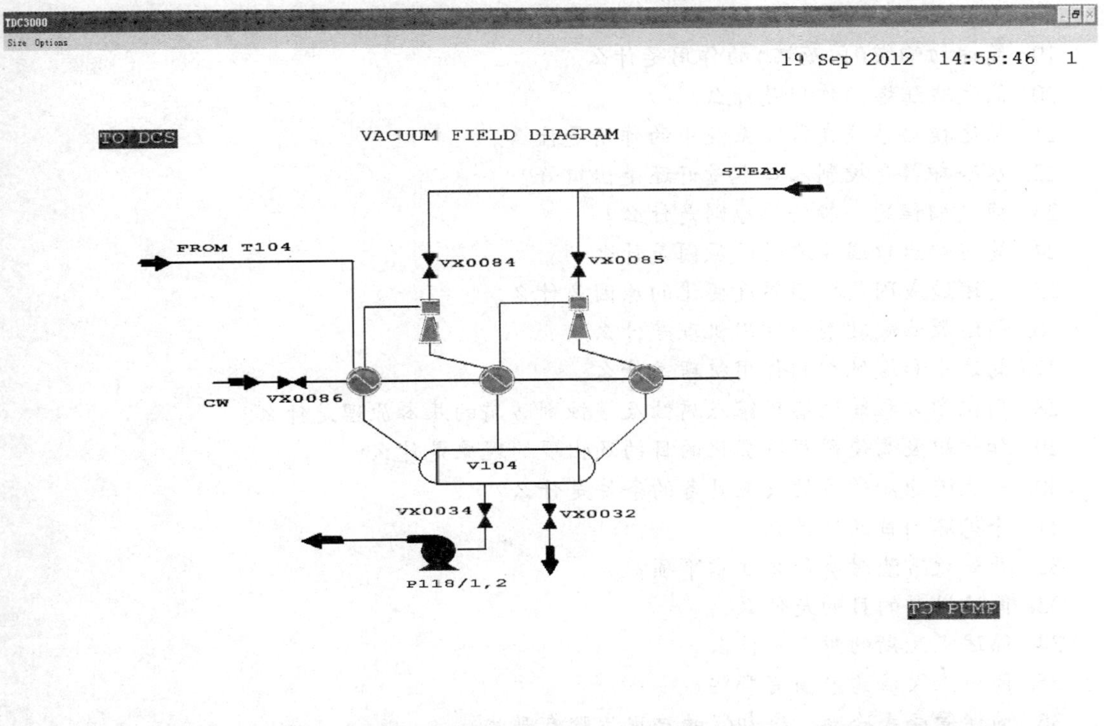

图 9-17　抽真空现场图

习题

1. 影响常压塔底液面的因素主要有哪些?
2. 如何才能保持塔底液面平稳?
3. 为什么减底液面装高，真空度下降?
4. 吹汽量大或液面装高引起侧线油变色现象有哪些?
5. 塔顶压力的变化对侧线产品分离精确度有何影响?
6. 减底液面高有哪些现象?
7. 炉出口温度波动的原因是什么?
8. 简述过剩空气系数和加热炉燃烧的关系是什么。
9. 常压炉日常检查和注意事项有哪些?
10. 烘炉前的检查内容有哪些?
11. 简述加热炉开工点火前的准备工作有哪些。
12. 简述减压炉管内油品的流速太低有何不好。
13. 简述炉管吹汽的作用是什么。
14. 减压塔顶温度为什么不能过高?
15. 影响减压真空度主要因素有哪些? 真空度是如何变化的?
16. 汽油的干点为什么高于塔顶温度?
17. 装置开工为什么要进行恒温热紧?
18. 简述常压塔的作用是什么。
19. 简述初馏塔(闪蒸塔)的作用是什么。
20. 简述减压塔的作用是什么。
21. 简述换热系统在常压系统中的作用是什么。
22. 水冷却器是控制入口水量好还是出口好?
23. 换热馏程的一般安排原则是什么?
24. 简述炉出口温度波动的原因是什么。
25. 简述造成闪蒸塔顶温度变化的原因是什么。
26. 简述原油破乳剂的作用机理是什么。
27. 简述中和缓蚀剂的作用机理是什么。
28. 用化学方程简述塔顶露点腐蚀及缓蚀剂防腐的基本原理是什么?
29. 加热炉火嘴使用蒸汽雾化的目的及出现的现象是什么?
30. 一次进原油的目的及应具备的条件是什么?
31. 冷循环的目的是什么?
32. 开始放常渣时有什么注意事项?
33. 简述烘炉的目的是什么。
34. 简述点瓦斯的步骤是什么。
35. 简述点火注意事项有哪些。
36. 简述管壳式冷凝、冷却器的启用步骤有哪些。
37. 简述空冷器的启用步骤有哪些。
38. 简述侧线油干点、凝点的影响因素有哪些。
39. 简述侧线油闪点低的原因及调节方法有哪些。

40. 论述汽油干点的影响因素及调节方法有哪些？
41. 简述常压塔顶压力升高的原因是什么。
42. 简述真空度变化的原因是什么。
43. 原油入塔前为什么要有一定的过汽化度？
44. 影响减顶温度的因素有哪些？
45. 加热炉有哪些主要控制指标？为什么要强调多点考虑？
46. 减压塔顶不出产品的原因是什么？
47. 减底液面升高，塔顶真空度为什么会下降？
48. 装置开工时热循环的目的是什么？
49. 点火时应注意的事项有哪些？
50. 原油含盐含水对加工装置的影响是什么？
51. 原油中盐类的存在形式有哪些？
52. 影响闪蒸塔顶温度变化的原因是什么？

思政内容　铁人精神

铁人王进喜，是石油人的杰出典范，是中国工人阶级的光辉形象，是共产党人的优秀代表，是社会主义建设时期的民族英雄。铁人精神既是王进喜崇高思想、优秀品德的高度概括，又是我国石油工人精神风貌的集中体现。弘扬铁人精神，要一如既往地做到“爱国、奉献、务实、拼搏”，让其释放不朽的价值和永恒的生命力。

爱国：学习铁人“为祖国分忧、为民族争气”的爱国主义精神，能心系国家，以身许国；天下兴亡，匹夫有责；精忠报国，恒筑长城。“爱国”精神，引导人人以拳拳之心关注民族命运，以兹兹之念振兴巍巍中华，以殷殷之望实现国家富强。

奉献：弘扬铁人不计名利，不计报酬，埋头苦干的“老黄牛”精神，能埋头实干，俯首甘为孺子牛；甘愿吃苦，爱岗敬业乐奉献；勤勤恳恳，尽职尽责谱华章。对师生来讲，人人皆需要脚踏实地，全力以赴，恪尽职守，在平凡中创造不凡，在实干中倾情奉献。

务实：学习铁人为革命“练一身硬功夫、真本事”的科学求实精神，勤于笃实，恒于行动。教师要以实干、求实、务实、扎实的态度投身教育，为职业教育贡献青春和力量；学生要胸怀实心，脚踏实地、扎扎实实、踏踏实实的态度求真知，做真人。

拼搏：承传铁人为“早日把中国石油落后的帽子甩到太平洋里去”“宁肯少活二十年，拼命也要拿下大油田”的忘我拼搏精神，从多方面汲取拼搏的营养：涓滴之水可磨损大石，缘于水珠昼夜不舍地滴坠；志在峰巅看无限风光，缘于登高必自地不懈攀登；奇观胜景映江河源头，缘于激流勇进地执着拼搏。

扫一扫查看
本章补充材料

第十章　催化重整装置仿真

第一节　概　述

一、催化重整在石油加工中的地位

催化重整是以石脑油为原料，在催化剂的作用下，烃类分子重新排列成新分子结构的工艺过程。其主要目的：一是生产高辛烷值汽油组分；二是为化纤、橡胶、塑料和精细化工提供原料[苯、甲苯、二甲苯(简称 BTX)等芳烃]。除此之外，催化重整过程还生产化工过程所需的溶剂、油品加氢所需高纯度廉价氢气(75%~95%)和民用燃料液化气等副产品。

由于环保和节能的要求，世界范围内对汽油总的要求趋势是高辛烷值和清洁。在发达国家的车用汽油组分中，催化重整汽油约占 25%~30%。我国已在 2000 年实现了汽油无铅化，汽油辛烷值在 90(RON)以上，汽油中有害物质的控制指标为烯烃含量≤35%，芳烃含量≤40%，苯含量≤2.5%. 硫含量≤0.08%。而目前我国汽油以催化裂化汽油组分为主，烯烃和硫含量较高。降低烯烃和硫含量并保持较高的辛烷值是我国炼油厂生产清洁汽油所面临的主要问题，催化重整将在解决这个矛盾中发挥重要作用。

石油是不可再生资源，其最佳应用是实现效益最大化和再循环利用。石油化工是目前最重要的发展方向，BTX 是一级基本化工原料，全世界所需的 BTX 有一半以上是来自催化重整。

催化重整是石油加工的重要工艺之一，受到了广泛重视。据统计，2004 年世界主要国家和地区原油总加工能力为 40.9×10^{8}t/a，其中催化重整处理能力 4.88×10^{8}t/a，约占原油加工能力的 13.7%。

二、催化重整发展简介

1940 年，工业上第一次出现了催化重整工艺，使用氧化钼一氧化铝(MoO_3-Al_2O_3)催化剂，以重汽油为原料，在 480~530℃，1~2MPa(氢压)的条件下，通过环烷烃脱氢和烷烃环化脱氢生成芳香烃，通过加氢裂化反应生成小分子烷烃等，所得汽油的辛烷值可高达 80 左右，这一过程也称临氢重整。但是这个过程有较大的缺点：催化剂的活性不高，汽油收率和辛烷值都不理想，第二次世界大战以后临氢重整停止发展。

1949 年以后，由于发现了贵金属铂催化剂，催化重整重新得到迅速发展，并成为石油工业中一个重要过程。铂催化剂比铬、钼催化剂的活性高得多，在比较缓和的条件下就可以得到辛烷值较高的汽油，同时催化剂的积炭速度较慢，在氢压下操作一般可连续生产半年至一年不需要再生。铂重整一般是以 80~200℃馏分为原料，在 450~520℃，1.5~3.0MPa(氢压)及铂/氧化铝催化剂作用下进行，汽油收率为 90%左右，辛烷值达 90 以上。铂重整生成油中含 30%~70%芳烃，是芳烃的重要来源。1952 年，发展了二乙二醇醚为溶剂的重整生成油抽提芳烃的工艺，可得到硝化级苯类产品。因此，铂重整-芳烃抽提联合装置迅速发展成生产芳烃的重要过程。

1968 年，开始出现使用铂-铼双金属催化剂，催化重整的工艺又有新的突破。与铂催化剂比较，铂铼催化剂和随后陆续出现的各种双金属(铂-铱、铂-锡)或多金属催化剂的突出优点是具有较高的稳定性。例如，钅-铼催化剂在积炭达 20%时仍有较高的活性，而铂催化剂在积炭达 6%时就需要再生。双金属或多金属催化剂有利于烷烃环化的反应，增加芳烃的产率，汽油辛烷值可高达 105(RON)，芳烃转化率可超过 100%，能够在较高温度，较低压力(0.7~1.5MPa)的条件下进行操作。

目前，应用较多的是双金属或多金属催化剂，在工艺上也相应做了许多改革，如催化剂的循环再生和连续再生，为减小系统压力降而采用径向反应器，大型立式换热器等。

三、催化重整原则流程

催化重整过程可生产高辛烷值汽油，也可生产芳烃。生产目的不同，装置构成也不同。

1. 生产高辛烷值汽油方案

以生产高辛烷值汽油为目的重整过程主要由原料预处理、重整反应和反应产物分离 3 部分构成，如图 10-1 所示。

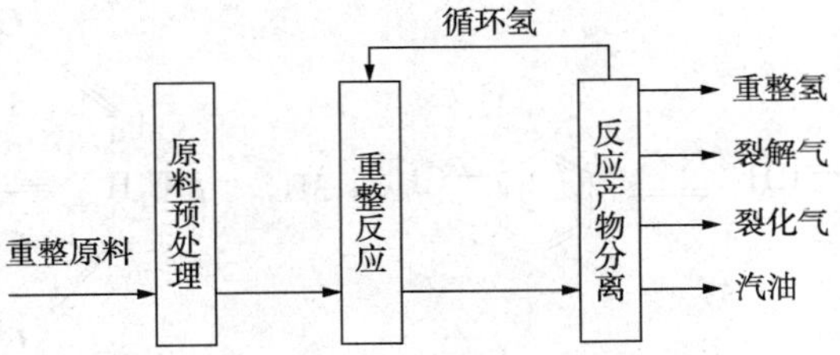

图 10-1　生产高辛烷值汽油重整原则流程图

2. 生产芳烃方案

以生产芳烃为目的的重整过程主要由原料预处理、重整反应、芳烃抽提和芳烃精馏 4 部分构成，如图 10-2 所示。

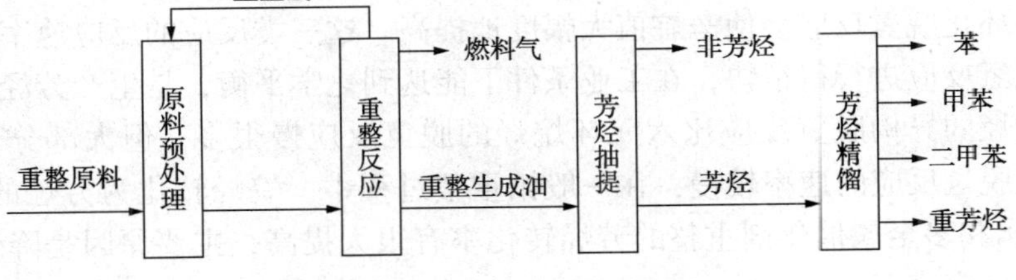

图 10-2　生产芳烃重整原则流程图

第二节　催化重整反应

催化重整无论是生产高辛烷值汽油还是芳烃，都是通过化学过程来实现的。因此，必须对重整条件下所进行的反应类型和反应特点有足够的了解和研究。

催化重整中发生一系列芳构化、异构化、裂化和生焦等复杂的平行和顺序反应。

1. 芳构化反应

凡是生成芳烃的反应都可以叫芳构化反应。在重整条件下芳构化反应主要包括：

（1）六元环脱氢反应

例如：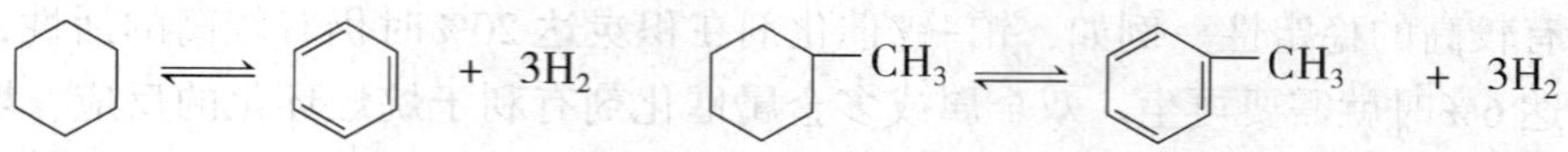

（2）五元环烷烃异构脱氢反应

例如：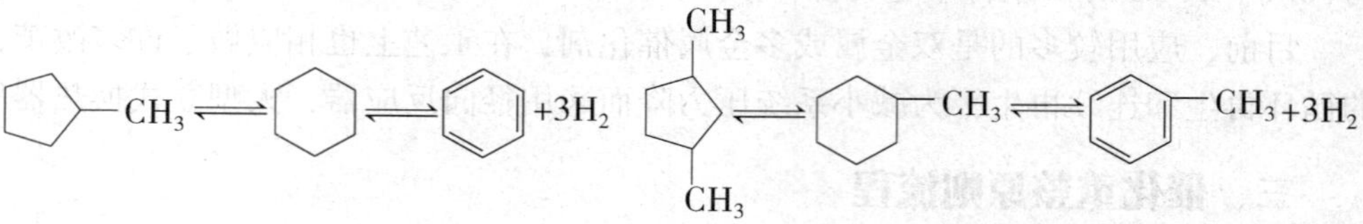

（3）烷烃环化脱氢反应

例如：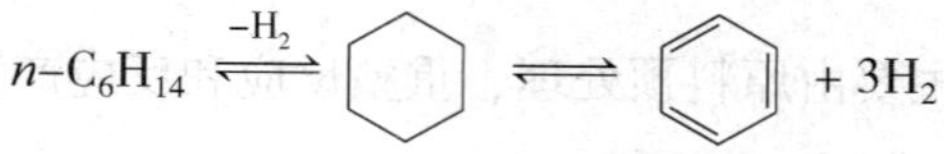

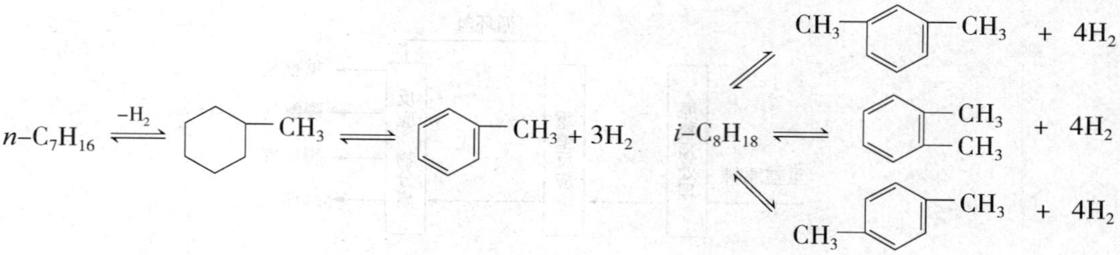

芳构化反应的特点是：①强吸热，其中相同碳原子烷烃环化脱氢吸热量最大，五元环烷烃异构脱氢吸热量最小，因此，实际生产过程中必须不断补充反应过程中所需的热量。②体积增大，因为都是脱氢反应，重整过程可生产高纯度的氢气。③可逆，实际过程中可通过控制操作条件，提高芳烃产率。

对于芳构化反应，无论生产目的是芳烃还是高辛烷值汽油，这些反应都是有利的，尤其是正构烷烃的环化脱氢反应会使辛烷值大幅度地提高。这三类反应的反应速率是不同的：六元环烷烃的脱氢反应进行得很快，在工业条件下能达到化学平衡，是生产芳烃的最重要的反应；五元环烷烃的异构脱氢反应比六元环烷烃的脱氢反应慢很多，但大部分也能转化为芳烃；烷烃环化脱氢反应的速率较慢，在一般铂重整过程中，烷烃转化为芳烃的转化率很小。铂-铼等双金属和多金属催化剂重整的芳烃转化率有很大提高，主要原因是降低了反应所需压力和提高了反应速率。

2. 异构化反应

例如：

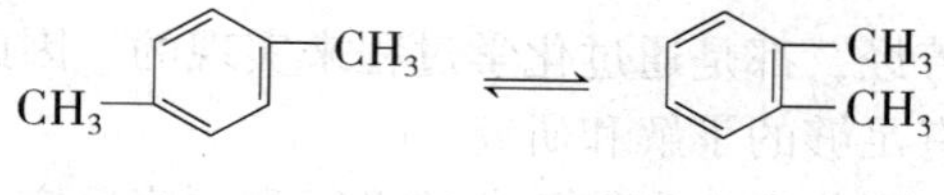

在催化重整条件下，各种烃类都能发生异构化反应，且是轻度的放热反应。异构化反应有利于五元环烷烃异构脱氢生成芳烃，提高芳烃产率。对于烷烃的异构化反应，虽然不能直接生成芳烃，但却能提高汽油辛烷值，并且异构烷烃较正构烷烃更容易进行脱氢环化反应。因此，异构化反应对生产汽油和芳烃都有重要意义。

3. 加氢裂化反应

例如：$n\text{-}C_7H_{16}+H_2 \longrightarrow n\text{-}C_3H_8+i\text{-}C_4H_{10}$

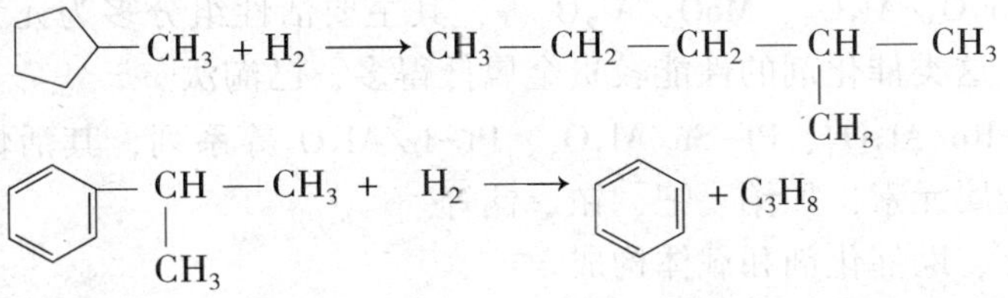

加氢裂化反应实际上是裂化、加氢、异构化综合进行的反应，也是中等程度的放热反应。由于是按正碳离子反应机理进行反应，因此，产品中$<C_3$的小分子很少。反应结果生成较小的烃分子，而且在催化重整条件下的加氢裂化还包含有异构化反应，这些都有利于提高汽油辛烷值，但同时由于生成小于C_5气体烃，汽油产率下降，并且芳烃收率也下降，因此，加氢裂化反应要适当控制。

4. 缩合生焦反应

在重整条件下，烃类还可以发生叠合和缩合等使分子增大的反应，最终缩合成焦炭，覆盖在催化剂表面，使其失活。因此，这类反应必须加以控制，工业上采用循环氢保护，一方面使容易缩合的烯烃饱和，另一方面抑制芳烃深度脱氢。

催化重整中各类反应特点和操作因素的影响见表10-1。

表10-1 催化重整中各类反应的特点和操作因素的影响

反应		六元环烷脱氢	五元环烷异构脱氢	烷烃环化脱氢	异构化	加氢裂化
反应特点	热效应	吸热	吸热	吸热	放热	放热
	反应热，kJ/kg产物	2000~2300	2000~2300	~2500	很小	~840
	反应速度	最快	很快	慢	快	慢
	控制因素	化学平衡	化学平衡或反应速度	反应速度	反应速度	反应速度
对产品产率的影响	芳烃	增加	增加	增加	影响不大	减少
	液体产品	稍减	稍减	稍减	影响不大	减少
	C_1~C_4气体	—	—	—	—	增加
	氢气	增加	增加	增加	无关	减少
对重整汽油性质的影响	辛烷值	增加	增加	增加	增加	增加
	密度	增加	增加	增加	稍增	减小
	蒸气压	降低	降低	降低	稍增	增大
操作因素增大时对各类反应产生的影响	温度	促进	促进	促进	促进	促进
	压力	抑制	抑制	抑制	无关	促进
	空速	影响不大	影响不很大	抑制	抑制	抑制
	氢油比	影响不大	影响不大	影响不大	无关	促进

第三节　催化重整催化剂

一、催化重整催化剂类型及组成

工业重整催化剂分为两大类：非贵金属和贵金属催化剂。

非贵金属催化剂主要有 Cr_2O_3/Al_2O_3、MoO_3/Al_2O_3 等，其主要活性组分多为元素周期表中第Ⅵ族金属元素的氧化物。这类催化剂的性能较贵金属低得多，已淘汰。

贵金属催化剂主要有 $Pt-Re/Al_2O_3$、$Pt-Sn/Al_2O_3$、$Pt-Ir/Al_2O_3$ 等系列，其活性组分主要是元素周期表中第Ⅷ族的金属元素，如铂、钯、铱、铑等。

贵金属催化剂由活性组分、助催化剂和载体构成。

1. 活性组分

由于重整过程有芳构化和异构化两种不同类型的理想反应，因此，要求重整催化剂具备脱氢和裂化、异构化两种活性功能，即重整催化剂具备双功能。一般由一些金属元素提供环烷烃脱氢生成芳烃、烷烃脱氢生成烯烃等脱氢反应功能，也叫金属功能；由卤素提供烯烃环化、五元环异构等异构化反应功能，也叫酸性功能。通常情况下，把提供活性功能的组分又称为主催化剂。

重整催化剂的这两种功能在反应中是有机配合的，它们并不是互不相干的，应保持一定平衡。

（1）铂

活性组分中所提供的脱氢活性功能，目前应用最广的是贵金属 Pt。一般来说，催化剂的活性、稳定性和抗毒物能力随铂含量的增加而增强。但铂是贵金属，其催化剂的成本主要取决于铂含量，研究表明：当铂含量接近于1%时，继续提高铂含量几乎没有裨益。随着载体及催化剂制备技术的改进，使得分布在载体上的金属能够更加均匀地分散，重整催化剂的铂含量趋向于降低，一般为0.1%~0.7%。

（2）卤素

活性组分中的酸性功能一般由卤素提供，随着卤素含量增加，催化剂对异构化和加氢裂化等酸性反应的催化活性也增加。在卤素的使用上通常有氟氯型和全氯型两种。氟在催化剂上比较稳定，在操作时不易被水带走，因此氟氯型催化剂的酸性功能受重整原料含水量的影响较小。一般氟氯型新鲜催化剂含氟和氯约为1%，但氟的加氢裂化性能较强，使催化剂的选择性变差。氯在催化剂上不稳定，容易被水带走，这也正好可以通过注氯和注水控制催化剂酸性，从而达到重整催化剂的双功能合适地配合。一般新鲜全氯型催化剂的氯含量为0.6%~1.5%，实际操作中要求氯稳定在0.4%~1.0%。

2. 助催化剂

助催化剂本身不具备催化活性或活性很弱，但其与主催化剂共同存在时，能改善主催化剂的活性、稳定性及选择性。近年来重整催化剂的发展主要是引进第二、第三及更多的其他金属作为助催化剂，一方面，减少铂含量以降低催化剂的成本，另一方面，改善铂催化剂的稳定性和选择性，把这种含有多种金属元素的重整催化剂叫双金属或多金属催化剂。目前，双金属和多金属重整催化剂主要有三大系列：铂铼系列、铂铱系列、铂锡系列。

3. 载体

载体，也叫担体。一般来说，载体本身并没有催化活性，但是具有较大的比表面积和较好的机械强度，它能使活性组分很好地分散在其表面，从而更有效地发挥其作用，节省活性组分的用量，同时也提高催化剂的稳定性和机械强度。目前，作为重整催化剂的常用载体有$\eta-Al_2O_3$和$\gamma-Al_2O_3$。

二、催化重整催化剂使用

1. 开工技术

由于催化剂的类型和重整反应工艺不同，采用不同开工技术。对于氧化态铂铼或铂铱催化剂的固定床重整部分开工技术包括催化剂的装填、干燥、还原、硫化和进油等步骤，每个步骤都会影响催化剂的性能和反应过程。

(1) 催化剂的装填

装催化剂前必须对装置进行彻底清扫和干燥。清除杂物和硫化铁等污染物，装催化剂必须在晴天进行，催化剂要装得均匀结实，各处松密一致，以免进油后油气分布不均，产生短路。

(2) 催化剂的干燥

开工前，反应区一定要彻底干燥以防催化剂带水。干燥是通过循环压缩机用热氮气循环流动来完成，在各低点排去游离水。干燥用的氮气中通入空气，以维持一定的氧含量，使催化剂在高温下氧化，清洁表面，有利于还原，同时也可将系统中残存的烃类烧去，氧浓度可逐步升到5%左右，温度可逐步升到500℃左右，必要时循环氮气可经分子筛脱水，以加快干燥进程。整个反应部分气体回路均在干燥之列。

(3) 催化剂的还原

还原过程是在循环氢气的氛围下，将催化剂上氧化态的金属还原成具有更高活性的金属态。还原前用氮气扫系统，一次通过，以除去系统中含氧气体。还原时从低温开始，先用干燥的电解氢或经活性炭吸附过的重整氢一次通过床层，从高压分离器排出，以吹扫系统中的氮气。然后用氢将系统充压到0.5~0.7MPa进行循环，并以30~50℃/h的速度升温，当温度升到480~500℃时保持1h，结束还原。在整个还原过程中(包括升温过程)，在各部位的低点放空排水。在有分子筛干燥设施的装置上，必要时可投用分子筛干燥设施。

(4) 催化剂预硫化

对铂铼或铂铱双金属催化剂须在进油前进行硫化，以降低过高的初活性，防止进油后发生剧烈的氢解反应。硫化温度为370℃左右，硫化剂(硫醇或二硫化碳)从各反应器入口注入，以免炉管吸硫造成硫不足，同时也避免硫的腐蚀，硫化剂在1h内注完，新装置注硫量要多些。注硫量不同，进油催化剂床层温度和氢浓度的变化也不一样。一般注硫量第一、二反应器以0.06%~0.15%为宜，第三、四反应器还要稍高一些。硫化时如注硫量过多，则在进油后由于催化剂上的硫释放出来，需要较长时间才能将循环气中硫含量降到2×10^{-6}以下，在此期间不能将反应温度提高到所需温度，只能在480℃较低温条件下运转，否则会加速催化剂失活。

(5) 重整进油及调整操作

催化剂预硫化后即可进油。如果使用的重整进料油是储存的预加氢精制油，需再经过气提塔除去油中水和氧。根据循环气中含水量逐步提高到所需温度，并进行水氯平衡的调节。

如果是还原态或铂锡催化剂，则开工方法稍有不同，因为催化剂为还原态，故不需还原过程。由于催化剂中加入锡，已抑制了催化过程的初活性，不需要预硫化。

2. 反应系统中水氯平衡的控制

在装置运转中催化剂的水氯平衡控制是非常重要的。因为一个优良的催化剂，其金属功能和酸性功能是相互匹配的。但在运转过程中，催化剂上氯含量(酸性功能)受反应系统中水等影响，而逐渐损失，所以在操作时要加以调节，以保持催化剂有适宜的氯含量。调节方法在开工初期和正常运转时有所不同。

（1）开工初期

由于催化剂在还原时和进油后初期系统中的水量较多，氯损失较大，或由于氯化更新时未到预期的效果，所以在开工初期必须集中补氯以期对催化剂上的氯进行调整。

集中补氯时的注氯量要根据循环气中水的多少来定，详见表10-2。一般总的补氯量为催化剂的0.2%(质)左右。

表10-2　重整开工补氯量表

气中含水量/($\times10^{-6}$)	进料油中注氯量/($\times10^{-6}$)	气中含水量/($\times10^{-6}$)	进料油中注氯量/($\times10^{-6}$)
>500	25~50	100~200	5~10
200~500	10~25	50~100	3~5

集中补氯期间，温度不要超过480℃。当循环气中含水量小于200×10^{-6}，硫化氢含量小于2×10^{-6}，原料油中硫含量小于0.5×10^{-6}，反应器温度即可升到490℃，随着进油时间的增长，系统气中水含量继续下降，当气中含水小于50×10^{-6}后，按正常水-氯平衡调节。

（2）正常运转

当重整转入正常运转后，反应系统中水和氯的来源是原料油中的水和氯及注入的水和氯。循环气中水宜在$(15\sim50)\times10^{-6}$之间，以$(15\sim30)\times10^{-6}$为宜，适量的水能活化氧化铝，并使氯分布均匀。循环气中氯含量在$1\sim3\times10^{-6}$之间，氯含量过高表明催化剂上氯过量。催化剂上的氯含量是反应系统中水和氯摩尔比的函数。

3. 催化剂的失活控制与再生

在运转过程中，催化剂的活性逐渐下降，选择性变坏，芳烃产率和生成油辛烷值降低。其原因主要由于积炭、中毒和老化。因此，在运转过程中，必须严格操作，尽量防止或减少这些失活因素的产生，以抑制催化剂失活速率，延长开工周期。通常用提高反应温度来补偿催化剂的活性损失，当运转后期，反应温度上升到设计的极限，或液体收率大幅度下降时，催化剂必须停工再生。

（1）催化剂的失活控制

1）抑制积炭生成

催化剂在高温下容易生成积炭，但如能将积炭前身物及时加氢或加氢裂解变成轻烃，则可以减少积炭。催化剂制备时在金属铂以外加入第二种金属如铼、锡、铱等，可大大提高催化剂的稳定性。因为铼的加氢性能强，容炭能力提高；锡可提高加氢性能；铱可把积炭前身物裂解变成无害的轻烃，从而减少积炭。由于催化剂中加入了第二种金属和制备技术的改进，催化剂上铂含量从0.6%降到0.3%，甚至更低，而催化剂的稳定性和容炭能力却大为提高。

提高氢油比有利于加氢反应的进行，减少催化剂上积炭前身物的生成。提高反应压力可抑制积炭的生成，但压力加大后，烷烃和环烷烃转化成芳烃的速度减慢。对铂-铼及铂-铱双金属催化剂在进油前进行预硫化，以抑制催化剂的氢解活性，也可减少积炭。

2）抑制金属聚集

在优良的新鲜催化剂中，铂金属粒子分散很好，大小在10nm左右，而且分布均匀。但在高温下，催化剂载体表面上的金属粒子聚集很快，金属粒子变大，表面积减少，以致催化剂活性减小，所以对提高反应温度必须要十分慎重。如催化剂上因氯损失较多，而使活性下降，则必须调整好水-氯平衡，控制好催化剂上氯含量，观察催化剂活性是否上升，在此基础上再决定是否升温。

再生时高温烧炭也加速金属粒子的聚集，一定要很好地控制烧炭温度，并且要防止硫酸盐的污染。烧炭时注入一定量的氯化物会使金属稳定，并有助于金属的分散。

另外，要选用热稳定性好的载体，如 $\gamma-Al_2O_3$。在高温下不易发生相变，可减少金属聚集。

3）防止催化剂污染中毒

在运转过程中，如果原料油中含水量过高，会洗下催化剂上的氯，使催化剂酸性功能减弱而失活，并且使催化剂载体结构发生变化，加速催化剂上铂晶粒的聚集。氧及有机氧化物在重整条件下会很快变为水，所以必须避免原料油中过量水、氧及有机氧化物的存在。

原料油中的有机氮化物在重整条件下会生成氨，进而生成氯化铵，使催化剂因酸性功能减弱而失活。此时虽可注入氯以补偿催化剂上氯的损失，但已生成的氯化铵会沉积在冷却器、循环氢压缩机进口，堵塞管线，使压降增大，所以当发现原料油中氮含量增加，首先要降低反应温，寻找原因，加以排除，不宜盲目补氯和提温。

在重整反应条件下，原料油中的硫及硫化物会与金属铂作用使铂中毒，造成催化剂的脱氢和脱氢环化活性变差。如发现硫中毒，也是应先降低反应温度，再找出硫高的原因，加以排除。

催化剂硫中毒的另一种情况是再生时因硫酸盐中毒而失活。当催化剂烧炭时，存在炉管和热交换器内的硫化铁与氧作用生成二氧化硫和三氧化硫进入催化剂床层，在催化剂上生成亚硫酸盐及硫酸盐强烈吸附在铂及氧化铝上，促使金属晶粒长大，抑制金属的再分散，活性变差，并难于氯化更新。

砷中毒是原料油中微量的有机砷化物与催化剂接触后，强烈地吸附在金属铂上而使金属失去加氢脱氢的金属功能。例如：某重整装置首次使用大庆石脑油为原料油时，砷含量在 10^{-6}以上，经40天运转后，第一反应器温降为0℃，第二反应器为2℃，第三反应器为7℃，铂催化剂已完全丧失活性。后分析催化剂上砷含量，第一反应器为0.15%(质)，第二反应器为0.082%(质)，第三反应器为0.04%(质)，都已超过催化剂所允许的砷含量0.02%(质)。将失活催化剂进行再生前后的评价，结果表明，再生前后的活性无差别，说明不能用再生方法恢复其活性。砷中毒为不可逆中毒，中毒后必须更换催化剂。所以必须严格控制原料油中砷和其他金属如Pb、Cu等的含量，以防止催化剂发生永久性中毒。

(2) 催化剂的再生

催化剂经长期运转后，如因积炭失去活性，经烧炭、氯化更新、还原及硫化等过程，可完全恢复其活性，但如因金属中毒或高温烧结而严重失活，再生不能使其恢复活性，则必须更换催化剂。例如：某重整装置用铂铼双金属催化剂(Pt0.3%，Re0.3%)，经运转一周期后，反应器降温，停止进料并用氮气循环置换系统中的氢气，加压烧炭及氯化更新进行再生，效果良好。

催化剂再生包括以下几个环节：

1）烧炭

烧炭在整个再生过程中所占时间最长，且在高温下进行，而高温对催化剂上微孔结构的破坏、金属的聚集和氯的损失都有很大影响，所以要采取措施尽量缩短烧炭时间并很好地控制烧炭温度。烧炭前将系统中的油气吹扫干净，以节省无谓的高温燃烧时间。烧炭时若采用高压，则可加快烧炭速度。提高再生气的循环量，除了可加快积炭的燃烧外，还可及时将燃烧时所产生的热量带出。烧炭时床层温度不宜超过460℃，再生气中氧浓度宜控制在0.3%~0.8%之间。当反应器内燃烧高峰过后，温度会很快下降。如进出口温度相同，表明反应器内积炭已基本烧完。在此基础上将温度升到480℃，同时提高气中氧含量至1.0%~5.0%，烧去残炭。

2）氯化更新

氯化更新是再生中很重要的一个步骤。研究和实践证明：烧焦后催化剂再进行氯化和更新，可使催化剂的活性进一步恢复而达到新鲜催化剂的水平。有时甚至可以超过新鲜催化剂的水平。

重整催化剂在使用过程中，特别是在烧焦时，铂晶粒会逐渐长大，分散度降低。同时，烧焦过程中产生水，会使催化剂上的氯流失。氯化就是在烧焦之后，用含氯气体在一定温度下处理催化剂，使铂晶粒重新分散，从而提高催化剂的活性，氯化同时也可以对催化剂补充一部分氯。更新是在氯化之后，用干空气在高温下处理催化剂。据称更新的作用是使铂的表面再氧化以防止铂晶粒的聚结，从而保持催化剂的表面积和活性。对不同的催化剂应采用相应的氯化和更新条件。在含氧气氛下，注入一定量的有机氯化物，如二氯乙烷、三氯乙烷或四氯化碳等，在高温下使金属充分氧化，在聚集的铂金属表面上形成Pt-O-Cl，而自由移动，使大的铂晶粒再分散，并补充所损失氯组分，以提高催化剂性能。氯化更新的好坏与循环气中氧、氯和水的含量及氯化温度、时间有关。一般循环气中氧浓度为>8%(摩尔)，水氯摩尔比为20/1，温度为490~510℃，时间为6~8h。氯化时需注意床层温度的变化，因为在高温时，如注氯过快，或催化剂上残炭太多，会引起燃烧，将损害催化剂，氯化更新时要防止烃类和硫的污染。

3）被硫污染后的再生

催化剂及系统被硫污染后，在烧焦前必须先将临氢系统中的硫及硫化铁除去，以免催化剂在再生时受硫酸盐污染。我国通用的脱除临氢系统中硫及硫化铁的方法有高温热氢循环脱硫及氧化脱硫法。

高温热氢循环脱硫，是在装置停止进油后，压缩机继续循环，并将温度逐渐提到510℃，循环气中氢在高温下与硫及硫化铁作用生成硫化氢．并通过分子筛吸附除去，当油气分离器出口气中H_2S小于1×10^{-6}时，热氢循环即行结束。

氧化脱硫是将加热炉和热交换器等有硫化铁的管线与重整反应器隔断，在加热炉炉管中通入含氧的氮气，在高温下一次通过，将硫化铁氧化成二氧化硫而排出。气体中氧含量为0.5%~1.0%(体)，压力为0.5MPa。当温度升到420℃时，硫化铁的氧化反应开始剧烈，二氧化硫浓度最高可达10^{-3}，控制最高温度不超过500℃。当气中二氧化硫低于10^{-5}时，将氧浓度提高到5%，再氧化2h即结束。

第四节 催化重整原料选择及处理

由于重整催化剂本身比较昂贵和“娇嫩”，易被多种金属及非金属杂质污染中毒，而失去催化活性。为了延长重整装置运转周期和提高目的产品收率，则必须选择适当的重整原料并予以精制处理。

一、原料的选择

重整原料的选择主要有三个方面的要求，即馏分组成、族组成和毒物及杂质含量。

1. 馏分组成

生产各种芳烃时的适宜馏程见表 10-3。

表 10-3 生产各种芳烃时的适宜馏程

目的产物	适宜馏程/℃	目的产物	适宜馏程/℃
苯	60~85	二甲苯	110~145
甲苯	85~110	苯-甲苯-二甲苯	60~145

2. 族组成

芳烃潜含量是指将重整原料中的环烷烃全部转化为芳烃的芳烃量与原料中原有芳烃量之和占原料百分数[%(质)]。其计算方法如下：

芳烃潜含量(%)= 苯潜含量+甲苯潜含量+C_8芳烃潜含量

苯潜含量(%)= C_6环烷(%)×78/84+苯(%)

甲苯潜含量(%)= C_7环烷(%)×92/98+甲苯(%)

C_8芳烃潜含量(%)= C_8环烷(%)×106/112+C_8芳烃(%)

重整芳烃转化率(%)= 芳烃产率(%)/芳烃潜含量(%)

3. 杂质含量

重整原料中含有少量的砷、铅、铜、铁、硫、氮等杂质会使催化剂中毒失活。水和氯的含量控制不当也会造成催化剂活性下降或失活。为了保证催化剂在长周期运转中具有较高的活性和选择性，必须严格限制重整原料中杂质含量。重整原料中杂质含量(质)一般要求如下：

硫	$<0.5\times10^{-6}$
氮	$<0.5\times10^{-6}$
氯	$<1\times10^{-6}$
水	$<5\times10^{-6}$
砷	$<1\times10^{-9}$
铅、铜等	$<205\times10^{-9}$在 1000×10^{-9}以上。

二、重整原料的预处理

重整原料预处理的目的是切取符合重整要求的馏分和脱除对重整催化剂有害的杂质及水分，满足重整原料的馏分、族组成和杂质含量的要求。重整原料的预处理由预分馏、预加氢、预脱砷和脱水等单元组成，如图 10-3 所示。

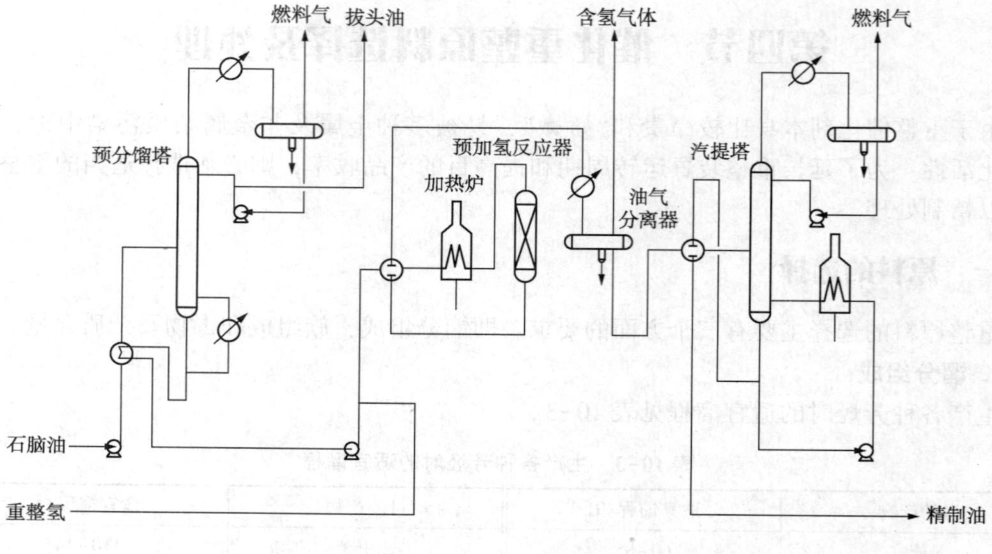

图 10-3　重整原料预处理工艺原则流程图

1. 预分馏

在预分馏部分，原料油经过精馏以切除其轻组分（拔头油）。生产芳烃时，一般只切<60℃的馏分。而生产高辛烷值汽油时，切<90℃的馏分。原料油的干点通常均由上游装置控制，少数装置也通过预分馏切除过重组分，使其馏分组成符合重整装置的要求。

2. 预加氢

预加氢的作用是脱除原料油中对催化剂有害的杂质，使杂质含量达到限制要求。同时也使烯烃饱和以减少催化剂的积炭，从而延长运转周期。

我国主要原油的直馏重整原料在未精制以前，氮、铅、铜的含量都能符合要求，因此加氢精制的目的主要是脱硫，同时通过汽提塔脱水。对于大庆油和新疆油，脱砷也是预处理的重要任务。烯烃饱和和脱氮主要针对二次加工原料。

（1）预加氢的作用原理

预加氢是在催化剂和氢压的条件下，将原料中的杂质脱除。

含硫、氮、氧等化合物在预加氢条件下发生氢解反应，生成硫化氢、氨和水等，经预加氢汽提塔或脱水塔分离出去；烯烃通过加氢生成饱和烃。烯烃饱和程度用溴价或碘价表示，一般要求重整原料的溴价或碘价<1g/100g 油；砷、铅、铜等金属化合物先在预加氢条件下分解成金属单质，然后吸附在催化剂表面。

（2）预加氢催化剂

预加氢催化剂在铂重整中常用钼酸钴或钼酸镍。在双金属或多金属重整中，开发了适应低压预加氢的钼-钴-镍催化剂。这三种金属中，钼为主活性金属，钴和镍为助催化剂，载体为活性氧化铝。一般主活性金属含量为 10%～15%，助催化剂金属含量为 2%～5%。

（3）预加氢操作条件

由于原料来源、组成及重整反应催化剂的要求不同，预加氢工艺操作条件相应也有变化，典型预加氢操作条件见表 10-4。

表 10-4 预加氢工艺操作条件

操作条件	直馏原料	二次加工原料
压力/MPa	2.0	2.5
温度/℃	280~340	<400
氢油比/(Nm^3/m^3)	100	500
空速/h^{-1}	4	2

3. 预脱砷

砷不仅是重整催化剂最严重的毒物，也是各种预加氢精制催化剂的毒物。因此，必须在预加氢前把砷降到较低程度。重整反应原料含砷量要求在 1×10^{-9} 以下。如果原料油的含砷量 $<100\times10^{-9}$，可不经过单独脱砷，经过预加氢就可符合要求。

目前，工业上使用的预脱砷方法主要有三种：吸附法、氧化法和加氢法。

(1) 吸附法

吸附法是采用吸附剂将原料油中的砷化合物吸附在脱砷剂上而被脱除。常用的脱砷剂是浸渍 5%~10%硫酸铜的硅铝小球。

(2) 氧化法

氧化法是采用氧化剂与原料油混合在反应器中进行氧化反应，砷化合物被氧化后经蒸馏或水洗除去。常用的氧化剂是过氧化氢异丙苯，也有用高锰酸钾的。

(3) 加氢法

加氢法是采用加氢预脱砷反应器与预加氢精制反应器串联，两个反应器的反应温度、压力及氢油比基本相同。预脱砷所用的催化剂是四钼酸镍加氧精制催化剂。

第五节 催化重整工艺流程

一、固定床半再生式重整工艺流程

1. 典型的铂铼重整工艺流程

催化剂在反应器中不流动，经过一定的运转时间，催化活性降低后，停工进行烧焦再生和氯化更新，使催化剂恢复活性，重新投入下一周期运转。这种固定床半再生式装置的典型工艺流程如图 10-4 所示。石脑油经过预加氢精制后作为重整进料，与氢气混合后进入加热炉，然后进入反应器。反应产物从油气分离器顶部分出的大部分气体，经循环压缩机压送，与重整原料油混合，重新进入重整反应器，其余部分气体作为产氢送至预加氢或其他加氢装置。

2. 麦格纳重整工艺流程

如图 10-5 所示，麦格纳重整属于固定床反应器半再生式过程，固定床半再生式重整过程的工艺优点：工艺反应系统简单，运转、操作与维护比较方便，建造费用较低，应用最广泛。缺点：由于催化剂活性变化，要求不断变更运转条件(主要是反应温度)，到了运转末期，反应温度相当高，导致重整油收率下降，氢纯度降低，气体产率增加，而且停工再生影响全厂生产，装置开工率较低。

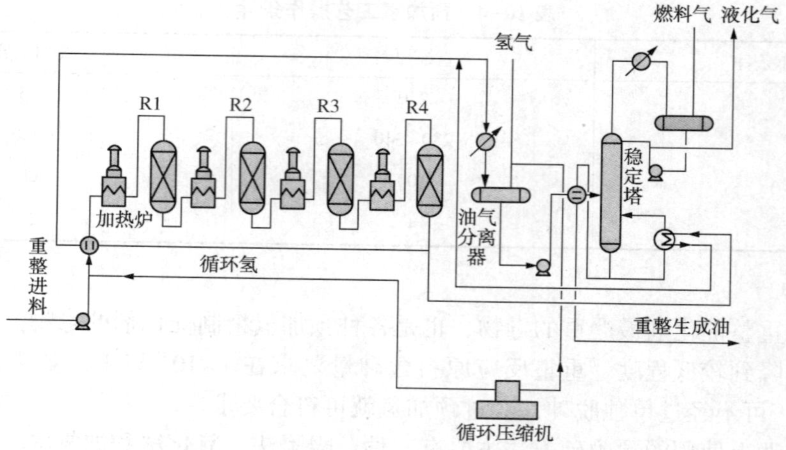

图 10-4 半再生式固定床重整典型工艺流程

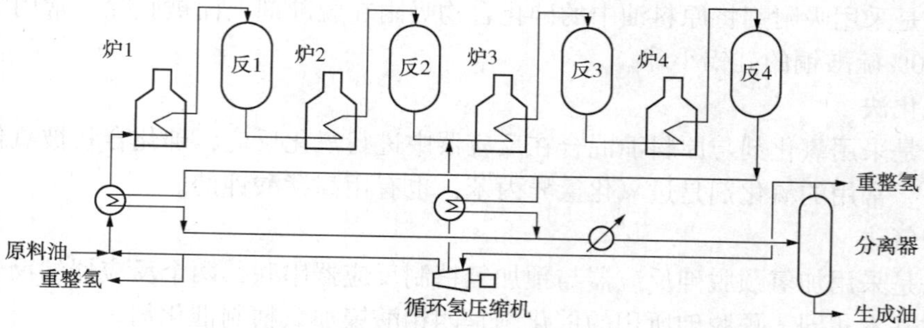

图 10-5 麦格纳重整工艺流程

二、连续再生式重整工艺流程

连续再生式重整工艺流程如图 10-6、图 10-7 所示。

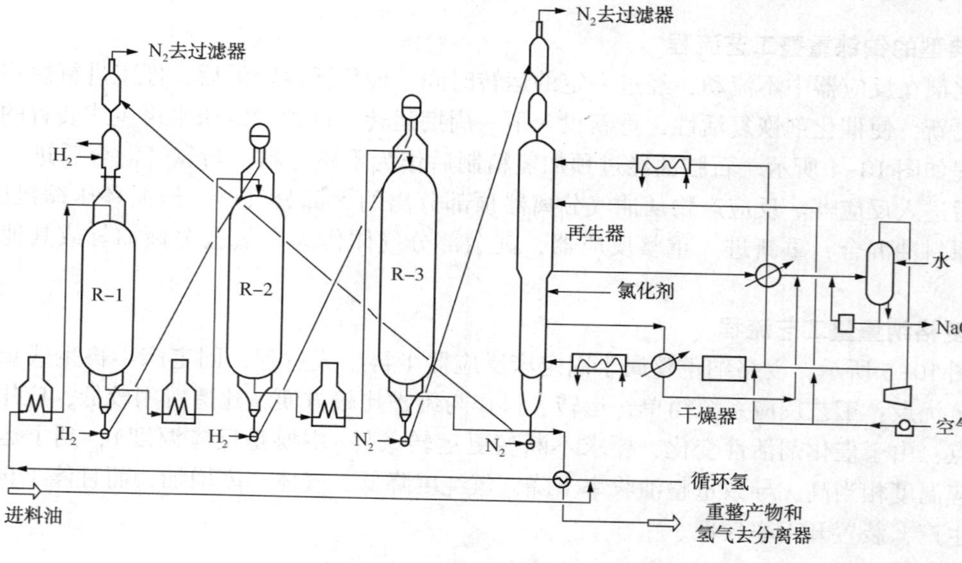

图 10-6 IFP 连续重整工艺流程

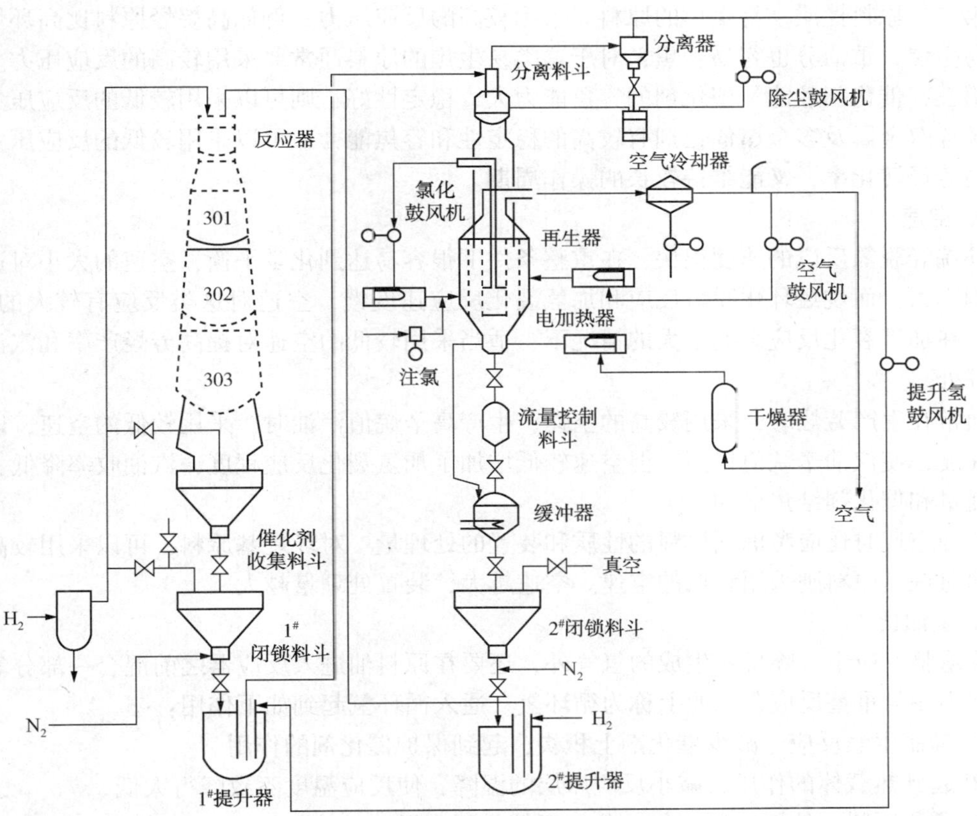

图 10-7　UOP 连续重整工艺流程

三、重整反应的主要操作参数

1. 反应温度

提高反应温度不仅能使化学反应速度加快，而且对强吸热的脱氢反应的化学平衡也很有利，但提高反应温度会使加氢裂化反应加剧、液体产物收率下降，催化剂积炭加快及受到设备材质和催化剂耐热性能的限制。因此，在选择反应温度时应综合考虑各方面的因素。由于重整反应是强吸热反应，反应时温度下降，因此为得到较高的重整平衡转化率和保持较快的反应速度，就必须维持合适的反应温度，这就需要在反应过程中不断地补充热量。为此，重整反应器一般由三至四个反应器串联，反应器之间通过加热炉加热到所需的反应温度。

2. 反应压力

提高反应压力对生成芳烃的环烷脱氢、烷烃环化脱氢反应都不利，但对加氢裂化反应却有利。因此，从增加芳烃产率的角度来看，希望采用较低的反应压力。在较低的压力下可以得到较高的汽油产率和芳烃产率，氢气的产率和纯度也较高。但是在低压下催化剂受氢气保护的程度下降，积炭速度较快，从而使操作周期缩短。选择适宜的反应压力应从以下三个方面考虑。

第一，工艺技术。有两种方法：一种是采用较低压力，经常再生催化剂，例如采用连续重整或循环再生强化重整工艺；另一种是采用较高的压力，虽然转化率不太高，但可延长操作周期，例如采用固定床半再生式重整工艺。

第二，原料性质。易生焦的原料要采用较高的反应压力，例如高烷烃原料比高环烷烃原料容易生焦，重馏分也容易生焦，对于这类易生焦的原料通常要采用较高的反应压力。

第三，催化剂性能。催化剂的容焦能力大、稳定性好，则可以采用较低的反应压力，例如铂铼等双金属及多金属催化剂有较高的稳定性和容焦能力，可以采用较低的反应压力，既能提高芳烃转化率，又能维持较长的操作周期。

3. 空速

环烷烃脱氢反应的速度很快，在重整条件下很容易达到化学平衡，空速的大小对这类反应影响不大；而烷烃环化脱氢反应和加氢裂化反应速度慢，空速对这类反应有较大的影响。所以，在加氢裂化反应影响不大的情况下，适当采用较低的空速对提高芳烃产率和汽油辛烷值有好处。

通常在生产芳烃时，采用较高的空速；生产高辛烷值汽油时，采用较低的空速，以增加反应深度，使汽油辛烷值提高。但空速较低增加了加氢裂化反应程度，汽油收率降低，导致氢消耗量和催化剂结焦增加。

选择空速时还应考虑到原料的性质和装置的处理量。对环烷基原料，可以采用较高的空速；而对烷基原料则采用较低的空速。空速越大，装置处理量越大。

4. 氢油比

在重整反应中，除反应生成的氢气外，还要在原料油进入反应器之前混合一部分氢，这部分氢不参与重整反应，工业上称为循环氢。通入循环氢起到如下作用：

① 抑制生焦反应，减少催化剂上积炭，起到保护催化剂的作用。

② 起到热载体的作用，减小反应床层的温降，使反应温度不致降得太低。

③ 稀释原料，使原料更均匀地分布于催化剂床层。

总压不变时提高氢油比，意味着提高氢分压，有利于抑制生焦反应。但提高氢油比使循环氢量增加，压缩机动力消耗增加。氢油比过大时，由于减少了反应时间而降低了转化率。

由此可见，对于稳定性高的催化剂和生焦倾向小的原料，可以采用较小的氢油比；反之则需用较高的氢油比。铂重整装置采用的氢油摩尔比一般为5~8，使用铂铼催化剂时一般<5，连续再生式重整<1~3。

第六节　芳烃抽提和精馏

一、重整芳烃的抽提过程

（一）芳烃抽提的基本原理

溶剂液-液抽提原理是根据某种溶剂对脱戊烷油中芳烃和非芳烃的溶解度不同，从而使芳烃与非芳烃分离，得到混合芳烃。在芳烃抽提过程中，溶剂与脱戊烷油混合后分为两相（在容器中分为两层），一相由溶剂和能溶于溶剂中的芳烃组成，称为提取相（又称富溶剂、抽提液、抽出层或提取液）；另一相为不溶于溶剂的非芳烃，称为提余相（又称提余液、非芳烃）。两相液层分离后，再将溶剂和芳烃分开，溶剂循环使用，混合芳烃作为芳烃精馏原料。

衡量芳烃抽提过程的主要指标有芳烃回收率、芳烃纯度和过程能耗。

$$芳烃回收率=\frac{抽出产品芳烃量}{脱戊烷油中芳烃量}\times 100\%$$

1. 溶剂的选择

在选择溶剂时必须考虑以下三个基本条件：

① 对芳烃有较高的溶解能力。

② 对芳烃有较好的选择性。

③ 溶剂与原料油的密度差要大。

目前，工业上采用的溶剂主要有：二乙二醇醚、三乙二醇醚、四乙二醇醚、二丙二醇醚、二甲基亚砜、环丁砜和*N*-甲基吡咯烷酮等。

2. 抽提方式

工业上，多采用多段逆流抽提方法，其抽提过程在抽提塔中进行，为提高芳烃纯度，可采用打回流方式，即一部分芳烃回流进入抽提塔，称芳烃回流。工业上广泛用于重整芳烃抽提的抽提塔是筛板塔。

3. 操作条件的选择

（1）操作温度

温度升高，溶解度增大，有利于芳烃回收率的增加，但是，随着芳烃溶解度的增加，非芳烃在溶剂中的溶解度也会增大，而且程度比芳烃增加得更多，从而使溶剂的选择性变差，使产品芳烃纯度下降。

抽提塔的操作温度一般为125～140℃。而对于环丁砜来说，操作温度在90～95℃范围内比较适宜。

（2）溶剂比

溶剂比增大，芳烃回收率增加，但提取相中的非芳烃量也增加，使芳烃产品纯度下降。同时溶剂比增大，设备投资和操作费用也增加。所以在保证一定的芳烃回收率的前提下应尽量降低溶剂比。

对于不同原料和溶剂应选择适宜的温度和溶剂比，一般选用溶剂比在15～20。

（3）回流比

回流比是调节产品芳烃纯度的主要手段。回流比大则芳烃产品纯度高，但芳烃回收率有所下降。回流比的大小，应与原料中芳烃含量多少相适应，原料中芳烃含量越高，回流比可越小。降低溶剂比时，芳烃产品纯度提高，起到提高回流比的作用。反之，增加溶剂比具有降低回流比的作用。一般选用回流比为1.1～1.4，此时，产品芳烃的纯度可达99.9%以上。

（4）溶剂含水量

溶剂含水量愈高，溶剂的选择性愈好，因而，溶剂中含水量是用来调节溶剂选择性的一种手段。但是，溶剂含水量增加，将使溶剂的溶解能力降低。

（5）压力

抽提塔的操作压力对溶剂的溶解度性能影响很小，因而对芳烃纯度和芳烃回收率影响不大。

（二）芳烃抽提的工艺流程

芳烃抽提的工艺流程如图10-8所示。

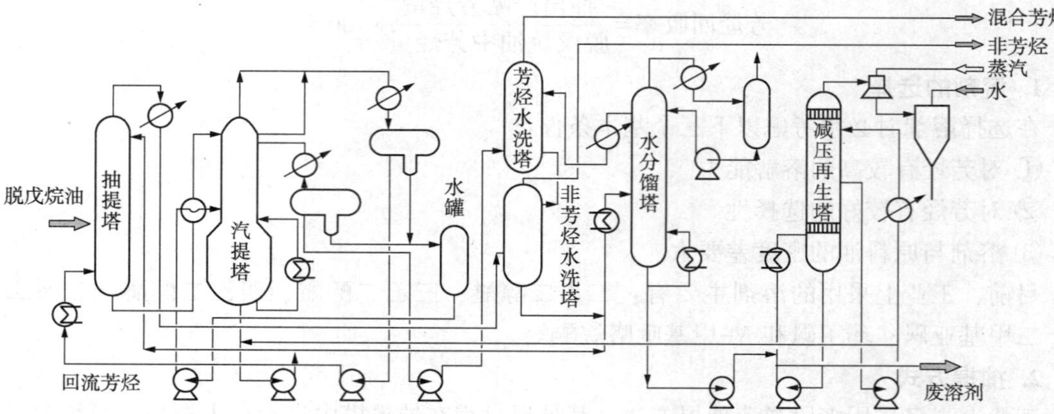

图 10-8　芳烃抽提过程工艺流程图

1. 抽提部分

为了提高芳烃的纯度，抽提塔底打入经加热的回流芳烃。

2. 溶剂回收部分

溶剂回收部分的任务是：从提取液、提余液和水中回收溶剂并使之循环使用。溶剂回收部分的主要设备有汽提塔、水洗塔和水分馏塔。

3. 溶剂再生部分

再生是采用蒸馏的方法将溶剂和大分子叠合物分离。

二、芳烃精馏

1. 温差控制的基本原理和操作特点

实现精馏的条件是精馏塔内存在浓度梯度和温度梯度。温度梯度越大，浓度梯度也就越大。但是，塔内的浓度不是在塔内自上而下均匀变化的，温差控制就以灵敏塔盘为控制点，选择塔顶或某层塔板做参考点，通过这两点温差的变化就能很好地反映出塔内的浓度变化情况。

只有在远离上、下限时温差才是合理的温差，只有在合理的温差下操作，才能保证塔顶温度稳定，才能起到提前发现、提前调节，保证产品质量的作用。

2. 芳烃精馏工艺流程

芳烃精馏的工艺流程有两种类型，一种是三塔流程，用来生产苯、甲苯、混合二甲苯和重芳烃，另一种是五塔流程，用来生产苯、甲苯、邻二甲苯、乙基苯和重芳烃。

第七节　催化重整装置仿真

一、工艺流程简介

(一) 生产原理

重整的目的是将原料中的烃类，在催化剂存在的条件下进行芳构化和异构化等反应，达到制取辛烷值汽油的目的。其中，反应部分设置四个反应器，烃类分子在这里进行化学反应，分离部分是将反应生成物进行气液分离，稳定部分是除去重整生成油中低沸点的烃类，以满足重整汽油对饱和蒸气压的要求。

（二）装置流程说明

本单元包括重整反应及重整生成油稳定两个工序。重整反应的目的是使原料中的环烷烃及烷烃在催化剂的作用下经过环烷脱氢和烷烃环化脱氢以及异构化等反应生成芳烃和异构烃类，以得到高辛烷值组分。稳定的目的是从重整生成油中分出燃料气、液化气，以控制汽油成分的饱和蒸气压。

重整部分采用半再生式重整工艺，两段混氢流程，由预处理来的预加氢精制油经泵（P201）与循环氢气压缩机（K201）来的一段循环氢混合进入重整立式换热器（E201 管）与重整反应生成油换热后进入第一重整加热炉（F201），加热至反应温度 496℃后进入第一重整反应器（R201）进行反应。由于重整反应为吸热反应，物料经过反应器后有温降，为了再次达到重整反应的温度，再进入第二重整加热炉（F202）加热到反应温度 496℃，再进入第二重整反应器（R202），依次直到第四重整反应器（R204），在第三重整入口混入二段混氢。由第四重整反应器（R204）出来的反应产物分为两路，一路到重整进料/重整产物立式换热器（E201 壳）与重整进料换热；另一路至二段混氢进料/重整产物立式换热器（E202 壳）与二段混氢换热。重整循环氢压缩机（K201）来的二段混氢经（E202 管）换热后，与第二重整反应器（R202）出来的反应产物混合后，经第三重整反应炉（F203）进入第三重整反应器（R203）。经两路换热后的重整产物混合后，经空冷（A201）、水冷（E203）后进入重整气液分离罐（D201）进行气液分离，罐顶分出的含氢气体大部分经重整循环氢压缩机（K201）升压后在重整临氢系统中循环使用，另有一部分经氢气增压机（K202）送往本装置的预处理单元。罐底的重整生成油在（E205）与稳定塔（C201）底油换热后，进入稳定塔（C201），稳定塔塔顶分出干气和液化气，经空冷（A202）、水冷（E206）进入回流罐（D202），干气送往瓦斯管网，液化气经回流泵（P204）后，分两路，一路打回塔顶，建立塔顶回流，另一路作为产品送出装置。塔底油分路，一路经（E205）与进料换热，再经水冷（E207）后作为高辛烷值汽油组分自压送出装置。稳定塔塔底采用加热炉加热，经泵（P205）和炉（F205）建立塔底热循环。

（三）设备列表

具体设备见表 10-5。

表 10-5　设备列表

位号	名称	位号	名称	位号	名称	位号	名称
A201	反应器出口空冷器	E206	C201 塔顶液化气水冷器	D208	氢气压缩机入口缓冲罐	K204	重整炉空气鼓风机
A202	C201 塔顶空冷器	E207	稳定汽油水冷器	D501	余热锅炉汽包	P201	预加氢精制油泵
A203	C201 塔底稳定汽油空冷器	F201	第一重整加热炉	D502	排污罐	P203	C201 进料泵
C201	稳定塔	F202	第二重整加热炉	D503	排污罐	P204	液化气泵
D201	重整气液分离罐	F203	第三重整反应炉	D504	排污罐	P205	稳定汽油泵
D202	稳定塔塔顶回流罐	F204	第四重整反应炉	D505	排污罐	P501	余热锅炉给水泵
D203	液化气吸收罐	F205	C201 塔底再沸炉	E201	重整进料/重整产物立式换热器	R201	第一重整反应器

续表

位号	名称	位号	名称	位号	名称	位号	名称
D204	一段注氯罐	K201	循环氢气压缩机	E202	二段混氢进料/重整产物立式换热器	R202	第二重整反应器
D205	二段注氯罐	K202	氢气增压机	E203	反应器出口水冷器	R203	第三重整反应器
D207	干燥器	K203	重整炉烟气引风机	E204	重整汽油冷却器	R204	第四重整反应器

（四）仪表列表

仪表见表 10-6。

表 10-6　仪表列表

序号	仪表号	说明	单位	正常值	量程
1	AI1201	重整循环氢纯度	%	94.6	0~100
2	AI1202	重整循环氢气含水量	%	0.0	0~100
3	AI1203	重整产氢含氧量	%	94.6	0~100
4	AI1503	F205 过剩氧含量	%	4	0~100
5	AI1505	四合一炉过剩氧含量(一)	%	4	0~100
6	AI1506	四合一炉过剩氧含量(二)	%	4	0~100
7	FICQ1201	重整进料流量控制	t/h	37.5	0~55
8	FIC1208	重整净化风管流量控制	Nm^3/h	0	0~560
9	FIC1211	D203 抽出流量控制	t/h	39.8	0~61
10	FIC1213	D202 抽出流量控制	t/h	9.31	0~15.5
11	FIC1215A	F205 一路流量控制	t/h	34.64	0~54
12	FIC1215B	F205 二路流量控制	t/h	34.64	0~54
13	FIC1218	液化气出装置流量控制	t/h	0.616	0~1
14	FI1202	一段混氢流量	Nm^3/h	41000	0~41000
15	FI1209A	二段混氢流量	Nm^3/h	28800	0~30000.0
16	LIC1201	D201 液位控制	%	50	0~100
17	LIC1202	D203 液位控制	%	50	0~100
18	LIC1203	D202 液位控制	%	50	0~100
19	LIC1205	C201 塔底液位控制	%	50	0~100
20	LI1206	D208 液位显示	%	50	0~100
21	LI1401	D501 液位显示	%	50	0~100
22	LIC1402	D501 液位控制	%	50	0~100
23	LIC1403	D502 液位控制	%	50	0~100
24	LIC1404	D505 液位控制	%	50	0~100
25	LI1301	D-212 液位控制	%	50	0~100
26	LI1302	D210 液位控制	%	50	0~100
27	LI1303	D211 液位控制	%	50	0~100
28	LIC1403	D502 液位控制	%	50	0~100
29	PDI1201	E201 管程压降	kPa	6	0~120
30	PDI1202	E201 壳程压降	kPa	6	0~120

续表

序号	仪表号	说明	单位	正常值	量程
31	PDI1203	E202 管程压降	kPa	6	0~120
32	PDI1204	E202 壳程压降	kPa	6	0~120
33	PDI1205	R201 床层压降	kPa	6	0~120
34	PDI1206	R202 床层压降	kPa	6	0~120
35	PDI1207	R203 床层压降	kPa	6	0~120
36	PDI1208	R204 床层压降	kPa	6	0~120
37	PIC1202	F201 瓦斯压力控制	MPa	0. 25	0~0. 4
38	PIC1204	F202 瓦斯压力控制	MPa	0. 25	0~0. 4
39	PIC1206	F203 瓦斯压力控制	MPa	0. 25	0~0. 4
40	PIC1208	F204 瓦斯压力控制	MPa	0. 25	0~0. 4
41	PIC1210	D201 顶压力控制	MPa	1. 1	0~1. 6
42	PIC1213	F205 瓦斯压力控制	MPa	0. 25	0~0. 5
43	PIC1211	D203 压力控制	MPa	1	0~1. 5
44	PI1201	一段混氢压力	MPa	1. 65	0~2. 5
45	PI1203	R201 入口压力	kPa	1. 65	0~120
46	PI1205	R202 入口压力	kPa	1. 55	0~120
47	PI1207	R203 入口压力	kPa	1. 45	0~120
48	PI1209	R204 入口压力	kPa	1. 35	0~120
49	PI1212	D202 压力	MPa	1. 05	0~1. 5
50	PI1214	二段混氢压力	MPa	. 25	0~2. 0
51	PI1215	F205 长明灯瓦斯压力	MPa	1. 45	0~0. 5
52	TIC1207	F201 出口温度控制	℃	496	0~800
53	TIC1210	F202 出口温度控制	℃	496	0~800
54	TIC1213	F203 出口温度控制	℃	496	0~800
55	TIC1216	F204 出口温度控制	℃	496	0~800
56	TIC1224	C201 灵敏板温度控制	℃	82. 6	0~120
57	TIC1226	F205 出口温度控制	℃	237	0~400
58	TI1201	重整原料油进 E201 温度	℃	96	0~150
59	TI1202	重整原料油出 E201 温度	℃	422	0~700
60	TI1203	重整生成油温度	℃	110	0~200
61	TI1204	二段混氢出 E202 温度	℃	420	0~700
62	TI1205	重整生成油出 E201 温度	℃	125	0~200
63	TI1206	重整生成油二路混合温度	℃	122	0~200
64	TI1208	R201 入口温度	℃	496	0~800
65	TI1209	R201 出口温度	℃	400	0~800
66	TI1211	R202 入口温度	℃	496	0~800
67	TI1212	R202 出口温度	℃	446	0~800
68	TI1214	R203 入口温度	℃	496	0~800
69	TI1215	R203 出口温度	℃	474	0~800
70	TI1217	R204 入口温度	℃	496	0~800

续表

序号	仪表号	说明	单位	正常值	量程
71	TI1218	R204 出口温度	℃	478	0~800
72	TI1219A	重整产物出空冷器温度	℃	60	0~100
73	TI1219B	重整产物出水冷器温度	℃	40	0~70
74	TI1220	重整油进 D203 温度	℃	40	0~70
75	TI1221	T201 顶油冷后温度	℃	43	0~70
76	TI1222	T201 进料温度	℃	132	0~200
77	TI1223	T201 顶温	℃	57	0~200
78	TI1225	C201 灵敏板温度	℃	82.6	0~120
79	TI1227	F205 循回温度	℃	237	0~400
80	TI1228	C201 底温度	℃	224	0~400
81	TI1229A	F205 一路出口温度	℃	237	0~400
82	TI1229B	F205 二路出口温度	℃	237	0~400
83	TI1230	重整汽油出装置温度	℃	43	0~70
84	TI1231	一段混氢温度	℃	80	0~150
85	TI1232	二段混氢温度	℃	68	0~100
86	TI1233	F203 入口温度	℃	44	0~800
87	TI1234	重整产物进空冷温度	℃	122	0~200
88	TIC1401	省煤段给水温度控制	℃	130	0~200
89	TIC1405	过热蒸汽温度控制	℃	360	0~700
90	TI1301	瓦斯进装置温度	℃	40	0~70
91	TI1302	除氧水温度	℃	120	0~150
92	TI1303	瓦斯加热后温度	℃	40	0~100
93	TI1304	瓦斯出 D401 温度	℃	40	0~100
94	TI1305	重整污油出装置温度	℃	40	0~200
95	TI1402	省煤段给水温度	℃	130	0~200
96	TI1403	省煤段出口水温度	℃	190	0~300
97	TI1404	过热段出口温度	℃	450	0~700
98	TI1406	过热段蒸汽温度	℃	420	0~700
99	TI1407	D501 底出料管温度	℃	250	0~400
100	TI1501	重整炉暖风器烟气入口温度	℃	315	0~600
101	TI1502	重整炉暖风器烟气出口温度	℃	150	0~80
102	TI1503	重整炉暖风器空气入口温度	℃	50	0~80
103	TI1504	重整炉暖风器空气出口温度	℃	110	0~600
104	TI1507	F205 对流下部温度	℃	254	0~800
105	TI1511	F205 对流室出口温度	℃	254	0~600
106	TI1513	重整炉烟道温度	℃	316	0~600
107	TI1514	F201 炉膛温度 A	℃	769	0~1200
108	TI1515	F201 炉膛温度 B	℃	769	0~1200
109	TI1516	F202 炉膛温度 A	℃	807	0~1200
110	TI1517	F202 炉膛温度 B	℃	807	0~1200

续表

序号	仪表号	说明	单位	正常值	量程
111	TI1518	F203 炉膛温度 A	℃	760	0~1200
112	TI1519	F203 炉膛温度 B	℃	760	0~1200
113	TI1520	F204 炉膛温度 A	℃	600	0~1200
114	TI1521	F204 炉膛温度 B	℃	600	0~1200
115	TI1522	四合一炉辐射室出口温度(一)	℃	750	0~1200
116	TI1523	四合一炉辐射室出口温度(二)	℃	750	0~1200
117	TI1524	四合一炉辐射室出口温度(三)	℃	750	0~1200
118	TI1525	四合一炉对流下段温度(一)	℃	623	0~1000
119	TI1526	四合一炉对流下段温度(二)	℃	623	0~1000
120	TI1527	四合一炉对流中段温度(一)	℃	544	0~1000
121	TI1528	四合一炉对流中段温度(二)	℃	544	0~1000
122	TI1529	四合一炉对流上段温度(一)	℃	263. 8	0~600
123	TI1530	四合一炉对流上段温度(二)	℃	263. 8	0~600
124	TI1531	F205 出口温度(一)	℃	185	0~600
125	TI1532	F205 出口温度(二)	℃	185	0~600

(五) 工艺卡片

工艺卡片见表 10-7。

表 10-7 工艺卡片

名称	项目	单位	控制指标	备注
C201	顶温	℃	57. 0	
	底温	℃	224. 0	
	塔底液位	%	50. 0	
	底循环量	t/h	35. 0	
D201	压力	MPa	1. 2. 0	
	液位	%	50. 0	
	温度	℃	35. 0	
D202	压力	MPa	1. 150	
	液位	%	50. 0	
D203	压力	MPa	1. 100	
	液位	%	50. 0	
R201	入口温度波动	℃	±2. 0	
	H_2/HC	Nm^3/m^3	≥550. 0	
R202	入口温度波动	℃	±2. 0	
	H_2/HC	Nm^3/m^3	≥550. 0	
R203	入口温度波动	℃	±2. 0	
	H_2/HC	Nm^3/m^3	≥1100. 0	
R204	入口温度波动	℃	±2. 0	
	H_2/HC	Nm^3/m^3	≥1100. 0	

续表

名称	项目	单位	控制指标	备注
F201	炉膛温度	℃	≤800.0	
	出口温度	℃	≤510.0	
	炉膛负压	Pa	-20.0	
	炉膛氧含量	%	3.0~6.0	
F202	炉膛温度	℃	≤830.0	
	出口温度	℃	≤510.0	
	炉膛负压	Pa	-20.00	
	炉膛氧含量	%	3.0~6.0	
F203	炉膛温度	℃	≤800.0	
	出口温度	℃	≤520.0	
	炉膛负压	Pa	-20.0	
	炉膛氧含量	%	3.0~6.0	
F204	炉膛温度	℃	≤800.0	
	出口温度	℃	≤520.0	
	炉膛负压	Pa	-20±15.0	
	炉膛氧含量	%	3.0~6.0	
余热炉	烟气出口温度	℃	180.0	
	产汽压力	MPa	≤3.80	
	产汽温度	℃	400.0~435.0	
	烟气出口温度	℃	180.0	
	D501 液位	%	50.0	
F205	炉膛温度	℃	≤800.0	
	出口温度	℃	237.0	
	炉膛负压	Pa	-20.0	
	烟气出口温度	℃	180.0	
空气预热器	烟气出口温度	℃	150.0	
	空气出口温度	℃	110.0	
E204	出口温度	℃	35.0	
E207	出口温度	℃	35.0	

（六）物料平衡

物料平衡表见表 10-8。

表 10-8 物料平衡表

项　目	流量/(t/h)	项　目	流量/(t/h)
重整进料流量控制	37.5	F205 一路流量控制	34.64
D203 抽出流量控制	39.8	F205 二路流量控制	34.64
D202 抽出流量控制	9.31	液化气出装置流量控制	0.616

二、复杂控制说明

① F201 加热炉出口温度控制器 TIC1207 的控制回路引入高选器控制，高选器把 PIC1202 和 HIC1201 的高信号作为输出控制 TIC1207 的温度。

② F202 加热炉出口温度控制器 TIC1210 的控制回路引入高选器控制，高选器把 PIC1204 和 HIC1202 的高信号作为输出控制 TIC1210 的温度。

③ F203 加热炉出口温度控制器 TIC1213 的控制回路引入高选器控制，高选器把 PIC1206 和 HIC1203 的高信号作为输出控制 TIC1213 的温度。

④ F204 加热炉出口温度控制器 TIC1216 的控制回路引入高选器控制，高选器把 PIC1208 和 HIC1204 的高信号作为输出控制 TIC1216 的温度。

⑤ F205 加热炉燃料气入口压力控制器 PIC1213 的控制回路引入高选器控制，高选器把 TIC1226 和 HIC1205 的高信号作为输出控制 PIC1213 的压力。

⑥ D202 液位控制器 LIC1203 与流量控制器 FIC1213 呈串级控制。

⑦ D203 液位控制器 LIC1202 与流量控制器 FIC1211 呈串级控制。

⑧ 重整立换及高分压力 PIC1210 分程控制，PV1210A. OP = (50. 0 - PIC1210. OP) ×2；PV1210B. OP = (PIC1210. OP - 50. 0) ×2。

三、联锁逻辑

1. 联锁逻辑图

联锁逻辑图如图 10-9 所示。

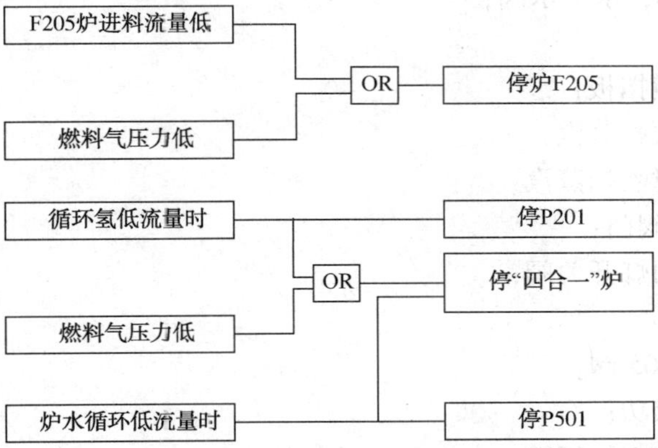

图 10-9　重整装置联锁图

2. 联锁报警表

联锁报警表见表 10-9。

表 10-9　联锁报警表

仪表位号	回路名称	联锁值
FT1215A	F205 一路流量控制	5. 0t/h
FT1215B	F205 二路流量控制	5. 0MPa
PI1215	F205 长明灯瓦斯压力	0. 1MPa

续表

仪表位号	回路名称	联锁值
FIA1209A	一段混氢流量	10000Nm^3/h
FIA1209B	二段混氢流量	10000Nm^3/h
TI1403	P501出口流量	10.0℃
TI1502	重整炉暖风器烟气出口温度	220.0℃

四、操作规程

(一) 冷态开车

1. C-201 垫油

① D202 用 N_2 垫压至 1.0MPa；D203 用正常流程充压至 1.0MPa；

② 打开开工循环线开关阀；

③ 打开 FIC1211，启动 P201 给 C201 垫油；

④ C201 液位大于 70%；

⑤ 建立进 F205 一路流量循环；

⑥ 建立进 F205 二路流量循环；

⑦ 关垫油开关阀；

⑧ 停 P201；

⑨ 启动空冷 A202；

⑩ 打开水冷 E206，水上水阀；

⑪ 打开 HC1507；

⑫ 打开 F205 烟道挡板；

⑬ 向 F205 炉膛吹扫蒸汽；

⑭ 关闭 F205 炉膛吹扫蒸汽；

⑮ 打开自然通风阀门；

⑯ 打开 F205 长明灯开关阀；

⑰ 点炉 F205；

⑱ 打开瓦斯进 F205 阀；

⑲ 炉 F205 点火成功；

⑳ 打开引风机前阀 HC1502；

㉑ 启动引风机；

㉒ 关闭 HC1507；

㉓ 打开通风机后阀 HC1501；

㉔ HC1505；

㉕ 启动通风机；

㉖ 关闭自然通风阀门；

㉗ 关闭 D202 充 N_2 阀门；

㉘ F205 炉出口温度大于 230℃；

㉙ C201 塔底温度大于 219℃；

㉚ 回流罐液位大于30%；
㉛ 启动P204给C201塔顶打回流。

2. 重整系统循环干燥

① 打开N_2入K201开关阀；
② 打开K201出口阀；
③ 打开K201跨线阀；
④ 打开N_2入K202A开关阀；
⑤ 打开K202A出口阀；
⑥ 打开K202A跨线阀；
⑦ 打开N_2来管总阀；
⑧ 系统压力充至1.0MPa；
⑨ 系统氧含量小于0.5%；
⑩ 关闭K201跨线阀；
⑪ 关闭K202A跨线阀打开D207副线阀；
⑫ 启动压缩机K201建立N_2循环；
⑬ 启动压缩机K202A建立N_2循环；
⑭ 关闭充N_2总阀，N_2置换完毕；
⑮ 系统降压至0.5MPa；
⑯ 开新氢至D208阀门；
⑰ 系统充压至1.0MPa；
⑱ H_2纯度大于99%；
⑲ H_2置换完毕后，关闭新氢阀；
⑳ 开FIC1401，D501液位至50%；
㉑ 启动P501建立水循环；
㉒ 启动空冷A201；
㉓ E203上冷水；
㉔ 打开“四合一”炉烟道挡板；
㉕ “四合一”炉炉膛负压控制在-20mmHg；
㉖ 打开F201炉膛吹扫蒸汽；
㉗ 打开F202炉膛吹扫蒸汽；
㉘ 打开F203炉膛吹扫蒸汽；
㉙ 打开F204炉膛吹扫蒸汽；
㉚ 关闭F201炉膛吹扫蒸汽；
㉛ 打开F201自然通风口；
㉜ 打开F201长明灯管线开关阀；
㉝ 现场点炉F201；
㉞ F201长明灯指示亮；
㉟ 开瓦斯进F201压力控制阀进瓦斯；
㊱ F201点火成功；
㊲ 关闭F202炉膛吹扫蒸汽；

㊳ 打开 F202 自然通风口；
㊴ 打开 F202 长明灯管线开关阀；
㊵ 现场点炉 F202；
㊶ F202 长明灯指示亮；
㊷ 开瓦斯进 F202 压力控制阀进瓦斯；
㊸ F202 点火成功；
㊹ 关闭 F203 炉膛吹扫蒸汽；
㊺ 打开 F203 自然通风口；
㊻ 打开 F203 长明灯管线开关阀；
㊼ 现场点炉 F203；
㊽ F203 长明灯指示亮；
㊾ 开瓦斯进 F203 压力控制阀进瓦斯；
㊿ F203 点火成功；
51 关闭 F204 炉膛吹扫蒸汽；
52 打开 F204 自然通风口；
53 打开 F204 长明灯管线开关阀；
54 现场点炉 F204；
55 F204 长明灯指示亮；
56 开瓦斯进 F204 压力控制阀进瓦斯；
57 F204 点火成功；
58 一反 R201 床层温度升至 420℃；
59 二反 R201 床层温度升至 420℃；
60 三反 R201 床层温度升至 420℃；
61 四反 R201 床层温度升至 420℃；
62 在 D102 处切水。

3. 重整催化剂预硫化

① D206A 注入硫化剂至 10%液位；
② D206B 注入硫化剂至 15%液位；
③ D206C 注入硫化剂至 25%液位；
④ D206D 注入硫化剂至 50%液位；
⑤ 打开硫化剂 D206A 罐充 N_2 阀；
⑥ 打开硫化剂 D206B 罐充 N_2 阀；
⑦ 打开硫化剂 D206C 罐充 N_2 阀；
⑧ 打开硫化剂 D206D 罐充 N_2 阀；
⑨ 向 R201 注入硫化剂；
⑩ 向 R202 注入硫化剂；
⑪ 向 R203 注入硫化剂；
⑫ 向 R204 注入硫化剂；
⑬ R201 硫化氢穿透；
⑭ R202 硫化氢穿透；

⑮ R203 硫化氢穿透；
⑯ R204 硫化氢穿透；
⑰ 关闭 R201 注硫阀；
⑱ 关闭 R202 注硫阀；
⑲ 关闭 R203 注硫阀；
⑳ 关闭 R204 注硫阀。

4. 重整系统进油

① 启动 P201；
② 抽精制油，流量控制在 24t/h；
③ D204 罐建立液位；
④ D205 罐建立液位；
⑤ 打开 D204 底出口阀；
⑥ 打开 D205 底出口阀；
⑦ 打开 P206A 出口阀；
⑧ 打开 P207 出口阀；
⑨ 一段注氯；
⑩ 二段注氯；
⑪ D201 液位大于 50%；
⑫ 投用 E204 冷却水；
⑬ 开 D201 底液控阀向 D203 进油；
⑭ D203 液位大于 50%；
⑮ 启动 P203 向单塔循环的稳定塔 C201 进料；
⑯ 投用 E207；
⑰ 炉 F201 出口温度提高至 490℃；
⑱ 炉 F202 出口温度提高至 490℃；
⑲ 炉 F203 出口温度提高至 490℃；
⑳ 炉 F204 出口温度提高至 490℃；
㉑ 进料量提高至正常值 37.5t/h；
㉒ 液化气出装置。

（二）正常停车

① 打开余热锅炉蒸汽放空开关阀；
② 关闭余热锅炉蒸汽并网开关阀；
③ F201 出口降温至 450℃；
④ F202 出口降温至 450℃；
⑤ F203 出口降温至 450℃；
⑥ F204 出口降温至 450℃；
⑦ 处理量降至 23t/h；
⑧ 停注氯泵 206；
⑨ 停注氯泵 207；
⑩ 重整系统氢气改自身循环；

⑪ F201 出口降温至 400℃；
⑫ F202 出口降温至 400℃；
⑬ F203 出口降温至 400℃；
⑭ F204 出口降温至 400℃；
⑮ 停 P201，重整停止进料；
⑯ D201 尽可能减油，10%>LIC1201>5%；
⑰ 关闭 LIC1201；
⑱ LIC1202<5%；
⑲ 停 P203，C201 维持液面单塔循环；
⑳ 关 C201 底至出装置开关阀；
㉑ C201 底温降至<150℃；
㉒ F206 熄火；
㉓ C201 底温降至<100℃；
㉔ 停 P205；
㉕ F201 出口降温至 100℃；
㉖ F202 出口降温至 100℃；
㉗ F203 出口降温至 100℃；
㉘ F204 出口降温至 100℃；
㉙ F201 熄火；
㉚ F202 熄火；
㉛ F203 熄火；
㉜ F204 熄火；
㉝ 停 K201；
㉞ 停 K202，停止循环；
㉟ D201 泄压至 0. 05MPa；
㊱ 开 K101 入口氮气；
㊲ 开 K202 入口氮气，对系统置换；
㊳ N_2 充压至 0. 5MPa；
㊴ 泄压至 0. 05MPa；
㊵ 氢纯度<1%；
㊶ 关 K201 入口 N_2；
㊷ 关 K202 入口 N_2；
㊸ 关 D201 顶至燃料气阀；
㊹ D202 内油经回流打入 C201 内，LIC1203<5%；
㊺ 停 P204；
㊻ 停空冷 A202；
㊼ 停空冷 A203；
㊽ 关 E206 冷水上水阀；
㊾ 关 E207 冷水上水阀；
㊿ 开 D202 顶 N_2 阀，C201 准备退油；

⑤51 D202 压力控制在 0.3~0.5MPa；
⑤52 C201 底油经不合格油线压出装置，LIC1205<0%；
⑤53 关不合格油出装置开关阀；
⑤54 关 D202 顶 N_2 阀；
⑤55 关 D202 顶至燃料气阀，保压。

（三）事故处理

1. 长时间停电

事故原因：供电线路故障。

事故现象：所有电驱动设备停止运转，电机运行状态分布图上所有电机指示停。

处理方法：

① 各加热炉立即熄火，炉膛通入蒸汽。

② 若反应器床层温度上升达 550℃，则充入 N_2，适当加大放空。

③ 若反应器各床层温度无异常上升，床层温度低于 400℃，停止排气。

④ F205 缓慢降温，C201、D202、D203 不要超高，防止油串入瓦斯。

2. 瞬时停电

事故原因：供电系统电压不稳。

事故现象：机泵设备部分或全部停运，DCS 系统指示发生变化。

处理方法：

① 若压缩机停运，F201~F204 立即熄火。

②“四合一”炉膛通入蒸汽，准备压缩机紧急启动后重新点火。

③ 注意观察各反应器床层温度的变化，发现床层超温，立即降低床层温度。

④ 氢压机启动后，各炉按规程点火，待各部分达到进油条件时，向反应系统进料。

⑤ 重新启动 C201 回流泵，底循环泵，恢复塔系统的操作，并逐渐调整至正。

3. 停循环水

事故原因：水系统故障。

事故现象：塔顶回流罐入口温度升高；D201 入口温度升高；塔、罐压力升高。

处理方法：

① 各加热炉逐渐降温。

② 适当降低装置处理量。

③ 在有调节能力的条件下，加开空冷器。

4. 停除氧水

事故原因：水系统故障。

事故现象：余热锅炉汽包液位迅速下降。

处理方法：

① 各加热炉立即熄火，炉膛通入蒸汽。

② 切换余热锅炉烟道挡板至主烟道挡板。

③ 将锅炉产汽控制阀副线阀打开，打开余热锅炉高点放空阀，保护余热锅炉。

5. 重整进料泵停

事故原因：泵故障。

事故现象：进料流量指示为零，各加热炉出口温度上升。

处理方法：

① 切换备用泵。

② 若床层温度超过 510℃，则关小瓦斯调节阀，降低塔底温度。

③ 待备用泵运行正常后，恢复正常操作。

6. 重整循环压缩机停

事故原因：两段压缩机同时故障。

事故现象：两段氢气流量指示流量为零。

处理方法：

① 四个反应器加热炉熄火。

② 开备用机循环降温。

③ 反应床层温度降至 400℃，停进料。

7. F201 炉管破裂

事故原因：年久失修。

事故现象：

① F201 炉膛温度 TI1514、TI1515 急剧上升。

② 重整四合一炉温度 TI1523、TI1531 上升。

③ 重整四合一炉炉膛氧含量 AI1505 急剧下降，最后回零。

④ PIC1509 上下大幅波动。

处理方法：

① 切断原料，停止进料。

② 炉膛通入灭火蒸汽，打开烟道挡板，关闭风门。

③ 系统向火炬泄压，当压力降至 0.5MPa，引 N_2 置换。

④ 反应炉内必须保持正压。

8. 稳定塔底泵抽空

事故原因：稳定塔塔底泵 P205 故障。

事故现象：F205 两路流量为零；F205 发生联锁。

处理方法：联锁复位；切换备用泵，待运行正常后，开 F205 连锁旁路；按正常点炉步骤，点火升温。

9. 空气预热器故障

事故原因：空气预热器故障。

事故现象：烟气出口温度很高；烟气回收系统发生联锁。

处理方法：开大自然通风阀；重整降量生产。

10. C201 塔进料中断

事故原因：P203 故障。

事故现象：D203 液位升高；C201 液位下降。

处理方法：切换备用泵。

11. 汽包锅炉循环水泵故障

事故原因：P501 故障。

事故现象：余热锅炉汽包液位迅速下降。

处理方法：各加热炉立即熄火，炉膛通入蒸汽；切换余热锅炉烟道挡板至主烟道挡板；将锅炉产汽控制阀副线阀打开，打开余热锅炉高点放空阀，保护余热锅炉。

12. 燃料气中断事故

事故原因：软料气系统故障。

事故现象：加热炉瓦斯流量、压力下降，炉出口温度下降。

处理方法：停工。

五、仿 DCS 系统操作画面

1. 流程图画面

流程图调图说明见表 10-10。

表 10-10　流程图调图说明

图名	说明	调图方式	图名	说明	调图方式
GR0201	重整部分总貌流程图	Ctrl+1	GF0202	重整立换及高分部分现场图	
GR0202	重整立换及高分部分流程图	Ctrl+2	GF0203	炉 201/202、反 201/202 现场图	
GR0203	炉 201/202、反 201/202 流程图	Ctrl+3	GF0204	炉 203/204、反 203/204 现场图	Ctrl+0
GR0204	炉 203/204、反 203/204 流程图	Ctrl+4	GF0205	稳定塔及吸收系统现场图	
GR0205	稳定塔及吸收系统流程图	Ctrl+5	GF0206	氢气流程现场图	
GR0206	氢气流程图	Ctrl+6	GF0207	余热锅炉现场图	
GR0207	重整炉烟气流程图	Ctrl+7	GF0208	注氯系统现场图	
GR0208	重整“四合一”炉	Ctrl+8	GF0503	机、泵现场操作图	
GR0209	余热锅炉流程图	Ctrl+9	GF0507	重整反应部分辅操台	

2. 仿真 PI&D 图

仿真 DCS 系统操作图如图 10-10~图 10-27 所示。

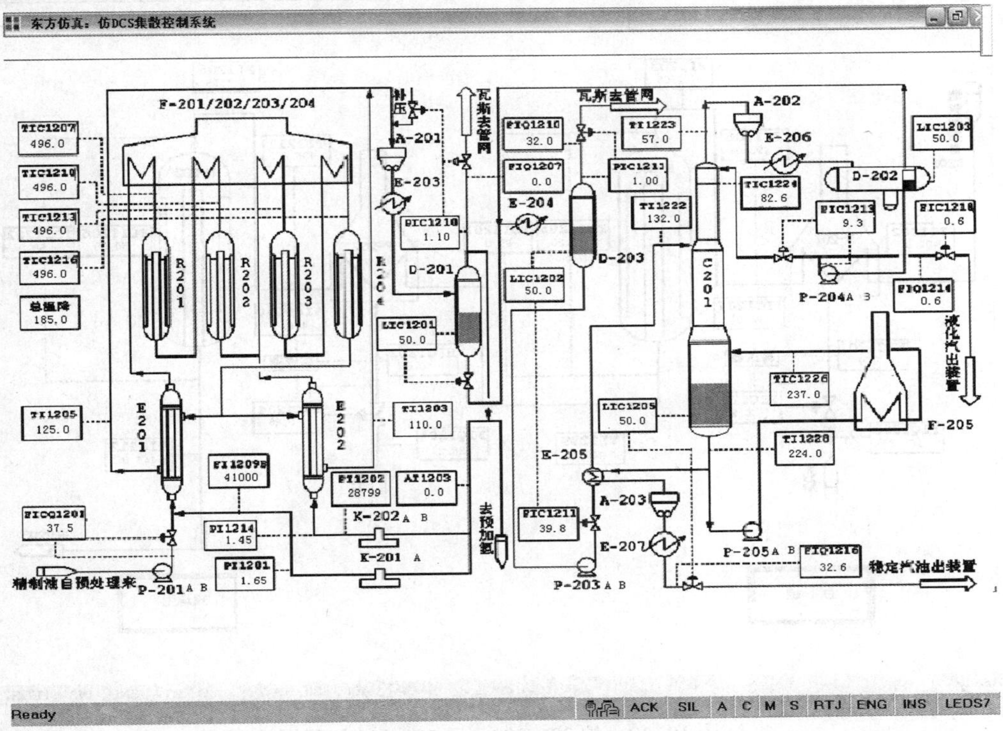

图 10-10　重整部分总貌流程图

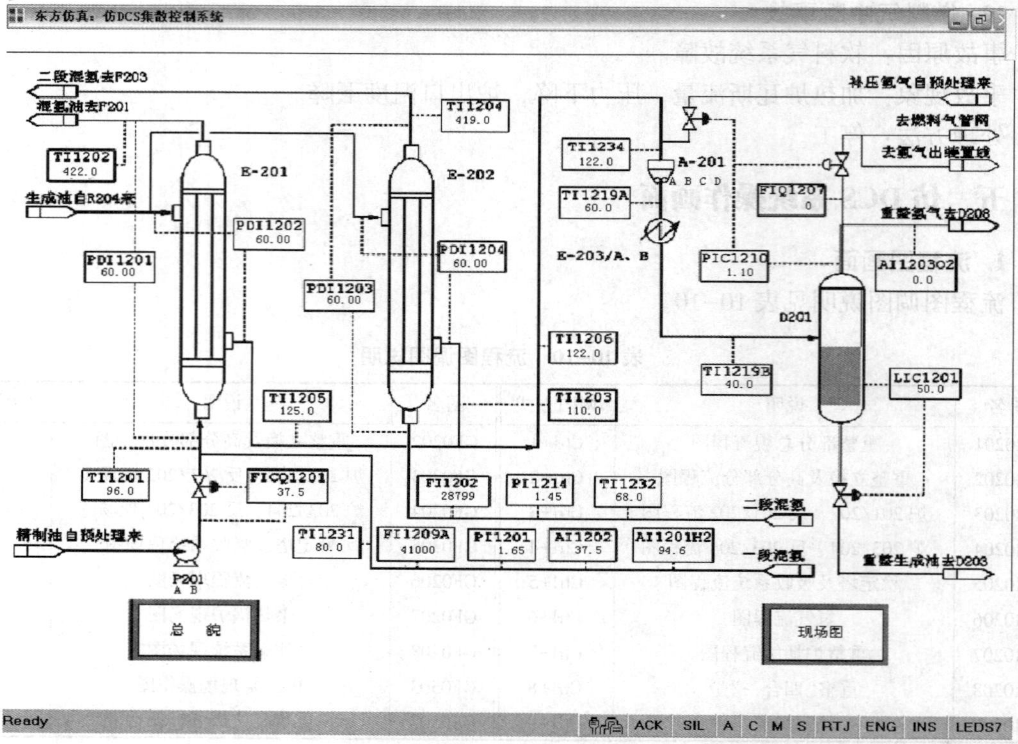

图 10-11 重整立换及高分部分流程图

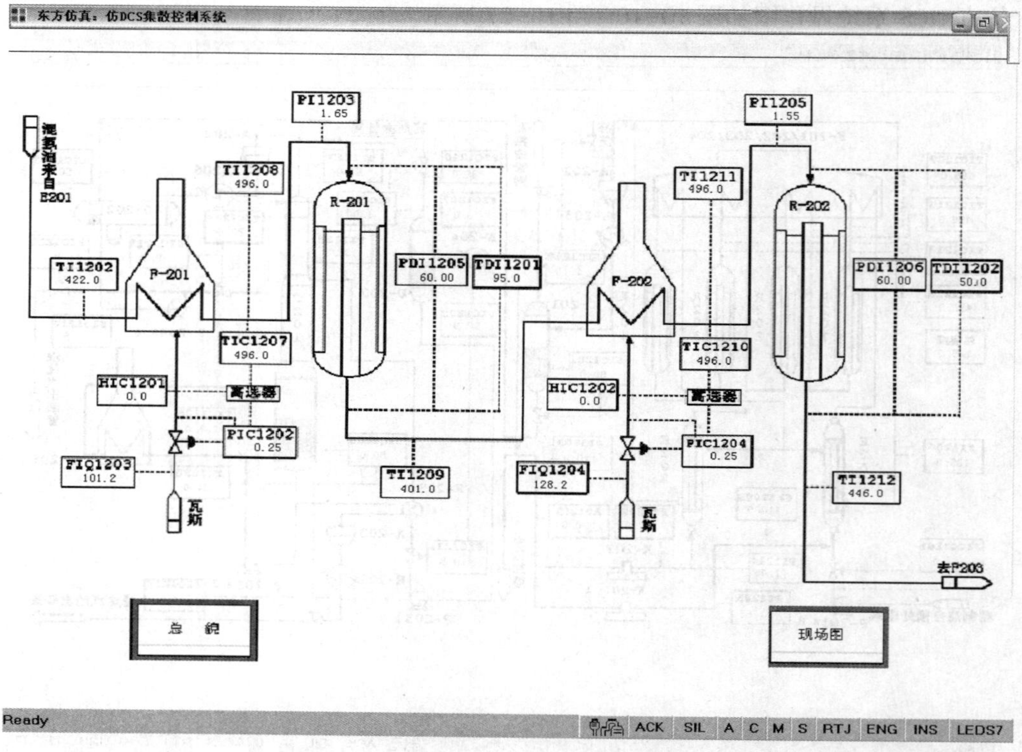

图 10-12 炉 201/202、反 201/202 流程图

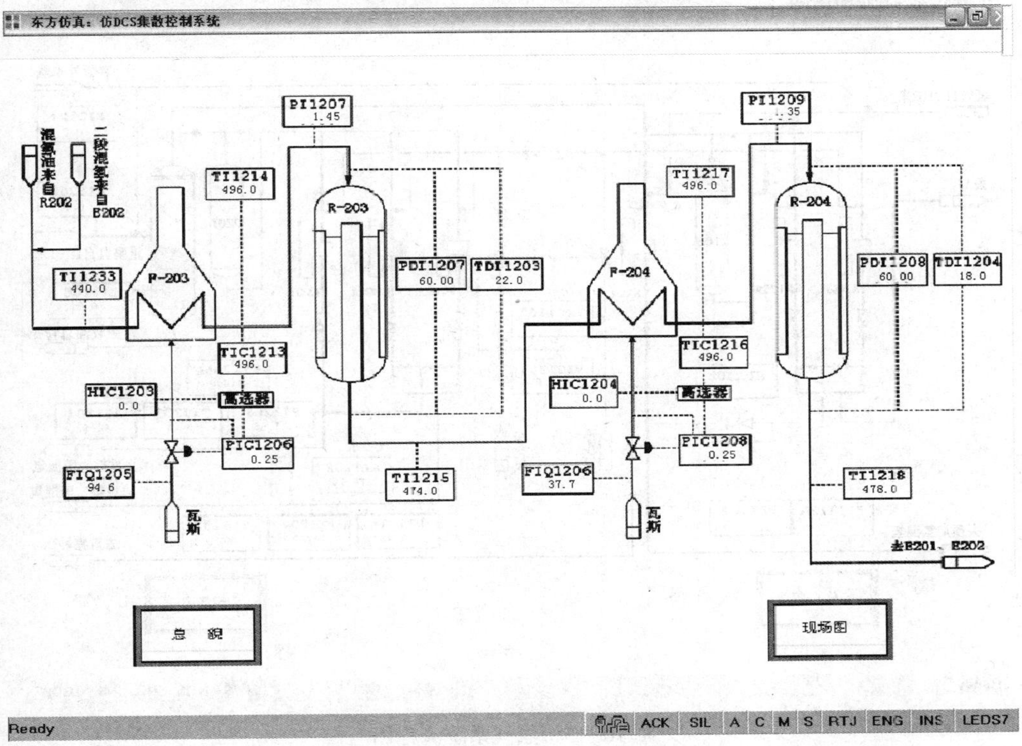

图 10-13　炉 203/204、反 203/204 流程图

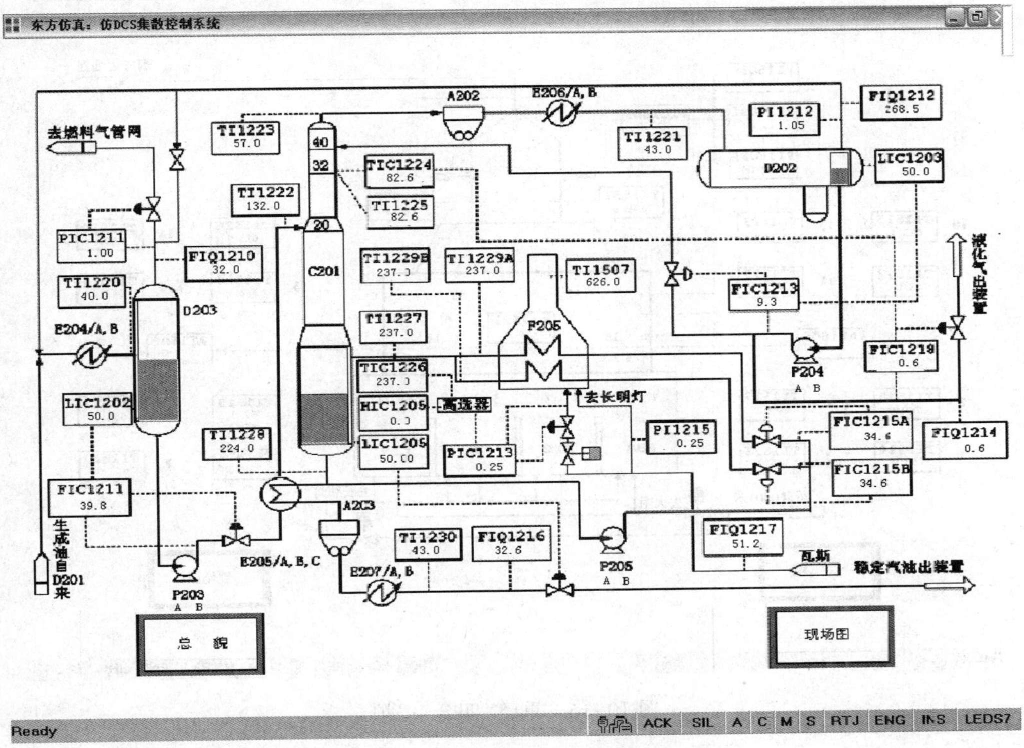

图 10-14　稳定塔及吸收系统流程图

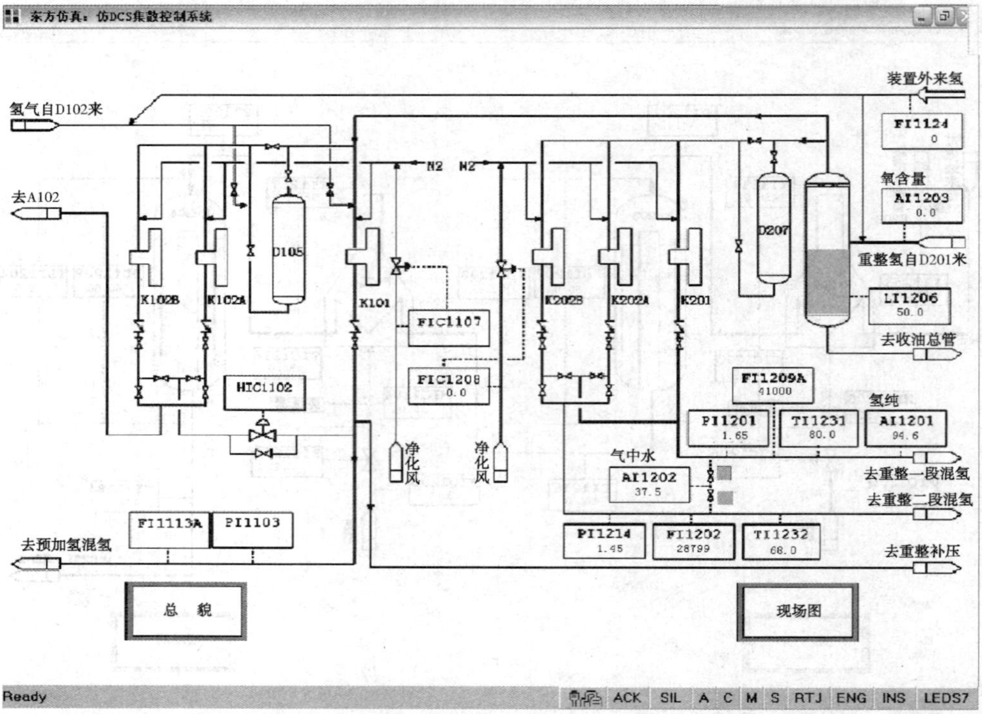

图 10-15 氢气系统流程图

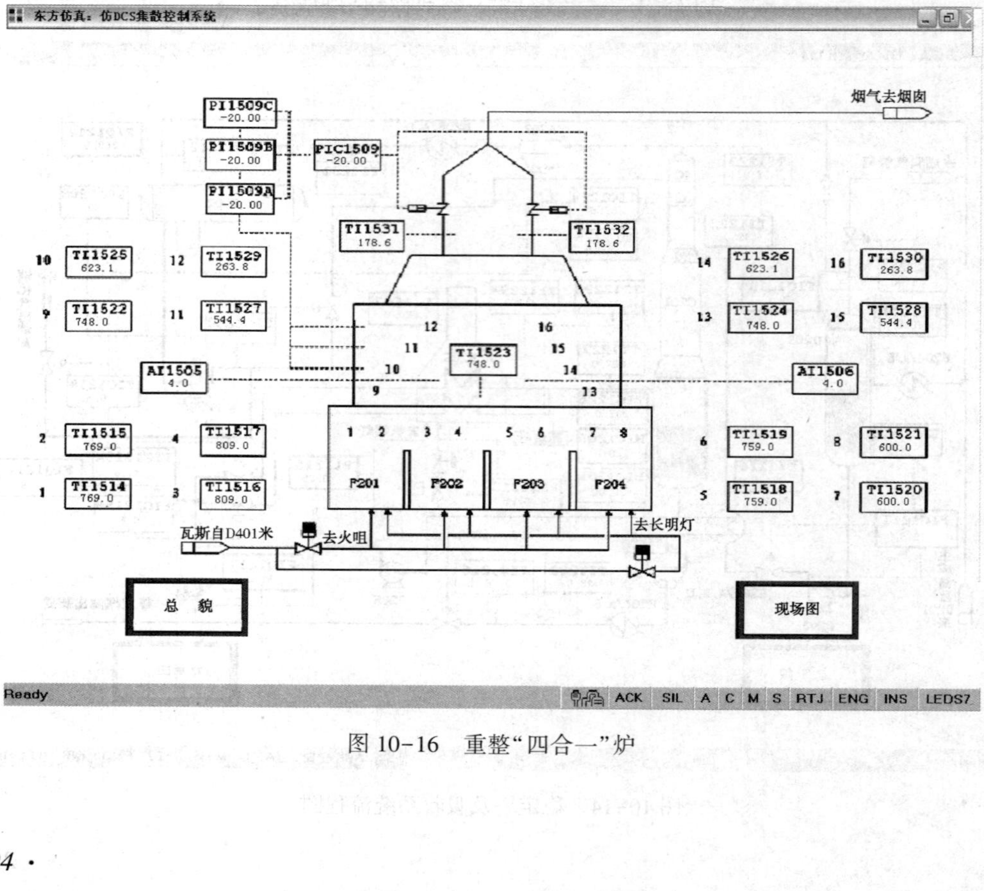

图 10-16 重整"四合一"炉

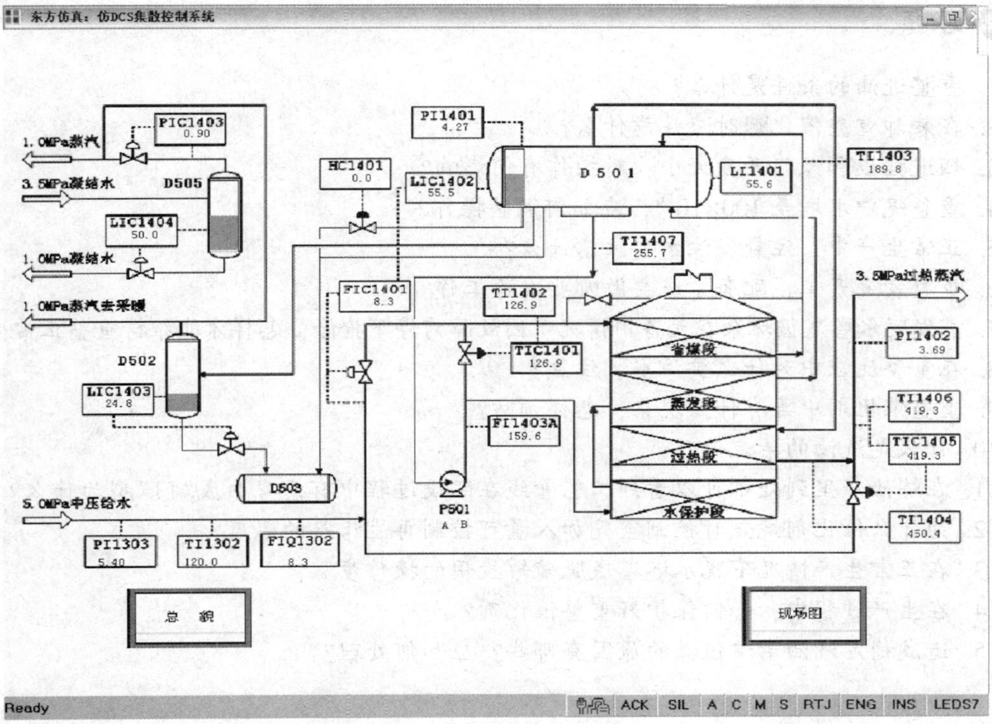

图 10-17　余热锅炉流程图

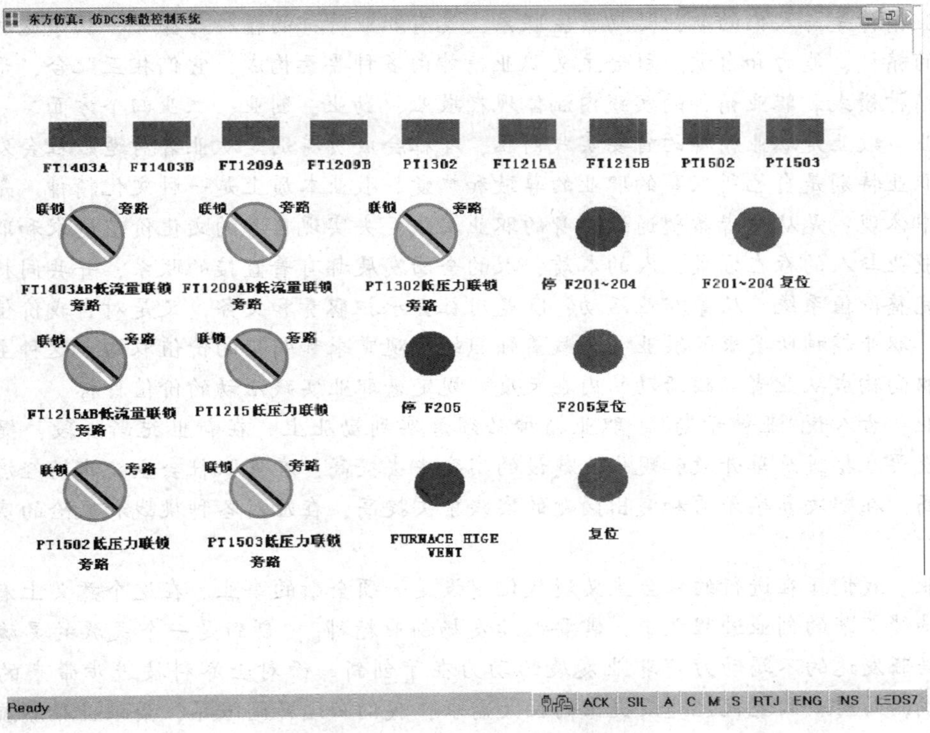

图 10-18　重整反应部分联锁辅助操作画面

习题

1. 重整进油的条件是什么？
2. 在装卸重整催化剂时应注意什么？
3. 烟道挡板和风门开度大小，对操作有何影响？
4. 重整气中水增至100×10^{-6}，应如何调整操作？
5. 正常生产中，注氯、注水要注意什么？
6. 重整装置开工，配套系统要做哪些准备工作？
7. 蒸发脱水塔底循环泵在无备用情况下因故障需停下抢修，怎样才能维持重整正常生产？
8. 在重整反应中为什么要注水、注氯？
9. 重整催化剂中毒有什么现象，怎样预防？
10. 什么是汽油的辛烷值？
11. 在炼油厂里到处都可以看到工艺管线在架设过程中有意弯曲成“门”型为什么？
12. 为什么催化剂烧焦时控制空气加入量可控制再生床层的温度？
13. 在正常生产情况下脱水塔塔底脱硫罐投用的操作步骤？
14. 在生产过程中，如何保护好重整催化剂？
15. 造成稳定汽油辛烷值低的原因有哪些？应如何处理？

思政内容　职业精神

职业精神是与人们的职业活动紧密联系，具有职业特征的精神与操守，从事这种职业就该具有的精神、能力和自觉。社会主义职业精神由多种要素构成，它们相互配合，形成严谨的职业精神模式。职业精神的实践内涵体现在敬业、勤业、创业、立业四个方面。

敬业。敬业是职业精神的首要实践内涵，即社会成员特别是从业者对适应社会发展需要的各类职业特别是自己所从事的职业的尊敬和热爱。敬业本质上是一种文化精神，是职业道德的集中体现；是从业者希望通过自身的职业实践，去实现自身的文化价值追求和职业伦理观念。敬业与人的存在方式、人的本质、人的全面发展都有着直接的联系，并共同构成职业精神的完整价值系统。从事职业活动，既是对社会承担职责和义务，又是对自我价值的肯定和完善。职业精神所要求的敬业，承载着强烈的主观需求和明确的价值取向，这种主观需求和价值取向构成从业者实践活动的内在尺度，规定着职业实践活动的价值目标。

勤业。古人说“业精于勤”。职业精神必须落实到勤业上。在新世纪新阶段，提高职业能力，就要在推进改革开放和现代化建设的实践中去提高，在驾驭社会主义市场经济的实践中去提高，在解决复杂矛盾和突出问题的实践中去提高，在应对各种挑战和风险的实践中去提高。

创业。我们正在进行的社会主义现代化建设是一项全新的事业。在这个意义上看，我们仍处在持续不断的创业进程之中，需要继续发扬创业精神。“创新是一个民族的灵魂，是一个国家兴旺发达的不竭动力。”职业发展的动力在于创新。面对世界科技进步带来的日新月异的挑战，面对我国现代化建设提出的巨大需求，我们必须开阔眼界，紧跟世界潮流，抓住那些对经济、科技、国防和社会发展具有战略性、基础性、关键性作用的重大课题，抓紧攻关，自主创新，不断有所发现，有所发明，有所创造，有所前进。历史反复证明，推进职业发展，关键要敢于和善于创新。

立业。当人类社会进入二十一世纪的时候，全面建设小康社会是我们所要“立”的根本大业。各行各业的职业精神必须服从和服务于这个大业。需要清醒地看到，我国正处于并将长期处于社会主义初级阶段，综观全局，对我国来说，我们一定要高扬社会主义职业精神，集中力量，全面建设惠及十几亿人口的更高水平的小康社会，使经济更加发展、民主更加健全、科教更加进步、文化更加繁荣、社会更加和谐、人民生活更加殷实。

扫一扫查看
本章补充材料

第十一章　化工安全事故应急救援桌面推演

第一节　概　　述

采用计算机模拟三维实景进行化工安全事故应急救援桌面推演是化工安全教育行业的重大改革。在国内化工安全教育行业，采用三维实景进行场景表达及实施应急救援的软件还不是很多，大多数还是沿用传统的文字描述的形式进行场景表达。

由传统的文字描述发展到了三维实景展示，即事故现场的三维实景过程展示，使得化工安全事故的表达更为全面、形象和真实，它基本能够如实反映化工安全事故的实际状况。化工安全事故应急救援桌面推演主要有以下优点：

① 容易直观明了再现整个事故过程，减少了文字描述所产生的误解；

② 事故发生过程接近真实事故，可以考察学员对事故过程的观察能力；

③ 三维效果展示可以快速让学员中留下深刻印象；

④ 学员在桌面推演中可以进行角色扮演并执行一些指令，可与别的参与者进行互动，增加了安全培训的生动性，避免了传统培训的枯燥；

⑤ 使用计算机自动评分，在学员完成桌面推演后，计算机自动给出分数，减少了教师的工作量，提高了准确率。

第二节　系统软件介绍

一、系统软件功能

基于应急管理部官方网站公布的重特大化工生产安全事故案例，系统软件设置了 4 种类型 20 道考题，包括火灾事故 5 题、爆炸事故 5 题、中毒窒息事故 5 题、灼伤事故和机械伤害事故及电伤害事故等 5 题。内容包括事故场景再现、事故处置与分析、事故报告三部分。

事故回放：事故场景采用 3D 动画形式表达，通过事故场景的再现可以让学员了解生产流程、物料特性和事故的发生过程。

事故处置：学员能够选取场景中的角色按照队员意见执行命令，按照安全生产事故应急预案要求考核其故障排除、处置和救援等能力，把角色的动作与考题相结合，在完成相关指令的同时也完成了题目的考核。

事故分析：包括事故现象描述、事故原因分析、事后改进措施等内容，报告中所涉及考题题型均为选择题，保证考核的公平，同时减少了工作量。

二、软件特点

软件本着易用、规范、合理、美观、高效、有趣等原则进行设计，主要表现为：

1. 易用性

界面元素名称及图标通俗易懂，用词准确，与同一界面上的其他对象易于区分，能望文知义。

2. 规范性

界面设计按 Windows 界面的规范来设计，包含“菜单条、工具栏、工具箱、状态栏、滚动条、右键快捷菜单”的标准格式，易用性更好。

3. 帮助设施

系统提供详尽而可靠的帮助文档，在用户使用产生迷惑时可以自己寻求解决方法。

4. 合理性

屏幕对角线相交的位置是用户直视的地方，正上方四分之一处为易吸引用户注意力的位置，本软件在编制时重点考虑该区域的利用。

5. 美观与协调性

界面大小适合美学观点，感觉协调舒适，能在最有效的范围内吸引用户的注意力。二维界面通常采用半透明显示，突出三维场景效果。

6. 快捷方式的组合

本软件中依据绝大多数 Windows 软件使用者的操作习惯设置了部分快捷键，使得操作更高效、简便。

7. 安全性考虑

本软件经过长周期的测试，综合考虑各种可能发生的问题，使出错的可能性降至最低。

如应用出现保护性错误而退出系统，只需重新登录，已进行的操作也会实时存盘而不会丢失。

8. 功能及性能

本软件模型及动画采用成熟的开发平台制作，使用主流的游戏引擎制作场景及动作脚本，不仅具有完备的功能及较好的效果，而且占用最低限度的资源。

9. 操作自由

所有角色都可以在三维场景中自由走动，可以观察场景中的各个设备细节，具备极高的操作自由度。不同的操作会产生各种不同的结果。

10. 趣味性

以设计游戏的思路来开发及制作场景和脚本，在剧本的设计上考虑了诸多因素，操作内容极其丰富。

三、系统架构

本系统包括服务器端和客户端两部分如图 11-1 所示。服务器端主要负责系统授权、数据记录、考核评分等，客户端主要进行事故的模拟推演，实现信息的登记。

1. 服务器端与客户端关系

服务器端与客户端之间只进行操作记录及状态控制数据的传递，场景联动的数据协同由组内客户端之间直接连接实现，可以有效降低服务器负载，提高系统稳定性。

2. 系统运行流程

用户在登录界面输入各自机位号，等待服务器自动确认后便可自动进入考核状态。系统会根据服务器中设置的任务自动选择启动事故，指定角色，连续进行三个考题的考试。考核

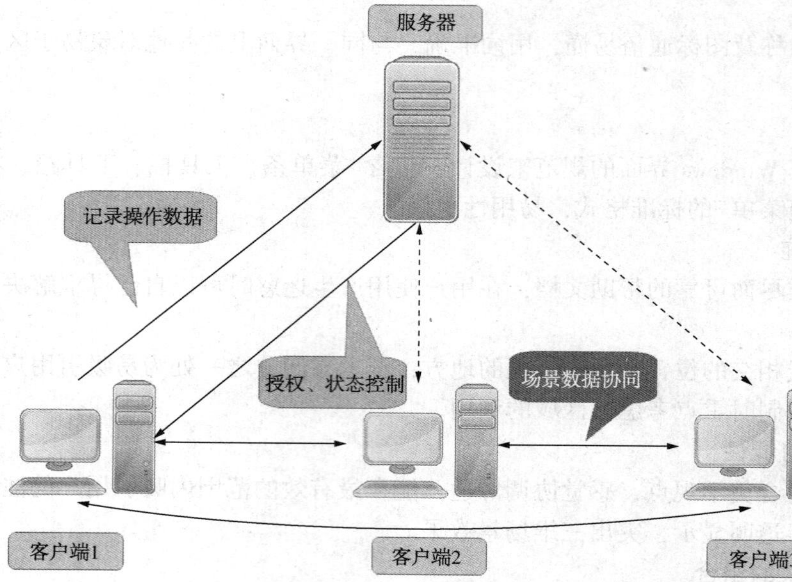

图 11-1　子系统关系

结束时，服务器端进行成绩的评定，客户端界面会自动弹出考核成绩，同时也会由服务器自动进行记录。

每个小组成员在三个考题中轮流担任不同的角色进行任务的操作，每个考题的场景默认操作限时 12min（服务器端可修改考试时长），超时系统会自动提交操作记录，终止考试。

系统运行流程如图 11-2 所示。

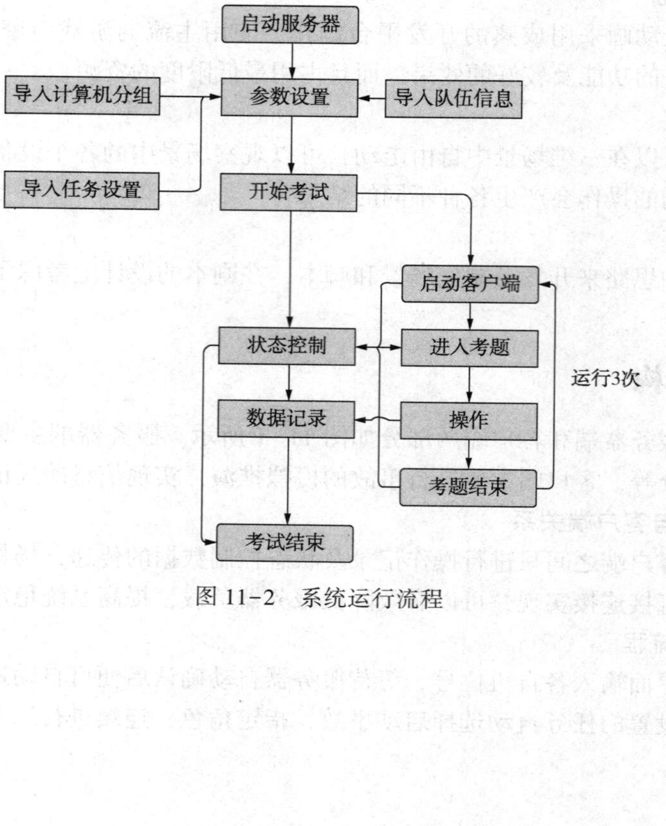

图 11-2　系统运行流程

四、服务器端软件

1. 软件功能介绍

本软件主要负责对客户端的管理，由以下五个功能块组成：事故选择、角色分配、运行控制、数据记录、考核评分。

① 事故选择：根据考试安排信息生成考试任务安排表，服务器端导入该表格来分配各小组的事故选择情况。客户端在登录后会根据服务器端的事故选择情况自动加载相对应的事故。

② 角色分配：服务器端会对每个事故重新分配角色。每个客户端会轮流进行三类角色的扮演。

③ 运行控制：可以对各个组的运行进行控制，包括启动停止、强制提交、重新考试等。

④ 数据记录：实时对客户端的各项操作数据进行记录，同时记录网络收发、系统状态等数据。

⑤ 考核评分：对考核题目(包括过程选择题、操作题、事故分析、事故报告)的自动评分，并显示其详细得分情况，同时也可以查看客户端的操作记录，便于培训、考核。

2. 软件界面

① 服务器主界面。

② 评分信息界面。

五、客户端软件

1. 软件功能介绍

本软件主要由六个功能块组成：用户界面设置、事故回放、事故处理、事故分析、答案提交、成绩显示。

① 用户界面设置：用户可以对分辨率、图像质量等参数进行设置，确定用户界面范围、图像清晰度等。

② 事故回放：通过三维动画，模拟事故发生过程，并对各个关键操作及仪表读数进行特写，对所有设备现象进行真实表现。

③ 事故处理：通过观看事故三维动画，进行事故汇报及应急救援答题。

④ 事故分析：通过对事故三维动画的观看，进行事故分析答题。

⑤ 答案提交：解答过程实时记录，自动保存，在规定时间内完成答题，可手动提交答案，超出规定时间，自动提交答案。

⑥ 成绩显示：三位小组成员均提交答案后，系统会自动给出个人成绩和团队成绩，并显示在客户端界面。

2. 软件界面

① 启动界面。主要是设置软件系统参数，包括显示设置及输入设备的设置，在此界面中可以设置三维场景显示的分辨率、是否为窗口显示以及输入设备的选择和按钮功能的设置等。

② 登录界面。输入考试代码后即可进入系统。

③ 事故回放界面。登录系统后，软件会自动播放相对应的考题的事故回放视频。事故回放主要是介绍事故发生的背景和事故发生的经过以及事故岗位的工艺流程等内容。

④ 等待队友界面。每个项目的任务都由三个角色联网协同操作完成，当某一角色的事故回放视频播放完毕后，加载场景进入等待队友界面，待另外两个角色进入后方可进行项目的操作。

⑤ 操作主界面。工具栏提供人员快速定位及移动、俯视图切换、打电话联系人员、事故回放、角色装备选择等功能。

⑥ 工厂俯瞰界面。

⑦ 事故现场界面。

⑧ 中控室。

⑨ 操作题界面。

⑩ 答题界面。

⑪ 事故分析界面。

⑫ 事故报告界面。

第三节　典型化工安全事故

一、爆炸事故

1. 某化工厂氯气泄漏爆炸事故

事故类型：三氯化氮爆炸，液体爆炸事故。

事故原因：氯气冷凝器泄漏，含铵盐水进入氯气系统生成三氯化氮爆炸物，处理不当引起振动导致三氯化氮爆炸。

2. 某化工厂压缩机爆炸事故

事故类型：压缩机爆炸。

事故原因：2 号压缩机六段出口管线存在强度不够、焊接质量差、管线使用前没有试压等严重问题，导致压缩机发生爆炸，后面又引发第二次爆炸，造成部分厂房坍塌、其他装置及设施的损坏。

3. 某化工厂硝酸胍爆炸事故

事故类型：硝酸胍和硝酸铵爆炸，液体/固体爆炸事故。

事故原因：反应釜导热油泄漏着火，造成釜内反应产物硝酸胍和未反应完的硝酸铵局部受热，急剧分解发生爆炸，继而引发存放在周边的硝酸胍和硝酸铵爆炸。

4. 某化工厂氯化反应塔爆炸事故

事故类型：二硝基氟苯爆炸，气体爆炸事故。

事故原因：开工违反操作规程，在塔顶冷凝器无冷却水、塔顶没有产品流出的情况下没有立即停车，而是错误地继续加热升温，使物料长时间处于高温状态并最终导致其分解爆炸。

5. 某化工厂液氯钢瓶爆炸事故

事故类型：液氯与氯化石蜡反应爆炸，化学反应爆炸。

事故原因：液氯钢瓶残留氯化石蜡，充装液氯时，液氯与氯化石蜡发生反应导致液氯钢瓶爆炸。由于爆炸及爆炸后散溢氯气的危害，致群死群伤的特别重大事故发生。

二、火灾事故

1. 某化工厂道生油冷凝器爆燃事故

事故类型：道生油爆燃，易燃液体火灾事故。

事故原因：设备检修时，因操作不当导致冷凝器中壳层的打压用水进入热气冷却器内，造成器内道生油突沸喷出后爆燃。

2. 某化肥厂氧气充装站火灾事故

事故类型：氧气，明火引发的火灾事故。

事故原因：氧气在室内排放，排气置换期间没有专人监管，员工违反规章制度在生产区抽烟，造成富氧情况下遇明火发生火灾事故。

3. 某化工厂粗苯罐车燃烧事故

事故类型：粗苯，易燃液体火灾事故。

事故原因：充装粗苯时，操作人员不按充装规程进行操作，造成运输罐车燃烧爆炸。

4. 某炼油厂油罐爆燃事故

事故类型：油品火灾，易燃液体火灾事故。

事故原因：油品调和时，阀门误操作，油罐冒顶，遇拖拉机尾气排气火星引起爆燃。

5. 某炼油厂常压分馏装置火灾事故

事故类型：渣油爆燃，易燃液体火灾事故。

事故原因：渣油/原油换热器泄漏，高温渣油（约340~360℃）喷出，遇空气自燃着火。

三、中毒窒息事故

1. 某化工厂丙烯腈中毒死亡事故

事故类型：丙烯腈，有毒气体中毒事故。

事故原因：检修人员在违章搭建的仪表室中违规操作，导致作业人员中毒窒息死亡。

2. 某化工厂氯乙烯中毒死亡事故

事故类型：氯乙烯，检修中毒事故。

事故原因：检修人员违反进塔入罐八项规定，导致作业人员氯乙烯中毒死亡。

3. 某化工厂二氧化碳气体泄漏事故

事故类型：二氧化碳，生产中泄漏中毒事故。

事故原因：发现二氧化碳泄漏没有及时采取有效的措施，导致二氧化碳浓度过高使人缺氧中毒身亡。

4. 某化肥厂一氧化碳中毒死亡事故

事故类型：一氧化碳中毒事故。

事故原因：对转化炉进行验收时，没有采取有效的隔离措施，违反进塔入罐八项规定，导致作业人员一氧化碳中毒死亡。

5. 某炼油厂硫化氢中毒死亡事故

事故类型：硫化氢，排放残液中毒事故。

事故原因：瓦斯罐脱水，违反“油罐脱水，不得离人”安全管理规定。

四、灼伤事故和机械伤害事故及电伤害事故

1. 某化工厂浓硫酸喷溅灼伤事故

事故类型：浓硫酸，化学灼伤事故。

事故原因：调节阀检修时，在未排空的情况下将阀门拆卸，导致浓硫酸喷出。

2. 某化肥厂高压蒸汽灼烫事故

事故类型：高压蒸汽，高温烫伤事故。

事故原因：检修人员在未完全泄压和未排空的情况下，拆开汽化炉的气液分离器底部法兰盲板，高压蒸汽喷出，造成3名现场作业人员烫伤死亡。

3. 某化工厂碱液灼伤事故

事故类型：碱液，化学灼伤事故。

事故原因：设备检修时，在碱液未排净和未进行冲洗的情况下，强制拆卸循环泵时碱液喷出。

4. 某化工厂碱液灼伤事故

事故类型：碱液，化学灼伤事故。

事故原因：阀门检修时，在未进行泄压，未切断物料来源，未进行管内物料冲洗的情况下将阀门拆卸，管内残存压力将残留碱液压出。

5. 某化工厂离心机解体事故

事故类型：机械伤害事故。

事故原因：设备老化和转速控制系统不完善。

思政内容　习近平总书记关于安全生产重要论述

习近平总书记就做好安全生产工作作出重要指示，人命关天，发展决不能以牺牲人的生命为代价。这必须作为一条不可逾越的红线。要始终把人民生命安全放在首位，以对党和人民高度负责的精神，完善制度、强化责任、加强管理、严格监管，把安全生产责任制落到实处，切实防范重特大安全生产事故的发生。

安全生产，要坚持防患于未然。要继续开展安全生产大检查，做到“全覆盖、零容忍、严执法、重实效”。要采用不发通知、不打招呼、不听汇报、不用陪同和接待，直奔基层、直插现场，暗查暗访，特别是要深查地下油气管网这样的隐蔽致灾隐患。要加大隐患整改治理力度，建立安全生产检查工作责任制，实行谁检查、谁签字、谁负责，做到不打折扣、不留死角、不走过场，务必见到成效。

要做到“一厂出事故、万厂受教育，一地有隐患、全国受警示”。各地区和各行业领域要深刻吸取安全事故带来的教训，强化安全责任，改进安全监管，落实防范措施。

树立安全发展理念，弘扬生命至上、安全第一的思想，健全公共安全体系，完善安全生产责任制，坚决遏制重特大安全事故，提升防灾减灾救灾能力。

在重大疫情面前，我们一开始就鲜明提出把人民生命安全和身体健康放在第一位。在全国范围调集最优秀的医生、最先进的设备、最急需的资源，全力以赴投入疫病救治，救治费用全部由国家承担。人民至上、生命至上，保护人民生命安全和身体健康可以不惜一切代价。

人民安全是国家安全的基石。要强化底线思维，增强忧患意识，时刻防范卫生健康领域重大风险。只有构建起强大的公共卫生体系，健全预警响应机制，全面提升防控和救治能力，织密防护网、筑牢筑实隔离墙，才能切实为维护人民健康提供有力保障。

扫一扫查看
本章补充材料